数 字 艺 术 精 品 课 程 培 训 教 材

Cinema 4D R20
基础培训教程

宋鑫 编著

人 民 邮 电 出 版 社

北 京

图书在版编目（CIP）数据

Cinema 4D R20基础培训教程 / 宋鑫编著. -- 北京 : 人民邮电出版社, 2022.5
ISBN 978-7-115-57806-8

Ⅰ. ①C… Ⅱ. ①宋… Ⅲ. ①三维动画软件－教材
Ⅳ. ①TP391.414

中国版本图书馆CIP数据核字(2021)第270610号

内 容 提 要

这是一本全面介绍 Cinema 4D R20 基本功能及实际应用的书。本书全面阐述了 Cinema 4D 中常用的建模、材质、灯光、渲染、运动图形、效果器等方面的知识。

本书共 10 章，采用“课堂案例+功能讲解+课堂练习+课后习题”的模式进行编写。各章以课堂案例为主线，通过对各个案例的实际操作，读者可以快速上手，熟悉软件功能和制作思路。课堂练习和课后习题可以帮助读者巩固所学知识。综合案例涉及的知识点较多，可以增强读者综合应用软件的能力。

本书适合作为院校和培训机构相关专业课程的教材，也可作为 Cinema 4D 自学人士的参考用书。

◆ 编　著　宋　鑫
责任编辑　张丹丹
责任印制　马振武
◆ 人民邮电出版社出版发行　　北京市丰台区成寿寺路 11 号
邮编　100164　　电子邮件　315@ptpress.com.cn
网址　https://www.ptpress.com.cn
北京市艺辉印刷有限公司印刷
◆ 开本：787×1092　1/16
印张：14.25　　2022 年 5 月第 1 版
字数：416 千字　　2022 年 5 月北京第 1 次印刷

定价：59.90 元

读者服务热线：(010)81055410　印装质量热线：(010)81055316
反盗版热线：(010)81055315
广告经营许可证：京东市监广登字 20170147 号

前　言

Cinema 4D 由德国 MAXON Computer 公司研发，以极快的运算速度和强大的渲染功能为特色，被广泛应用于电商设计、产品渲染、电视广告等领域。

我们对本书的编写体例做了精心的设计，按照“课堂案例+功能讲解+课堂练习+课后习题”这一思路进行编排。力求通过课堂案例演练使读者快速熟悉软件功能和设计思路，通过软件功能解析使读者深入学习软件功能和使用技巧，通过课堂练习和课后习题提高读者的实际操作能力。在内容编写方面，力求细致全面、突出重点；在文字叙述方面，注意言简意赅、通俗易懂；在案例选取方面，注重案例的针对性和实用性。

为了让读者学到更多的知识，本书专门设计了很多“技巧与提示”，千万不要跳过这些“小东西”，它们会给您带来意外的惊喜。

本书的参考学时为58学时，其中讲授环节为34学时，实训环节为24学时，各章的参考学时如下表所示。

章	课程内容	学时分配	
		讲授	实训
第1章	进入Cinema 4D的世界	2	2
第2章	Cinema 4D基础几何体	2	2
第3章	样条曲线	3	2
第4章	NURBS建模（生成器）	5	2
第5章	造型工具	6	2
第6章	变形工具	4	2
第7章	多边形建模及样条的编辑	2	2
第8章	灯光与材质渲染模块	2	2
第9章	运动图形和效果器	2	2
第10章	综合案例	6	6
学时总计		34	24

本书附带学习资源，内容包括课堂案例、课堂练习、课后习题、综合案例的素材文件、实例文件和在线教学视频，以及PPT教学课件和4个附赠综合案例。扫描“资源获取”二维码，关注“数艺设”的微信公众号，即可得到资源文件获取方式。如需资源获取技术支持，请致函szys@ptpress.com.cn。

资　源　获　取

由于编者水平有限，书中难免存在不足之处，敬请广大读者包涵并指正。

资源与支持

本书由“数艺设”出品，“数艺设”社区平台（www.shuyishe.com）为您提供后续服务。

配套资源

- 书中所有案例的素材文件、实例文件和在线教学视频
- PPT 教学课件
- 4 个附赠综合案例

资源获取请扫码

“数艺设”社区平台，为艺术设计从业者提供专业的教育产品。

与我们联系

我们的联系邮箱是 szys@ptpress.com.cn。如果您对本书有任何疑问或建议，请您发邮件给我们，并请在邮件标题中注明本书书名及 ISBN，以便我们更高效地做出反馈。

如果您有兴趣出版图书、录制教学课程，或者参与技术审校等工作，可以发邮件给我们。如果学校、培训机构或企业想批量购买本书或“数艺设”出版的其他图书，也可以发邮件联系我们。

如果您在网上发现针对“数艺设”出品图书的各种形式的盗版行为，包括对图书全部或部分内容的非授权传播，请您将怀疑有侵权行为的链接通过邮件发给我们。您的这一举动是对作者权益的保护，也是我们持续为您提供有价值的内容的动力之源。

关于“数艺设”

人民邮电出版社有限公司旗下品牌“数艺设”，专注于专业艺术设计类图书出版，为艺术设计从业者提供专业的图书、视频电子书、课程等教育产品。出版领域涉及平面、三维、影视、摄影与后期等数字艺术门类，字体设计、品牌设计、色彩设计等设计理论与应用门类，UI 设计、电商设计、新媒体设计、游戏设计、交互设计、原型设计等互联网设计门类，环艺设计手绘、插画设计手绘、工业设计手绘等设计手绘门类。更多服务请访问“数艺设”社区平台 www.shuyishe.com。我们将提供及时、准确、专业的学习服务。

目录

目录

第1章 进入Cinema 4D的世界

Cinema 4D具有极快的运算速度和强大的渲染功能，是时下非常流行的三维软件。本章将带领读者初步了解这款软件基础知识。

课堂学习目标

- 了解选择Cinema 4D 的理由
- 了解Cinema 4D的应用范围
- 熟悉操作界面及各个板块的用途
- 了解父子级的概念

1.1 认识Cinema 4D

1.1.1 选择Cinema 4D的理由

操作界面

Cinema 4D的操作界面十分简洁，它如同平面软件（如Photoshop、Illustrator、CorelDRAW等），都是基于“层”的原理。所以，如果已对平面软件有一定了解，在学习Cinema 4D时，会更加方便快捷。

渲染

在刚学习软件的时候，肯定需要使用默认渲染器来渲染作品，如果用默认渲染器能很快渲染出好的作品，那么学习这个软件的信心会倍增，而Cinema 4D就是这样的软件。调好材质后，Cinema 4D的默认渲染器（标准和物理渲染器）会很快出效果。另外，Cinema 4D支持的外置渲染器有很多，如OC、Arnold、Redshift等，选择空间非常大。OC渲染器可以很快渲染出精彩的场景效果。

运动图形

Cinema 4D的运动图形配合效果器的运用是这个软件的特色，是其他三维软件无法比拟的。例如，在Cinema 4D中是很简单的一个动效，但放到3ds Max中会需要很长的时间才能完成。

与其他软件配合使用

Cinema 4D可与其他软件无缝衔接。在视频方面，Cinema 4D与After Effects这两个软件就像工作中的左右手一样，配合的地方相当广泛，经常被用于电视包装和产品包装；在平面设计方面，Cinema 4D和Illustrator也能相互配合，制作出很好的效果，经常被用于制作电商广告或平面广告。

1.1.2 Cinema 4D的应用范围

Cinema 4D可应用于多种类别的设计与制作当中，所涉及的领域非常广泛。

1.电商设计

电商设计是时下很流行的设计领域，而Cinema 4D逐渐成为电商设计中的重要软件，并且在Cinema 4D的配合下，电商设计也愈加出彩。图1-1所示为优秀的电商作品。

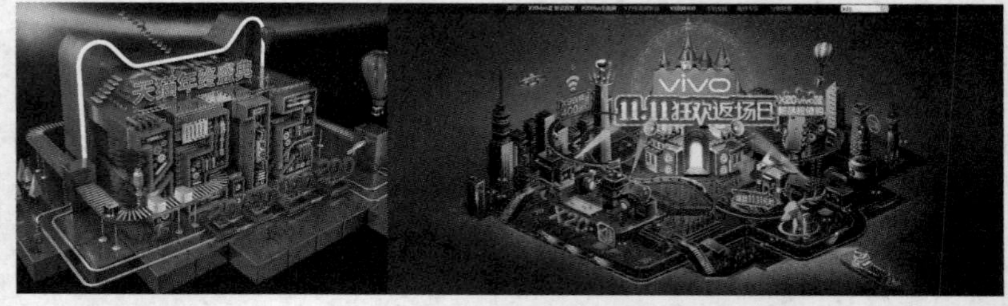

图1-1

2.实景合成

Cinema 4D经常用于“实景合成”类的创意类场景或效果图制作，效果如图1-2所示。

图1-2

3.宣传推广

在海报或DM单的设计方面，Cinema 4D主要应用于立体字的设计，它可以使海报效果更加震撼，更引人注目，如图1-3所示。

4.家装领域

虽然现在家装领域主流软件还是3ds Max，但是，用Cinema 4D做家装效果图也渐渐兴起。图1-4所示为用Cinema 4D制作的家装效果图。

图1-3

图1-4

5.产品渲染

Cinema 4D在静帧产品渲染中的应用非常广泛，常用来做产品建模与渲染，效果如图1-5所示。

6.电视包装

Cinema 4D现在已经成为电视包装方面的主流软件，效果如图1-6所示。

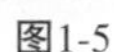

图1-5

图1-6

7.产品包装

Cinema 4D在产品包装方面主要用于制作手机广告和比较高端的电子产品广告，效果如图1-7所示。

8.电影制作

Cinema 4D现在也经常参与电影的后期制作，并且可以完成很绚丽的后期效果，如图1-8所示。

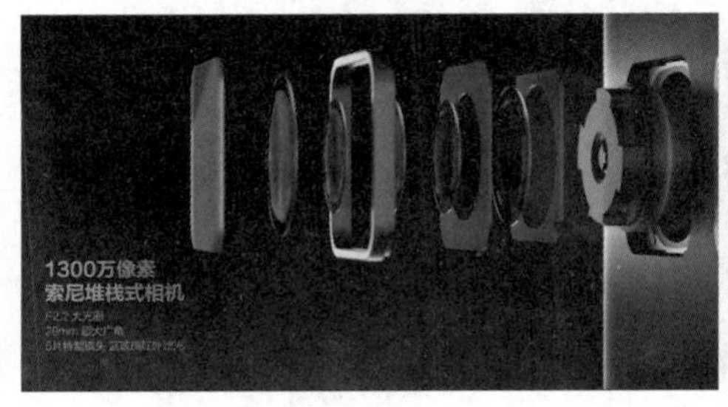

图1-7

图1-8

1.1.3 Cinema 4D的操作界面

Cinema 4D的操作界面由菜单栏、常用工具组、编辑工具栏、视图场景窗口、动画编辑面板、材质面板、坐标面板、对象面板、属性面板和提示说明10个板块组成，如图1-9所示。

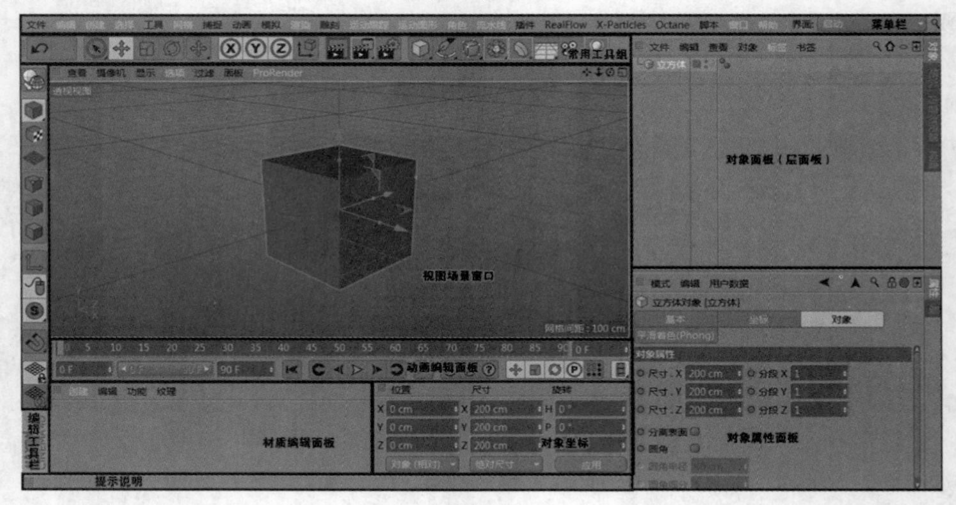

图1-9

Cinema 4D的界面简单易懂，它的对象面板如同平面软件中的“图层”面板，所以说，Cinema 4D也是基于“图层”的原理。

例如，新建立方体，对象面板中就会自动生成一个立方体，然后新建球体，对象面板中也会自动生成球体，添加生成器和变形器也是如此，会自动生成，并且可以直接对属性面板中的属性进行调整，如图1-10所示。

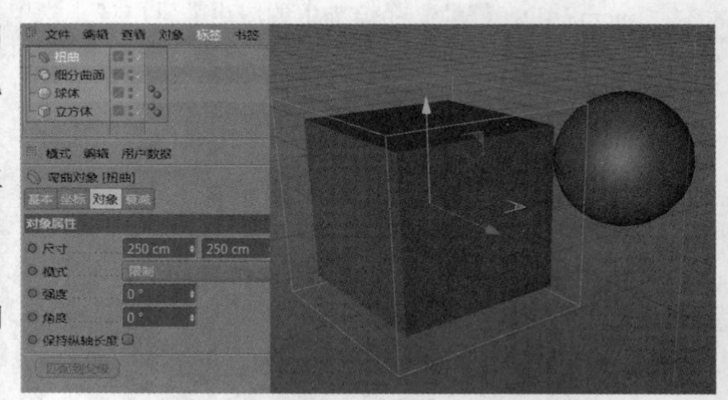

图1-10

1.1.4 菜单栏

菜单栏是对所有功能的整合，界面中的所有功能在菜单栏中都可以找到。例如，常用工具组中的立方体、圆柱、引导线等，也可以在菜单栏中找到，如图1-11所示。

图1-11

1.1.5 常用工具组

菜单栏下方是常用工具组，它包括Cinema 4D中使用频率较高的一些工具，其中常用的工具和工具组有选择工具组、“移动”“缩放”“旋转”“全局/对象坐标切换”、渲染工具组、参数化模型组、样条工具组、生成器组、造型器组、变形器组、摄像机组和灯光组，如图1-12所示。

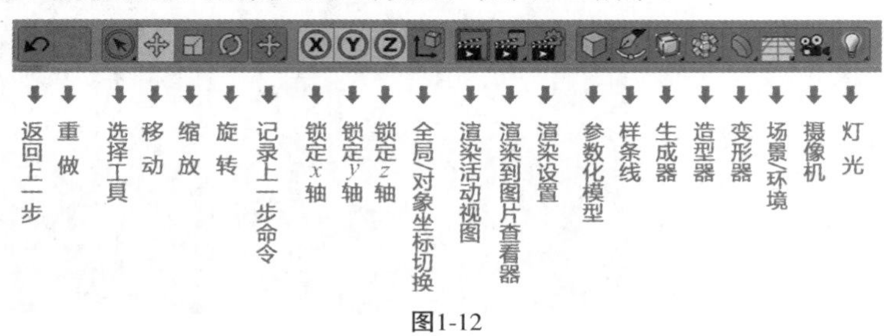

图1-12

“全局/对象坐标切换”属于重要工具。例如，新建立方体，旋转一个角度，如果想让立方体平行于工作平面运动，用默认对象坐标系统、移动坐标轴是不能实现效果的，此时需要将坐标系统切换为全局，它的作用是使对象的坐标基于整个场景，这样对象才可以平行于工作平面运动，如图1-13所示。

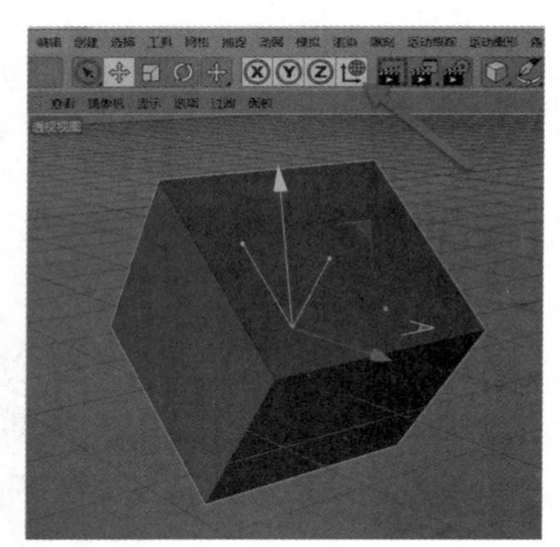

图1-13

1.1.6 编辑工具栏

编辑工具栏中的大部分工具都是针对可编辑对象的，“可编辑对象”的含义是点、线、面可以调整的对象。像Cinema 4D中自带的几何体（如立方体、圆柱体等），都属于参数化模型，只能通过改变数值来改变大小，如果想改变形状，选择点、线、面来进行操作，必须要转换成可编辑对象，这时就需要使用编辑工具栏。

编辑工具栏中有“转换为可编辑对象”“选择模型/对象/动画”“纹理模式”“工作平面”“点模式”“边模式”“面模式”“启用轴心”“微调模式”“视窗独显”“捕捉开关”“工作平面锁定”“切换工作平面”，如图1-14所示。

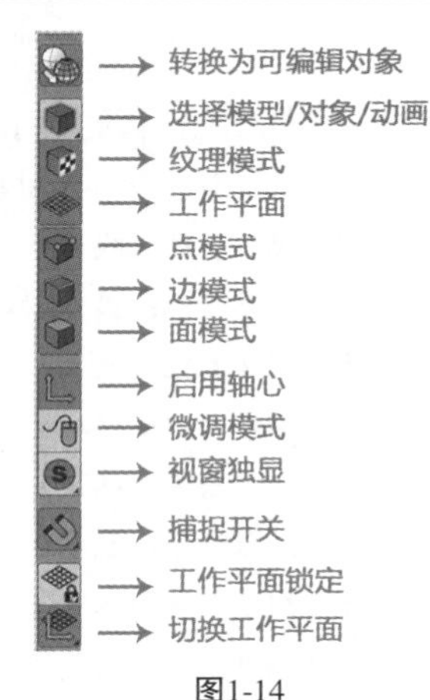

图1-14

技巧与提示

“纹理模式”“点模式”“边模式”“面模式”“启用轴心”“微调模式”“捕捉开关”在转换为可编辑对象以后才能使用。

1.1.7 视图场景窗口

在视图场景窗口中可以实时操作模型和渲染窗口，操作时需要牢记以下4个重要的知识点。

第1点，单击鼠标中键，即滚轮，可以切换成四视图。四视图是默认视图，在视图窗口中执行“面板>排列布局”命令，可以切换到双视图或三视图，如图1-15所示。

第2点，新建模型后，默认都会有坐标轴，红色代表x轴，绿色代表y轴，蓝色代表z轴，如图1-16所示。

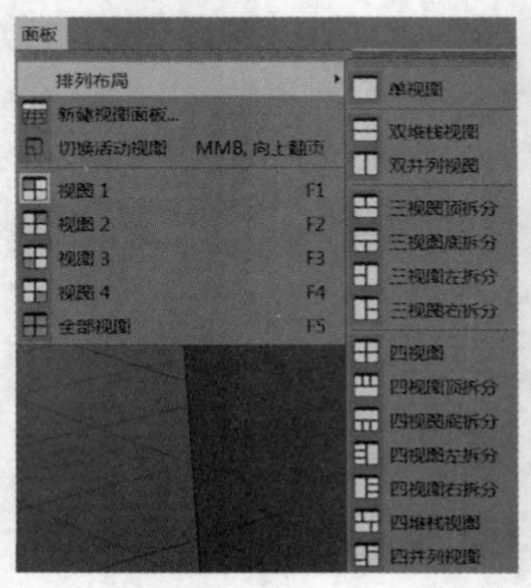

图1-15

图1-16

第3点，如果想要平移、旋转和缩放视图，有两种方法可以实现：一种是使用视图右上角的4个图标，它们分别代表视图的平移、缩放、旋转和切换视图，如图1-17所示；另一种方法就是按快捷键，这也是常用的方法。

※ 平移视图：按住Alt键不放，按住鼠标中键进行拖曳，就会平移视图。

※ 缩放视图：按住Alt键不放，按住鼠标右键进行拖曳，就会缩放视图。

※ 旋转视图：按住Alt键不放，按住鼠标左键进行拖曳，就会旋转视图。

图1-17

第4点，几何体的显示模式如下。

※ 光影着色：显示材质和灯光光影，不显示投影。

※ 光影着色（线条）：显示材质、灯光光影和结构线条，不显示投影，可以明显看到几何体分段。

※ 快速着色：显示默认灯光，不显示灯光光影。

※ 快速着色（线条）：显示默认灯光和布线，不显示灯光光影。

※ 常量着色：显示单色色块。

※ 常量着色（线条）：显示单色色块和线条。

※ 隐藏线条：显示灰色和线条。

※ 线条：只显示线条。

※ 线框：显示对象布线。

※ 等参线：只显示对象的主要布线线框。

※ 方形：将所有对象显示为方形。

※ 骨架：只显示骨架，没有骨架的对象则不显示。

视图的其他选项一般保持默认，这里不做详细讲解。

1.1.8 动画编辑面板

动画编辑面板可以用于观察和设置关键帧并调试动画，界面如图1-18所示。其中比较重要的有时间线、滑块和“设置起点帧数”与“设置终点帧数”选项。播放动画、转到起点、转到终点、转到上一帧、转到下一帧、转到上一关键帧、转到下一关键帧、记录关键帧和点级别动画开关这些选项都需要熟练运用。

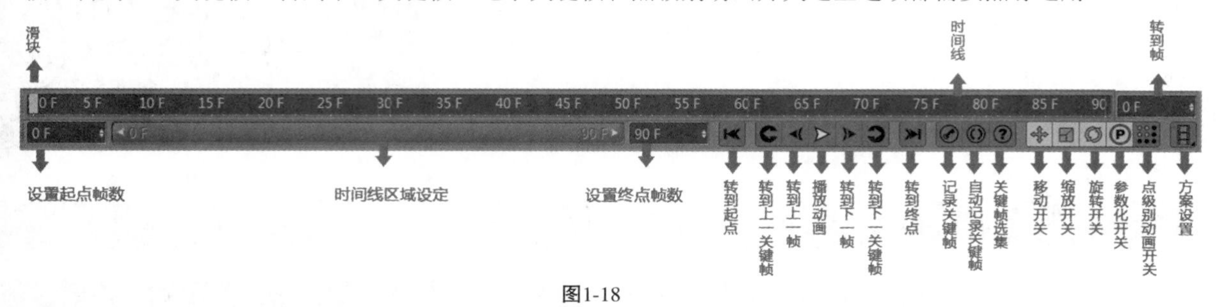

图1-18

1.1.9 材质面板

在材质面板中可以调节和添加材质，双击材质面板空白处或者按快捷键Ctrl+N可以添加新的材质球。使用材质面板“创建”菜单中的选项可以添加预置材质。

编辑材质球的方法

使用鼠标右键单击材质球，在弹出的菜单中选择“编辑”选项，就会弹出“材质编辑器”窗口，也可以双击材质球打开“材质编辑器”窗口。材质的具体调节方法会在材质相关章节做重点讲解。

为物体添加材质的方法

第1种，将材质球直接拖曳至视窗中的模型上。

第2种，使用鼠标右键单击材质球，在弹出的菜单中选择“应用”选项。

第3种，将材质球拖曳至右侧的对象面板中。

第4种，双击材质球打开“材质编辑器”窗口，在指定选项中，将想要添加材质的模型拖至指定选框中。

删除材质球

第1种，选中材质球，按Delete键。

第2种，单击对象面板中的材质球，在属性面板中可以调节材质球的纹理或删除材质，如图1-19所示。

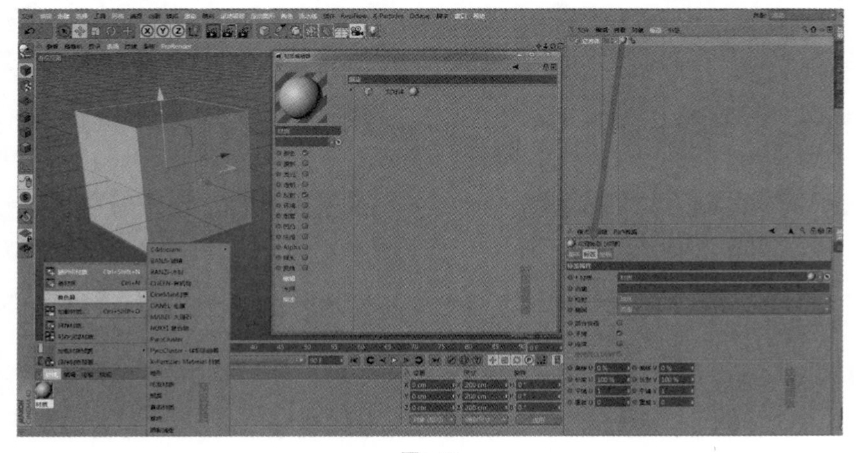

图1-19

1.1.10 坐标面板

坐标面板可以记录并调节物体的“位置”“尺寸”“旋转”3种坐标类型。“位置”包含“对象（相对）”“对象（绝对）”“世界坐标”3种类型，“尺寸”包含“缩放比例”“绝对尺寸”“相对尺寸”3种类型。改变“旋转”数值后，需要单击“应用”按钮才会生效，如图1-20所示。

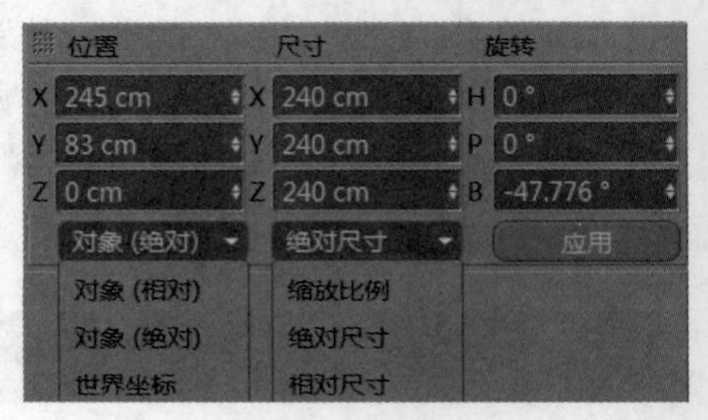

图1-20

1.1.11 对象面板

执行的命令都会在对象面板中显示。对象面板中的重要参数选项有“图层”“编辑器可见”“渲染器可见”“启用”“标签”，如图1-21所示。

图1-21

常用参数介绍

※ 图层：可以更方便地单独操作几何体。

※ 编辑器可见和渲染器可见：按住Alt键并单击鼠标左键可以同时打开或者关闭“编辑器可见”和“渲染器可见”选项。

※ 标签：为物体添加标签可以做很多不同的效果，按Delete键可以删除。

1.1.12 属性面板

在属性面板中可以查看并修改对象的属性。例如，新建立方体，查看属性面板，会出现“基本”“坐标”“对象”“平滑着色（Phong）”4个属性，如图1-22所示。

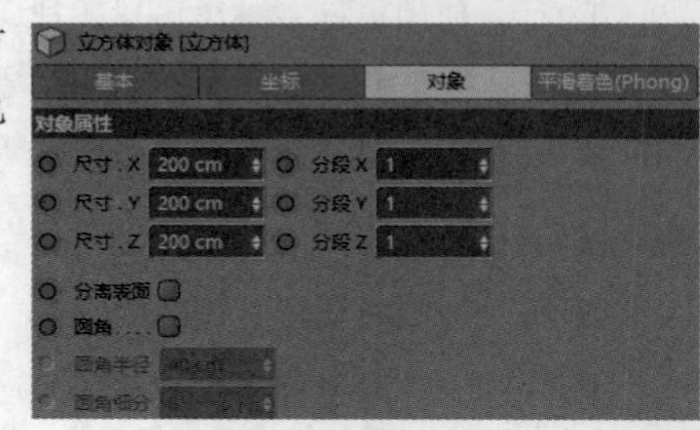

图1-22

“基本”属性可以控制“图层”“编辑器可见”“渲染器可见”“启用”等选项，改变其中一个选项，对象面板中的物体也会发生变化。例如，将属性面板中“基本”属性的“编辑器可见”选项关闭，对象面板中表示“编辑器可见”的图标就变成了红色，同时视图中的立方体就会消失，如图1-23所示。

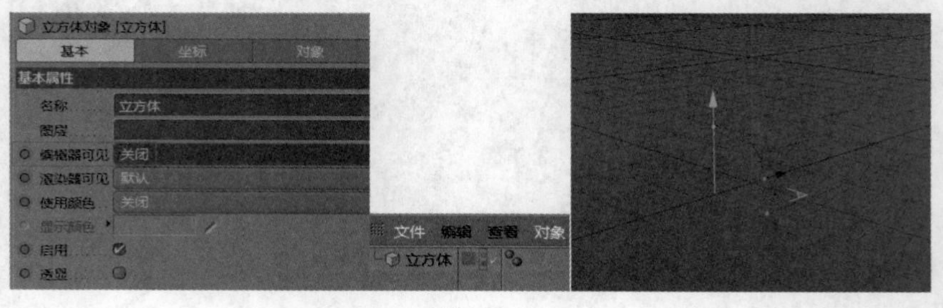

图1-23

"坐标"属性可以调整立方体在场景中的P（位置）、S（缩放）和R（旋转）值，如图1-24所示。

"对象"属性则可以调整立方体的"尺寸""圆角"等特殊属性。这里要提到一个重要属性，就是"分段"，分段在视图窗口为"光影着色（线条）"模式时才可以明显看到。分段的作用是为几何体增加更多的点、线、面，以更好地建模，实现更多的效果。

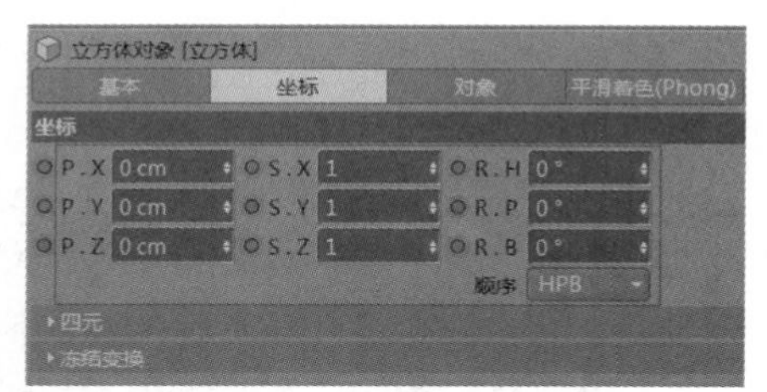

图1-24

1.1.13 提示说明

操作时，该区域显示相应说明信息。

1.2 父子级

1.2.1 课堂案例——创意数字6

实例位置	实例文件>CH01>课堂案例——创意数字6.c4d
素材位置	无
视频位置	CH01>课堂案例——创意数字6.mp4
技术掌握	理解父子级的概念

本案例制作的是立体文字，效果如图1-25所示。通过学习本案例，读者可以加深对父子级概念的理解。

图1-25

01 执行"创建>样条>文本"命令，在"文本"框中输入数字"6"，字体选择为"方正琥珀简体"，如图1-26所示。

02 执行"创建>生成器>挤压"命令，绿色图标都是作为父级来使用的，将数字6作为子级放置于挤压的下方，并将挤压的"移动"设置为0 cm、0 cm、2 cm，如图1-27所示。

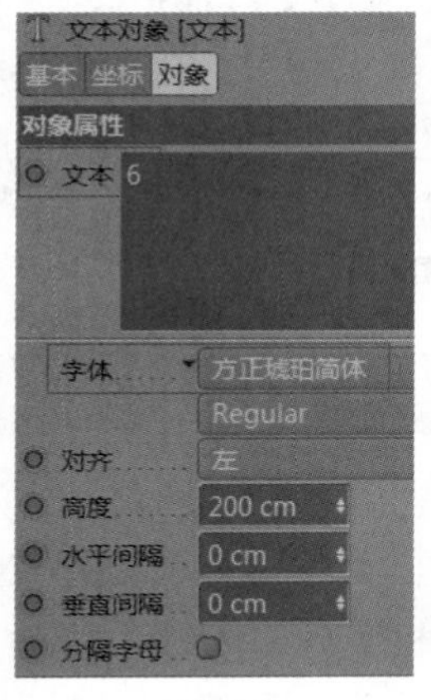

图1-26

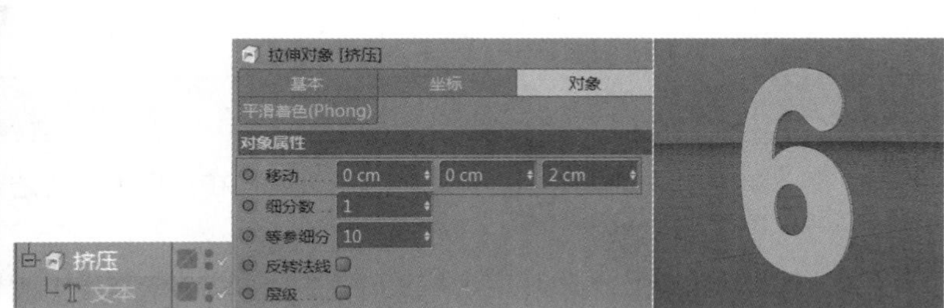

图1-27

03 将文本“6”复制一层，转换为可编辑对象，即样条形式，然后新建矩形，将矩形“宽度”设置为1.8 cm，“高度”设置为5 cm，接着新建扫描，将文本“6”和矩形同时作为子级放置于扫描的下方，如图1-28所示。（关于扫描会在后续的章节中详细讲解。）

04 双击材质面板空白处创建材质球，双击材质球打开“材质编辑器”窗口，如图1-29所示。

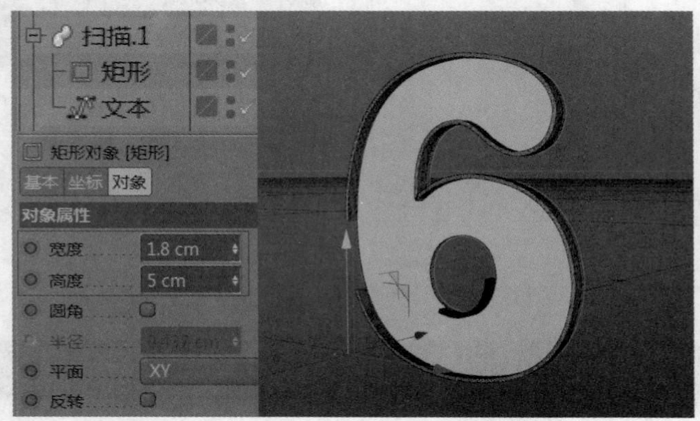

图1-28

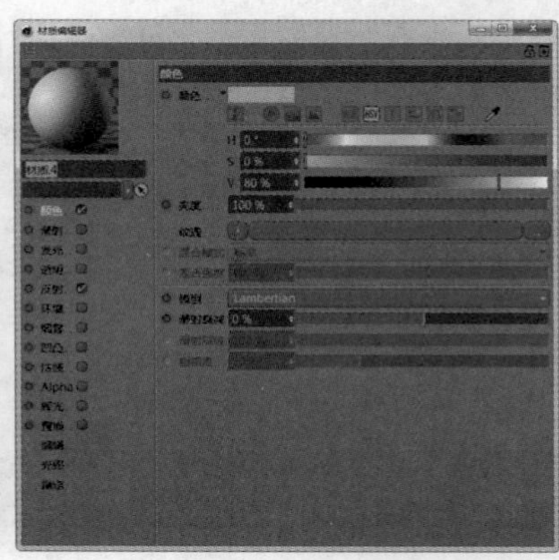

图1-29

05 在“颜色”通道中将材质球的颜色设置为H:35°、S:50%、V:100%，其他设置保持不变，如图1-30所示。

06 再新建一个材质球，在“颜色”通道中将材质球的颜色设置为H:350°、S:84%、V:100%，如图1-31所示。

图1-30

图1-31

07 将设置好的材质分别赋予对应的模型上，并添加物理天空，如图1-32所示。

08 在“渲染设置”窗口中添加“全局光照”和“环境吸收”，参数设置及最终渲染效果如图1-33所示。

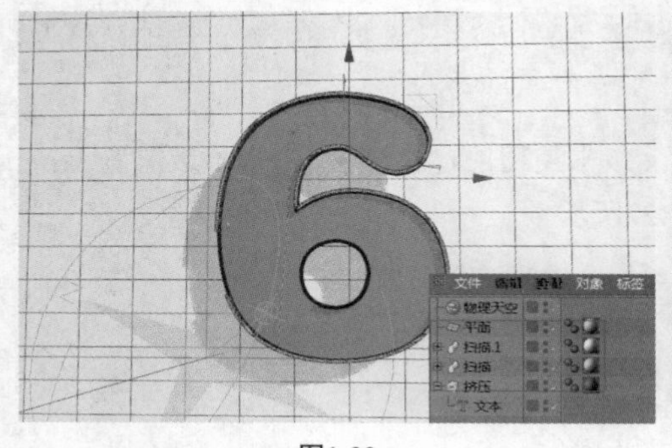

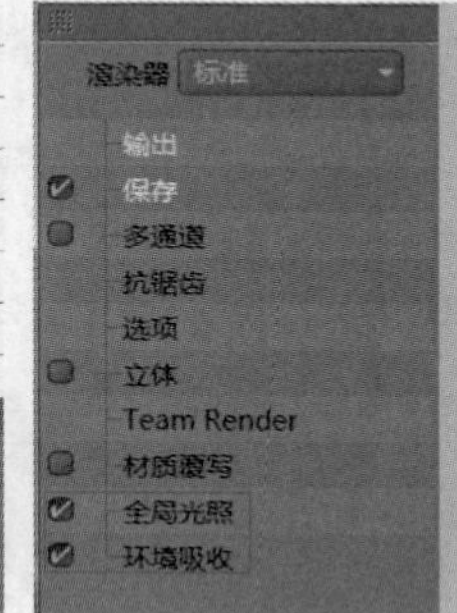

图1-32

图1-33

1.2.2 父子级的概念

对象面板中有一个非常重要的概念，就是“父子级”，在工作中要清楚它们之间的关系，才能更好地工作。

新建一个球体、一个立方体，此时，这两个几何体是平级的关系，不会相互产生联系。如果将球体放置于立方体的下方，即在对象面板中选中球体，将其拖曳至立方体的下方时会出现向下的箭头，松开鼠标左键，球体和立方体就会形成父子级的关系，如图1-34所示。立方体在上方，所以它是父级，而球体在立方体的下方，是子级。这时，如果移动立方体，球体会跟随立方体一起移动，而球体移动时，立方体则不会移动，这就是父子级的概念。

在Cinema 4D中，绿色的图标（绿色图标之间也可以产生父子级关系），如生成器、造型器、运动图形等，都是作为父级来使用的。而紫色的图标（紫色的图标只能是同级的关系，不能产生父子级关系），如变形器、效果器等都是作为子级来使用的，这些概念需要牢记。

例如，新建一个立方体，为其添加克隆、细分曲面（绿色图标）、膨胀、锥化（紫色图标），如图1-35所示。通过此图，可以明显看到，绿色图标之间可以是父子级的关系，而紫色图标之间必须是同级的关系才可以产生效果，立方体作为绿色图标的子级，同时作为紫色图标的父级。

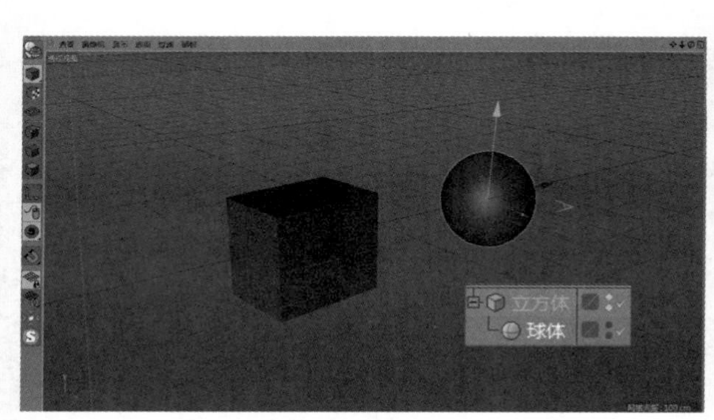

图1-34

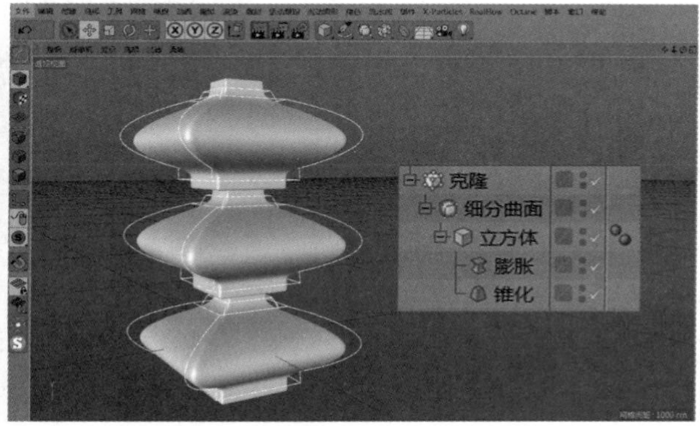

图1-35

1.2.3 父子级的特殊情况

新建立方体，将“分段”都设置为10，然后新建克隆，将立方体作为子级放置于克隆的下方，接着新建螺旋变形器，如果直接将螺旋作为子级放置于立方体的下方，螺旋影响的只是立方体，如图1-36所示。

如果想对克隆整体产生影响，用基本的父子级关系显然是实现不了的，所以就需要将克隆和螺旋打组，此时螺旋和克隆属于平级，并且螺旋会对整个克隆对象产生影响，如图1-37所示。所以要根据实际情况，对父子级的关系进行相应的调整。

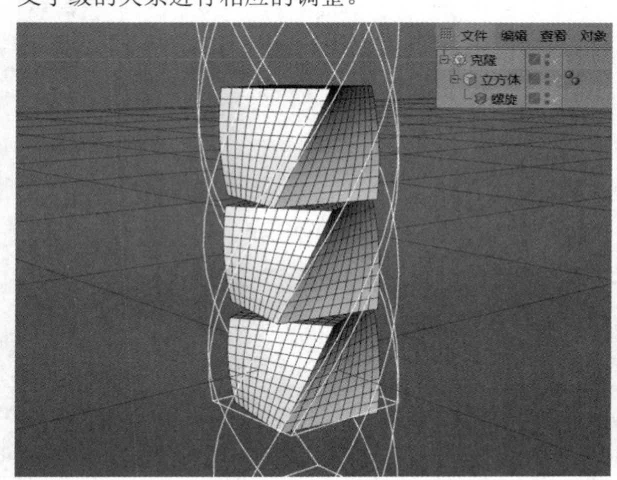

图1-36

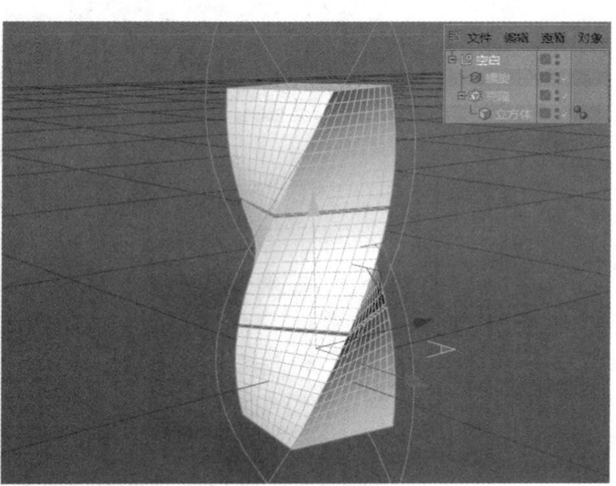

图1-37

1.3 课堂练习——卡通跷跷板

实例位置	实例文件>CH01>课堂练习——卡通跷跷板.c4d
素材位置	无
视频位置	CH01>课堂练习——卡通跷跷板.mp4
技术掌握	掌握Cinema 4D的基础运用

通过学习本案例，读者可以加深对Cinema 4D基础知识的理解，案例效果如图1-38所示。

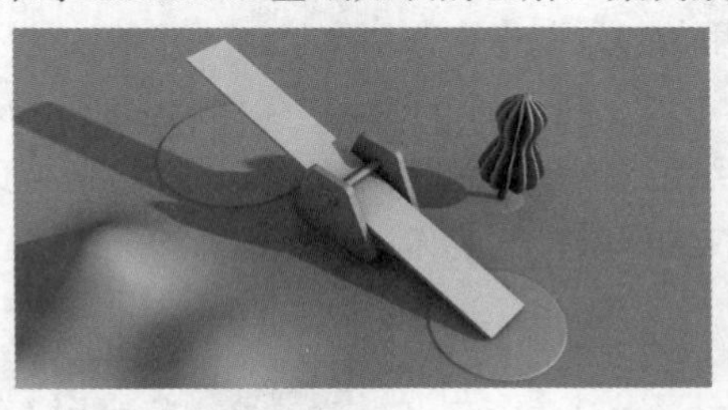

图1-38

01 执行“创建>对象>平面”命令，新建一个平面，将“宽度”设置为1330 cm，“高度”设置为2000 cm，然后将其转换为可编辑对象，选择“点模式”，选中点并向*y*轴方向移动，接着执行“创建>生成器>细分曲面”命令，新建细分曲面，将平面作为子级放置于细分曲面的下方，此时会出现小山丘效果，如图1-39所示。

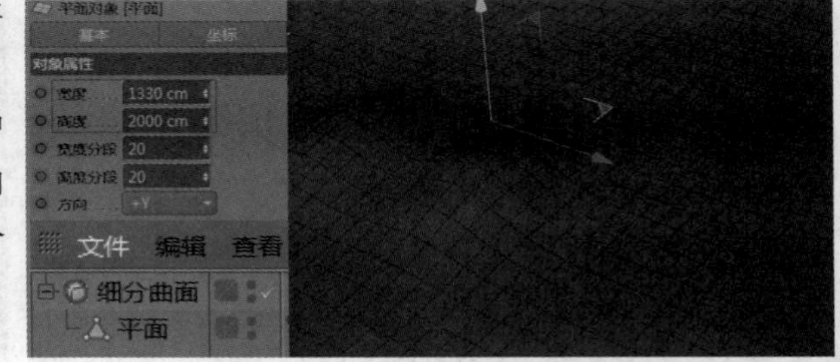

图1-39

02 执行“创建>对象>圆柱”命令，新建两个圆柱，将“半径”设置为76 cm，“高度”设置为5 cm，放置于平面的上方，如图1-40所示。

03 执行“创建>对象>立方体”命令，新建一个立方体，设置“尺寸.X”为57 cm，“尺寸.Y”为57 cm，“尺寸.Z”为9 cm，勾选“圆角”，并将“圆角半径”设置为2 cm，“圆角细分”设置为5，然后将立方体转换为可编辑对象，切换为“点模式”，缩放并复制，如图1-41所示。

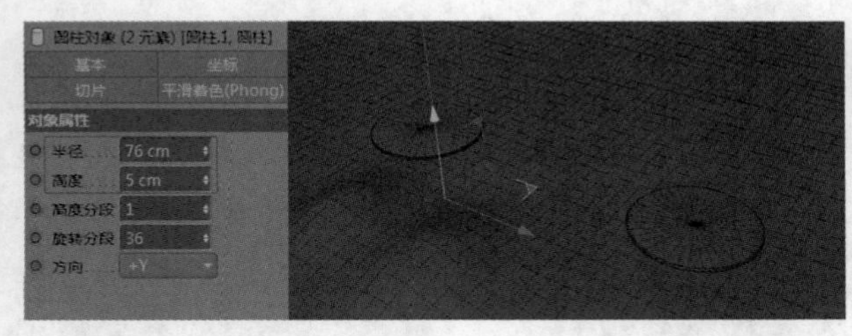

图1-40

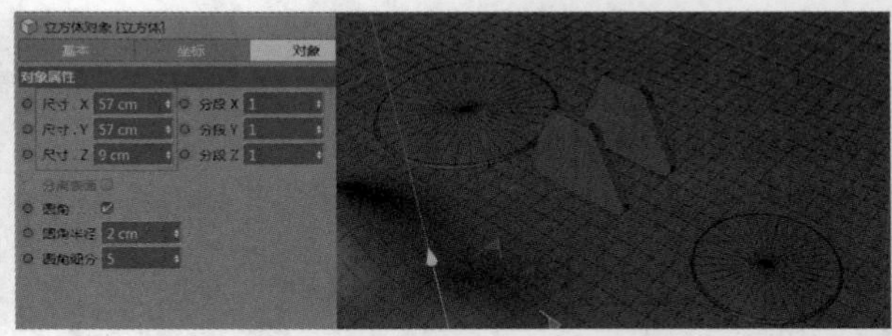

图1-41

04 新建一个圆柱，将“半径”设置为1 cm，“高度”设置为20 cm，然后新建一个立方体，设置“尺寸.X”为118 cm，“尺寸.Y”为1.5 cm，“尺寸.Z”为14 cm，并放置于合适的位置，如图1-42所示。

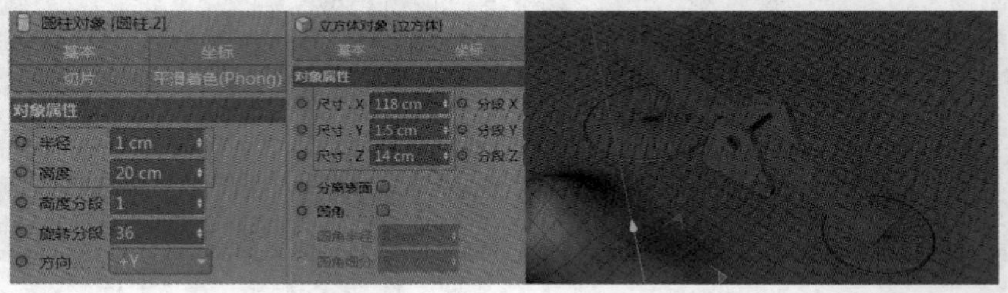

图1-42

05 双击材质面板空白处创建材质球，双击材质球打开“材质编辑器”窗口，如图1-43所示。

06 在“颜色”通道中将材质球的颜色设置为H:190°、S:45%、V:89%，其他设置保持不变，如图1-44所示。

07 再新建一个材质球，然后在“颜色”通道中将材质球的颜色设置为H:42°、S:56%、V:100%，如图1-45所示。

08 继续新建一个材质球，在“颜色”通道中将材质球的颜色设置为H:130°、S:24%、V:87%，如图1-46所示。

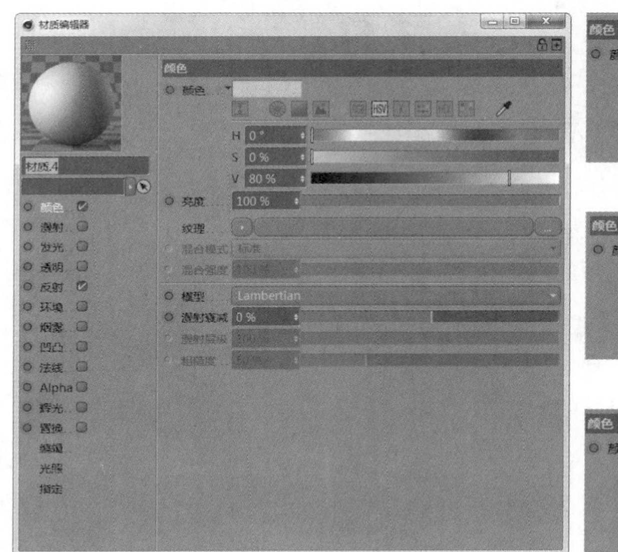

图1-43

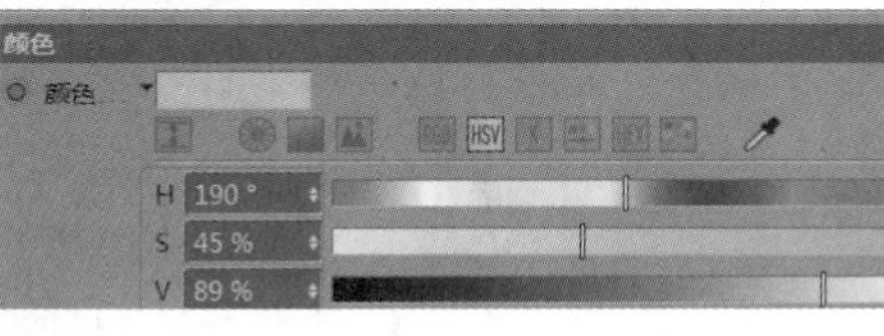

图1-44

图1-45

图1-46

09 将设置好的材质分别赋予对应的模型上，并添加物理天空，如图1-47所示。最终渲染效果如图1-48所示。读者可以观看教学视频，了解本案例的详细制作过程。

图1-47

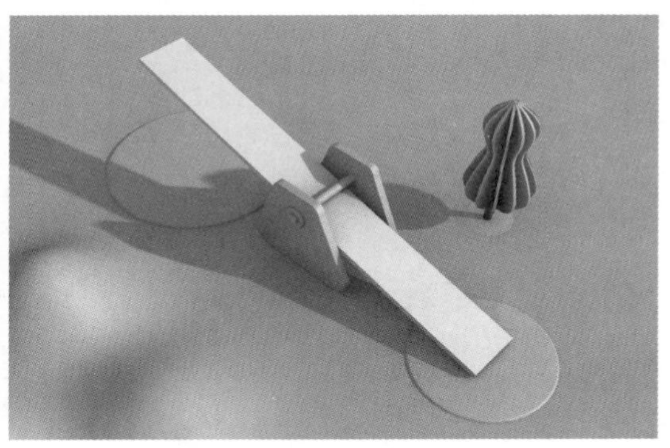

图1-48

1.4 课后习题——卡通乒乓球台

实例位置	实例文件>CH01>课后习题——卡通乒乓球台.c4d
素材位置	无
视频位置	CH01>课后习题——卡通乒乓球台.mp4
技术掌握	掌握Cinema 4D的基础运用

通过练习本习题，读者可以巩固本章所学的知识，案例效果如图1-49所示。

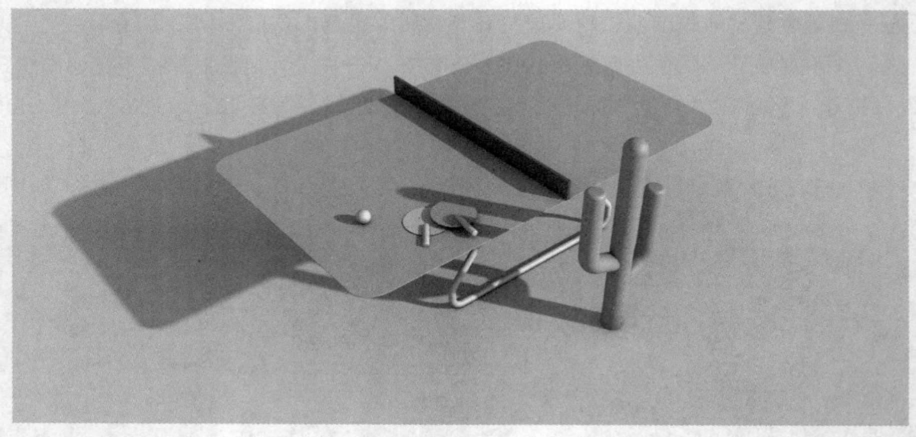

图1-49

关键步骤提示

第1步，利用样条线中的矩形工具，配合挤压、倒角等命令，制作球台模型。

第2步，利用扫描及样条线，制作仙人掌模型。

第3步，添加普通材质和物理天空，进行最终的渲染。

第2章 Cinema 4D基础几何体

Cinema 4D提供了非常多的基础几何体，有立方体、圆锥、圆柱、圆盘、管道、平面、多边形、球体、圆环、胶囊、油桶、宝石、人偶、地形、地貌、引导线和空白对象。熟练掌握这些基础几何体的使用方法，可以快速地创建简单模型。

课堂学习目标

- 掌握常用几何体的使用方法
- 掌握空白对象的3种使用方法
- 利用基础几何体制作简单模型

2.1 常用几何体介绍

2.1.1 课堂案例——卡通小章鱼

实例位置	实例文件>CH02>课堂案例——卡通小章鱼.c4d
素材位置	无
视频位置	CH02>课堂案例——卡通小章鱼.mp4
技术掌握	掌握基础几何体的使用方法

本案例主要使用基础几何体中球体，并配合其他基础几何体制作小章鱼，效果如图2-1所示。

图2-1

01 打开Cinema 4D软件，新建工程文件，执行“文件>保存”菜单命令，如图2-2所示。将工程文件保存到合适的位置，并命名为“卡通小章鱼”。

02 单击“基础几何体”选项，创建球体，作为小章鱼的头部，球体会显示在透视视图中，将球体的“半径”设置为100 cm，“分段”设置为45，这样球体会显得比较平滑，如图2-3所示。

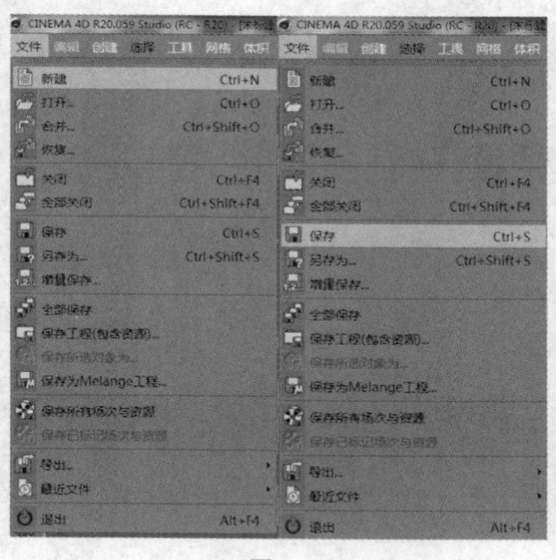

图2-2

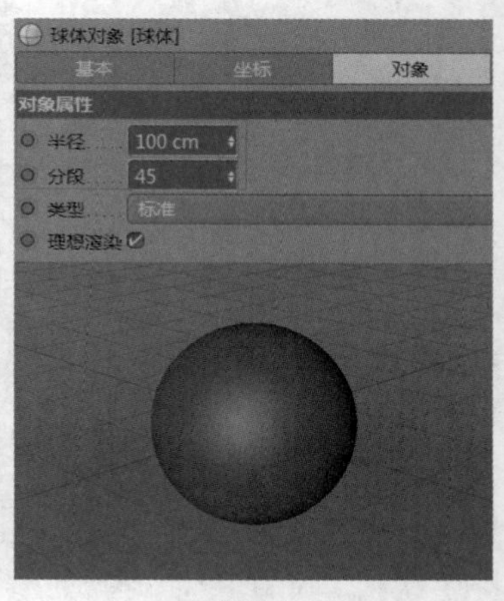

图2-3

03 执行“创建>对象>球体”命令，新建一个球体，将“半径”设置为24 cm，“分段”不变，作为章鱼的脚。如果只新建一个球体，显然是不够的，但是如果对球体进行复制操作，步骤又比较烦琐，而且排列也不均匀，此时就需要用到运动图形“克隆”，“克隆”就是按照一定的规则复制出多个对象。执行“网格>命令>克隆”命令，新建“克隆”，将“球体.1”作为子级放置于“克隆”的下方，然后在“对象属性”选项中将模式设置为“放射”，球体就会呈现出环状排列，如图2-4所示。

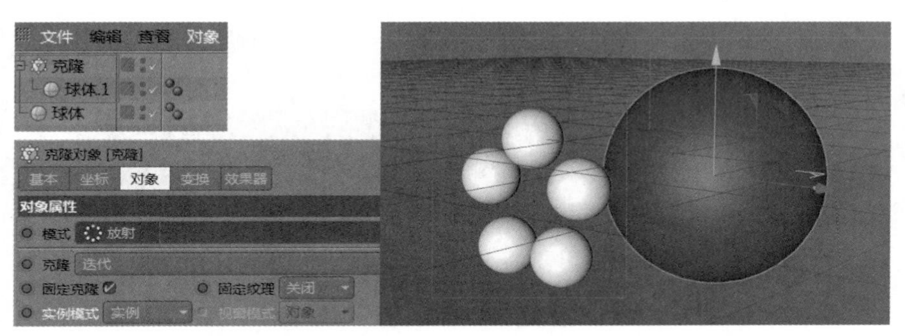

图2-4

04将克隆的球体旋转90°，放置于章鱼头部球体的正下方，设置“数量”为13，“半径”为80 cm，然后按快捷键Ctrl+D调出工程设置，将“默认对象颜色”改为“80%灰色”，如图2-5所示。

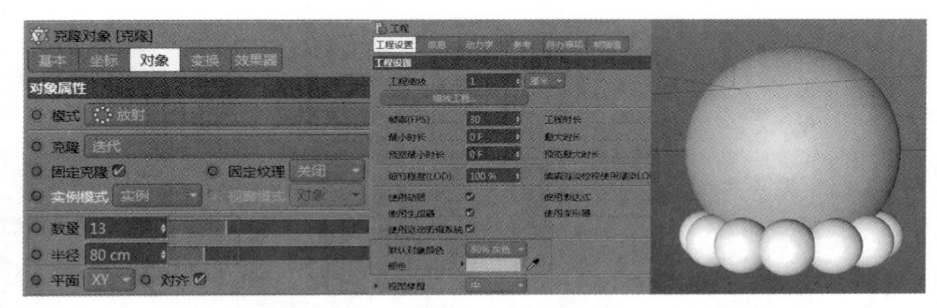

图2-5

05执行“创建>对象>圆锥”命令，新建圆锥，将“顶部半径”设置为6.5 cm，“底部半径”设置为58 cm，“高度”设置为108 cm，在“封顶”选项中，勾选“顶部”和“底部”，将顶部的“半径”设置为6.5 cm，“高度”设置为22 cm，底部的“半径”和“高度”都设置为22 cm，然后将设置好的圆锥放置于球体的正下方，如图2-6所示。

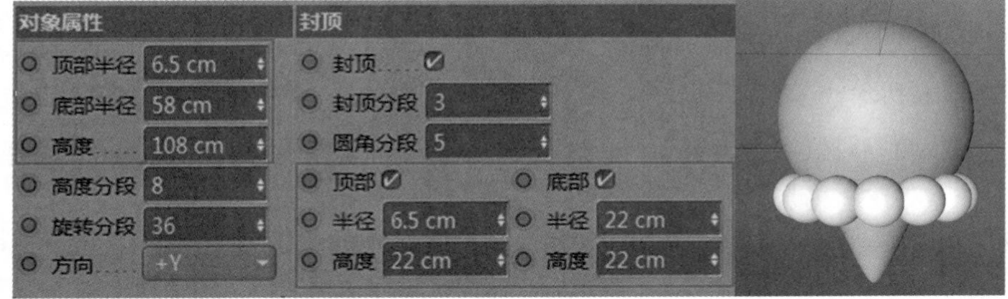

图2-6

06新建圆柱和圆柱.1，将圆柱的“半径”设置为27 cm，“高度”设置为8 cm，在“封顶”选项中，勾选“圆角”，将“半径”设置为3 cm，如图2-7所示。将圆柱.1的“半径”设置为36 cm，“高度”设置为11 cm，在“封顶”选项中，勾选“圆角”，将“半径”设置为5.5 cm，将圆柱放置于圆柱.1的正上方，如图2-8所示。

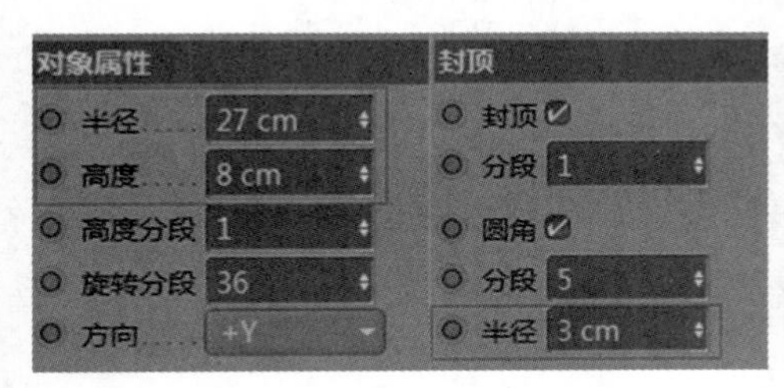

图2-7

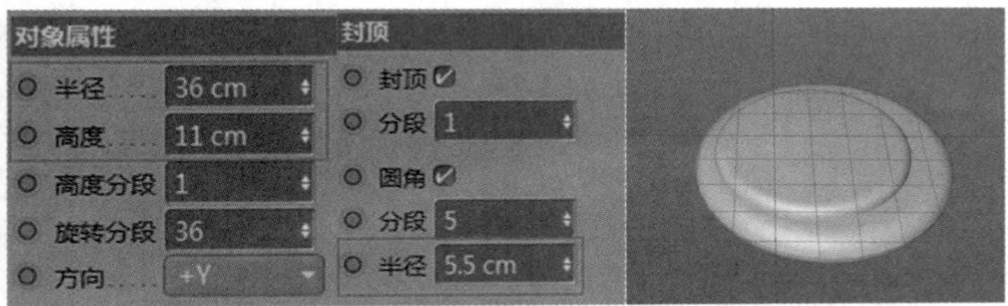

图2-8

07 对圆柱和圆柱.1进行打组操作，按快捷键Alt+G或者新建空白对象，将两个圆柱移至空白对象中，并旋转90°，作为章鱼的眼睛，如图2-9所示。

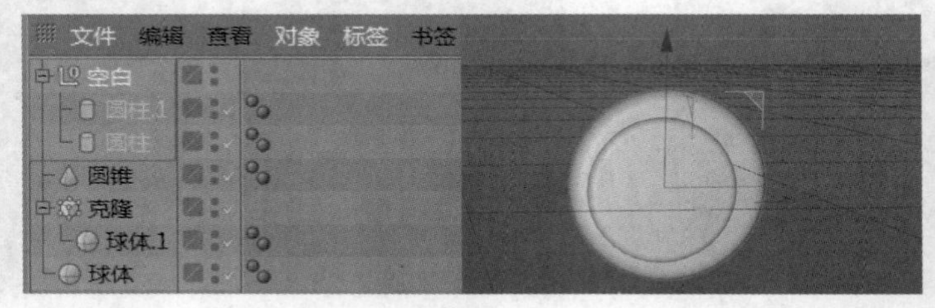

图2-9

08 执行“创建>造型>对称”命令，将空白对象移至对称的子级，在对称属性中将“镜像平面”设置为ZY，然后将眼睛对象放置于球体的正前方，如图2-10所示。

09 执行“创建>对象>圆环”命令，新建圆环，将“圆环半径”设置为9 cm，“导管半径”设置为3 cm，激活“切片”选项，将“起点”设置为413°，将“终点”设置为131°，然后将圆环移至两只眼睛中间靠下的位置，如图2-11所示。

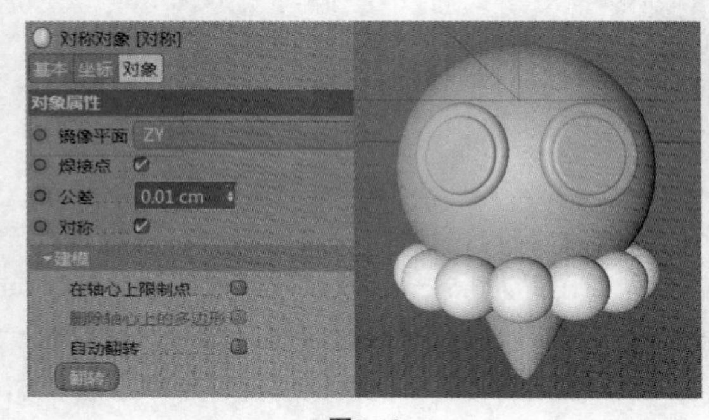

图2-10

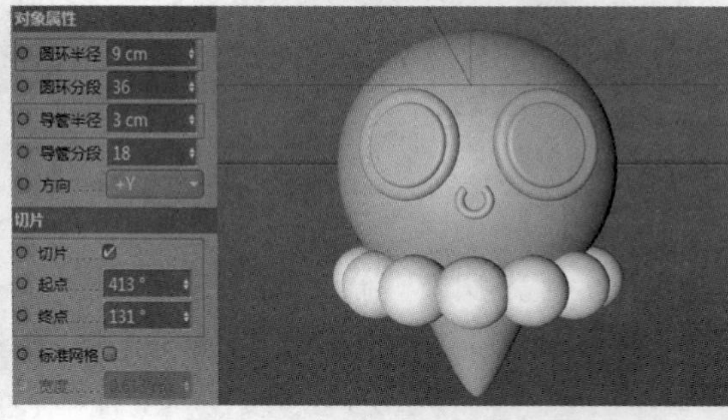

图2-11

10 复制圆锥，将“顶部半径”设置为3.5 cm，“底部半径”设置为31 cm，“高度”设置为60 cm，置于章鱼头部右后方，如图2-12所示。

11 新建平面，将“宽度”设置为1220 cm，“高度”设置为635 cm，置于模型的后方，作为背景使用，如图2-13所示。

12 执行“创建>摄像机>摄像机”命令，新建摄像机，进入摄像机视图，在“坐标”选项中，将R.B的数值设置为-12°，如图2-14所示。

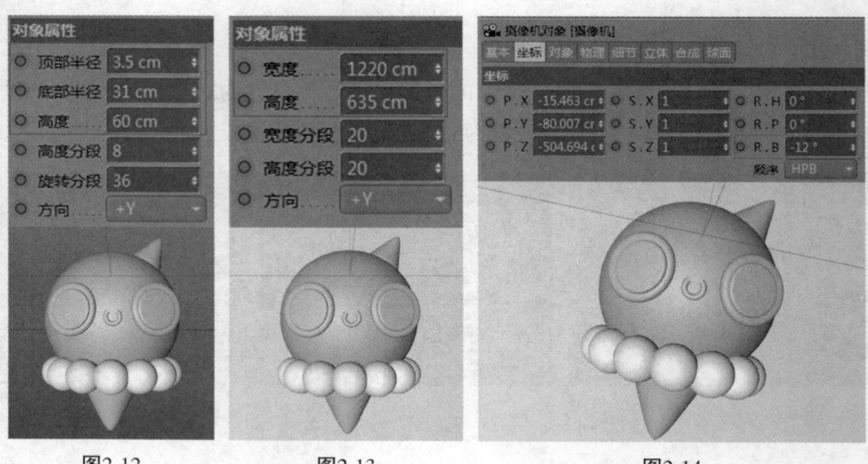

图2-12 图2-13 图2-14

⑬执行“创建>物理天空>物理天空”命令，新建物理天空，目的是为场景增加照明。使用鼠标右键单击物理天空，在弹出的菜单中选择“CINEMA 4D标签”选项中的“合成”标签，取消勾选“合成标签”中的“摄像机可见”选项，在物理天空“太阳”选项卡中，将“投影”的“密度”设置为10%，如图2-15所示。

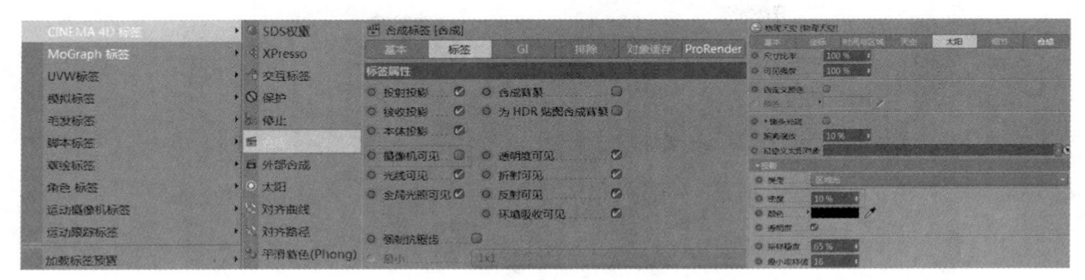

图2-15

⑭双击材质面板空白处新建材质球，然后双击材质球，在弹出的材质编辑器中，将“颜色”H设置为349°，S设置为60%，V设置为90%，作为模型的头部材质，如图2-16所示。

⑮其他材质同理，按住Ctrl键拖曳材质球，就会复制出一个新的材质球，对颜色进行设置，并赋予模型不同的部位，如图2-17所示。

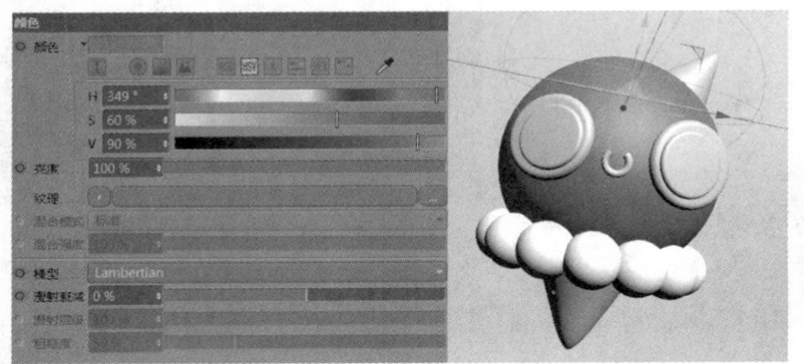

图2-16

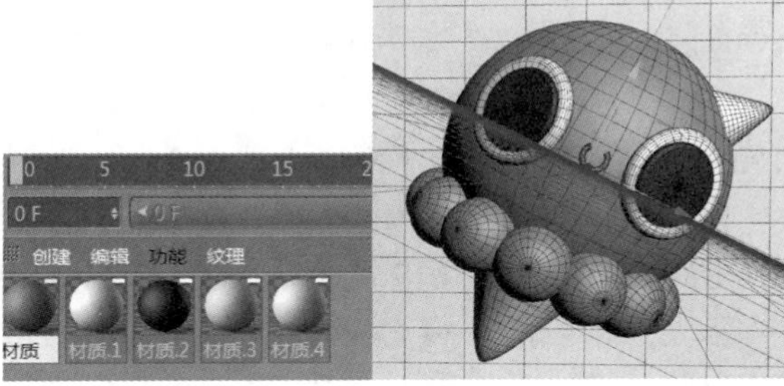

图2-17

⑯单击“渲染活动视图”按钮或按快捷键Ctrl+R进行渲染，发现渲染效果偏黑，并且和效果图也有一定差距，如图2-18所示。这是因为没有打开“全局光照”和“环境吸收”。

⑰单击“渲染设置”按钮，在弹出的“渲染设置”窗口中，使用鼠标右键单击左侧空白处，在弹出的菜单中，选择“全局光照”和“环境吸收”，如图2-19所示。

⑱渲染活动视图，可以看到效果明亮了很多，并且质感也更好了，如图2-20所示。

图2-18

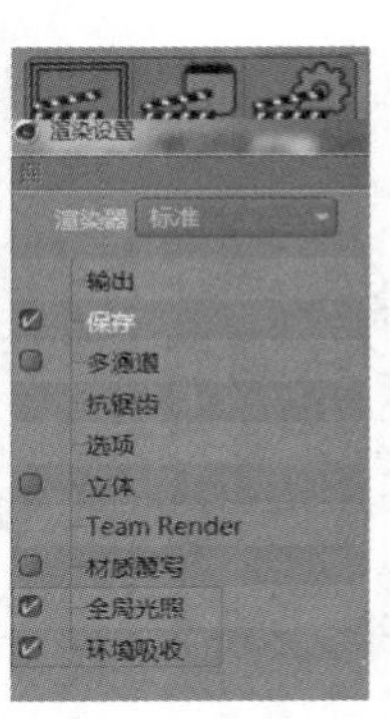

图2-19

图2-20

⑲原效果图中有线描的效果，所以，在“渲染设置”选项中，选择“线描渲染器”，将“颜色”和“边缘”全部勾选，最终渲染效果如图2-21所示。

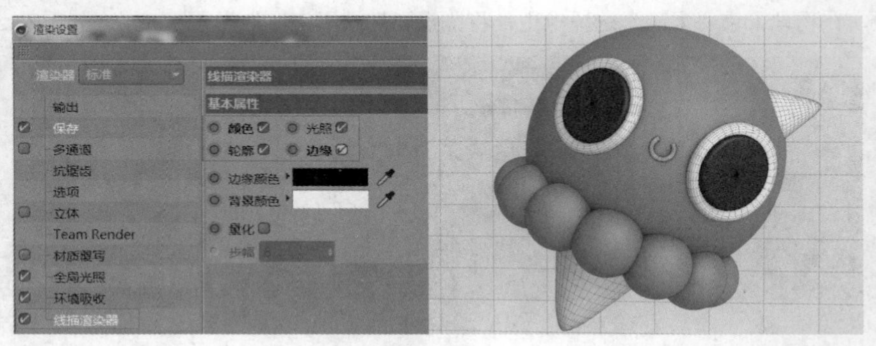

图2-21

2.1.2 立方体

基础几何体在建模过程中很重要，下面就对基础几何体做简单介绍。在这些基础几何体中，最常用的有“立方体”“圆柱”“平面”“球体”“圆环”“管道”及“地形”，如图2-22所示。

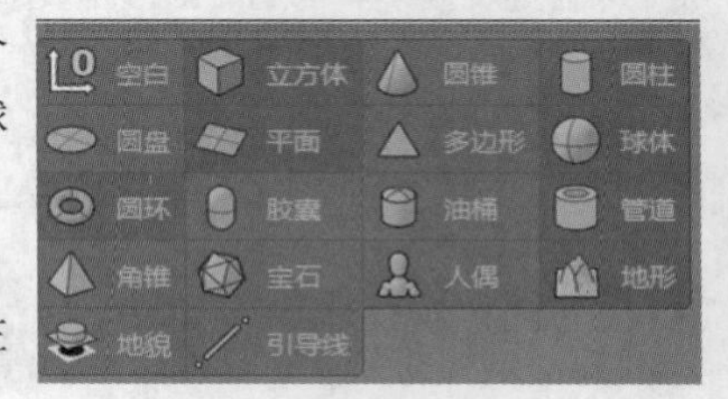

图2-22

在“立方体”上按住鼠标左键不放，就会出现基础几何体的种类框，然后把鼠标指针移至种类框的最上方，就会出现白色的区域，松开鼠标左键，种类框就会弹出，接着把它拉大，在种类框空白区域单击鼠标右键，在弹出的菜单中单击“图标尺寸”中的“大图标”，如图2-23所示。

“立方体”作为一个经常使用的几何体，在工作中有着非常重要的作用。首先，单击立方体，透视图中就会出现一个立方体，可以看到，立方体上会出现坐标轴，红色代表*x*轴，绿色代表*y*轴，蓝色代表*z*轴，如图2-24所示。

3个轴向上各有一个小黄点，在小黄点上按住鼠标左键不放，移动鼠标，就可以调整立方体的形状，如图2-25所示。

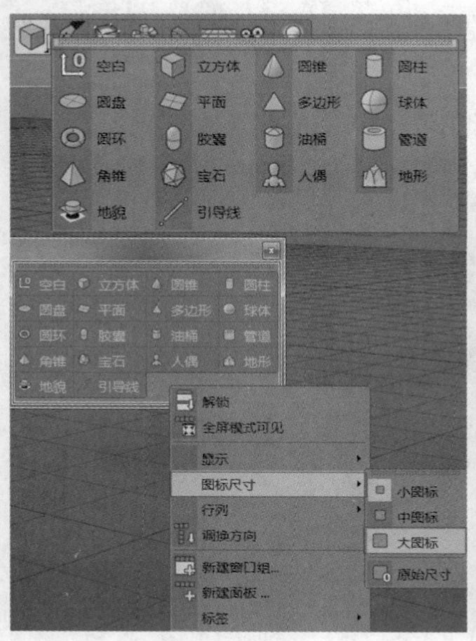

图2-23

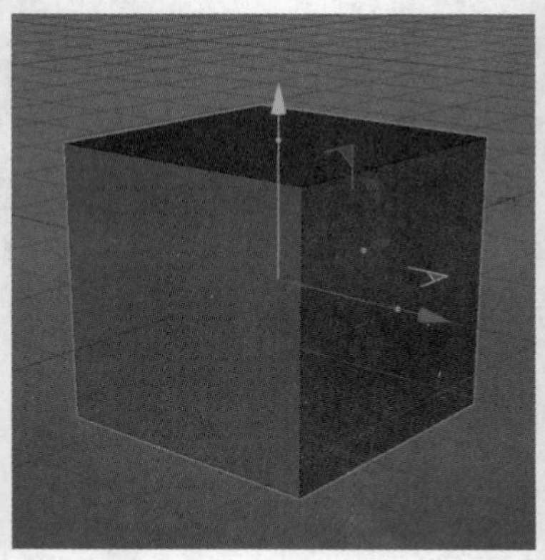

图2-24

图2-25

单击右侧对象面板当中的立方体，在下方的属性面板中有“基本”“坐标”“对象”“平滑着色（Phong）”4个选项，如图2-26所示。“基本”“坐标”“平滑着色（Phong）”是基础几何体所共有的，所以，先介绍这3个，最后介绍“对象”属性。

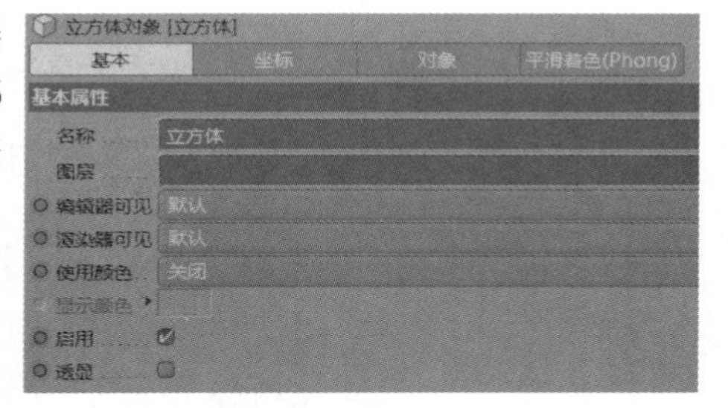

图2-26

1.基本

在实际工作中，此属性一般保持默认设置。“编辑器可见”用于设置立方体在渲染窗口中是否可见；“渲染器可见”用于设置立方体在渲染的时候是否可见；“使用颜色”用于设置立方体在编辑器中显示的颜色；“启用”用于设置“基本属性”是否打开；勾选“透显”，编辑器中立方体将显示为透明，如图2-27所示。

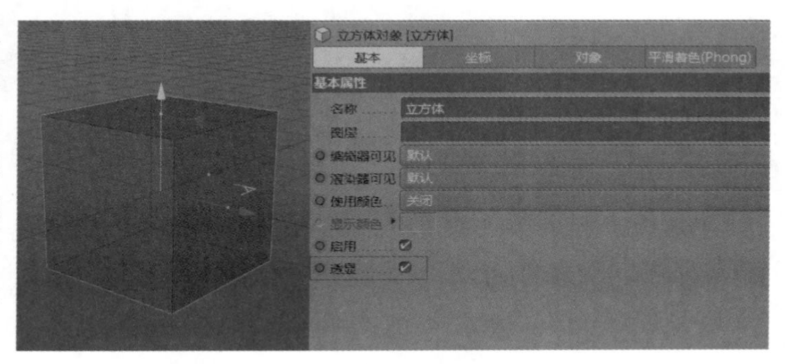

图2-27

2.坐标

P代表位置，S代表缩放，R代表旋转，X、Y、Z分别代表方向。例如，设置P.X的数值为20 cm，表示立方体在x轴方向移动20 cm，如图2-28所示。

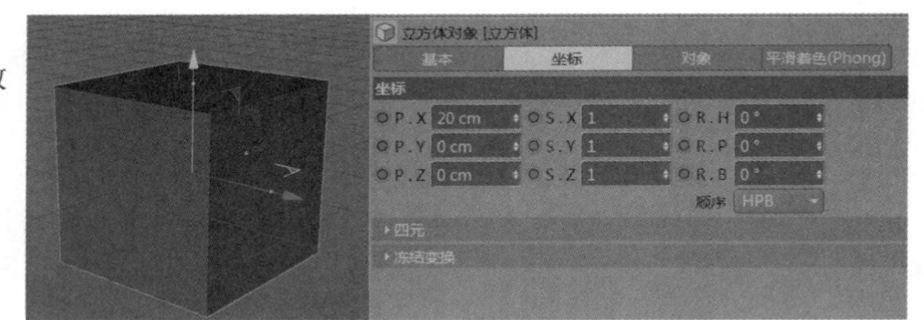

图2-28

3.平滑着色（Phong）

“平滑着色”从字面意思上可以理解为对物体做平滑处理，在工作当中常用于创作一些低面体模型，如图2-29所示。

图2-29

所以，平滑着色针对的是比较圆滑的模型，对于立方体来说，显然是不适用的。还要提到一点，即在新建立方体以后，立方体后会自动出现两个橘黄色的圆点，这两个圆点代表的是平滑标签，如图2-30所示。它和平滑着色是一样的，如果把它去掉，属性面板中的平滑着色也会相应消失，如图2-31所示。

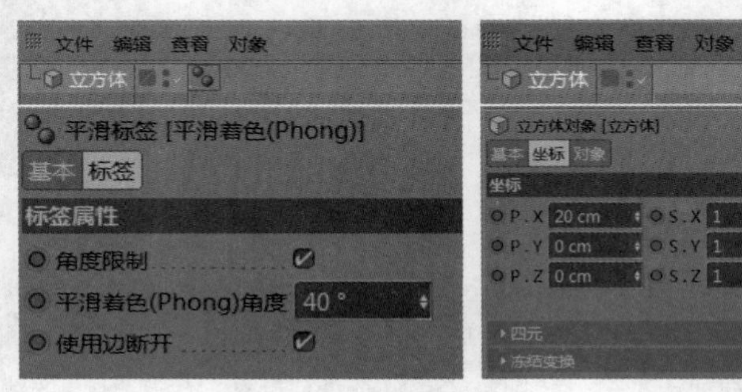

图2-30　　图2-31

4.对象

打开立方体的“对象”属性选项，有“尺寸”“分段”“分离表面”“圆角”4 个属性，如图 2-32 所示。

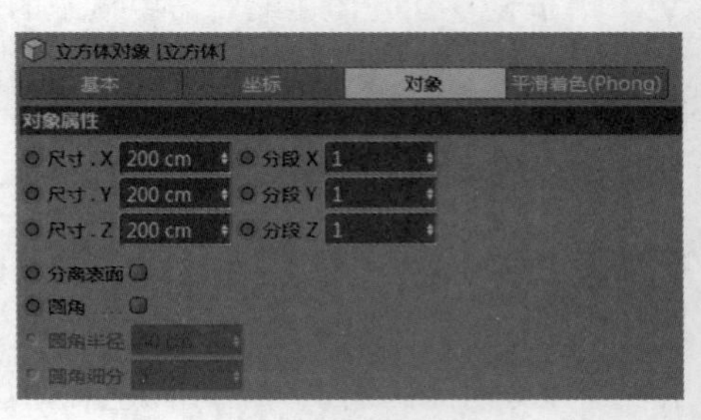

图2-32

“尺寸”表示立方体的大小。尺寸.X、尺寸.Y、尺寸.Z分别代表立方体的长、宽、高，默认立方体的大小为长、宽、高均为200 cm，调节数值，可以改变立方体的大小。例如，将“尺寸.X”改成86 cm，立方体也随之改变，如图2-33所示。

分段需要打开“显示”选项下的“光影着色（线条）”模式才能看到，如图2-34所示，其表示立方体X、Y、Z面的面数。例如，将“分段Y”的数值改为5，表示*y*轴向的表面被分成5段，如图2-35所示。

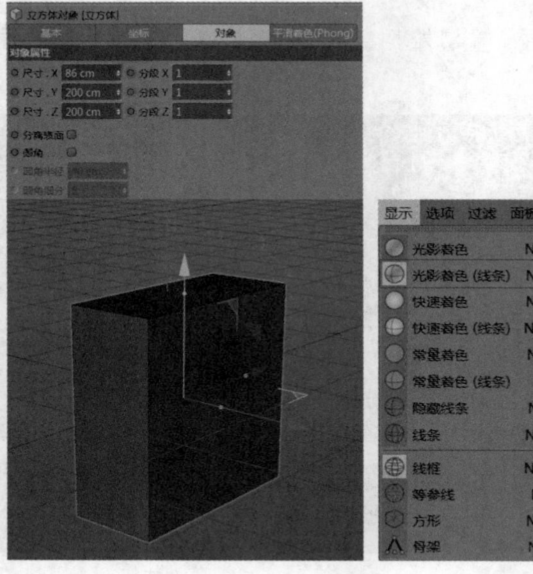

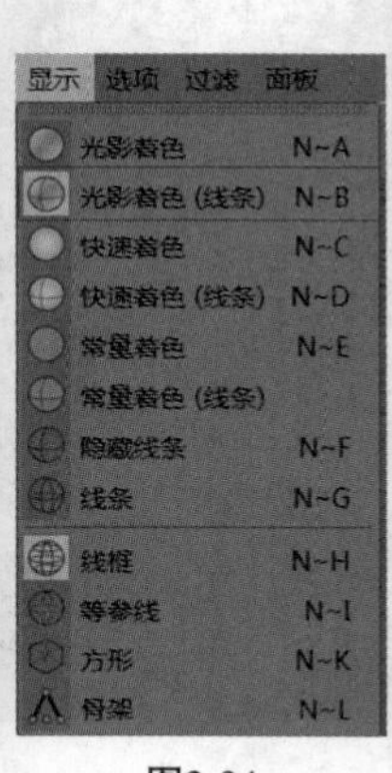

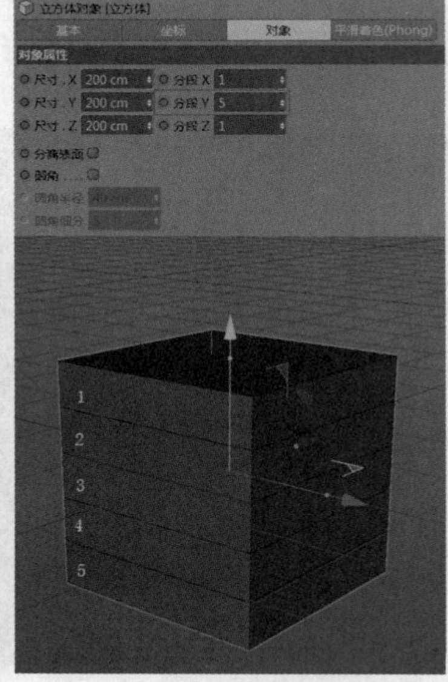

图2-33　　图2-34　　图2-35

新建两个立方体，一个立方体勾选“分离表面”，另一个不勾选，如图2-36所示。把两个立方体转换成可编辑对象，勾选了“分离表面”的立方体，它的每个面都是单独分开的，而没有勾选的立方体，它还是一个整体，如图2-37所示。

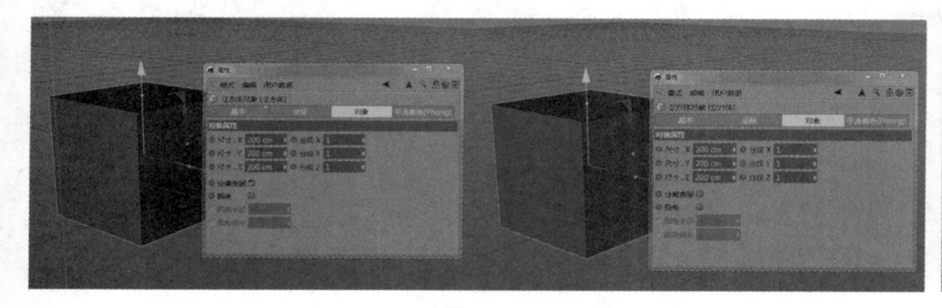

图2-36

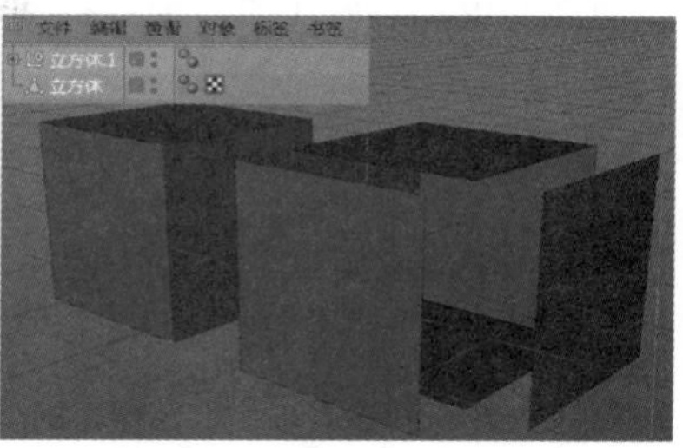

图2-37

勾选“圆角”，可以对立方体的边缘做平滑处理。“圆角半径”和“圆角细分”可以调节平滑的程度。例如，将“圆角半径”设置为20 cm，“圆角细分”设置为5，立方体边缘如图2-38所示。

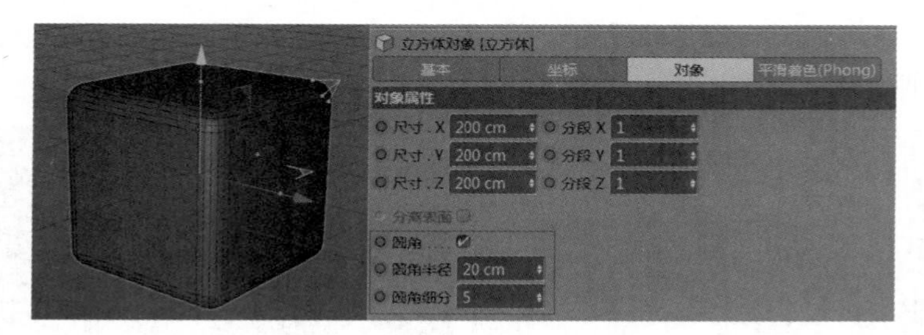

图2-38

立方体的功能不仅限于此，在工作中，可以利用立方体制作各种形状的物体。先把立方体转换成可编辑对象，然后选中立方体，单击“显示”中的第二个选项，把立方体的显示模式改为“光影着色（线条）”模式，如图2-39所示。

选择编辑工具栏里面的“点模式”，选择“框选”工具，如图2-40所示。框选立方体的两个点，向z轴方向移动，再框选另外两个点，向y轴方向移动，就可以做出不同的形状，如图2-41所示。

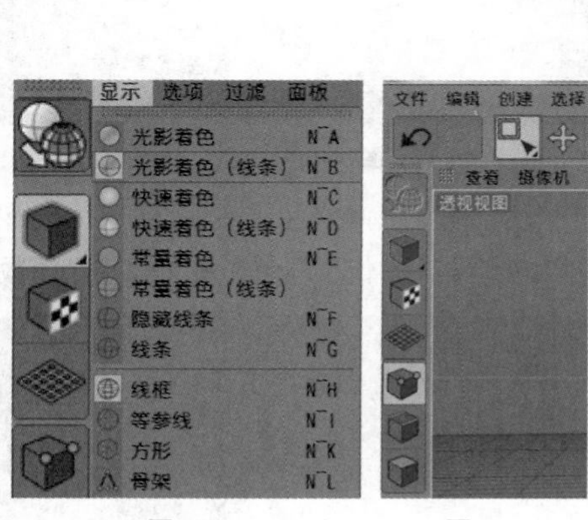

图2-39　图2-40　图2-41

也可以选择“面模式”和“边模式”对立方体进行调整，调整为自己需要的形状。

2.1.3 圆锥

在场景中新建一个圆锥，单击对象面板中的圆锥，可以看到，在属性面板中，除了“对象”以外，又增加了“封顶”和“切片”两个选项，如图2-42所示。

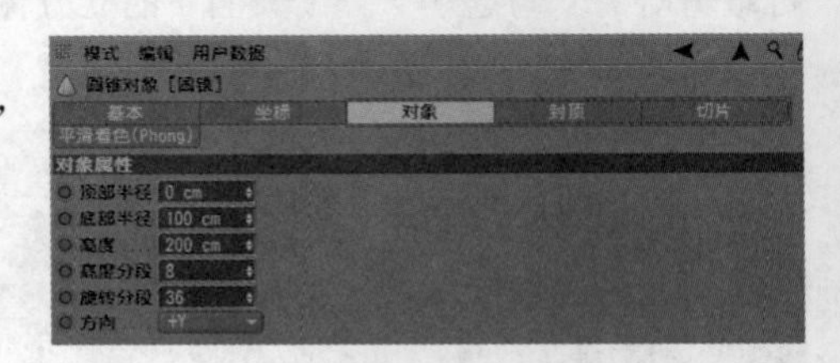

图2-42

1.对象

在“对象属性”中，“顶部半径”代表圆锥顶部圆的半径，可以调节数值，增大或者减小半径大小；“底部半径”代表圆锥底部圆的半径，同样的道理，调节数值可以改变半径大小；“高度”代表顶部到底部的垂直距离，调节数值可以改变圆锥的高度；“高度分段”代表从顶部到底部圆锥的分段面数，例如，将“高度分段”调节为3，可以看到圆锥从上到下被分成3段面，如图2-43所示；“旋转分段”代表圆锥从上到下连接的边数，例如，将“旋转分段”设置为3，可以看到，圆锥连接顶部和底部的边变成了3条，如图2-44所示；“方向”代表顶部所指的方向。

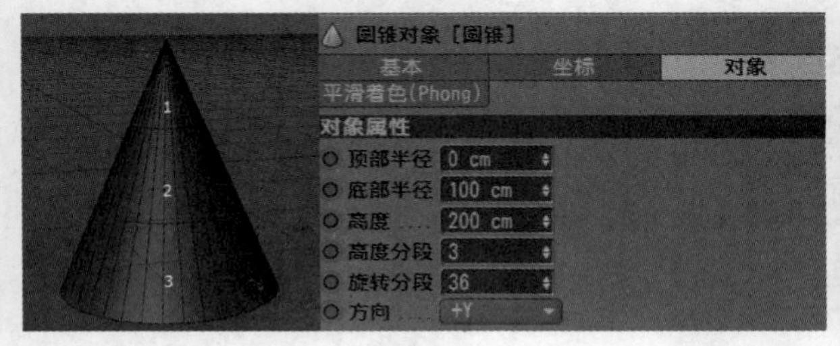

图2-43

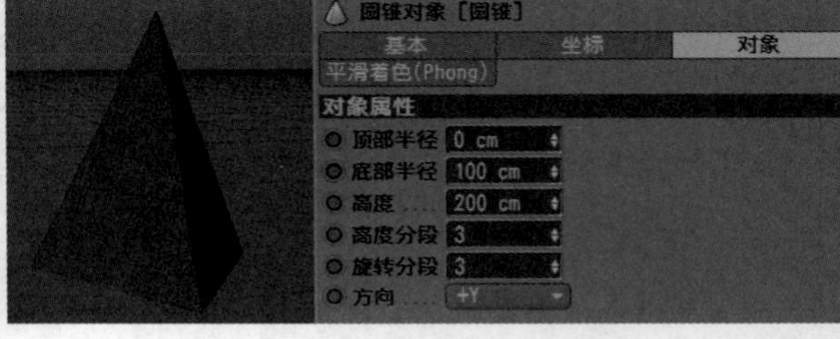

图2-44

2.封顶

“封顶”代表顶部和底部的面是封闭的。例如，关闭“封顶”选项，可以看到圆锥的底部是没有面的，因为顶部的半径是0 cm，所以看不到效果，如图2-45所示。如果把顶部的半径加到20 cm，可以看到顶部依然是没有面的，这就是封顶的意义，如图2-46所示。

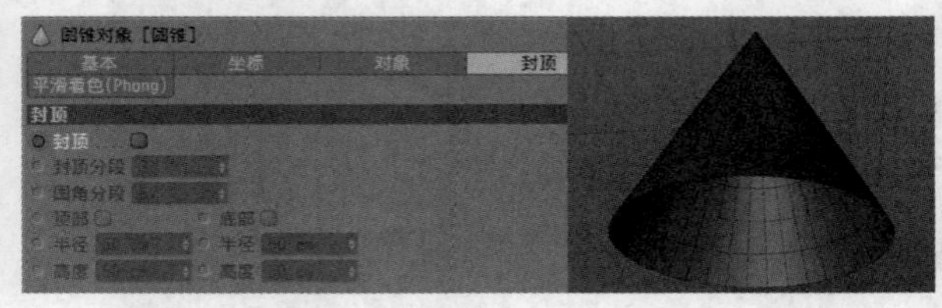

图2-45

图2-46

封顶分段：可以通过调整数值来看它的变化。例如，先把“封顶分段”的数值调整为1，如图2-47所示，然后把“封顶分段”的数值调整为5，可以看到明显的变化，如图2-48所示。简单地说，它代表顶面和底面的分段面数。

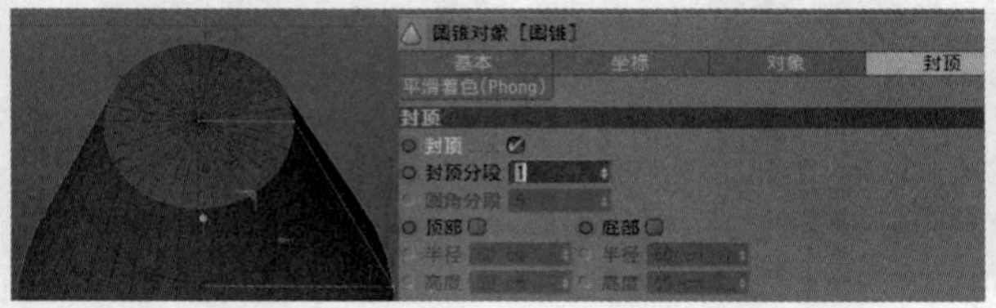

图2-47

图2-48

顶部：勾选“顶部”选项，就会同时激活“半径”和“高度”选项。“半径”代表顶部边的圆滑程度；“高度”代表顶部高度的最大圆滑程度，可以通过调节数值观察形状变化。例如，把顶部“半径”的数值调整为20 cm，“高度”调整为100 cm，可以通过对比看到变化，如图2-49和图2-50所示。

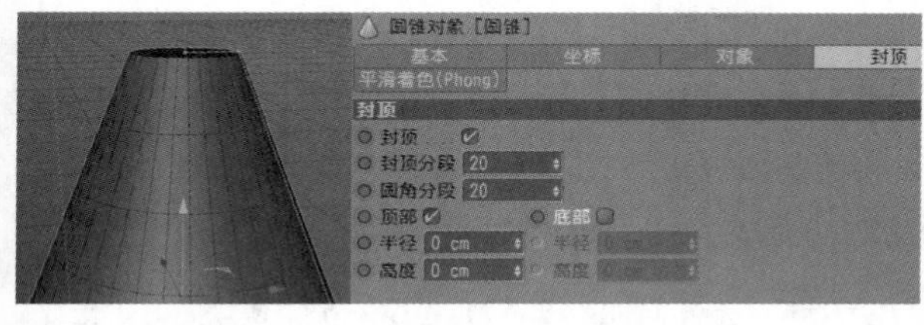

图2-49

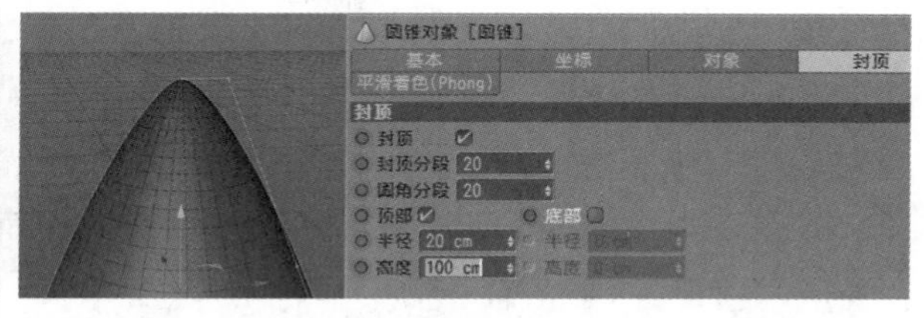

图2-50

底部：代表底部的圆滑程度。勾选“底部”选项，将“半径”和“高度”都调整为100 cm，就变成了水滴的形状，对比效果如图2-51和图2-52所示。

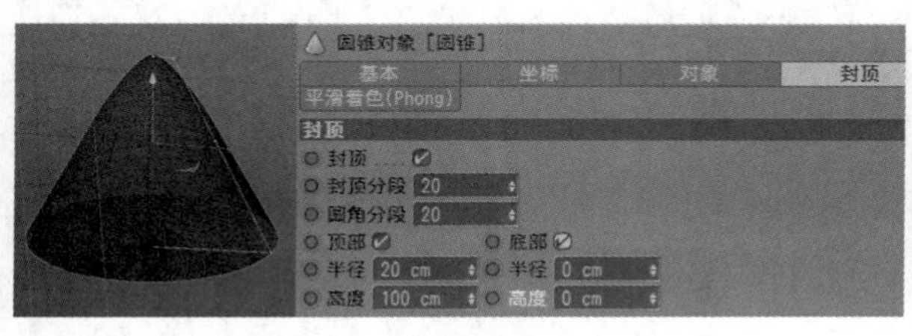

图2-51

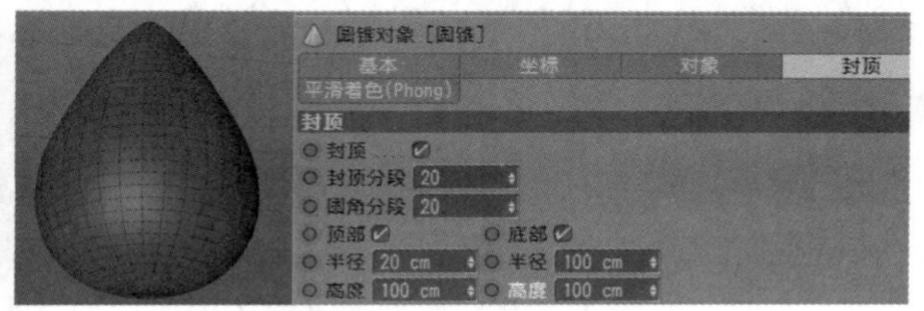

图2-52

3.切片

勾选“切片”选项，可以看到圆锥体只显示了一半的内容，这就和用刀片把它切开一样，如图2-53所示。

起点/终点：分别代表顺时针和逆时针的切片角度。例如，将“起点”数值设置为20°，“终点”数值设置为270°，圆锥就会呈现不同的切片角度，变成另外一种形状，如图2-54所示。

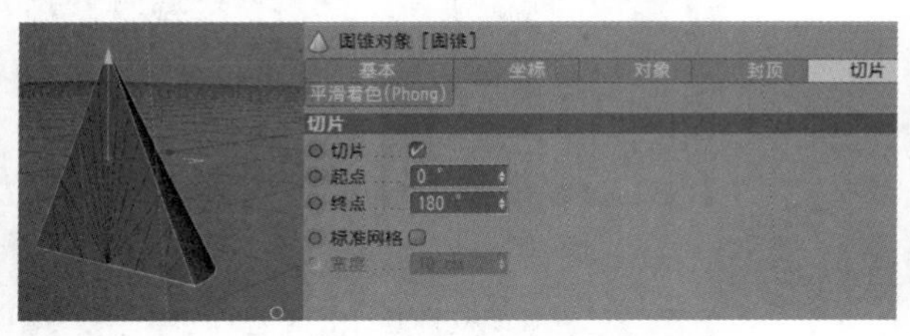

图2-53

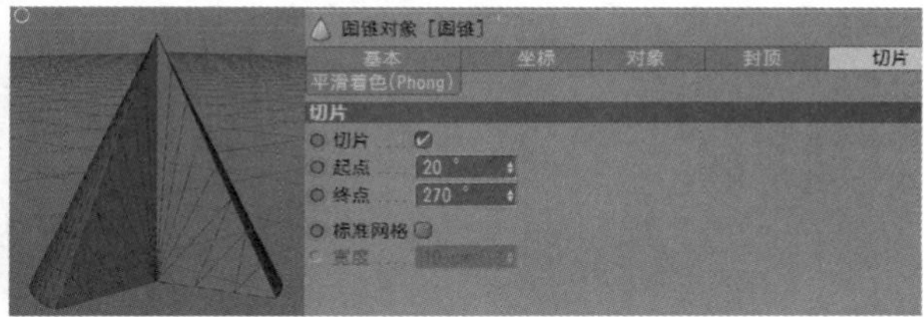

图2-54

标准网格：勾选“标准网格”选项，可以使物体的布线整齐，数值越小，物体的布线越整齐。读者可能会有疑问：布线整齐有什么作用呢？举个很简单的例子：没有激活“标准网格”选项时，将扭曲变形器（扭曲会在后面的章节讲到）放到圆锥的子级，单击扭曲，匹配到父级，调整强度数值为-118°，可以看到模型会发生错误，如图2-55所示。勾选“标准网格”选项以后，可以看到布线变得规则整齐，如图2-56所示。

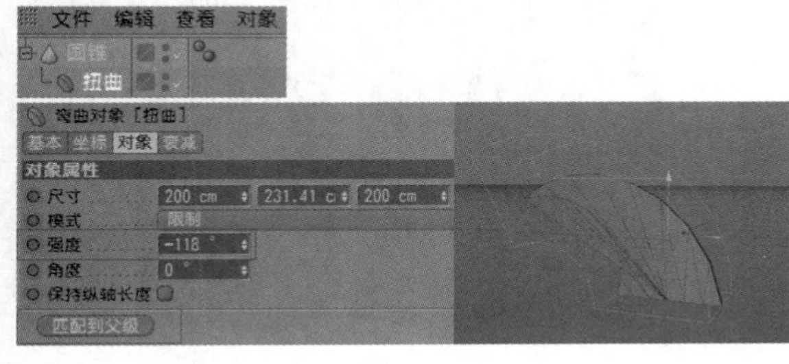

图2-55

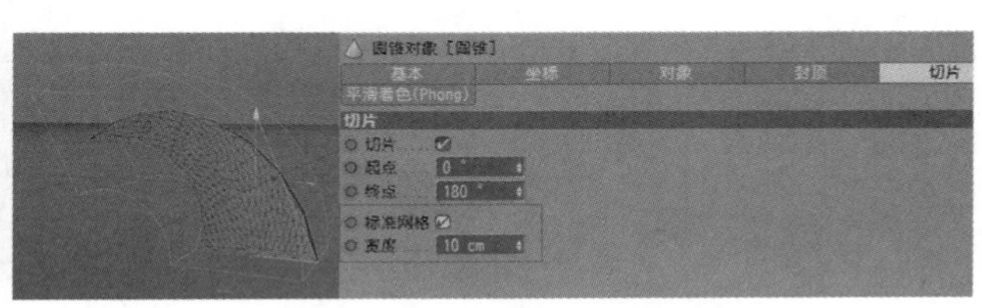

图2-56

2.1.4 圆柱

圆柱和圆锥的属性类似，属性面板中有“对象”“封顶”“切片”选项。

1.对象

在“对象属性”中，“半径”代表圆柱的半径；“高度”代表圆柱的高度；“高度分段”代表在y轴上分段的面数；“旋转分段”代表连接两个面的边数，例如，将“高度分段”设置为3，y轴上就会出现3段面，如图2-57所示；将“旋转分段”设置为3，连接上下两个面的边就变成了3条，如图2-58所示。

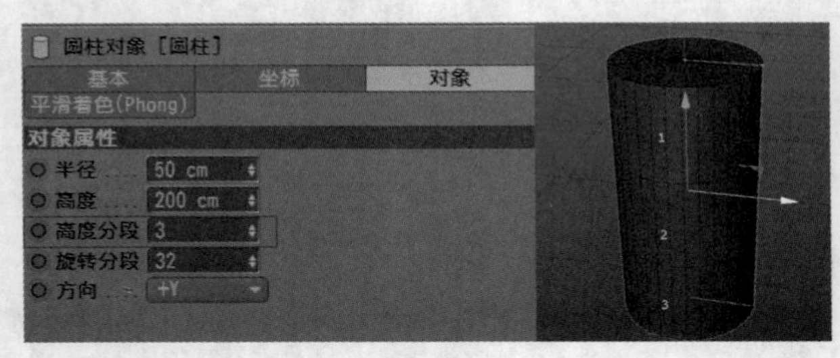

图2-57

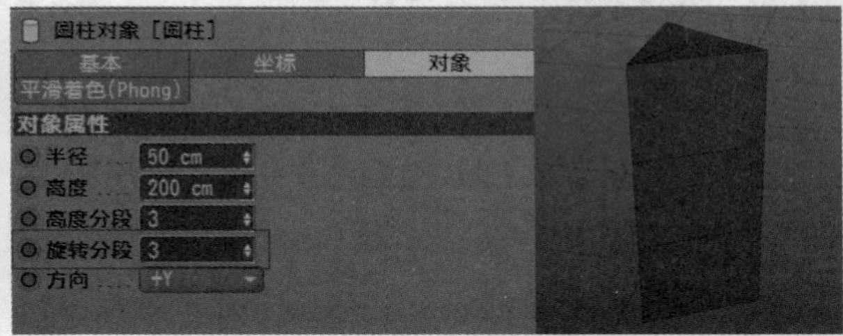

图2-58

2.封顶

“封顶”代表顶部和底部的面是封闭的。例如，不勾选“封顶”选项，圆柱的顶部和底部的面就没有了，如图2-59所示。勾选“封顶”选项，单击激活“圆角”选项，“分段”代表弧度的平滑程度，“半径”代表弧度的高度。将“分段”设置为9，“半径”设置为17 cm，可以看到，圆柱的边缘部分有了一定的弧度，如图2-60所示。

图2-59

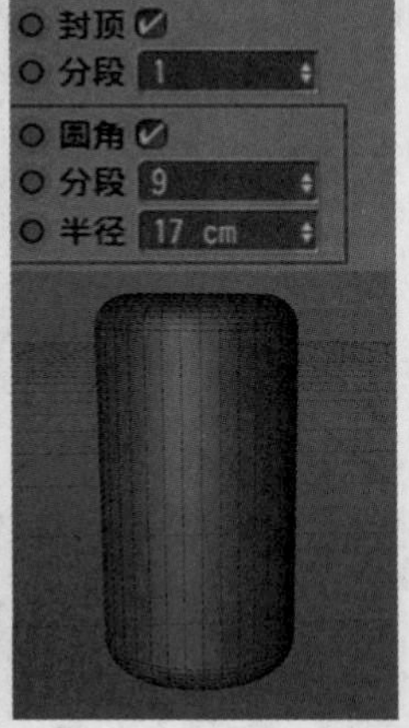

图2-60

3.切片

勾选“切片”选项，可以看到圆柱体只显示了一半的内容，如图2-61所示，这就和用刀片把它切开一样，与圆锥“切片”的原理一样。

起点/终点：分别代表顺时针和逆时针的切片角度。例如，将“起点”数值设置为110°，“终点”数值设置为190°，圆柱就会呈现不同的切片角度，变成另外一种形状，如图2-62所示。

标准网格：它可以让物体截面的布线更加整齐，从而不会出现错误，可以参考“圆锥”部分的讲解。

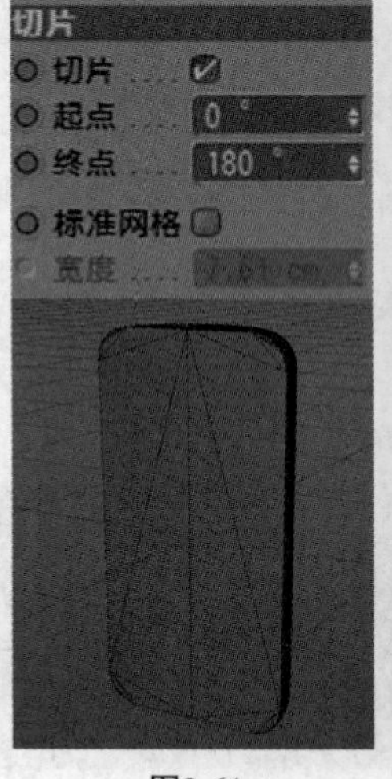

图2-61

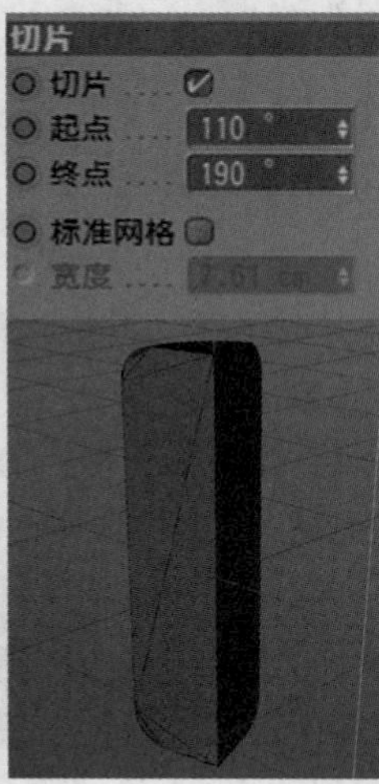

图2-62

2.1.5 圆盘和管道

圆盘和管道的原理类似，圆盘和管道都是由一个内圆和一个外圆组成的。新建一个圆盘和一个管道，如图2-63所示。

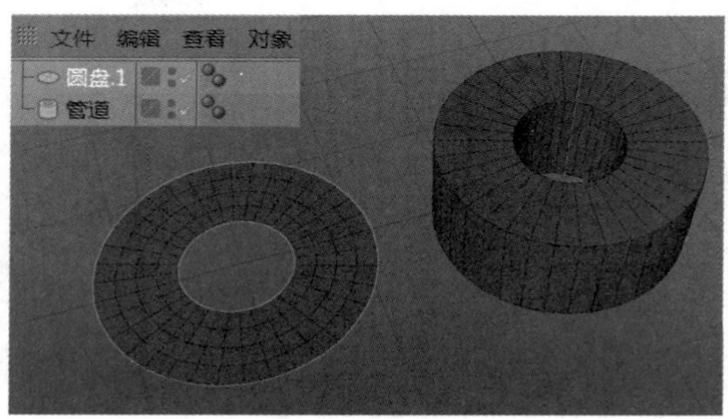

图2-63

1.相同点

单击圆盘和管道，查看属性面板的对象属性，可以看到两个模型都有“内部半径”和“外部半径”，“内部半径”代表内圆的半径，“外部半径”代表外圆的半径。将圆盘“内部半径”和“外部半径”分别设置为50 cm和120 cm，代表从圆心到内圆边的距离为50 cm，圆心到外圆边的距离为120 cm，如图2-64所示。

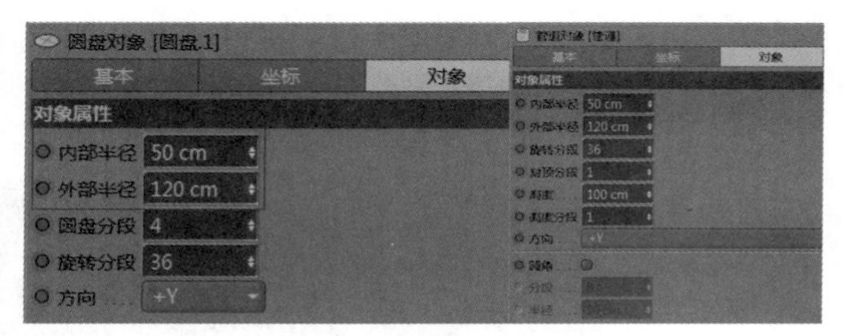

图2-64

“圆盘分段”和管道的“封顶分段”含义相似，都是代表内圆到外圆的分段面数，将“圆盘分段”和管道的“封顶分段”都设置为3，如图2-65所示，可以看到圆盘和管道从内圆到外圆的分段面数都为3个面，如图2-66所示。

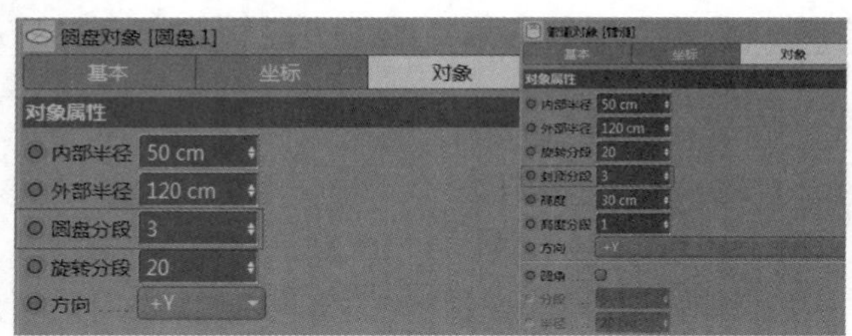

图2-65

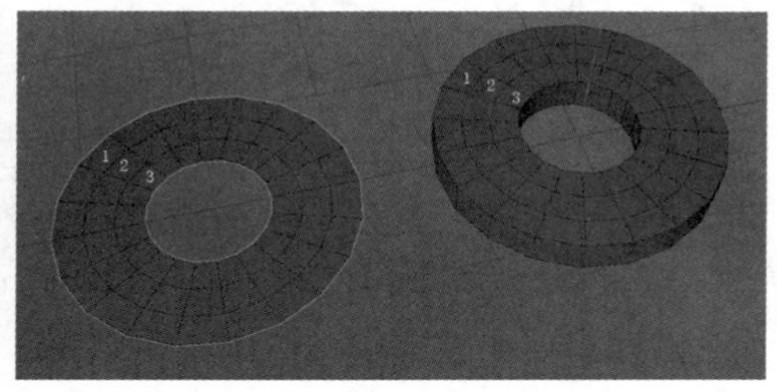

图2-66

“旋转分段”代表连接圆的边数。例如，将圆盘和管道的“旋转分段”都设置为3，如图2-67所示，可以看到，圆盘和管道都变成了3条边，如图2-68所示。

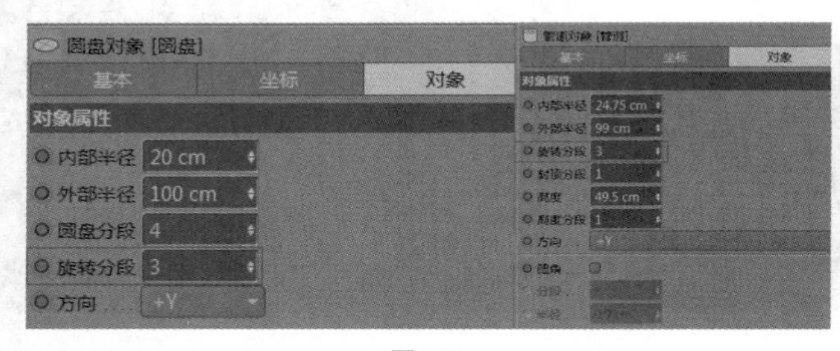

图2-67

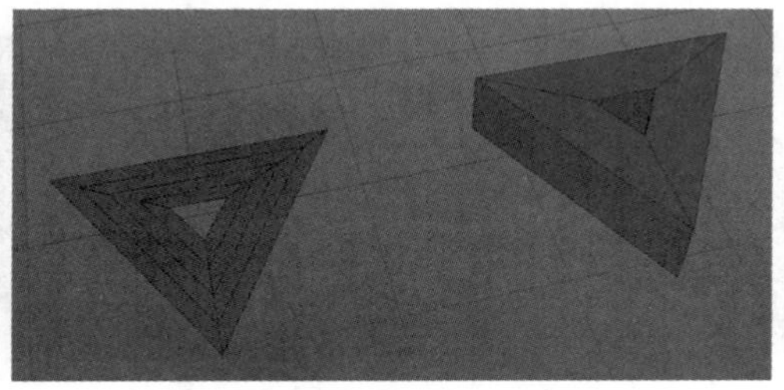

图2-68

“方向”代表顶部所指的方向，可以通过改变方向，看圆盘和管道顶部的方向变化。

2.不同点

上面介绍的是圆盘和管道对象属性的共同点。不同的是，圆盘只是一个面，而管道是有高度的，有高度就会有“圆角”，“圆角”代表管道边缘的平滑程度。将“分段”设置为8，“半径”设置为10.08 cm，管道的边缘就有了变化，如图2-69所示。

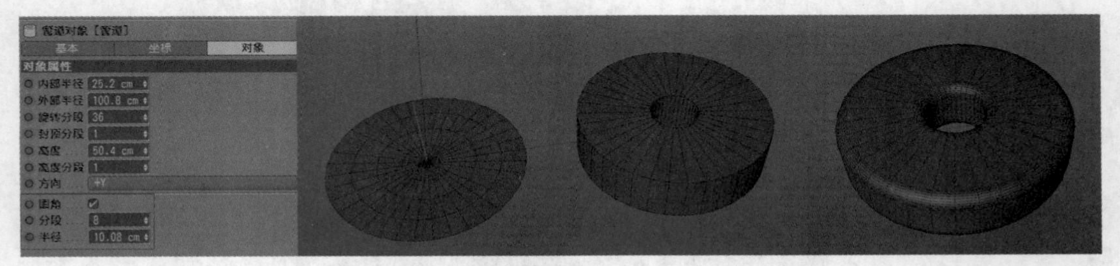

图2-69

圆盘和管道还有一个共同属性，就是“切片”。切片可以将物体分成两半，其“起点”和“终点”分别代表顺时针和逆时针切片的角度。圆盘没有“标准网格”选项，管道有“标准网格”选项，原因在于管道是有高度的，有高度的物体才有截面，“标准网格”针对切开物体的截面的布线状态。圆盘是没有高度的，它只是一个面，所以没有“标准网格”选项，如图2-70所示。

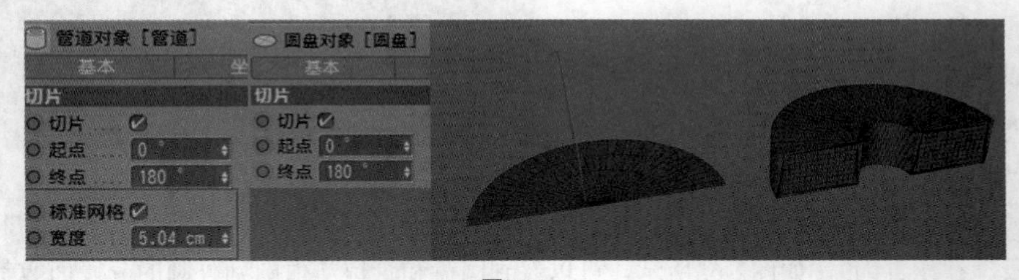

图2-70

2.1.6 平面和多边形

1.平面

“平面”一般用在两个方面，第一个就是经常当作场景地面来使用，如制作地面、L形场景等。以L形场景为例，先新建一个平面，将“宽度分段”和“高度分段”均设置为1，如图2-71所示。

单击编辑工具栏中的“转换为可编辑对象”工具，将平面转换成可编辑对象。然后选择“边模式”，单击平面的一条边，按住Ctrl键，选中*y*轴，向上拖曳，就会建成一个简单的L形场景，如图2-72所示。

平面的第二个应用就是作为反光板，具体内容会在“灯光”一节中做详细讲解。

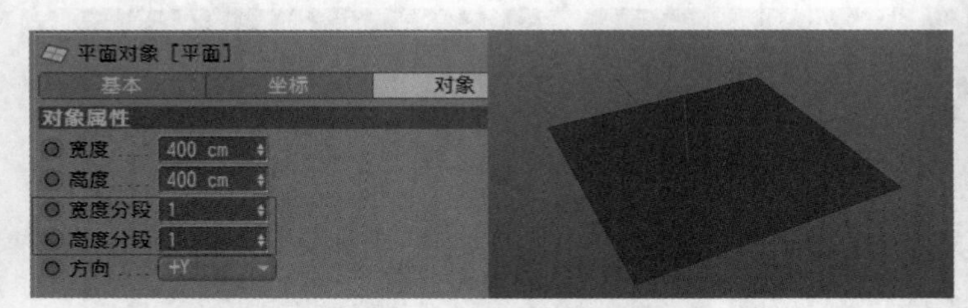

图2-71

图2-72

2.多边形

多边形的作用和平面相似，除了可以当作地面和反光板来使用，它还有一个“三角化”的特殊功能，可以变成三角形。单击多边形“对象”属性，激活“三角形”选项，可以看到，多边形变成了三角形，如图2-73所示。在工作中一般都会用平面，多边形用得比较少。

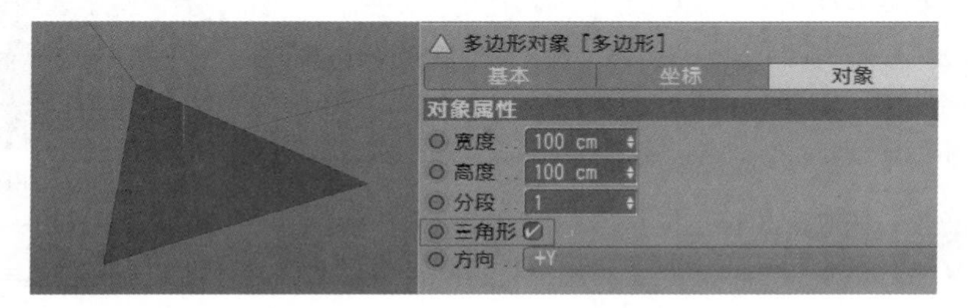

图2-73

2.1.7 球体

在球体的对象属性里，重点是“类型”，类型配合分段可以制作很多不一样的图形。在场景中新建一个球体，将它的“分段”调为3，“类型”改为“二十面体”，把“理想渲染”选项关闭，可以看到，球体变成了宝石的形状，如图2-74所示。

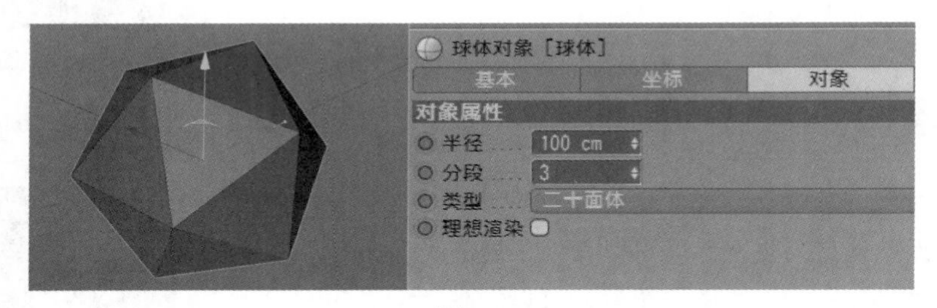

图2-74

强调一下，一定要把“理想渲染”选项关闭，如果不关闭，渲染视图还是会显示为一个球体，如图2-75所示。只有关闭“理想渲染”选项，才会渲染出视图所呈现的图像，如图2-76所示。

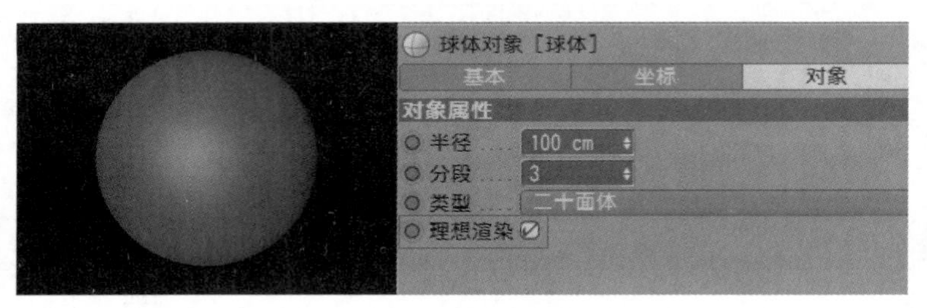

图2-75

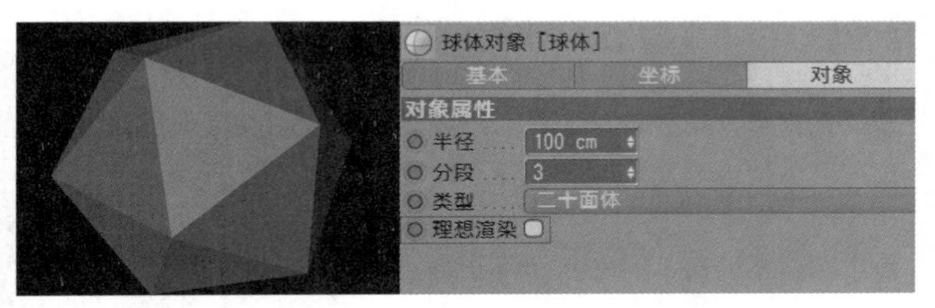

图2-76

2.1.8 圆环

圆环可以理解为由一个大圆和一个小圆组成，大圆代表路径，小圆代表截面，和扫描工具的原理类似。

新建一个圆环，如图2-77所示，绿色线围绕的路径代表大圆，红色线围绕的路径代表小圆。理解了这个知识点，圆环对象属性中的选项就非常好理解了，“圆环半径”代表大圆的半径，“导管半径”代表小圆的半径。“圆环分段”和“导管分段”分别代表大圆和小圆的平滑程度。

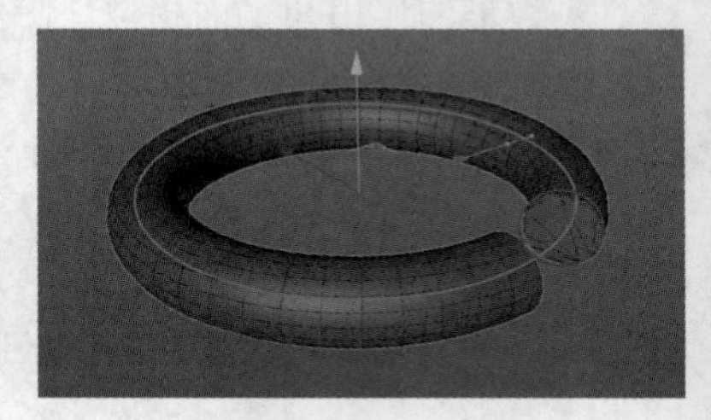

图2-77

2.1.9 胶囊和油桶

胶囊和油桶的用法基本一样，唯一的区别是，油桶多了一个“封顶高度”参数。“封顶高度”代表中心顶点到上下两个圆的面的高度。新建一个油桶，将“封顶高度”设置为 30 cm，就代表中心顶点到上圆的顶面的距离为 30 cm，如图 2-78 所示。其他参数在这里不做详细讲解，读者可以通过实际操作理解。

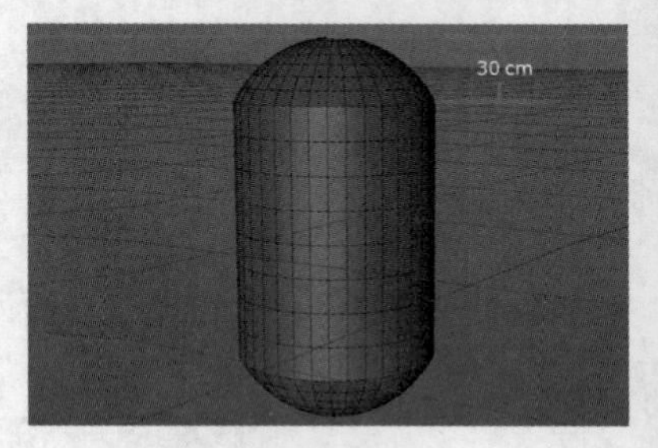

图2-78

2.1.10 宝石

新建一个宝石对象，其中“半径”代表宝石的大小；“分段”代表面的精细程度；重点参数是“类型”，可以变换不同的类型来制作不同的效果。例如，将“类型”设为“碳原子”，可以看到，宝石的形状变成了接近于足球的效果，如图2-79所示。

图2-79

2.1.11 人偶

人偶在工作中基本不会用到，但在制作家装效果图时，会被当作参照物来使用。例如，在制作一个房间的时候，比例很重要，所以肯定要有参照物，这时，就能拿人偶作为真实人体的参照物来制作。

2.1.12 地形

新建一个地形对象，其“尺寸”代表地形的长度、宽度和高度；“宽度分段”和“深度分段”代表地形的平滑程度；“粗糙皱褶”“精细皱褶”“缩放”“海平面”“地平面”“多重不规则”“随机”这些参数可以调节地形的精细程度及变化程度。一般情况下，不做精细调整。勾选“球状”选项可以使地形变成球形效果，如图2-80所示。

地形在工作中一般用在两个方面，一个是创建低面体模型，配合减面使用；另一个就是创建彩条文字，配合样条约束使用，这两个知识点在讲变形器的使用时会详细讲解。

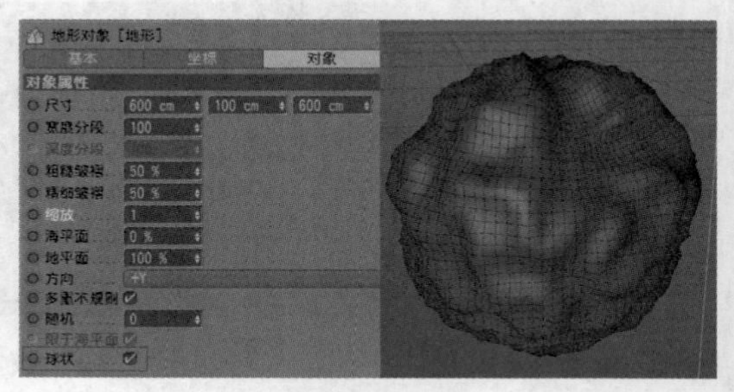

图2-80

2.1.13 地貌

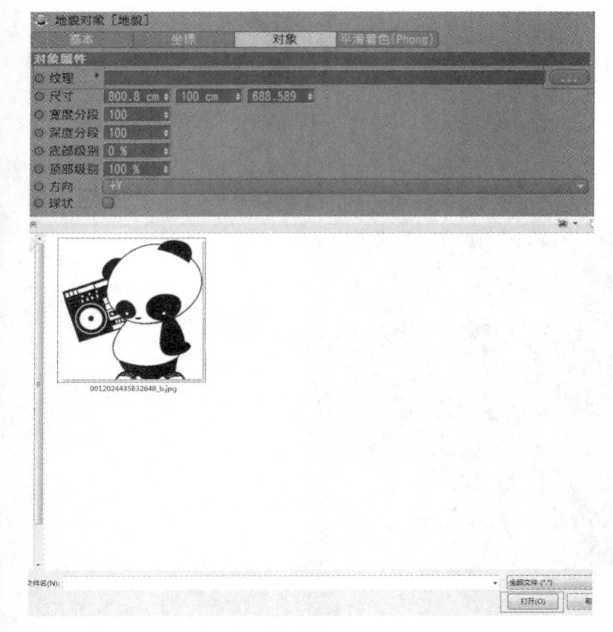

单击地貌属性面板中的“对象”，可以看到，第一个选项是“纹理”，这里的“纹理”对黑白图像的支持最为明显。例如，单击“纹理”后的 ... 按钮，打开图像，地貌就会显示图像的内容，黑色部分凹下去，白色部分凸起来，如图2-81和图2-82所示。

图2-81　　　　图2-82

地貌的“尺寸”代表地貌的长度、宽度和高度；“宽度分段”和“深度分段”代表地貌的平滑程度；“底部级别”和“顶部级别”代表地貌的底部高度和顶部高度；“球状”可以把地貌球体化，和地形的“球状”的含义相似，如图2-83所示。

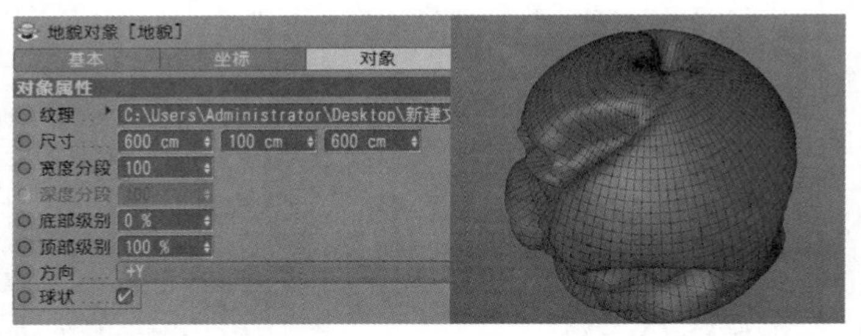

图2-83

2.1.14 引导线

“引导线”在工作中经常作为参考线来使用，和平面软件的参考线含义相类。引导线的类型有直线和平面两种，一个是基于线，一个是基于面，但都是起参考的作用。勾选“空间模式”，代表在x轴、y轴、z轴上各有一条参考线，如图2-84所示。

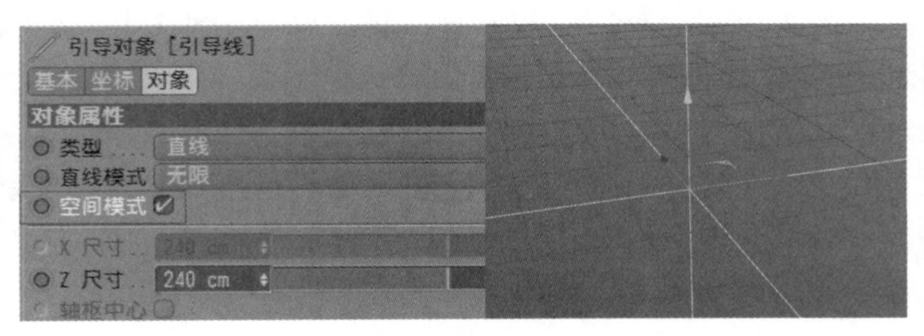

图2-84

2.2 空白对象

2.2.1 课堂案例——卡通小雪人

实例位置	实例文件>CH02>课堂案例——卡通小雪人.c4d
素材位置	无
视频位置	CH02>课堂案例——卡通小雪人.mp4
技术掌握	掌握空白对象的打组方法

本案例主要讲解空白对象的打组方法，配合基础几何体制作卡通小雪人效果，如图2-85所示。

图2-85

01 新建工程文件，执行“文件>保存”菜单命令，将文件保存至合适的位置，并命名为“卡通小雪人”，如图2-86所示。

02 单击基础几何体选项，新建球体，将“半径”设置为56 cm，“分段”设置为24，作为雪人的头部，如图2-87所示。

03 再次新建球体，将“半径”设置为92 cm，置于第一个球体的正下方，作为雪人的身体，如图2-88所示。

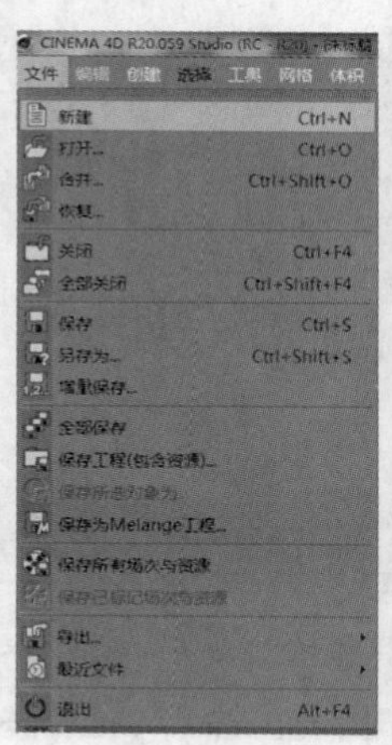

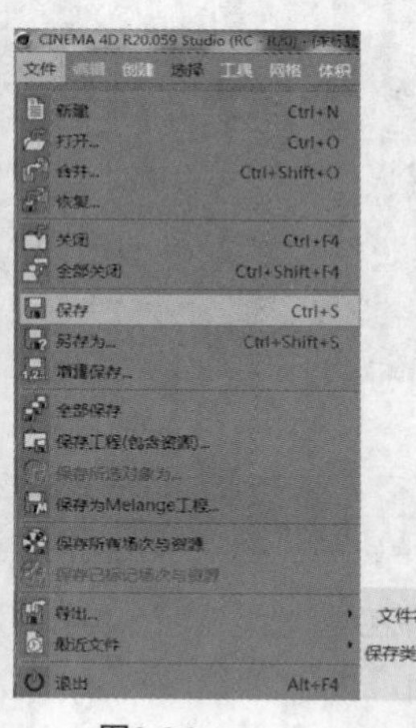

图2-86

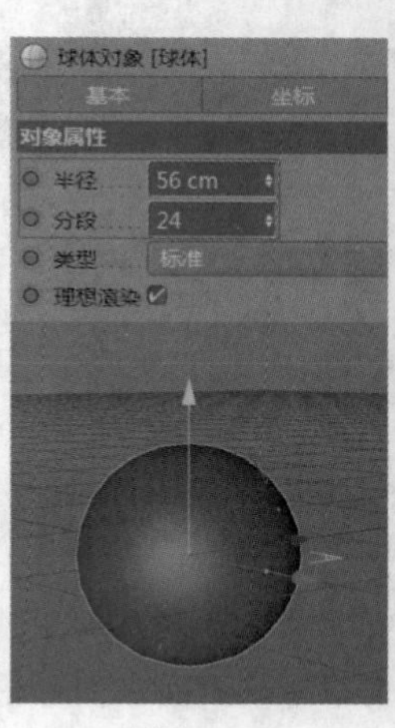

图2-87

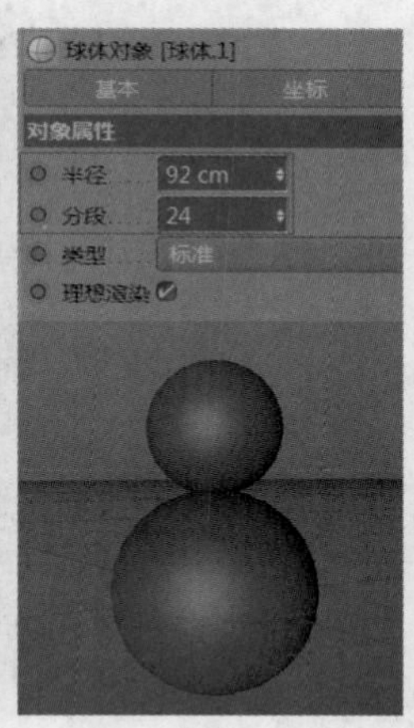

图2-88

04 新建球体，将“半径”设置为18 cm，然后按住Ctrl键，单击球体并拖曳复制一个相同的球体，将两个小球体分别置于作为身体球体的两侧，作为雪人的手。接着新建空白对象，将这两个球体同时选中，移动至空白对象的子级，并将空白对象命名为“手”，进行打组，如图2-89所示。

05 新建圆锥，将“顶部半径”设置为4 cm，“底部半径”设置为13 cm，“高度”设置为72 cm，其他保持默认不变，然后选择“封顶”选项，将“顶部”和“底部”选项全部激活，并将顶部“半径”设置为1 cm，

“高度”设置为12 cm，底部“半径”和“高度”都设置为12 cm，接着将圆锥放置于头部球体的正前方，作为雪人的鼻子，如图2-90所示。

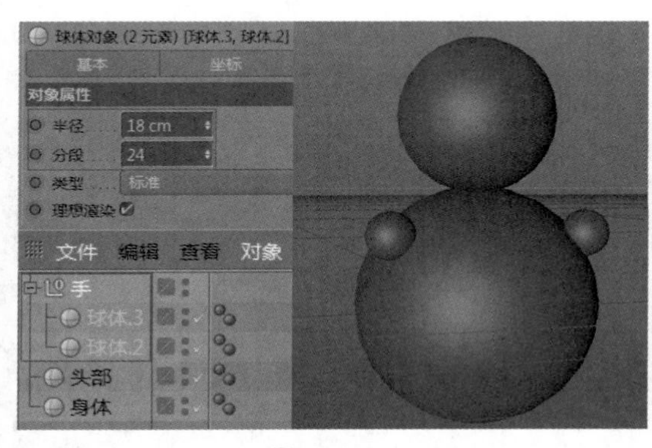

图2-89

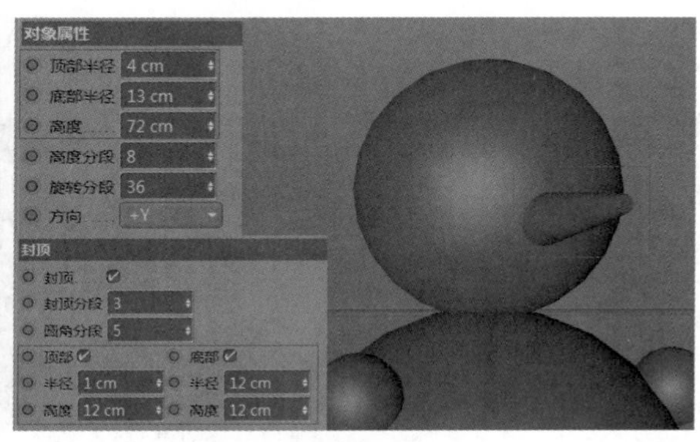

图2-90

06 新建球体，将“半径”设置为5.5 cm，其他保持默认不变，复制一个球体，并将这两个球体置于合适的位置，作为雪人的眼睛，如图2-91所示。

07 执行“创建>对象>管道”命令，新建管道，将“内部半径”设置为60 cm，“外部半径”设置为65 cm，“高度”设置为15 cm，其他保持默认不变，将管道放置于合适的位置，如图2-92所示。

08 新建圆柱，将“半径”和“高度”都设置为63 cm，并置于头部球体的正上方，如图2-93所示。

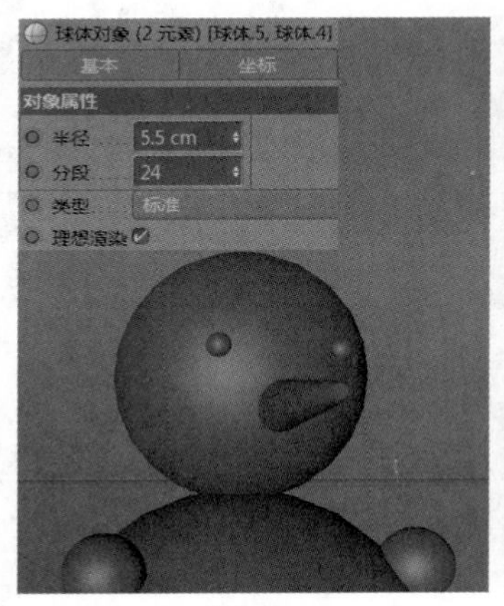

图2-91

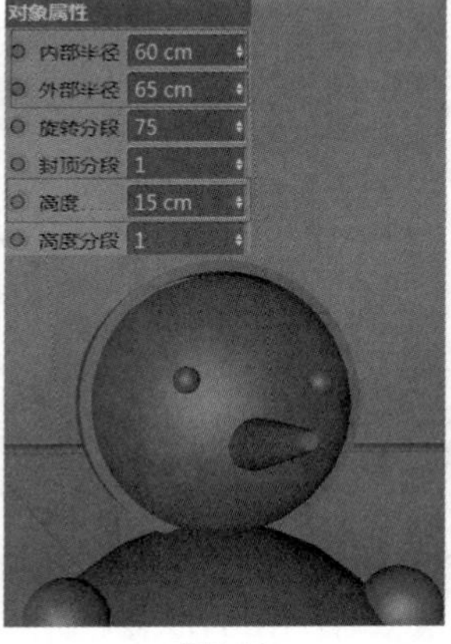

图2-92

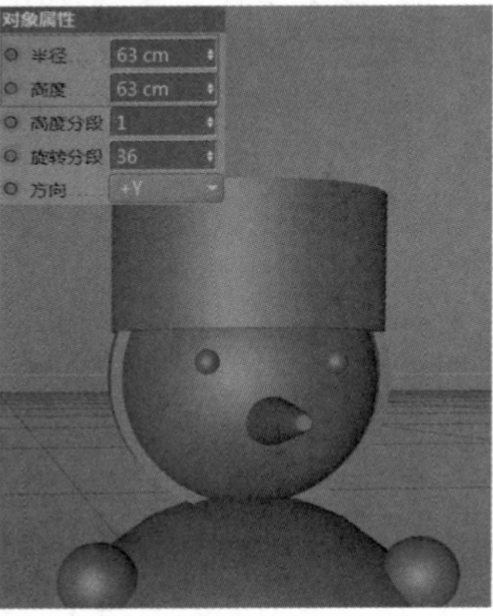

图2-93

09 选中圆柱，将显示模式改为“光影着色（线条）”模式，然后按C键，将圆柱转换为可编辑对象，并切换为“面模式”，接着选中圆柱的顶面，缩放至合适的大小，并单击鼠标右键，在弹出的菜单中选择“内部挤压”命令。向左拖曳鼠标，会向里挤压出一圈面，并继续执行挤压命令，将圆柱命名为“帽子”，如图2-94所示。

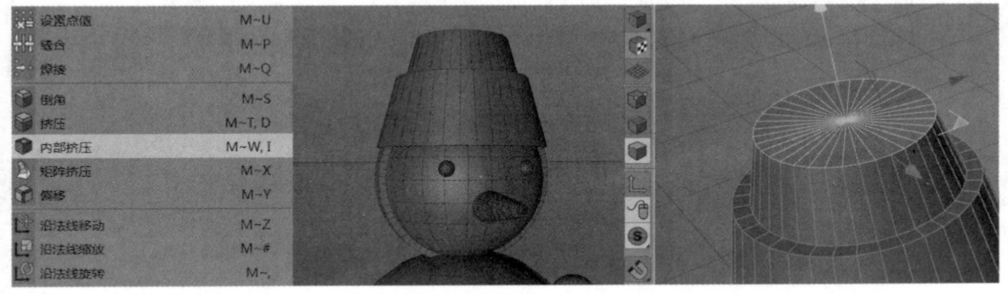

图2-94

⑩观察参考效果图，雪人的头部是有些倾斜的，所以就需要用到打组，将需要倾斜的对象全部打组，并旋转到合适的位置，如图2-95所示。

⑪双击材质面板空白处，新建材质球，然后双击材质球，在弹出的“材质编辑器”窗口中，对颜色分别进行设置，并赋予雪人的不同部位，如图2-96所示。

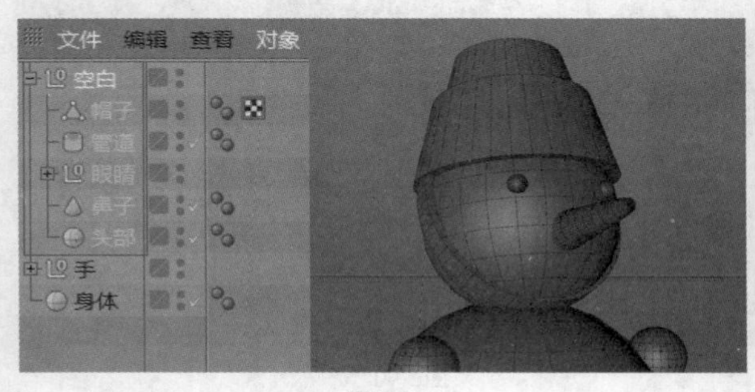

图2-95

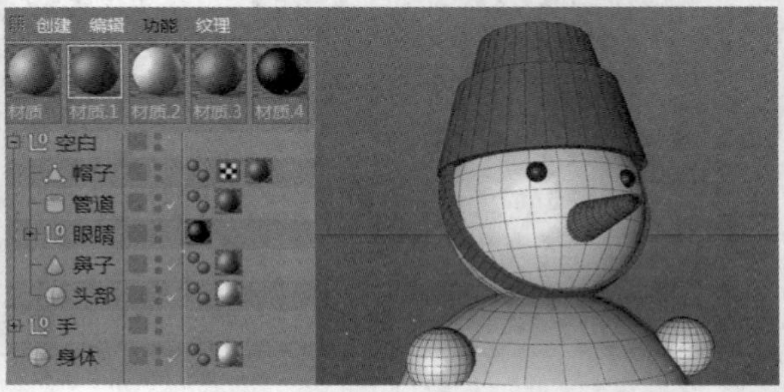

图2-96

⑫雪人的主体部分制作完成，新建平面并添加装饰，将雪人放置于合适的位置，如图2-97所示。

⑬添加物理天空，并打开“渲染设置”窗口，添加“环境吸收”和“全局光照”，关于这两个知识点会在后续章节中进行详细讲解。渲染后，就会得到图2-98所示的效果。

图2-97

图2-98

2.2.2 空白对象的概念及用途

空白对象位于基础几何体工具栏的首位，把它放在首位也说明了其重要性，如图2-99所示。

空白对象不能作为实体进行渲染，其常见的使用方法有3种。

第1种，作为打组对象来使用。

第2种，作为摄像机焦点对象来使用，从而作为目标对象进行移动及制作景深效果。

第3种，作为表达式的载体来使用（此内容简单带过，大概了解即可）。

选择“空白”对象，它即出现在右侧对象面板当中，如图2-100所示。

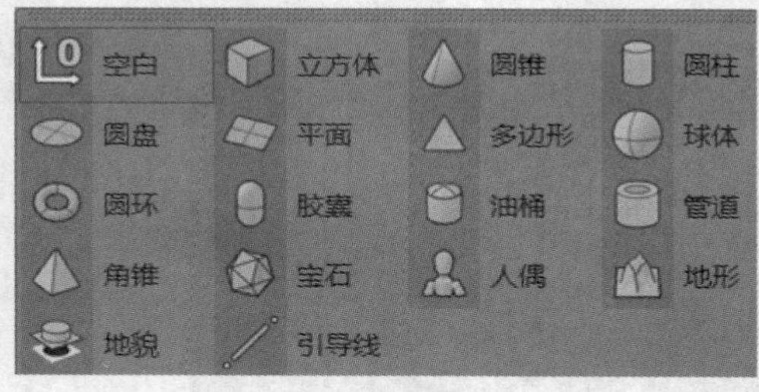

图2-99

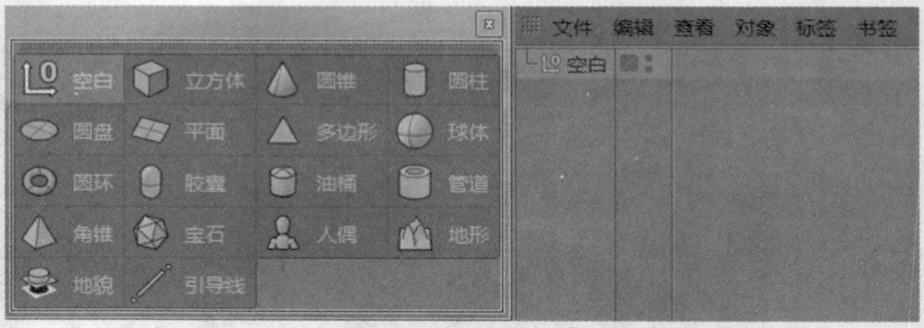

图2-100

1.第1种应用

新建3个立方体（任何几何体都可以），如果想要移动它，只能单独移动，如果想进行整体移动，就要用到空白对象。选中3个立方体并按快捷键Alt+G进行组合，也可以全部选中后，单击鼠标右键，在弹出的菜单中选择“群组对象”。然后单击“空白”对象就可以整体移动了，如图2-101所示。

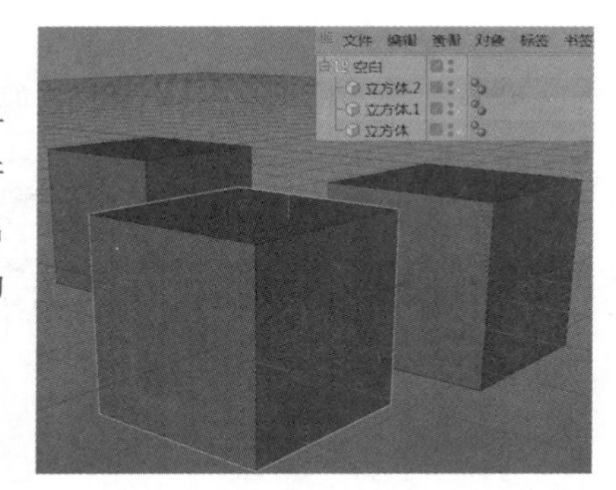

图2-101

2.第2种应用

因为空白对象是不能被渲染的，所以在工作中可以将它作为目标对象来使用，具体操作方法是新建一个空白对象，然后新建一个摄像机，如图2-102所示。

选择“摄像机”，单击鼠标右键，在弹出的菜单中选择“CINEMA 4D标签>目标”标签，此时右侧出现一个深蓝色的图标。将“空白”对象拖曳至对象面板下方的属性面板“目标对象”选项中。在移动“空白”对象时，摄像机始终看向空白对象，如图2-103和图2-104所示。

图2-102

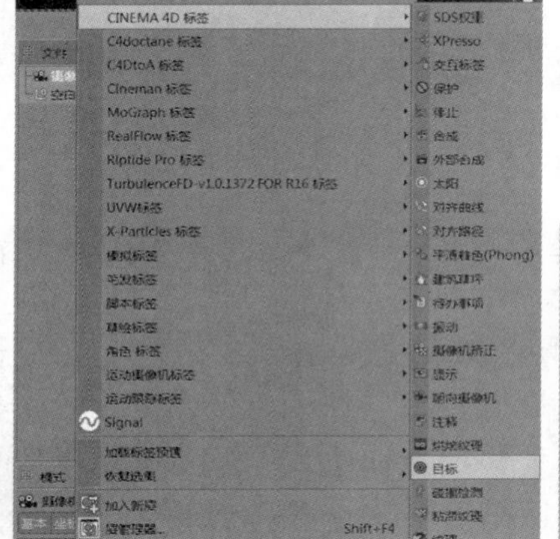

图2-103

图2-104

此外，空白对象还可作为焦点对象来使用。新建3个立方体、1个摄像机和1个空白对象，如图2-105所示。

接下来进行渲染设置，把渲染器设置为物理渲染器，并单击“物理”，勾选“景深”选项，如图2-106和图2-107所示。

图2-105

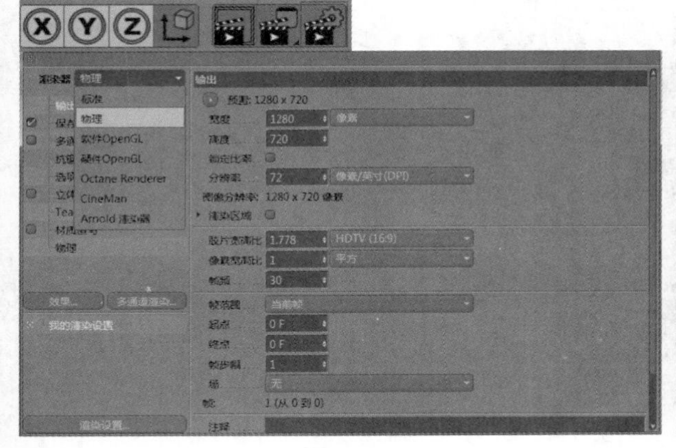

图2-106

图2-107

渲染设置完成后，进行摄像机的设置，单击属性面板中的“对象”，把空白对象拖到“焦点对象”中，接下来选择“物理”，将“光圈”值设置为0.2，光圈越小，效果越明显，如图2-108和图2-109所示。

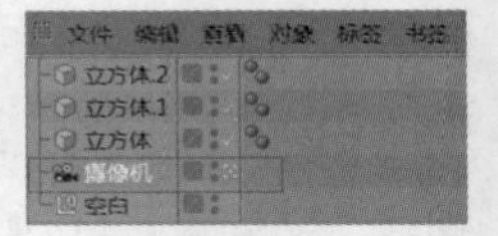

图2-108

设置完成以后，渲染当前活动视图，效果如图2-110所示。

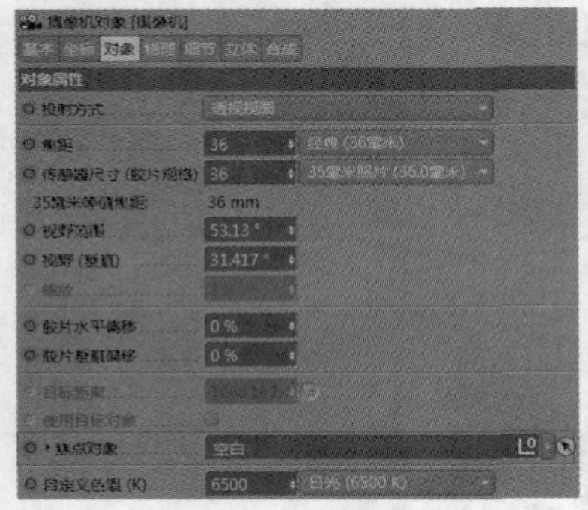

图2-108（续）

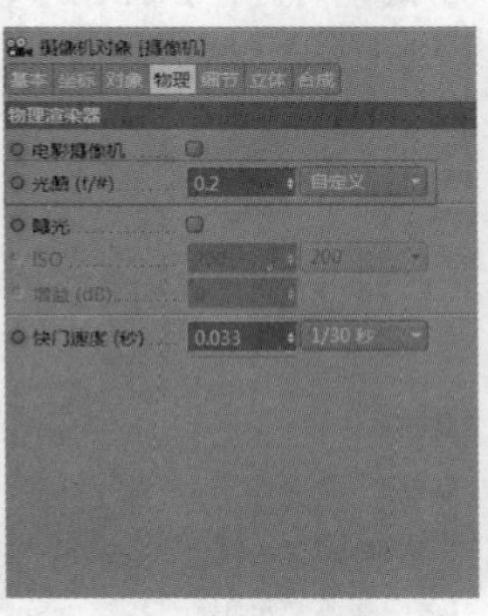

图2-109

图2-110

3.第3种应用

它可以作为表达式的载体使用（这个知识点在本书中只需了解）。新建两个立方体并放到不同的位置，如图2-111所示。

新建一个空白对象，单击鼠标右键，在弹出的菜单中选择“CINEMA 4D标签>XPresso”选项，如图2-112所示，在当前渲染窗口中就会弹出XPresso编辑器，如图2-113所示。

图2-111

图2-112

把右侧对象面板中的两个立方体拖曳到群组面板当中，单击“立方体.1”的粉红色部分，选择“坐标>位置>位置”，如图2-114所示。然后单击立方体的蓝色部分，选择“坐标>位置>位置”，如图2-115所示。

图2-113

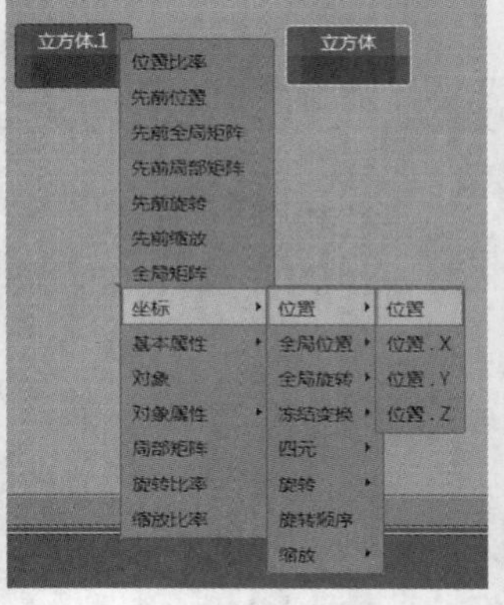

图2-114

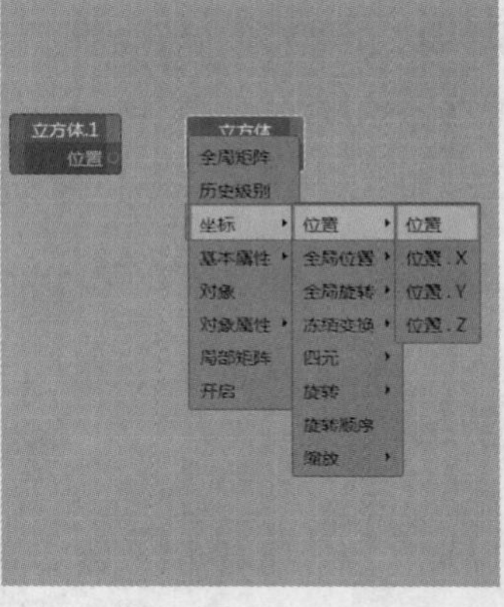

图2-115

按住鼠标左键拖曳，把“立方体.1”的粉红色部分和“立方体”的蓝色部分连接在一起，如图2-116所示。

这时，可以看到渲染窗口中的两个立方体重合到了一起，将“立方体.1”进行移动时，“立方体”也跟着移动，这里把“立方体.1”的“尺寸.X”设置为500 cm，“尺寸.Y”设置为200 cm，“尺寸.Z”设置为150 cm，这样就能很明显地看到，“立方体”继承了“立方体.1”的位置信息，如图2-117所示。在本章中做简单演示的目的是加深读者对空白对象的认识。

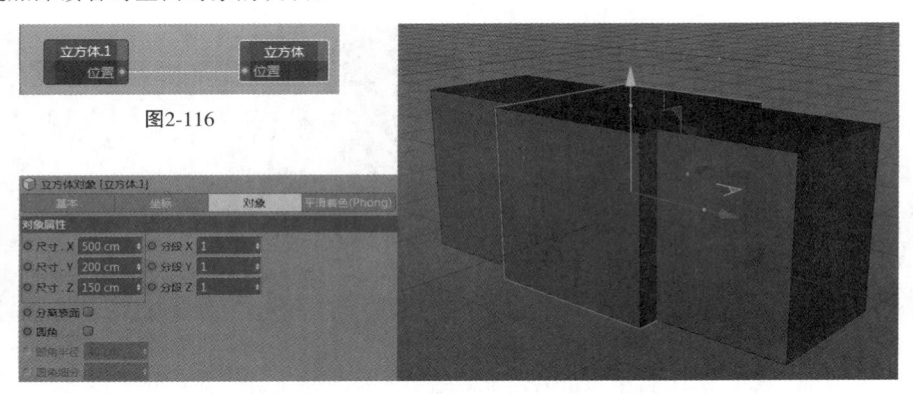

图2-116

图2-117

2.3 课堂练习——卡通头像

实例位置	实例文件>CH02>课堂练习——卡通头像.c4d
素材位置	无
视频位置	CH02>课堂练习——卡通头像.mp4
技术掌握	掌握基础几何体的使用方法

通过学习本案例，读者可以加深对基础几何体的理解，案例效果如图2-118所示。

图2-118

01 新建立方体，设置“尺寸.X”为258 cm，“尺寸.Y”为185 cm，“尺寸.Z”为267 cm，勾选“圆角”选项，将“圆角半径”设置为16 cm，“圆角细分”设置为5，如图2-119所示。

02 执行“创建>样条>螺旋”命令，新建螺旋，将“终点半径”设置为86 cm，“结束角度”设置为1958°，“高度”设置为86 cm，然后新建圆环，将“半径”设置为5 cm，接着新建扫描，将圆环和螺旋作为子级放置于扫描的下方，如图2-120所示。

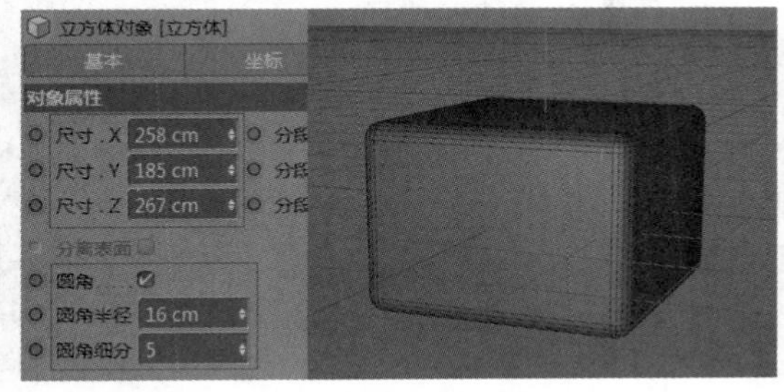

图2-119

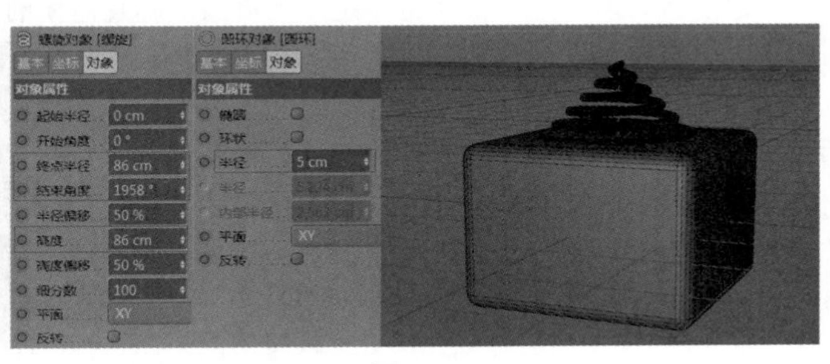

图2-120

03 新建圆柱，将“半径”设置为51 cm，“高度”设置为38 cm，然后新建立方体和圆柱，转换为可编辑对象，设置为合适的大小，作为卡通人的眼睛和脸颊，如图2-121所示。

04 新建平面，将“宽度分段”和“高度分段”都设置为1，并转换为可编辑对象，缩放至合适的大小，选择“边模式”，“挤压”并“倒角”，作为场景的背景及地面，如图2-122所示。

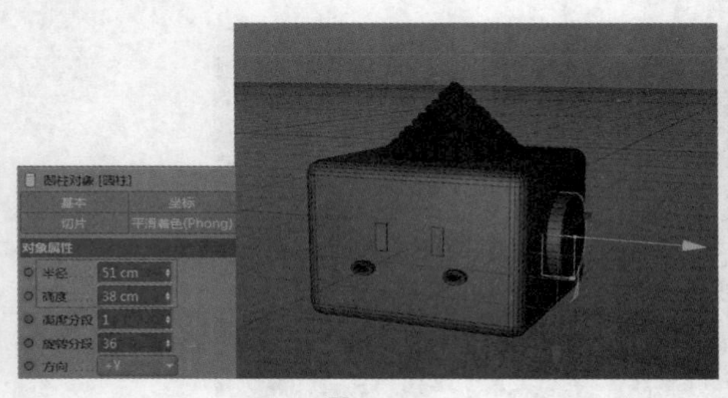

图2-121

图2-122

05 添加卡通素材，建模完成。双击材质面板空白处创建材质球，双击材质球打开“材质编辑器”窗口，在“颜色”通道中将材质球的颜色设置为H:2°、S:40%、V:85%，如图2-123所示。

图2-123

06 在“反射”通道中选择“类型”为GGX，并将“粗糙度”设置为15%，然后修改“菲涅耳”为“绝缘体”，如图2-124所示。

07 采用同样的方法设置其他材质，将设置好的材质添加到对应的模型上，然后添加物理天空，如图2-125所示。最终渲染效果如图2-126所示。

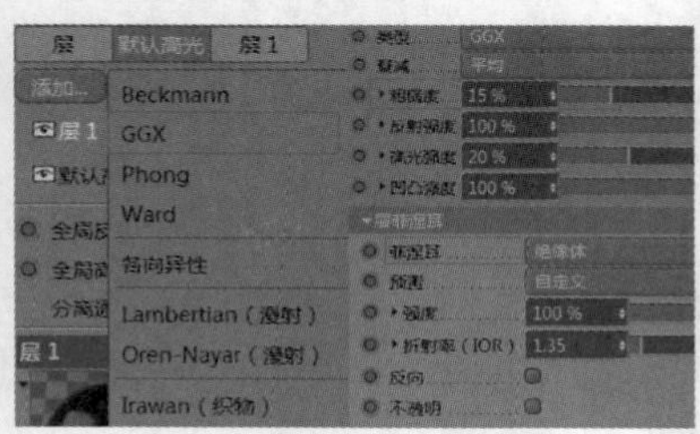

图2-124

图2-125

图2-126

2.4 课后习题——卡通积木

实例位置	实例文件>CH02>课后习题——卡通积木.c4d
素材位置	无
视频位置	CH02>课后习题——卡通积木.mp4
技术掌握	掌握基础几何体的使用方法

通过练习本习题，读者可以进一步巩固基础几何体的运用，案例效果如图2-127所示。

图2-127

关键步骤提示

第1步，利用基础几何体中的立方体、圆环、胶囊等来制作模型。

第2步，利用样条线及扫描工具来制作模型的表情。

第3步，添加材质和灯光，进行最终的渲染。

第3章 样条曲线

在Cinema 4D中，如果只用基础几何体建模，有些曲面模型是无法制作的，所以就需要样条曲线的辅助。样条曲线可以让设计人员在工作中更好地建立模型，从而提高工作效率。

课堂学习目标

- 掌握基本样条线的使用方法
- 掌握钢笔工具的使用方法
- 利用样条线制作简单模型

3.1 样条线

3.1.1 课堂案例——卡通表情小人

实例位置	实例文件>CH03>课堂案例——卡通表情小人.c4d
素材位置	无
视频位置	CH03>课堂案例——卡通表情小人.mp4
技术掌握	掌握基础样条线的用法

本案例主要使用样条线中的钢笔工具，配合生成器制作卡通表情小人，效果如图3-1所示。

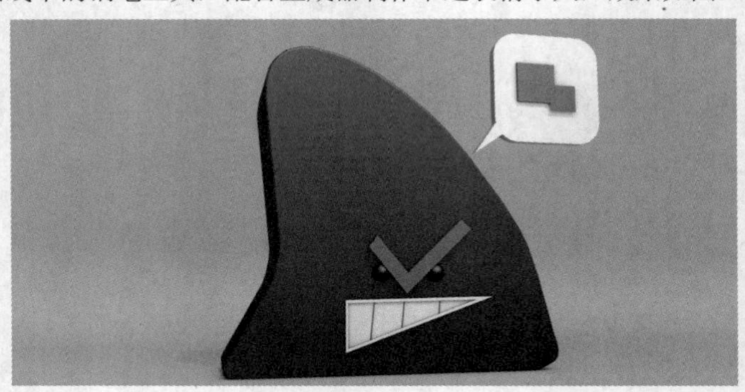

图3-1

01 打开Cinema 4D软件，新建工程文件，执行“文件>保存”菜单命令，如图3-2所示。将工程文件保存到合适的位置，并命名为“卡通表情小人”。

02 单击样条线中的钢笔工具，然后切换到正视图，绘制样条线，作为卡通人的脸，如图3-3所示。

03 选中所有的点，单击鼠标右键，在弹出的菜单中选择“倒角”命令，并设置“半径”为200 cm，如图3-4所示。

04 新建挤压，将样条线作为子级放置于挤压的下方，并将“移动”数值设置为0 cm、0 cm、180 cm，“顶端”和“末端”均设置为“圆角封顶”，“步幅”都设置为5，“半径”都设置为5 cm，如图3-5所示。

图3-2

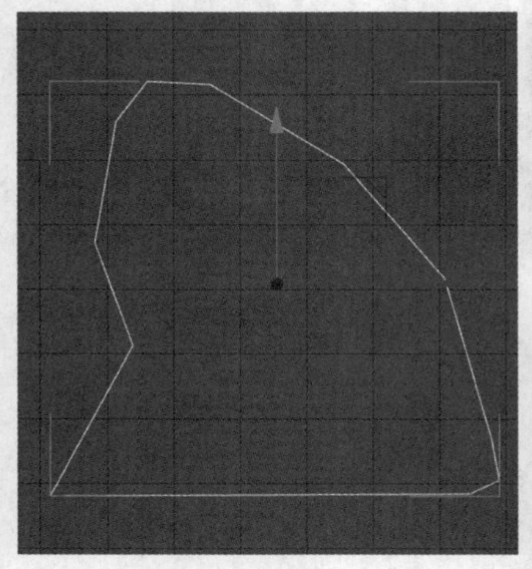

图3-3

图3-4

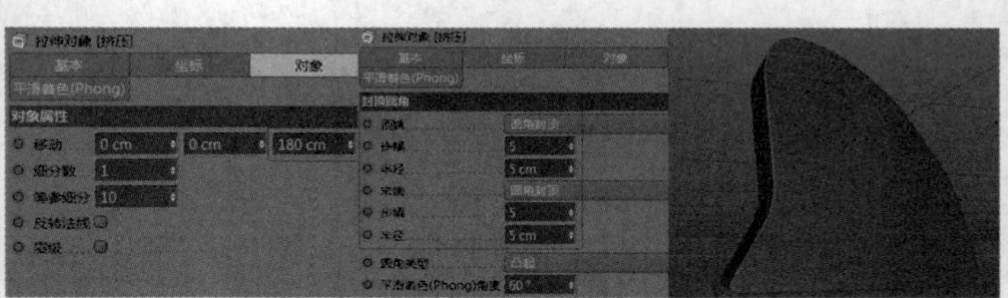

图3-5

05 选择样条线中的钢笔工具，绘制卡通小人的眉毛，然后新建样条线中的矩形对象，将矩形的“宽度”和“高度”都设置为24 cm，接着新建扫描，并将矩形和样条作为子级置于扫描的下方，如图3-6所示。

06 新建两个球体，将“半径”均设置为16 cm，置于眉毛的下方，作为卡通小人的眼睛，如图3-7所示。

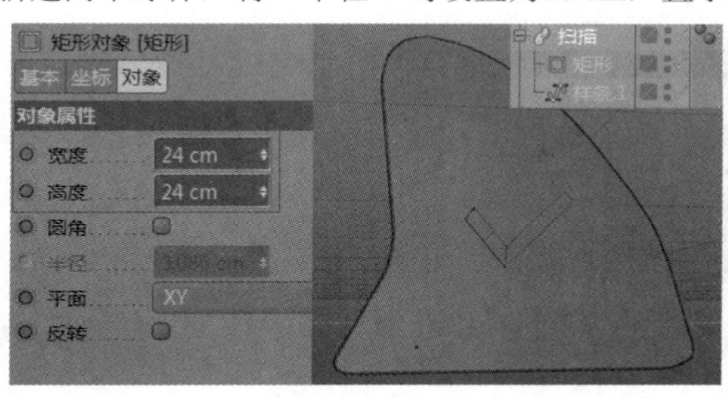

图3-6

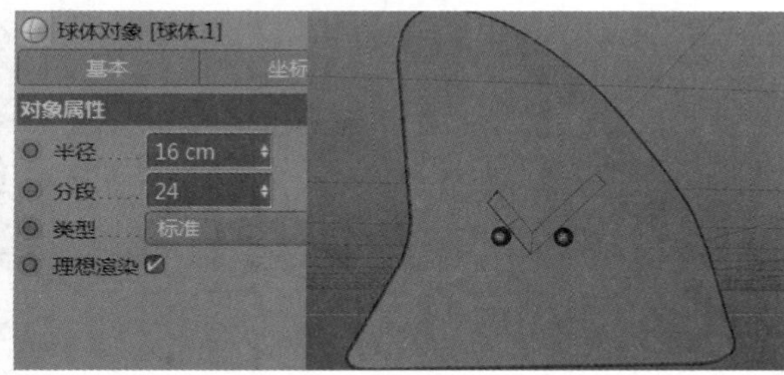

图3-7

07 选择样条线中的钢笔工具，绘制卡通人的嘴巴，然后新建挤压，将样条作为子级放置于挤压的下方，如图3-8所示。

08 全选挤压和样条，单击鼠标右键，在弹出的菜单中选择“连接对象+删除”命令，两者就会成为一个整体。切换为“面模式”，选择正面，单击鼠标右键，在弹出的菜单中选择“内部挤压”命令，挤压出一定距离后，再执行“挤压”命令，如图3-9所示。

09 新建立方体，将“尺寸.X”“尺寸.Y”“尺寸.Z”分别设置为1.5 cm、73 cm、2.8 cm，并复制两个，作为卡通人的牙齿放置于嘴巴内部，如图3-10所示。

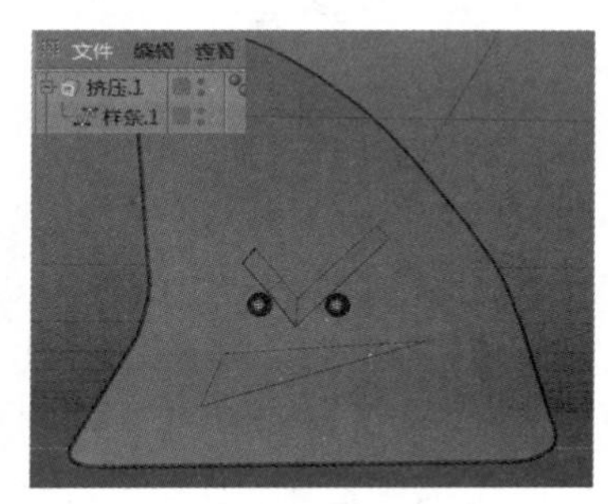

图3-8

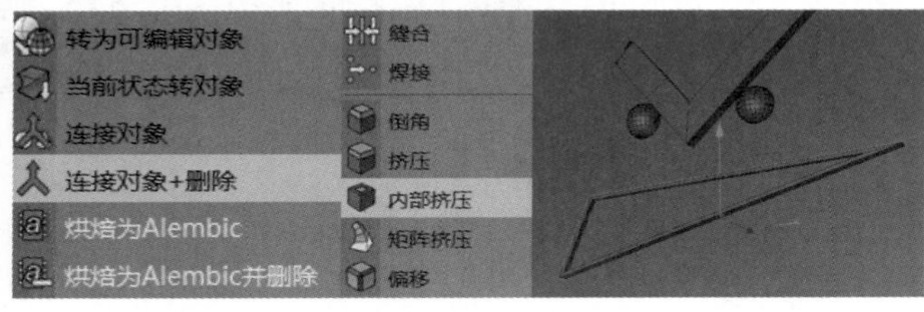

图3-9

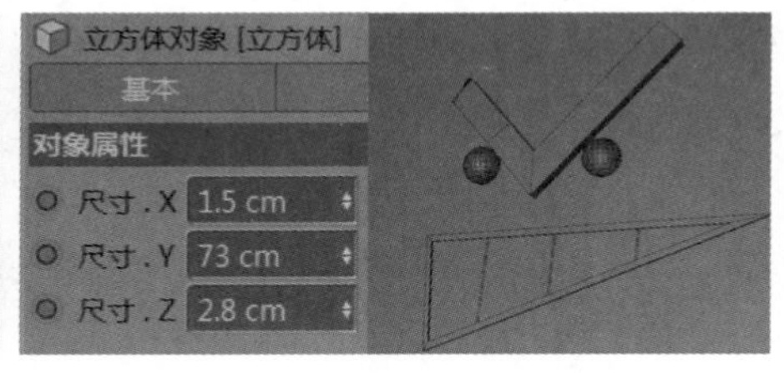

图3-10

10 增加装饰，模型制作完成。双击材质面板空白处创建材质球，双击材质球打开“材质编辑器”窗口，在“颜色”通道中将材质球的颜色设置为H:271°、S:72%、V:81%，如图3-11所示。

11 在“反射”通道中选择“默认高光”选项，并将“衰减”设置为-8%，其他保持不变，如图3-12所示。

12 采用同样的方法设置其他材质，将设置好的材质添加到对应的模型上，并添加物理天空，如图3-13所示。

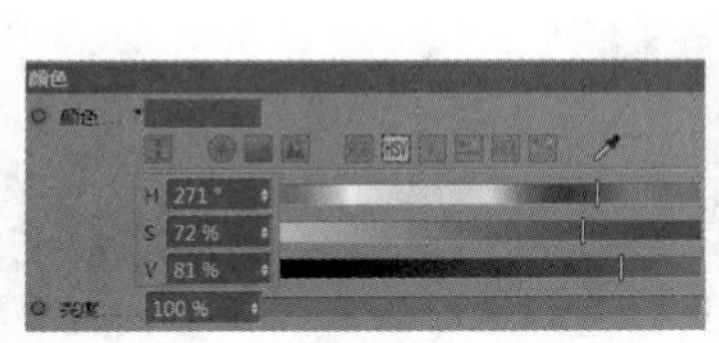
图3-11

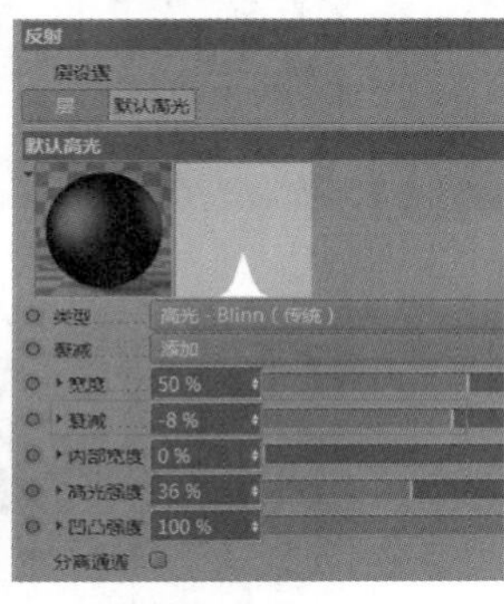

图3-12

图3-13

13 在“渲染设置”窗口中添加“全局光照”和“环境吸收”，如图3-14所示。最终渲染效果如图3-15所示。

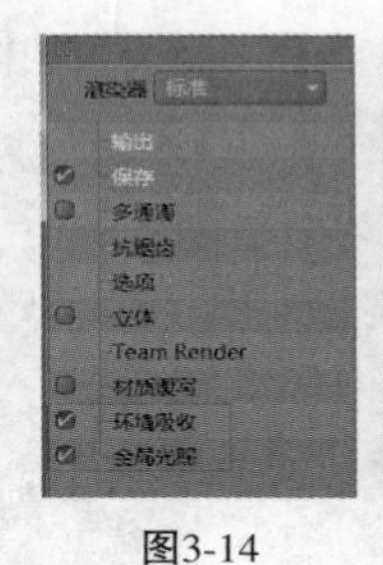

图3-14

图3-15

3.1.2 矩形

样条线位于“创建>样条”菜单中，其包括“圆弧”“圆环”“螺旋”“多边”“矩形”“星形”“文本”“矢量化”“四边”“蔓叶类曲线”“齿轮”“摆线”“公式”“花瓣”“轮廓”15种，如图3-16所示。这些样条线的共同点是都不能被渲染，因为它们不是实体模型，需要配合其他工具（如挤压、放样、扫描等）才能变成实体被渲染，所以经常被当作子级来使用。

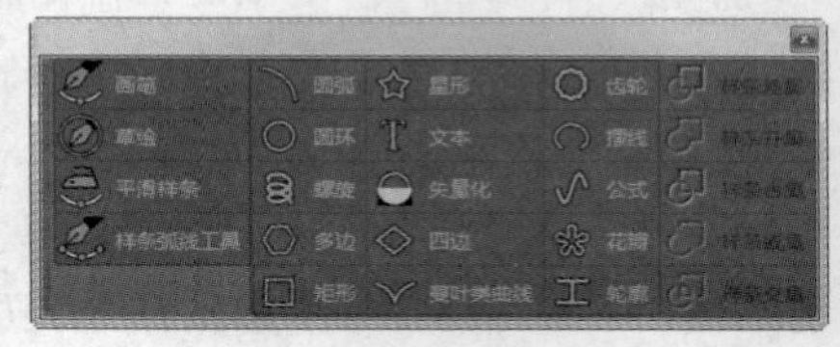

图3-16

在15种样条类型中，“矩形”是工作中经常用到的，是一个非常重要的样条，所以把它放到第一个来讲，如图3-17所示。

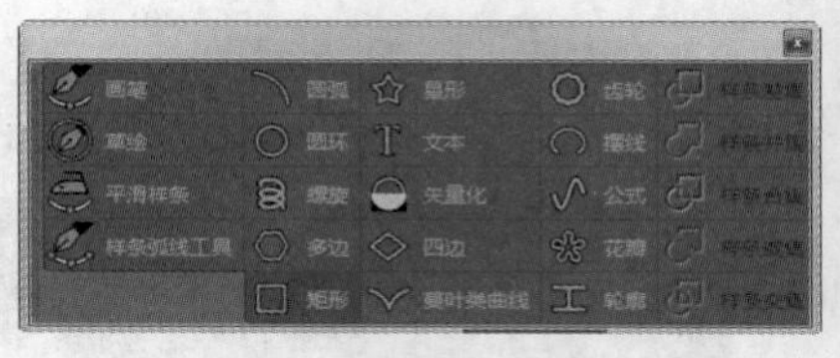

图3-17

单击“矩形”，在属性面板中，“宽度”和“高度”分别代表矩形的长度和宽度，改变数值可以改变矩形的大小。“圆角”代表矩形4个角的平滑程度。勾选“圆角”选项，设置“半径”为44 cm，可以看到矩形4个角的变化，如图3-18所示。

“平面”代表矩形的方向，因为样条线属于二维图像，所以只有两个轴向上的变化。例如，将“平面”改为XZ，矩形就会平行于地面，出现在红色的*x*轴和蓝色的*z*轴上，如图3-19所示。

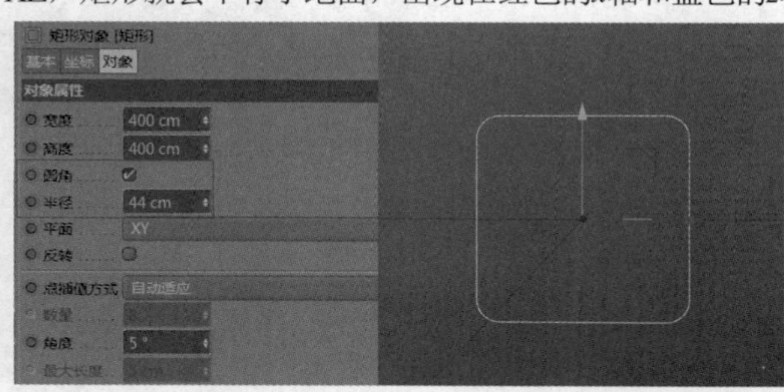

图3-18

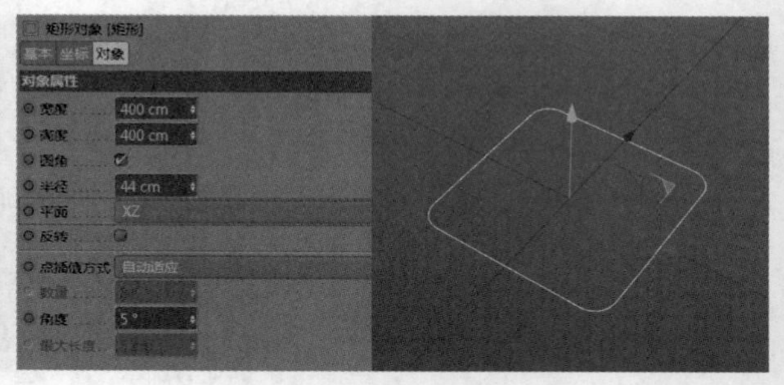

图3-19

“反转”代表点的运行方式。例如，在场景中新建两个矩形，勾选一个矩形的“反转”，另一个不勾选，然后框选这两个矩形，按C键，将这两个矩形转换为可编辑对象，选择编辑工具栏中的“点模式”，可以看到，两个矩形的点的运行方式是不一样的，一个是顺时针，一个是逆时针，如图3-20所示。

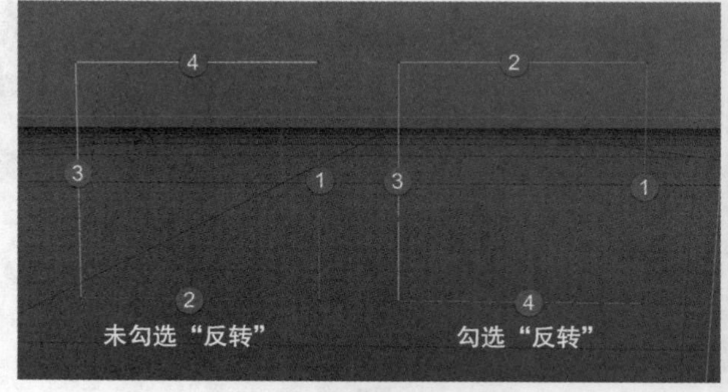

图3-20

技巧与提示

点的不同的运行方式有什么作用呢？例如，切换为“点模式”，单击右边矩形右上角的点，在选中点的前提下，单击鼠标右键，在弹出的菜单中选择“设置起点”，可以明显看到点的运行方式发生了变化，如图3-21所示。然后选择两个矩形，取消勾选“闭合样条”选项，视图中的两个矩形的开口位置发生了变化，如图3-22所示。这个知识点在工作中经常用到，因此需要熟练掌握。

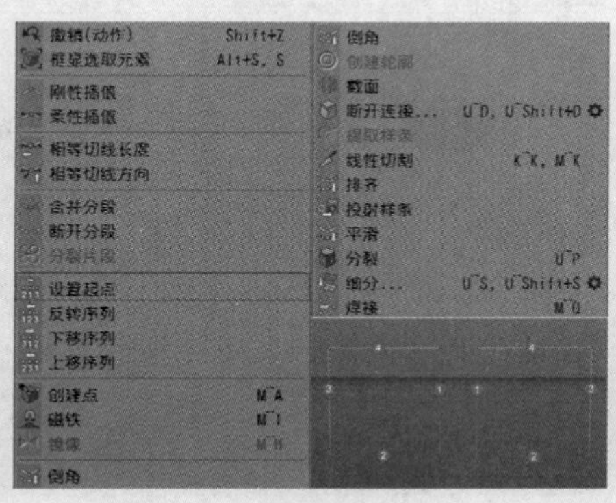

图3-21

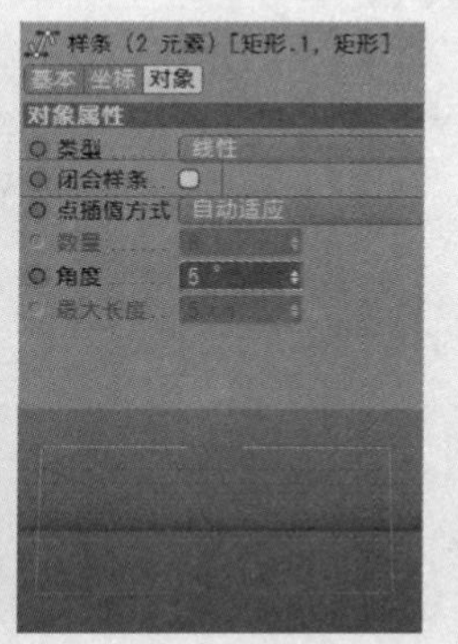

图3-22

“点插值方式”代表点的排布方式。例如，新建两个矩形，将“矩形1”的“点插值方式”保持为“自动适应”不变，“矩形2”的“点插值方式”改为“统一”，如图3-23所示。然后新建两个球体，将“半径”设置为37 cm，接着新建两个克隆，将球体分别放到克隆的子级，并将克隆的模式改为“对象”模式，最后将“矩形1”和“矩形2”分别放到对象属性里，可以看到点的分布方式发生了变化，如图3-24和图3-25所示。

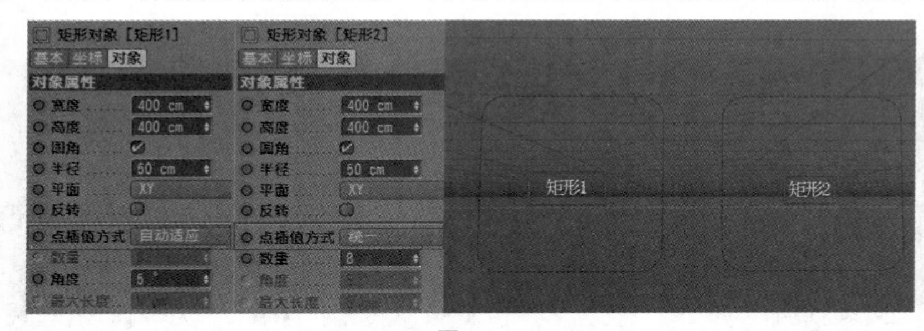

图3-23

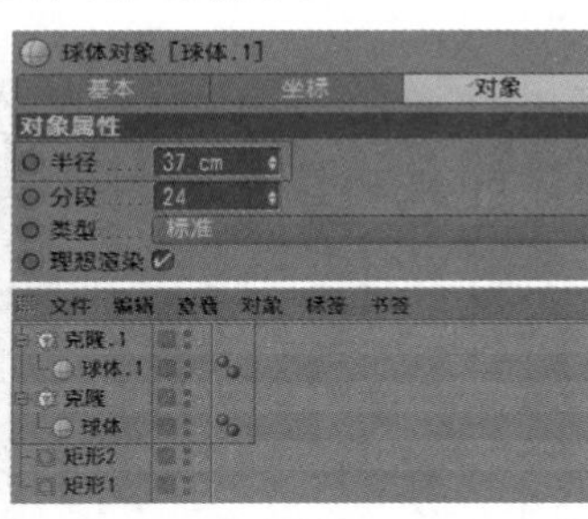

图3-24

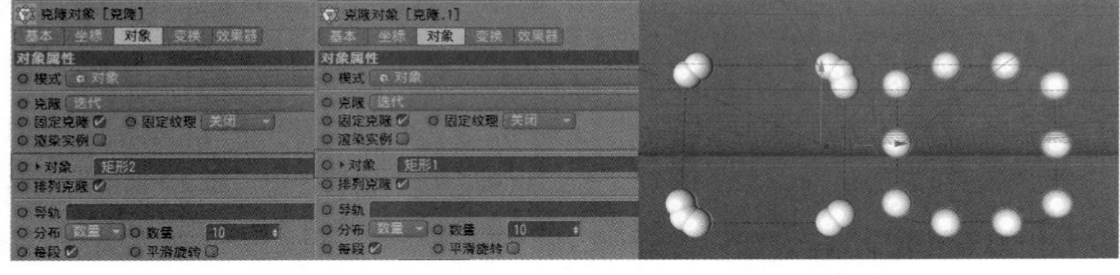

图3-25

技巧与提示

在通常情况下，把“点插值方式”调为“统一”即可。

矩形在工作中的运用范围非常广，例如，将矩形转换为可编辑对象，选择“点模式”，然后选中其中一个点，单击鼠标右键，在弹出的菜单中选择“倒角”，就可以改变它的形状，如图3-26所示。

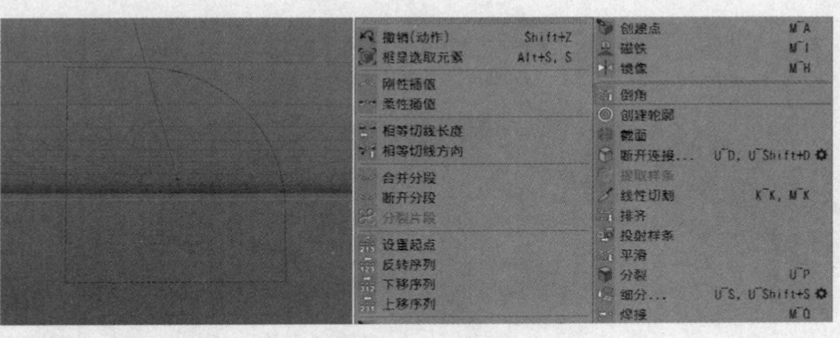

图3-26

3.1.3 圆弧

圆弧包含“圆弧”“扇区”“分段”“环状”4种类型，如图3-27所示。

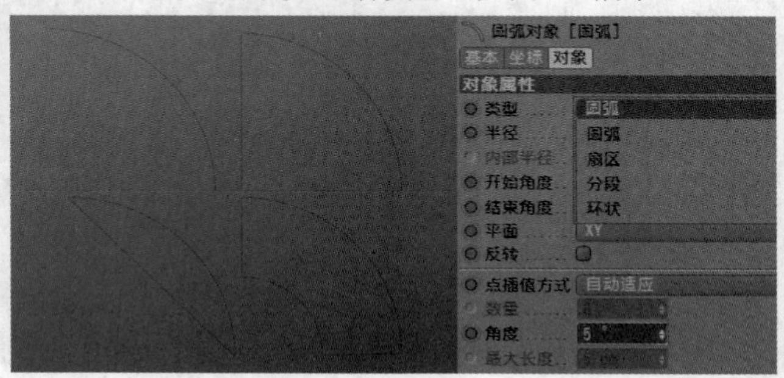

图3-27

1.圆弧

将“类型”设置为“圆弧”，其“半径”代表圆弧的大小，“开始角度”是0°，“结束角度”是360°。例如，将“开始角度”设置为0°，“结束角度”设置为360°，圆弧就变成了一个圆形，如图3-28所示。“平面”代表圆弧的方向，XY的意思是圆弧在*x*轴和*y*轴方向的平面上，红色代表*x*轴，绿色代表*y*轴，如图3-29所示。

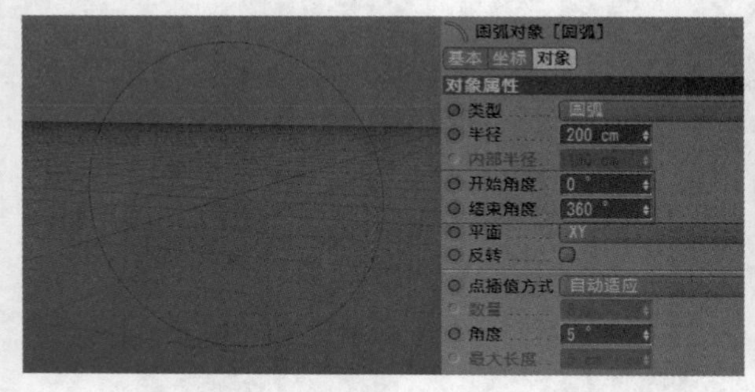

图3-28

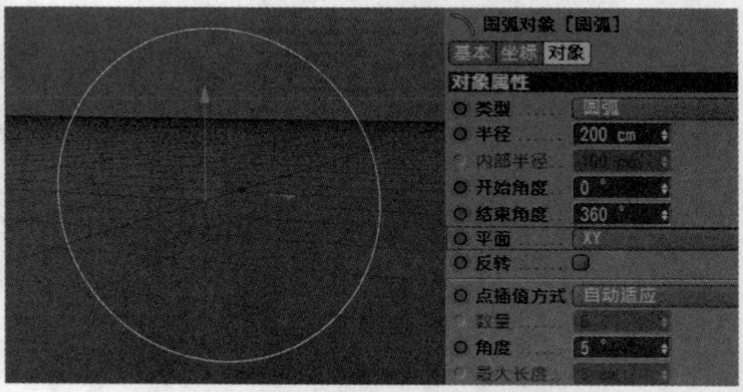

图3-29

2.扇区

“扇区”是将圆弧闭合，调节“半径”可以改变扇区的大小，调节“开始角度”和“结束角度”可以改变扇区的旋转角度。将“开始角度”设置为360°，“结束角度”设置为180°，场景中的圆弧就变成了半圆形，如图3-30所示。

3.分段

“分段”可以将圆弧以直角的方式连接起来，改变角度可以改变形状。例如，将“开始角度”设置为350°，“结束角度”设置为45°，可以看到，圆弧就变成了儿时游戏中“吃豆人”的形状，如图3-31所示。

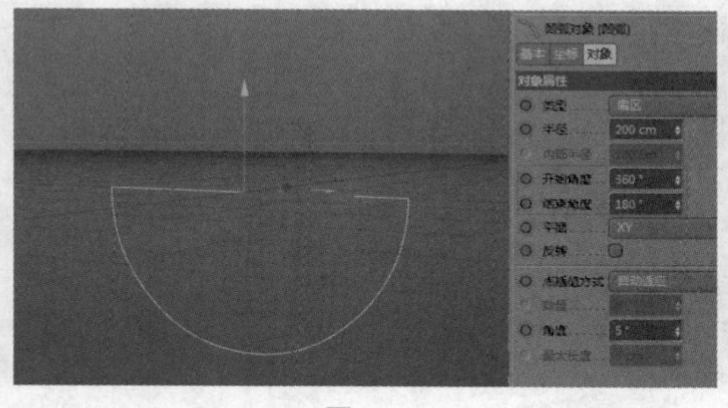

图3-30

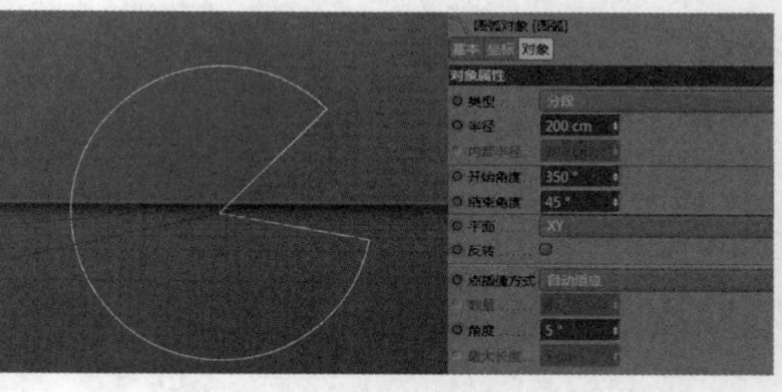

图3-31

4.环状

“环状”可以将圆弧分成内外两个圆弧，并连接起来，调整“内部半径”和“半径”可以分别调整小圆和大圆的半径的大小。将“半径”设置为200 cm，“内部半径”设置为270 cm，“开始角度”设置为250°，“结束角度”设置为20°，如图3-32所示。

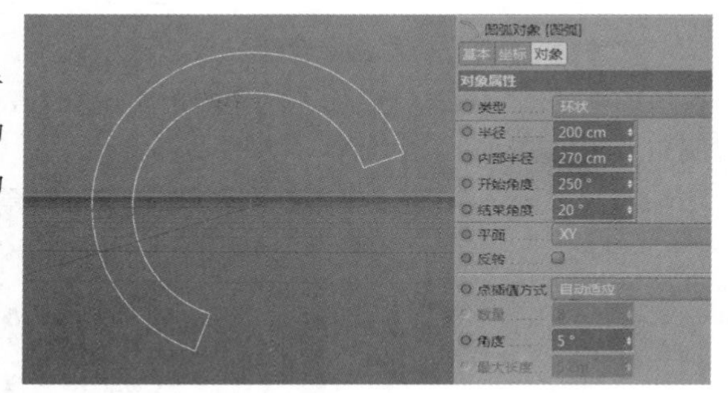

图3-32

3.1.4 圆环

勾选“椭圆”选项，可以看到两个“半径”选项同时被激活，它们分别代表圆环所在平面的半径大小。例如，设置“平面”为XY，两个半径分别代表x轴和y轴上圆环的半径大小。将第一个“半径”设置为280 cm，第二个“半径”设置为120 cm，如图3-33所示。

勾选“环状”选项，内部就会同时出现一个椭圆，“内部半径”也随之被激活，调节“内部半径”的大小可以改变两个圆之间的距离，如图3-34所示。

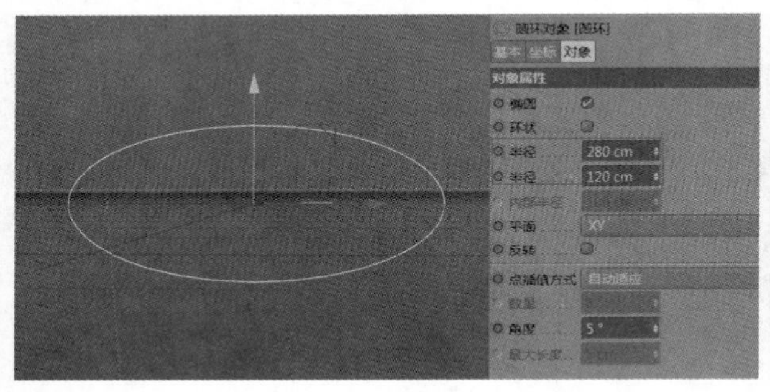

图3-33

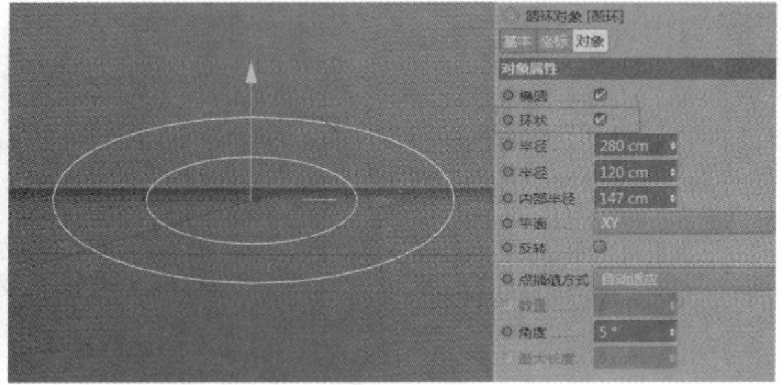

图3-34

3.1.5 螺旋

“螺旋”可以比作中间用螺旋线连接起来的两个圆。例如，将“起始半径”和“终点半径”都设置为0 cm，螺旋就变成一条直线，靠近坐标轴的点为起始点，而离得远的点为终点，如图3-35所示。

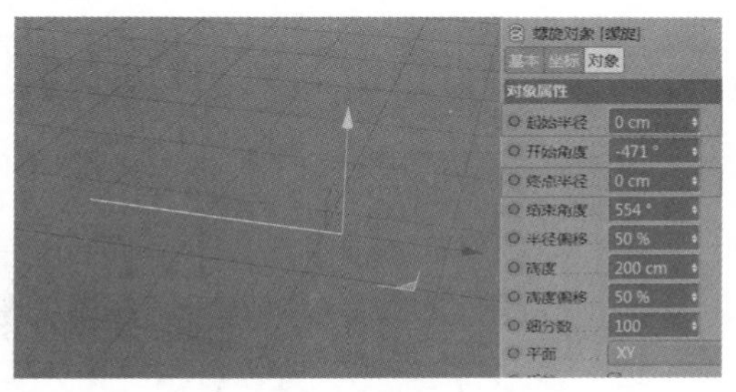

图3-35

常用参数介绍

※　起始半径：表示靠近坐标轴的圆的半径。

※　开始角度：表示靠近坐标轴的圆到远离坐标轴的圆的螺旋圈数。

※　终点半径：离坐标轴心远的圆的半径。

※　结束角度：表示离轴心点远的圆到靠近轴心点的圆的螺旋圈数。

※　半径偏移：默认为50%平均分布，值越小越靠近轴心点。

※　高度：两个圆之间的距离。

※　高度偏移：默认为50%平均分布，值越小越靠近轴心点。

※　细分数：表示样条的线段数量。该选项只在转换为可编辑对象后的点层级中可见。

3.1.6 多边

“多边”对象中“半径”代表多边形的大小，“侧边”代表多边形的边数，“圆角”和“半径”代表连接边的点的圆滑程度。例如，将“侧边”设置为6，激活“圆角”选项，将“半径”设置为60 cm，就会出现圆角六边形的效果，如图3-36所示。

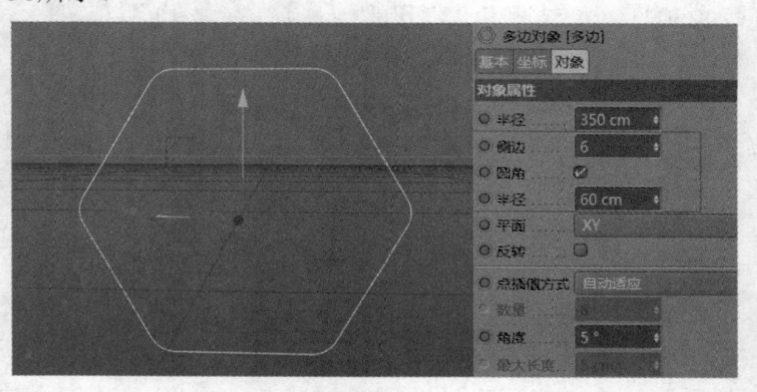

图3-36

3.1.7 星形

“星形”的对象属性中有“内部半径”和“外部半径”，也可以理解为内外两个圆，不过这两个圆是以星形的边的模式连接起来的。例如，将“内部半径”设置为360 cm，“外部半径”也设置为360 cm，星形就变成了一个圆，这说明内外两个圆重合了，如图3-37所示。

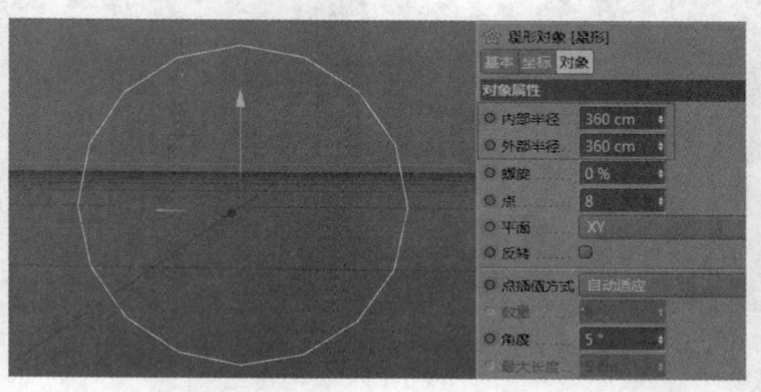

图3-37

星形的“螺旋”选项代表外圆的旋转角度。将“螺旋”旋转40%，表示外圆顺时针旋转40°，红色框代表外圆，绿色框代表内圆，如图3-38所示。

“点”代表星形的顶点数，例如，将“点”设置为10，可以看到，星形就变成了十角形的形状，如图3-39所示。

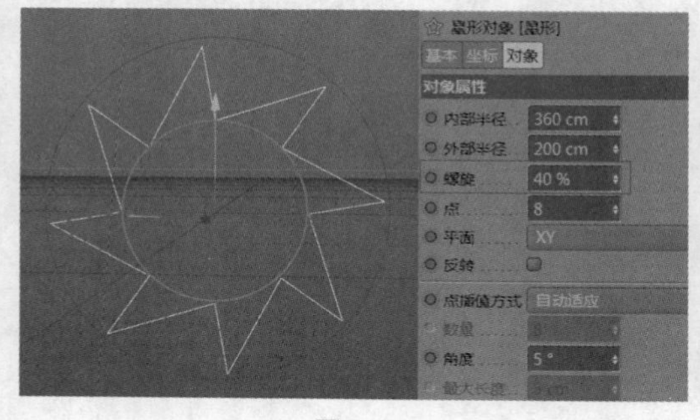

图3-38

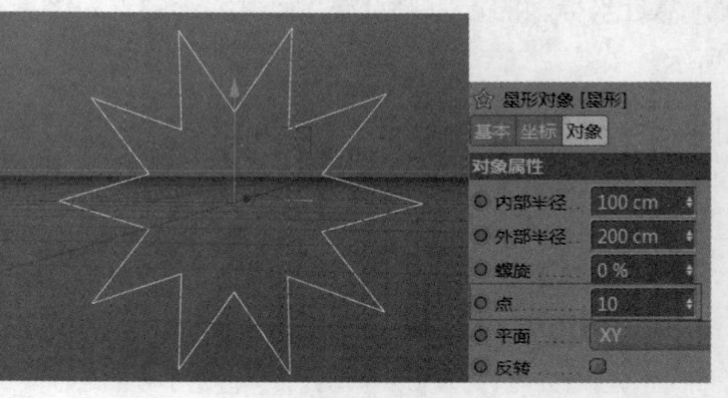

图3-39

3.1.8 文本

“文本”也是工作中必用的一种样条线。在“文本”框中可以输入所需要的内容，完成后单击场景中任意位置即可。“字体”选项可以设置不同的字体（可以在字体网站上下载自己喜欢的字体）。“对齐”代表坐标轴心点的位置，“中”对齐代表坐标轴在文字中心位置。“高度”代表文字的大小，“水平间隔”代表字间距，“垂直间隔”代表行距。“分隔字母”代表文本转换为可编辑对象后，文本是否是独立个体。例如，新建两个文本，第一个文本勾选“分隔字母”，第二个保持默认不勾选，然后同时将两个文本转换为可编辑对象，可以看到勾选“分隔字母”的文本是单独存在的，而保持默认不勾选“分隔字母”的文本是一个整体，如图3-40和图3-41所示。

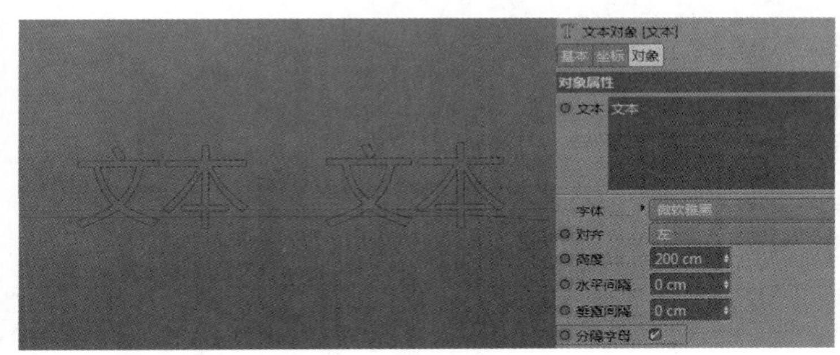

图3-40

图3-41

利用“显示3D界面”选项可以在工作中更加快速地使用文本工具。例如，勾选“显示3D界面”选项，会看到文本上出现很多小的标签，相对应的就是3D界面下方的数值，可以直接单击拖曳对其进行调整，下方的数值也相应发生变化，非常方便，如图3-42所示。

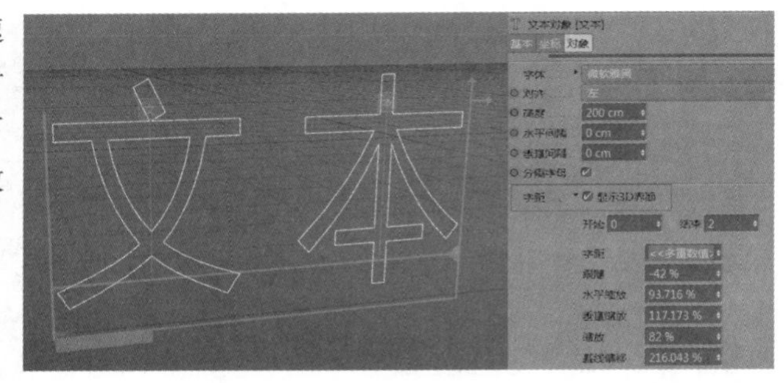

图3-42

3.1.9 矢量化

在“矢量化”中，“纹理”可以使对黑白贴图的处理更加明显。例如，打开一张黑白图，将它拖曳到“纹理”中，也可以单击“纹理”后的■按钮，打开文件，就可以看到场景中出现了黑白图像的样条效果。其中“宽度”代表图片的大小，“公差”代表图像样条化的精细程度，如图3-43~图3-45所示。

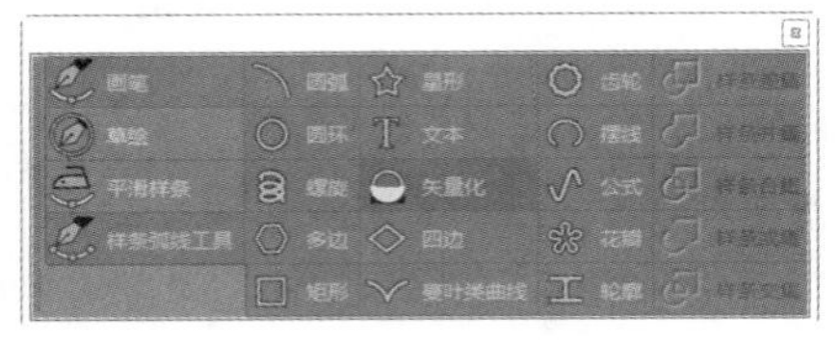

图3-43

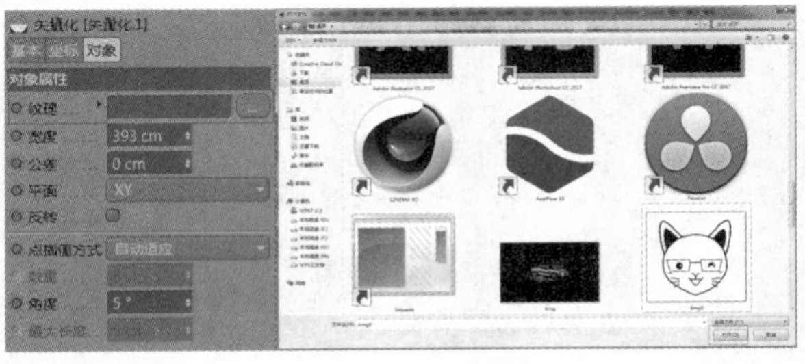

图3-44

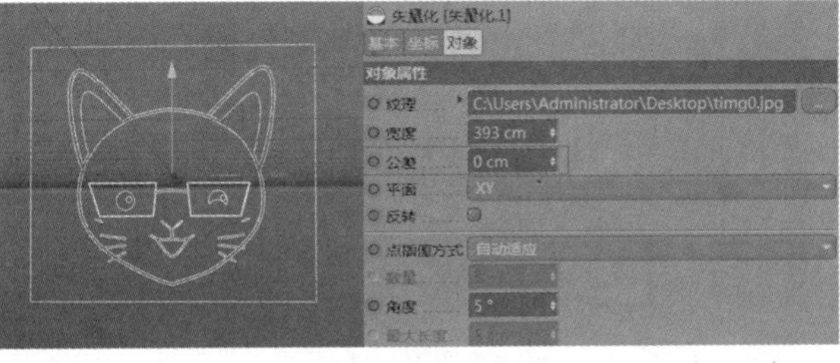

图3-45

3.1.10 四边

“四边”对象类型包括“菱形”“风筝”“平行四边形”“梯形”，如图3-46所示。

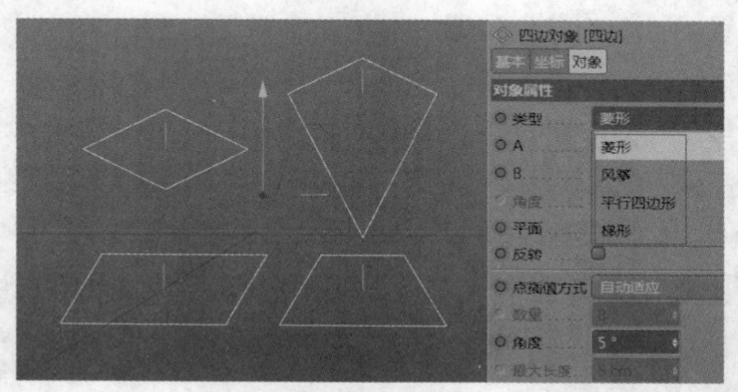

图3-46

1.菱形

在菱形对象中，A为宽度，B为高度；A和B都设置为100 cm时为正方形，如图3-47所示。

2.风筝

风筝可以看成是两个三角形合并而成的，A代表上面的三角形，B代表下面的三角形，A和B都设置为100 cm时为正方形，如图3-48所示。

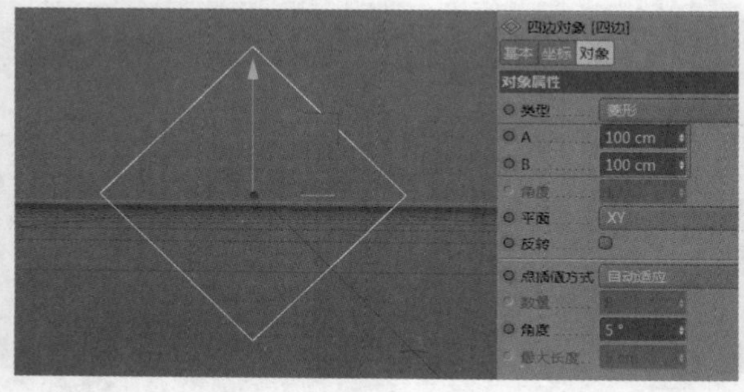

图3-47

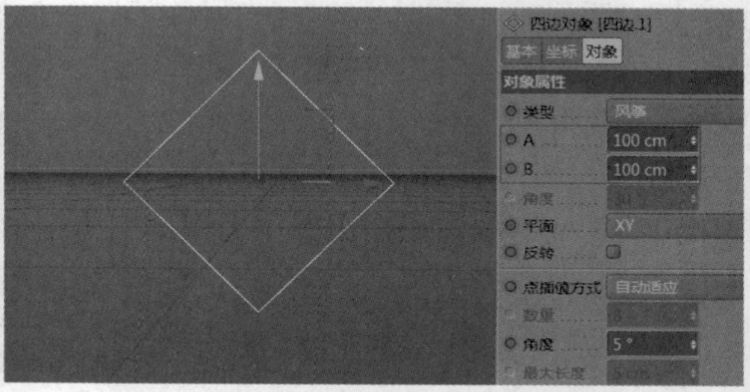

图3-48

3.平行四边形

在平行四边形对象中，A为宽度，B为高度，“角度”为相邻两条边夹角的度数，“角度”设置为0°时为方形，如图3-49所示。

4.梯形

在梯形对象中，A为宽度，B为高度，“角度”为相邻两条边夹角的度数，“角度”为0°时也是方形，如图3-50所示。

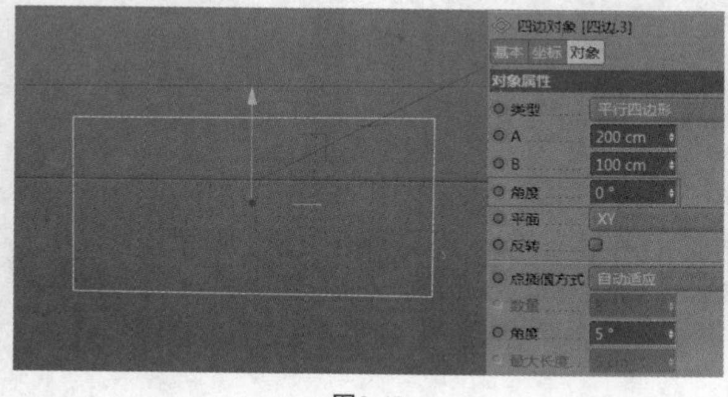

图3-49

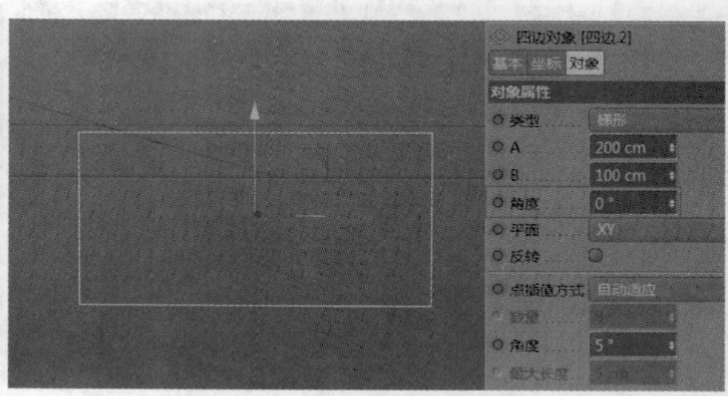

图3-50

3.1.11 蔓叶类曲线

“蔓叶类曲线”有“蔓叶”“双扭”“环索”3种类型，如图3-51所示。

“宽度”可以改变蔓叶类曲线的大小，“张力”代表蔓叶类曲线收缩的力量。例如，将“张力”设置为100，蔓叶类曲线就会收缩得非常紧，如图3-52所示。

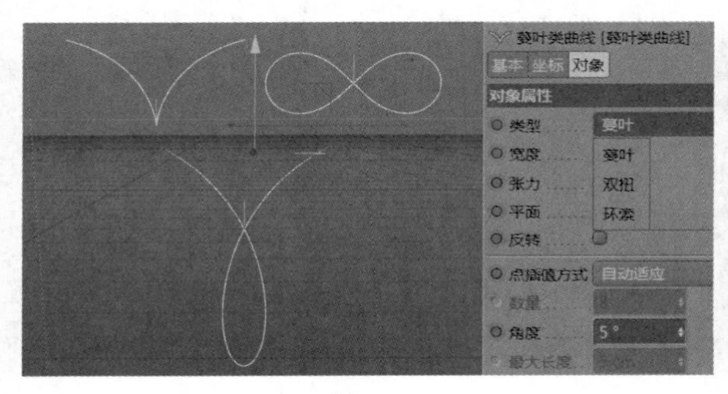

图3-51

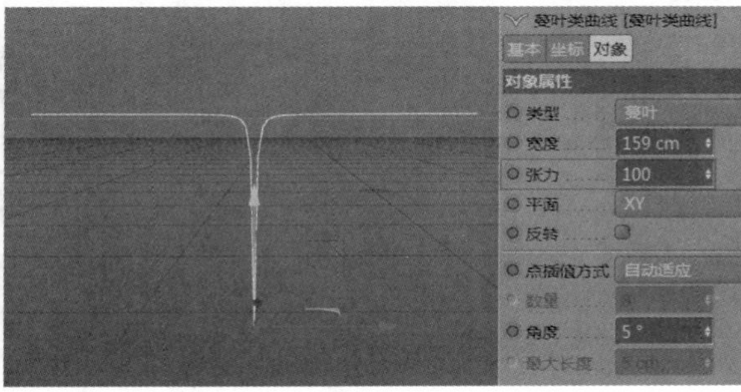

图3-52

3.1.12 齿轮

1.对象

勾选“传统模式”选项，则在对象属性中会显示“齿”“内部半径”“中间半径”“外部半径”“斜角”等参数，如图3-53所示。

“显示引导”是指显示齿轮结构的各种参考线，在激活“传统模式”时不显示。“引导颜色”代表参考线的颜色，如图3-54所示。

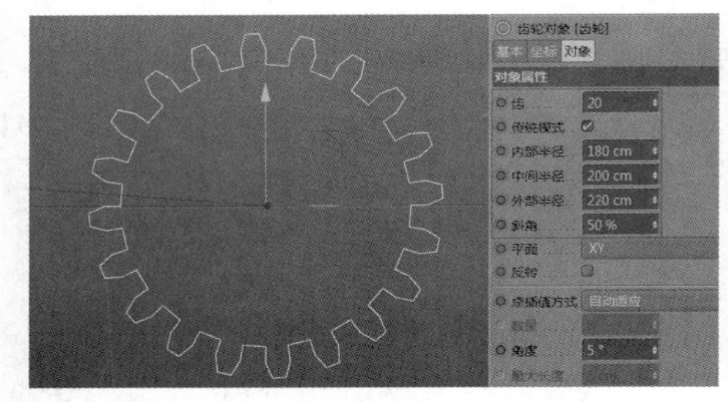

图3-53

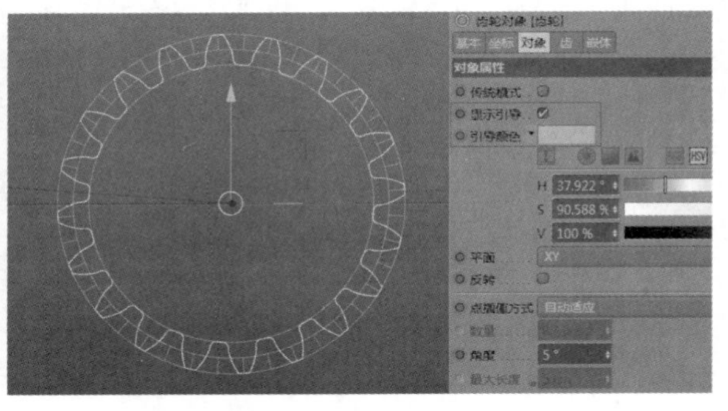

图3-54

2.齿

“齿”有“无”“渐开线”“棘轮”“平坦”4种类型，用于控制齿轮的外部轮廓，如图3-55所示。

齿类型下的“齿”“锁定半径”“方向”“倒勾”“根半径”“附加半径”“间距半径”等属性都是对齿轮最外环的形状做细节调节。

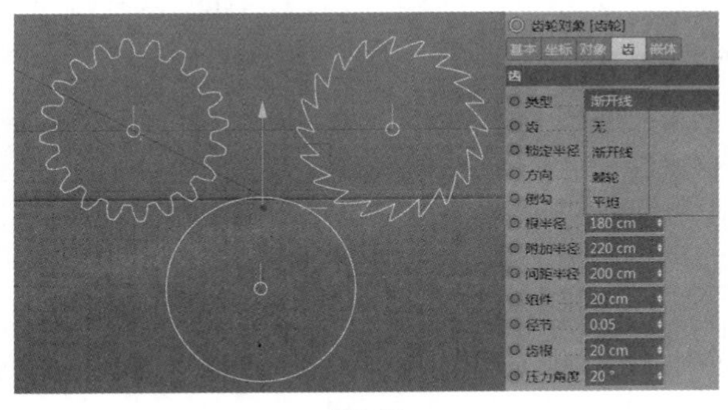

图3-55

3.嵌体

“嵌体”有“无”“轮辐”“孔洞”“拱形”“波浪”5种类型，用于控制齿轮内部形状，如图3-56所示。

选择“类型”为“无”，将“半径”设置为30 cm，“深度”为20 cm，“宽”为15 cm，“切口方向”为15°，如图3-57所示。

图3-56

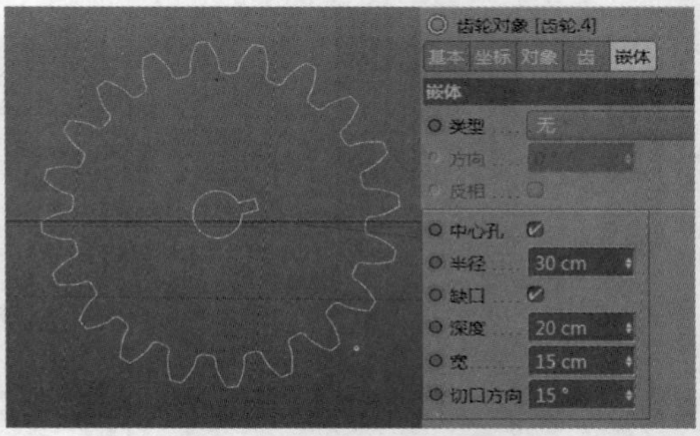

图3-57

“无”参数介绍

※ 中心孔：勾选该选项，表示在齿轮中间增加孔洞。

※ 半径：用于设置齿轮增加的孔洞的大小。

※ 缺口：勾选该选项，表示中心孔洞处会延伸出一个矩形。

※ 深度：用于设置延伸出的矩形的长度。需要注意的是，矩形的长度不能超出齿轮。

※ 宽：用于设置延伸出的矩形的宽度。

※ 切口方向：用于设置中间孔洞延伸出的矩形的旋转角度。

图3-58

选择“类型”为“轮辐”，将“轮辐”设置为7，“外半径”设置为160 cm，“内半径”设置为36 cm，“外宽度”设置为40%，“内宽度”设置为50%，效果如图3-58所示。

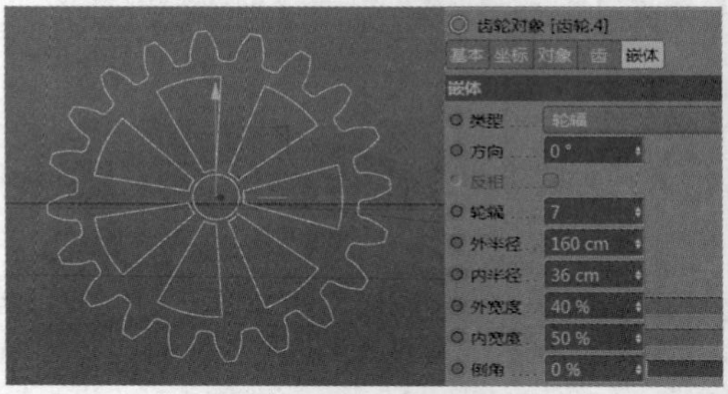

“轮辐”参数介绍

※ 轮辐：用于设置齿轮中间扇形的数量。

※ 外半径：用于设置扇形的外弧大小。

※ 内半径：用于设置扇形的内弧大小。

※ 外宽度：用于设置两个扇形外弧顶点之间的距离。

※ 内宽度：用于设置两个扇形内弧顶点之间的距离。

※ 倒角：用于设置扇形顶点的平滑程度。

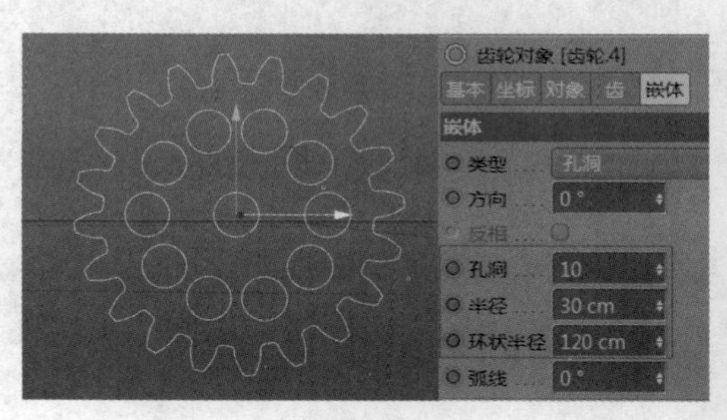

图3-59

选择“类型”为“孔洞”，将“孔洞”设置为10，“半径”设置为30 cm，“环状半径”为120 cm，效果如图3-59所示。

“孔洞”参数介绍

※ 孔洞：用于设置齿轮内部圆形的数量。

※ 半径：用于设置单个圆形的大小。

※ 环状半径：用于设置圆形距离齿轮中心点的长度。

※ 弧线：用于调整孔洞的形状。

选择“类型”为“拱形”，将“拱形”设置为3，“外半径”设置为138 cm，“内半径”设置为120 cm，“弧分数”为100%，效果如图3-60所示。

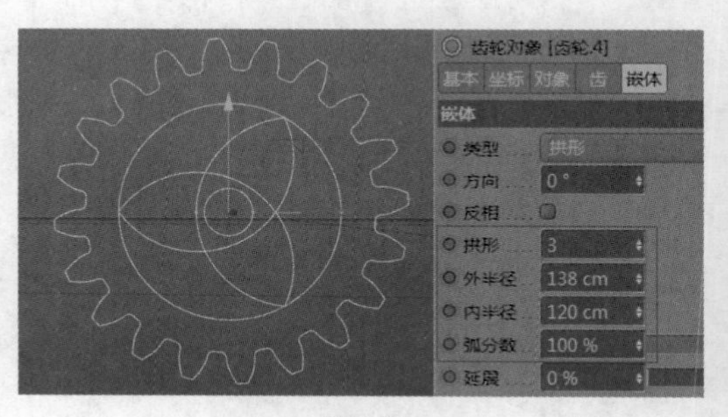

图3-60

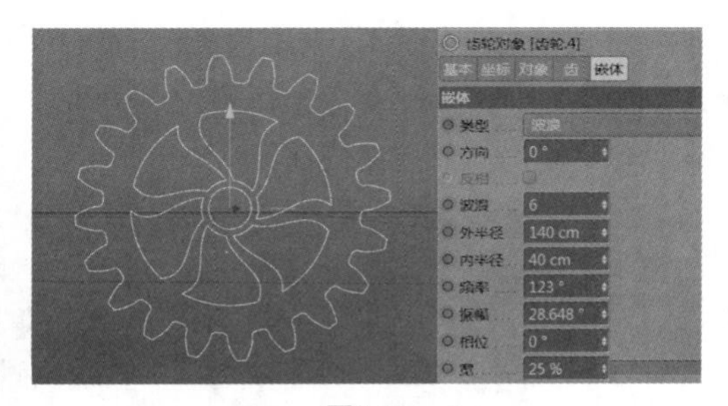

图3-61

“拱形”参数介绍

※ 拱形：用于设置齿轮中间拱形的数量。

※ 外半径：用于设置齿轮内部圆的大小。

※ 内半径：保持齿轮内部圆的大小不变，用于设置拱形的大小。

※ 弧分数：用于设置齿轮内部半圆的大小。

选择“类型”为“波浪”，将“波浪”设置为6，“外半径”设置为140 cm，“内半径”设置为40 cm，“频率”设置为123°，效果如图3-61所示。

“波浪”参数介绍

※ 波浪：用于设置齿轮中间波浪形状的数量。

※ 外半径：用于设置波浪形状的外部大小。

※ 内半径：用于设置波浪形状的内部大小。

※ 频率：用于设置波浪扭曲的数量。

※ 振幅：用于设置波浪扭曲的程度。

※ 相位：用于调节齿轮内部波浪的左右旋转动画。

※ 宽：用于设置齿轮内部单个波浪的宽度。

3.1.13 摆线

“摆线”的类型有“摆线”“外摆线”“内摆线”3种，如图3-62所示。

“半径”代表摆线的大小。“a”选项代表摆线的扩展程度，数值越大，“摆线”的扩展程度越大，例如，将“a”设置为0 cm就会变成一条直线，如图3-63所示。

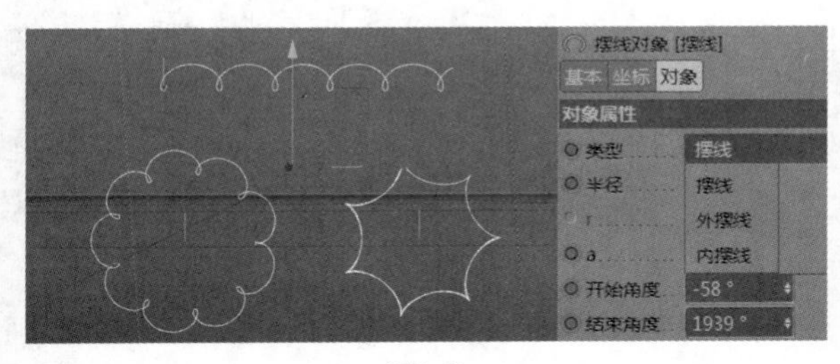

图3-62

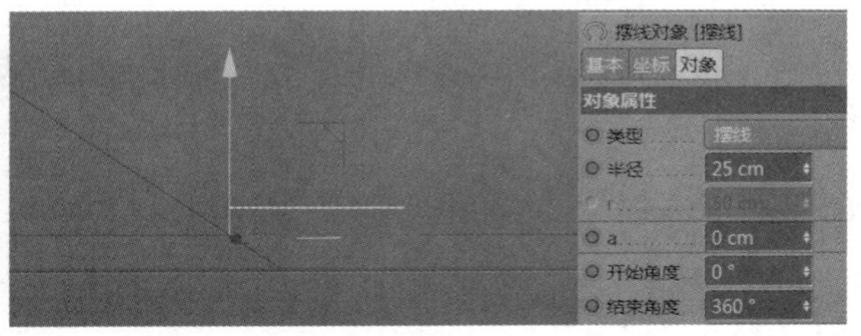

图3-63

“开始角度”代表从x轴正方向的螺旋程度，“结束角度”为x轴负方向的螺旋程度。角度越大，螺旋的圈数越多。例如，将“开始角度”设置为3000°，效果如图3-64所示。

和“摆线”相比，“外摆线”多了一个“r”选项，它代表摆线内部的复杂程度，0 cm为最大，如图3-65所示。

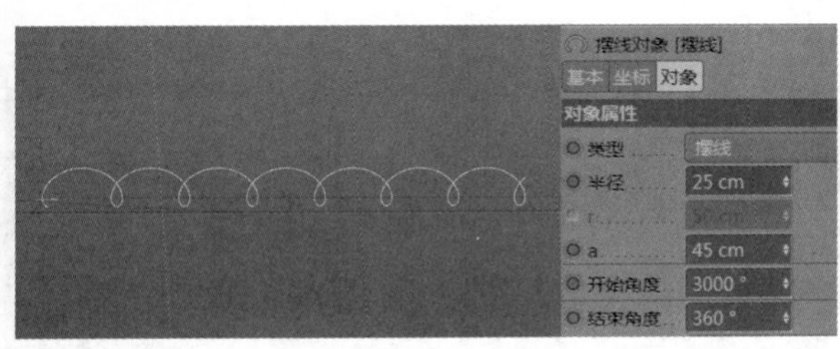

图3-64

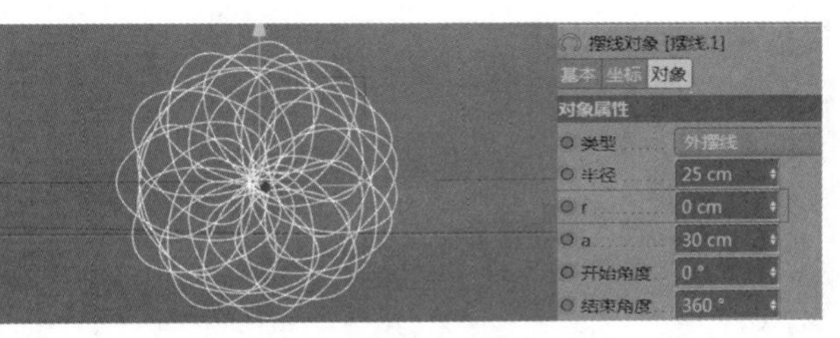

图3-65

“内摆线”和“外摆线”的参数都是一样的，唯一的区别就是一个向里生长，一个向外生长。设置同样的数值，“半径”为399 cm，r为50 cm，a为75 cm，“开始角度”为-50°，“结束角度”为360°，改变类型，可以看到摆线的变化，如图3-66和图3-67所示。

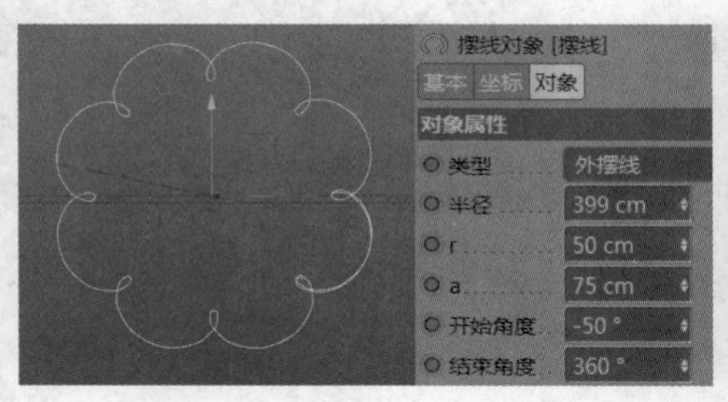

图3-66

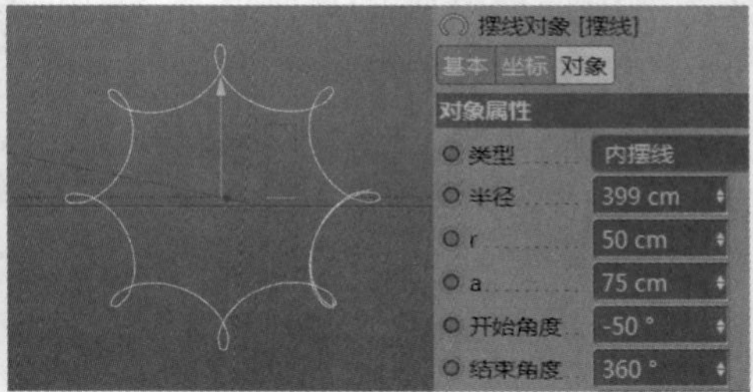

图3-67

3.1.14 公式

“公式”是指将样条线以公式的形式表现出来，和“抛物线”的概念相近，用一个公式来表示样条线的走向。工作中一般会用到Tmin、Tmax和“采样”选项，Tmin和Tmax分别代表波峰到波谷的最小数量和最大数量，“采样”代表波纹曲线的平滑程度。将Tmin改为15，Tmax改为31，“采样”改为190，效果如图3-68所示。

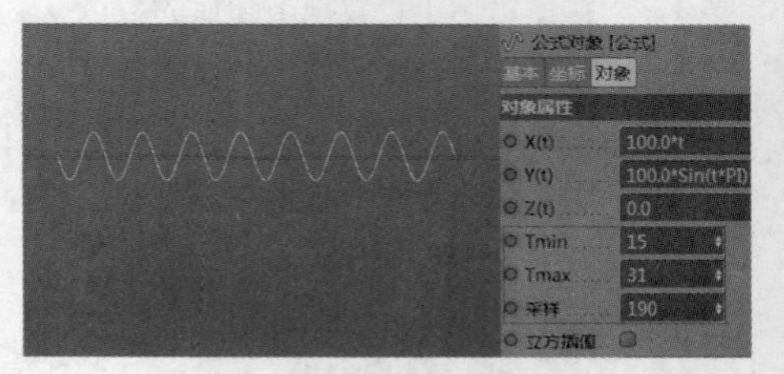

图3-68

3.1.15 花瓣

这个参数比较简单，“内部半径”和“外部半径”代表花瓣的尺寸，“花瓣”代表花瓣的数量。将“内部半径”设置为0 cm，“外部半径”设置为500 cm，“花瓣”设置为11，效果如图3-69所示。

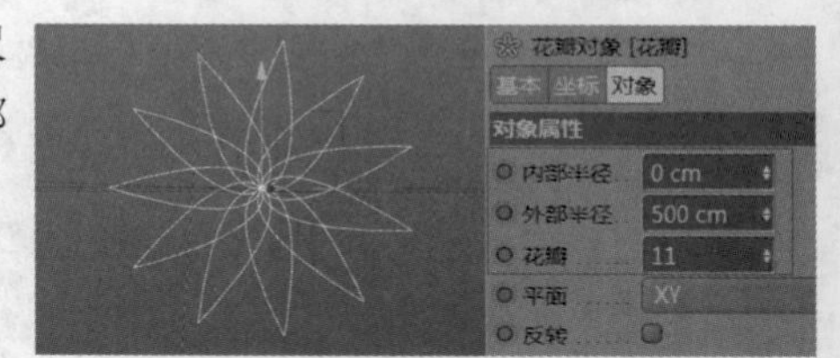

图3-69

3.1.16 轮廓

“轮廓”有“H形状”“L形状”“T形状”“U形状”“Z形状”5种类型，如图3-70所示。

“高度”代表整个形状的高度；b代表左边的边固定的情况下，形状的总宽度；s代表不影响总宽度的情况下，中间矩形的宽度；t代表不影响总高度的情况下，中间矩形的高度。蓝色代表b，红色代表s，黑色代表t，如图3-71所示。

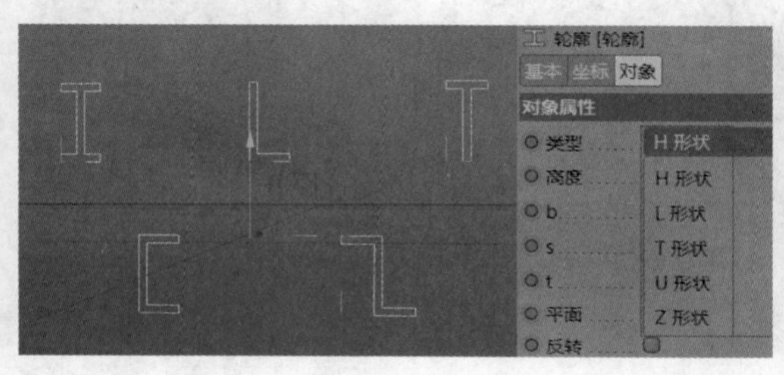

图3-70

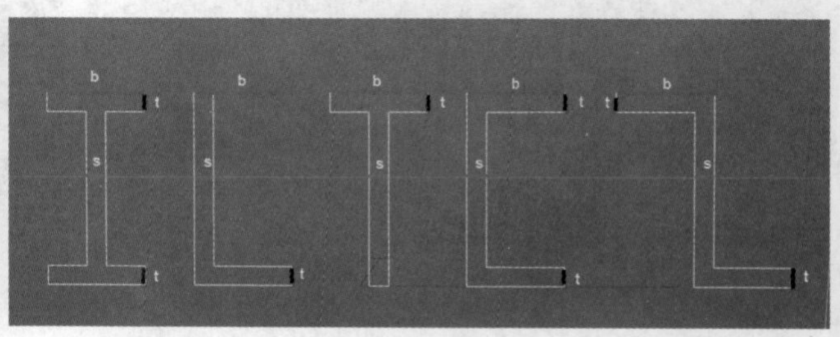

图3-71

3.1.17 样条集

样条集包含“样条差集”“样条并集”“样条合集”“样条或集”“样条交集”5种类型，在选中两个样条的前提下，才能激活。选择形状的顺序不一样，结果也不一样。例如，新建一个星形和一个圆形，如图3-72所示。将星形定为A，圆形定为B，“样条差集”代表A-B，“样条并集”代表A+B ，“样条合集”代表A与B的公共区域，如图3-73所示。

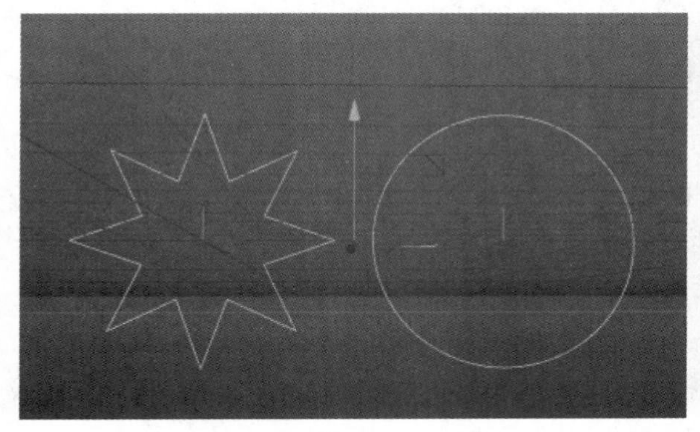

图3-72

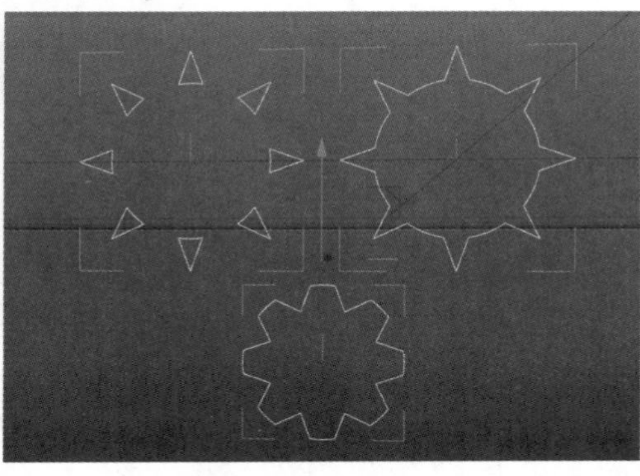

图3-73

“样条或集”和“样条交集”都是将样条拆分开。若有两个样条，分别为A和B，“样条或集”代表将A和B拆分成单个样条，是“或”的关系，不是A，就是B。而“样条交集”代表将两个样条拆分成多个样条，既有A，也有B，还有A和B的公共区域。例如，新建一个圆，再新建一个四边，选择“样条或集”，并选择“点模式”，然后选中其中的一个点，选择“选择连接”（快捷键是U-W），接着向上移动，效果如图3-74所示。使用同样的操作方法，选择“样条交集”，其效果如图3-75所示。

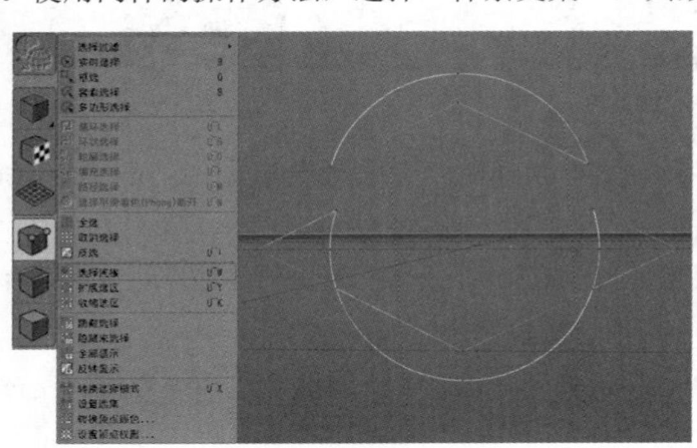

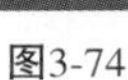

图3-74

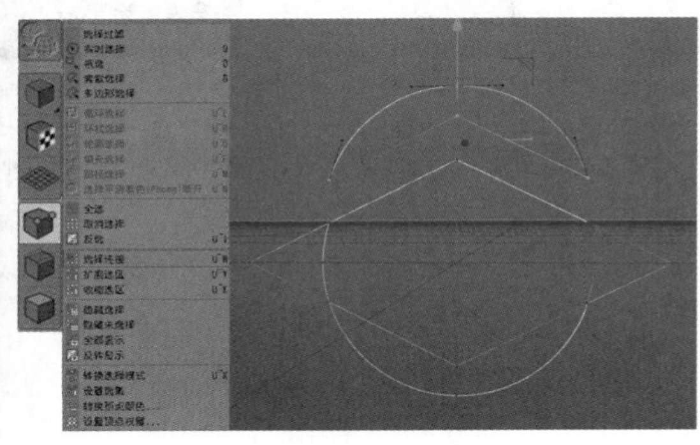

图3-75

3.2 钢笔工具

3.2.1 课堂案例——曲折滑梯

实例位置	实例文件>CH03>课堂案例——曲折滑梯.c4d
素材位置	无
视频位置	CH03>课堂案例——曲折滑梯.mp4
技术掌握	掌握基础样条线中公式及钢笔工具的使用方法

本案例制作的是一个曲折滑梯，效果如图3-76所示。

图3-76

01 打开Cinema 4D软件，新建工程文件，执行“文件>保存”菜单命令，如图3-77所示。将工程文件保存到合适的位置，并命名为“曲折滑梯”。

02 选择样条线中的“公式”对象，将公式中Tmax的值设置为10，“采样”设置为165，如图3-78所示。

03 将公式转换为可编辑对象，单击钢笔工具，然后将曲线连接成一个近似三角形的图形，如图3-79所示。

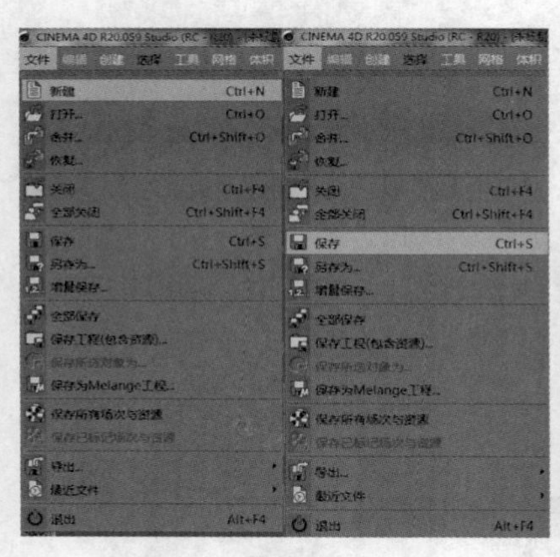

图3-77

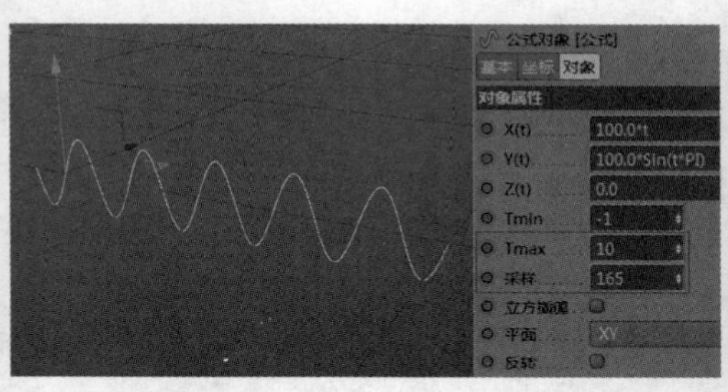

图3-78

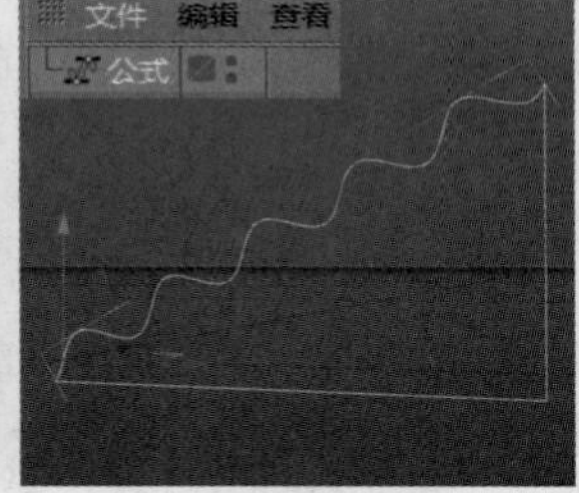

图3-79

04 新建挤压，将公式作为子级放置于挤压的下方，并将挤压的“移动”数值设置为0 cm、0 cm、256 cm，如图3-80所示。

05 新建样条线中的矩形，将“宽度”和“高度”分别设置为17 cm、192 cm，然后新建扫描，将公式的样条复制一份，并将公式和矩形作为子级放置于扫描的下方，曲折滑梯建模完成，如图3-81所示。

06 双击材质面板空白处创建材质球，双击材质球打开“材质编辑器”窗口，在“颜色”通道中将材质球的颜色设置为H:140°、S:43%、V:88%，如图3-82所示。

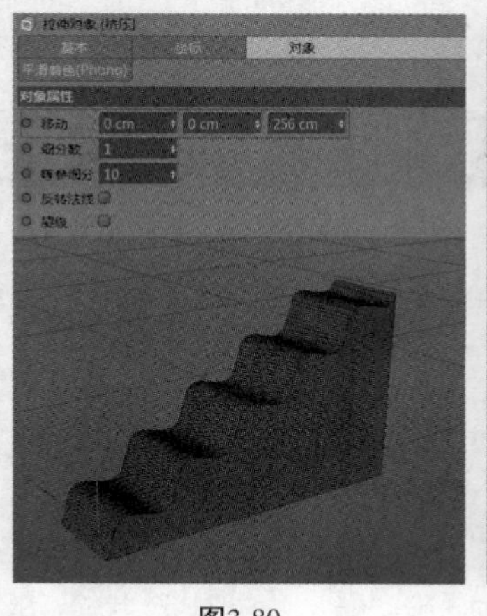

图3-80

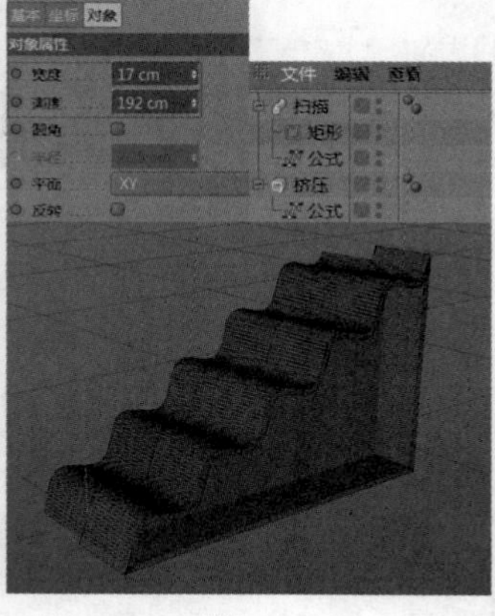

图3-81

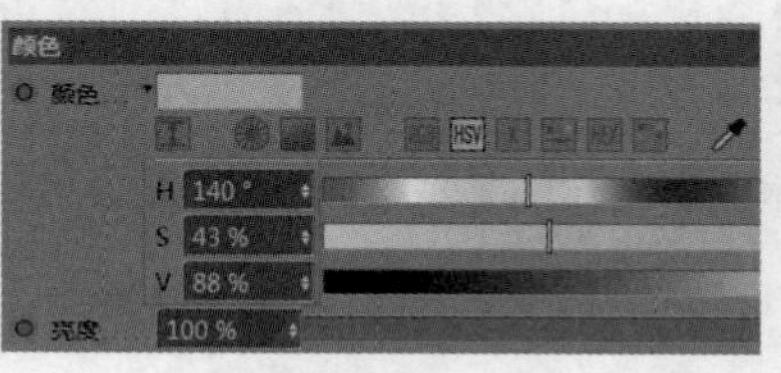

图3-82

07 在“反射”通道中选择“默认高光”选项，然后将“衰减”设置为-5%，“高光强度”设置为38%，如图3-83所示。

08 采用同样的方法设置其他材质，将设置好的材质添加到对应的模型上，并添加物理天空，如图3-84所示。

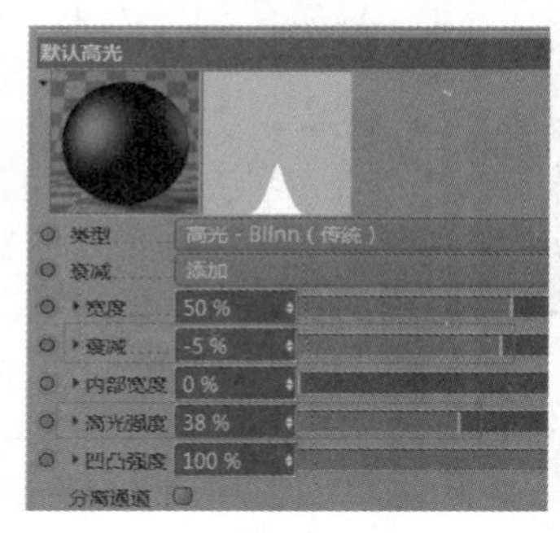

图3-83

图3-84

09 在“渲染设置”窗口中添加“全局光照”和“环境吸收”，如图3-85所示。最终渲染效果如图3-86所示。读者可以观看教学视频，了解本案例的详细制作过程。

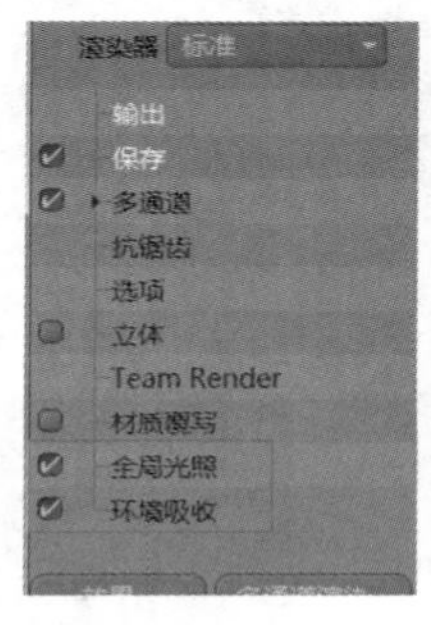

图3-85

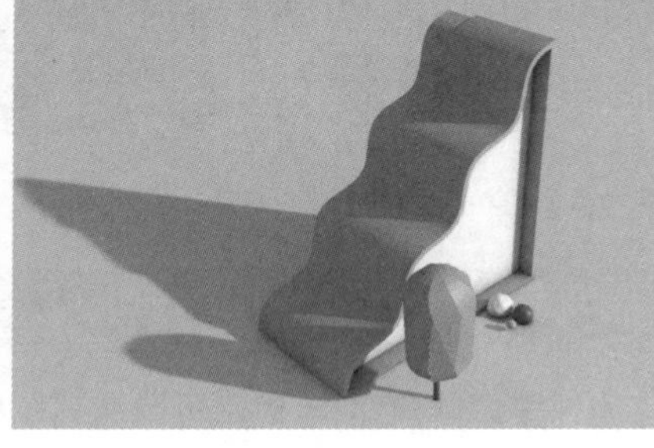

图3-86

3.2.2 画笔

画笔有5种类型，分别是“线性”“立方”、Akima、“B-样条”和“贝塞尔（Bezier）”。“线性”代表绘制出来的线条是以直角形式显示的，“立方”和Akima都代表绘制出来的样条是以一定的角度显示的，如图3-87所示。这3种绘制方式在工作中只在特殊情况下使用，一般用得比较少。

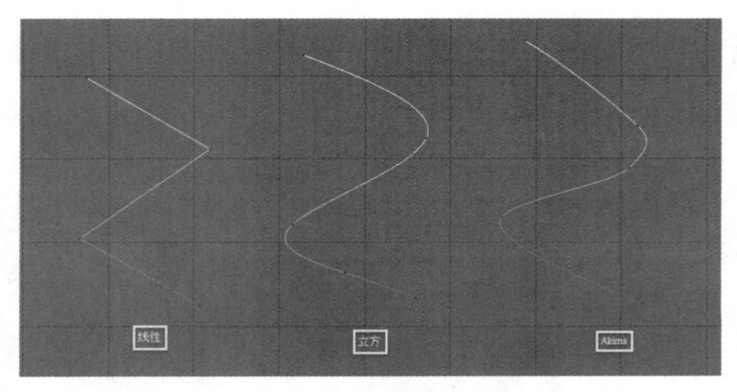

图3-87

“B-样条”调整起来比较方便，绘制出的线条的点都在样条外侧，直接调整点的位置就可以调节样条，切换成移动工具，选择红色选框区域，就可以改变样条的情况，如图3-88所示。

“贝塞尔（Bezier）”是工作中用得最多的一种钢笔绘制模式，绘制样条的点都会有两个手柄，可以更加方便地调节样条的形状，如图3-89所示。

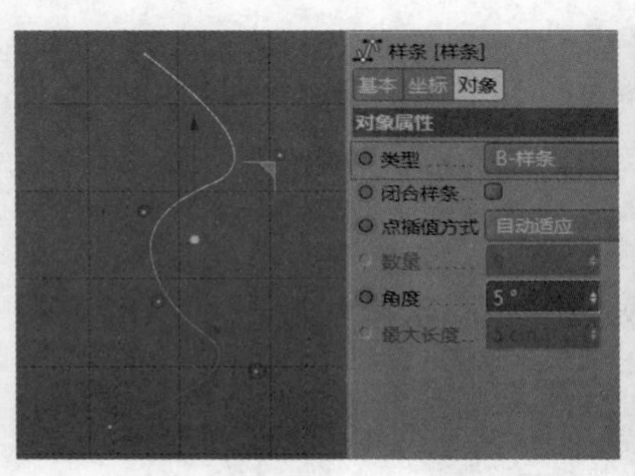

图3-88

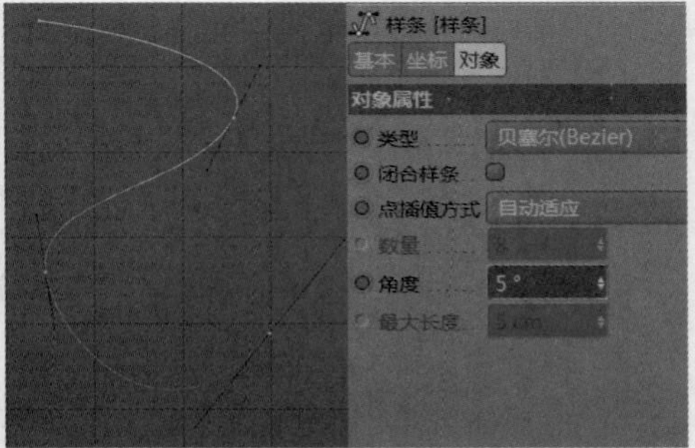

图3-89

技巧与提示

如果想在绘制样条的线中添加绘制点，需要按住Ctrl键，在显示白色线的同时单击样条，就会添加一个点。如果想去掉多余的点，就在要删除的点上单击鼠标右键，在弹出的菜单中，选择“删除点”即可，如图3-90所示。

在绘制过程当中，如果只想调整两个手柄中的一个，需要先选中需要调整的点，选择需要调整的手柄，然后按住Shift键左右拖曳鼠标，可以看到只有调整的那个手柄动，另一个没有变化，如图3-91所示。这个操作方法在工作中会经常用到。

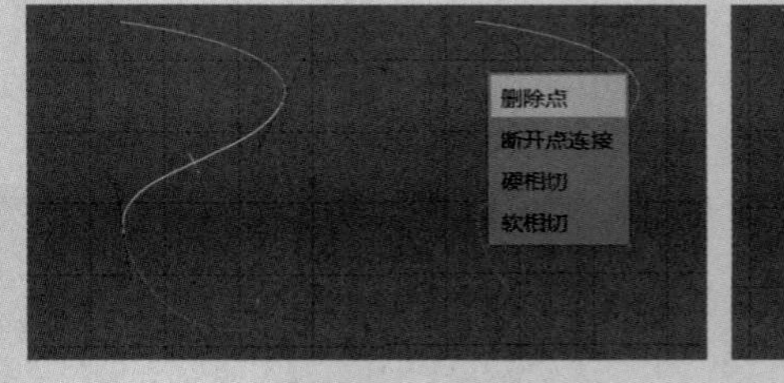

图3-90　　图3-91

3.2.3 草绘工具

“草绘”工具就和平面软件中的“画笔”一样，可以在视图中手绘想要的形状，如图3-92所示。

图3-92

3.2.4 平滑样条

可以对绘制出的样条做平滑处理，非常方便，它的对象属性包括“平滑”“抹平”“随机”“推”“螺旋”“膨胀”“投射”，如图3-93所示。激活选项，可以选择不同的平滑方式。

例如，勾选“随机”选项，可以看到样条会以一种随机的方式显示出来，如图3-94所示。“膨胀”选项会将样条膨胀起来，其他以此类推，这里就不做详细讲解了。

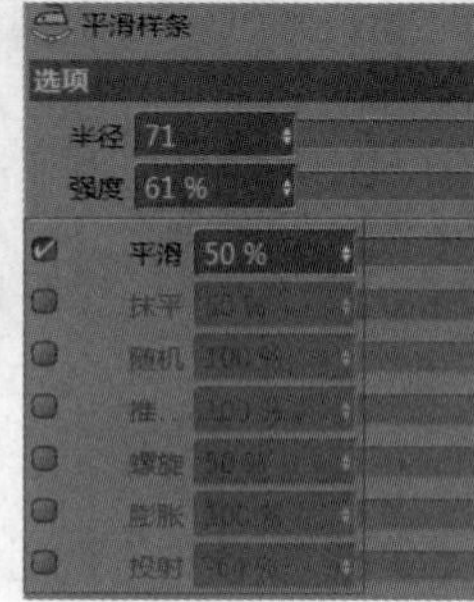

图3-93

图3-94

3.2.5 样条弧线工具

样条弧线是以圆的形式绘制的。

操作时，按住鼠标左键并拖曳，会出现一个圆，继续拖曳鼠标，可以绘制出第一个圆形样条，以此类推。如果想取消，可以单击视图取消选择，如图3-95所示。

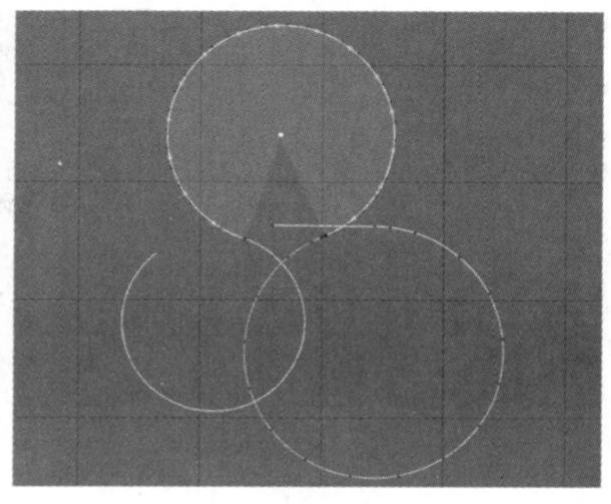

图3-95

3.3 课堂练习——创意曲线字母

实例位置	实例文件>CH03>课堂练习——创意曲线字母.c4d
素材位置	无
视频位置	CH03>课堂练习——创意曲线字母.mp4
技术掌握	掌握基础样条线中公式的使用方法

通过练习本案例，读者可以加深对样条中公式的理解，案例效果如图3-96所示。

图3-96

01 新建两个立方体，转换为可编辑对象，缩放至合适的大小，然后切换为“点模式”，框选并移动顶端的点，做成所需的形状，如图3-97所示。

02 新建圆柱，将“半径”设置为35 cm，“高度”设置为37 cm，再新建两个圆柱，将“半径”分别设置为22 cm和14 cm，“高度”分别设置为23 cm和15 cm，如图3-98所示，并置于合适的位置，如图3-99所示。

图3-97

圆柱对象 [圆柱]		圆柱对象 [圆柱.1]		圆柱对象 [圆柱.2]	
基本	坐标	基本	坐标	基本	坐标
切片	平滑着色(Phong	切片	平滑着色(Phong	切片	平滑着色(Phong
对象属性		对象属性		对象属性	
半径	35 cm	半径	22 cm	半径	14 cm
高度	37 cm	高度	23 cm	高度	15 cm
高度分段	1	高度分段	1	高度分段	1
旋转分段	36	旋转分段	36	旋转分段	36
方向	+Y	方向	+Y	方向	+Y

图3-98

图3-99

03 用同样的操作，新建多个圆柱体及圆环，缩放至不同的大小并放置于不同的位置，如图3-100所示。

04 新建样条公式，将Tmin设置为10，“采样”设置为130，并转换为可编辑对象，然后新建圆环，将“半径”设置为4 cm，接着新建扫描，将公式和圆环作为子级放置于扫描的下方，继续新建球体，将“半径”设置为6 cm，如图3-101所示。

05 采用同样的方法，将公式样条复制一份，并调整位置和细节，完成模型创建。双击材质面板空白处创建材质球，双击材质球打开“材质编辑器”窗口，选择“颜色”选项，将“纹理”设置为渐变，如图3-102所示。

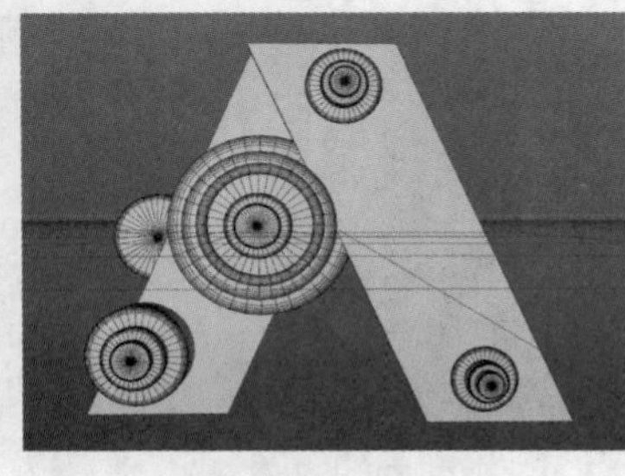
图3-100

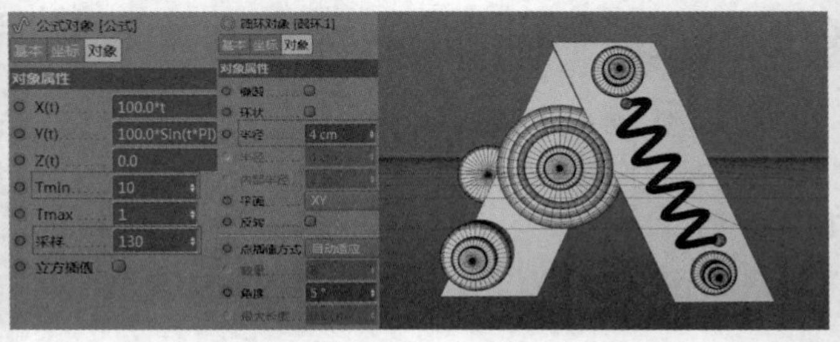
图3-101

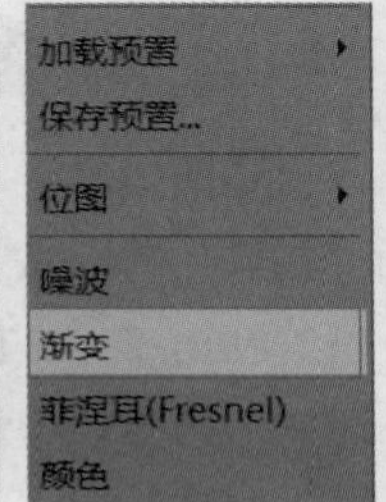

图3-102

06 单击“渐变”进入“着色器”选项卡，将渐变起始颜色设置为H:25°、S:51%、V:100%，如图3-103所示；将渐变结束颜色设置为H:14°、S:72%、V:83%，如图3-104所示。

07 再新建一个材质球，然后在“颜色”通道中将材质球的颜色设置为H:4°、S:53%、V:100%，如图3-105所示。

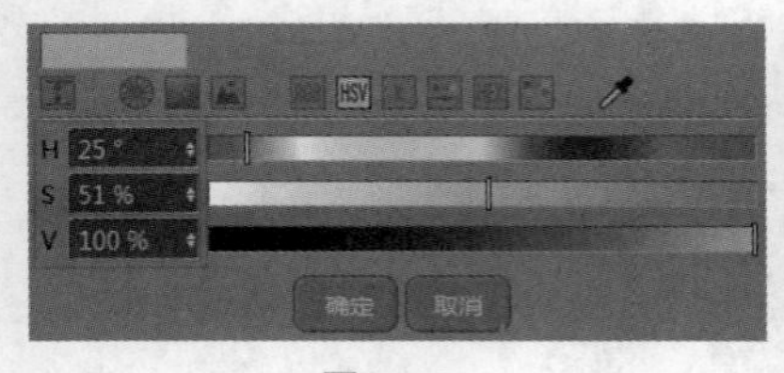
图3-103

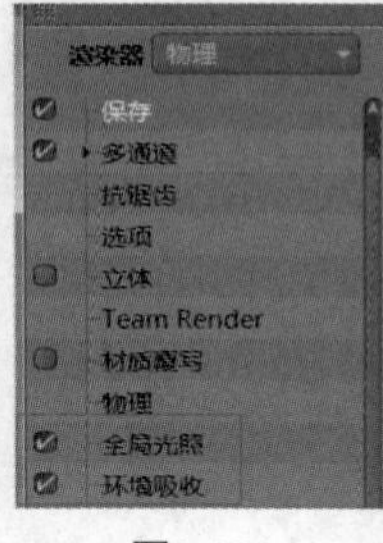
图3-104

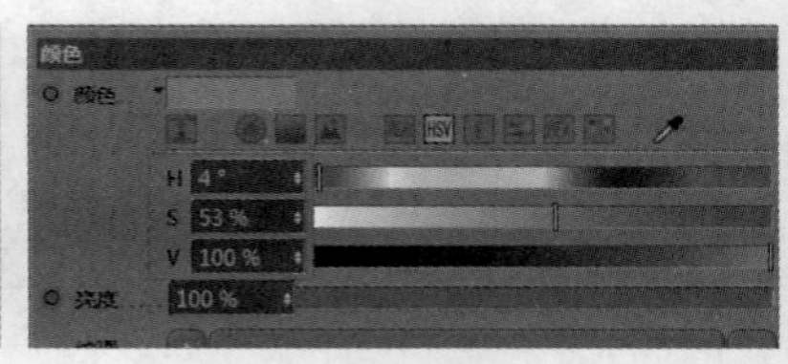
图3-105

08 采用同样的方法设置其他材质，并添加到对应的模型上，然后添加物理天空，接着在“渲染设置”窗口中添加“全局光照”和“环境吸收”，如图3-106所示。最终渲染效果如图3-107所示。读者可以观看教学视频，了解本案例的详细制作过程。

图3-106

图3-107

3.4 课后习题——线条城市

实例位置	实例文件>CH03>课后习题——线条城市.c4d
素材位置	无
视频位置	CH03>课后习题——线条城市.mp4
技术掌握	掌握基础样条线中矩形的使用方法

通过练习本习题，读者可以巩固矩形样条的运用，案例效果如图3-108所示。

关键步骤提示

第1步，利用样条线中的矩形工具，并配合扫描工具来制作弯曲的公路效果。

第2步，利用基础几何体中的立方体及圆锥体，配合克隆工具，制作大楼的形状。

第3步，添加普通材质和物理天空，进行最终的渲染。

图3-108

第4章 NURBS建模（生成器）

NURBS建模也称为曲面建模，类型有细分曲面、挤压、扫描、放样、旋转和贝塞尔。本章将重点介绍这几个工具，NURBS建模工具始终作为父级使用。在自然界中，不是所有的物体都是方方正正的，还有圆形或其他形状的很多物体，如人物模型。因为只有基础几何体和样条线是很难完成建模的，所以要配合曲面建模工具。NURBS建模工具在工作中是十分常用的，需要读者认真掌握，本章是建模的重点也是难点。

课堂学习目标

- 掌握细分曲面的使用方法
- 掌握挤压的使用方法
- 掌握旋转的使用方法
- 掌握放样的使用方法
- 掌握扫描的使用方法

4.1 细分曲面

4.1.1 课堂案例——戴帽子多脚兽

实例位置	实例文件>CH04>课堂案例——戴帽子多脚兽.c4d
素材位置	素材文件> CH04>课堂案例——戴帽子多脚兽
视频位置	CH04>课堂案例——戴帽子多脚兽.mp4
技术掌握	掌握细分曲面的使用方法

本案例主要用生成器中的细分曲面工具来制作戴帽子多脚兽，效果如图4-1所示。

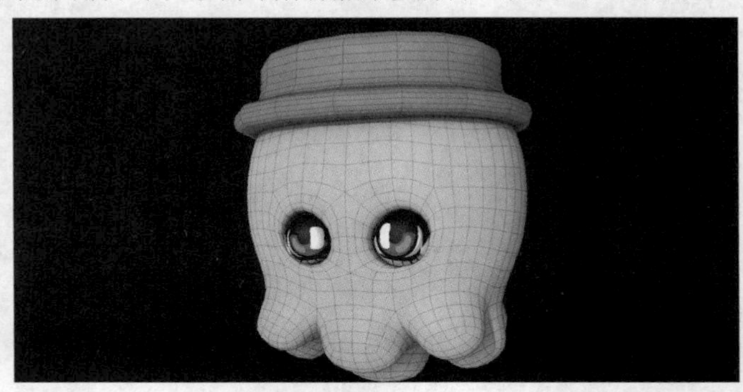

图4-1

01 打开Cinema 4D软件，新建工程文件，执行“文件>保存”菜单命令，如图4-2所示。将工程文件保存到合适的位置，并命名为“戴帽子多脚兽”。

02 新建球体，将“分段”设置为11，“类型”改为“六面体”，如图4-3所示。

03 将球体转换为可编辑对象，并新建细分曲面，然后将球体作为子级放置于细分曲面的下方，如图4-4所示。

图4-2

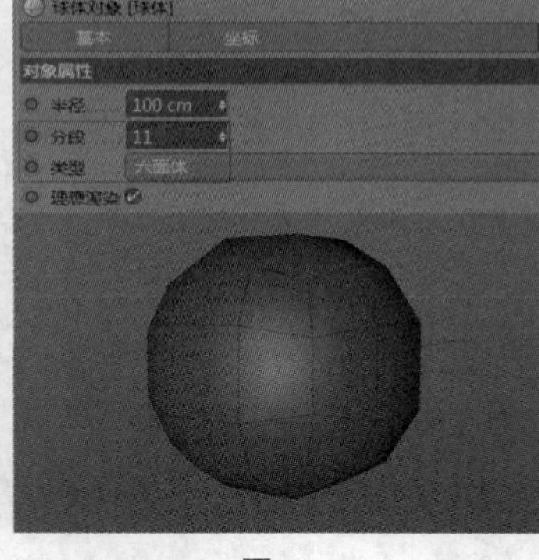

图4-3

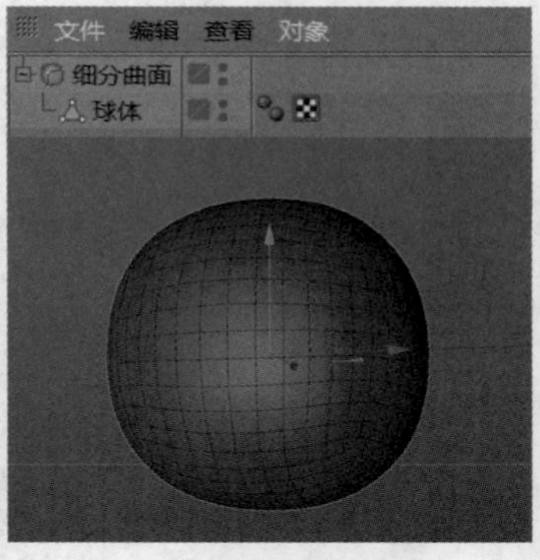

图4-4

04 单击球体，选择“面模式”，并选择底部的6个面，然后单击鼠标右键，在弹出的菜单中选择“挤压”命令，取消勾选“保持群组”选项，接着进行挤压，调整好身体部分，如图4-5和图 4-6所示。

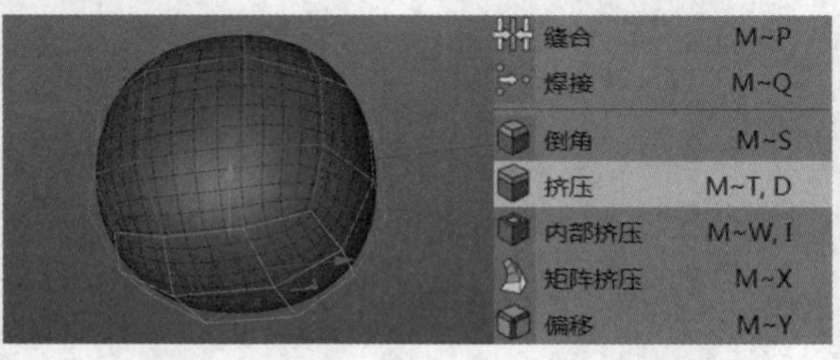

图4-5

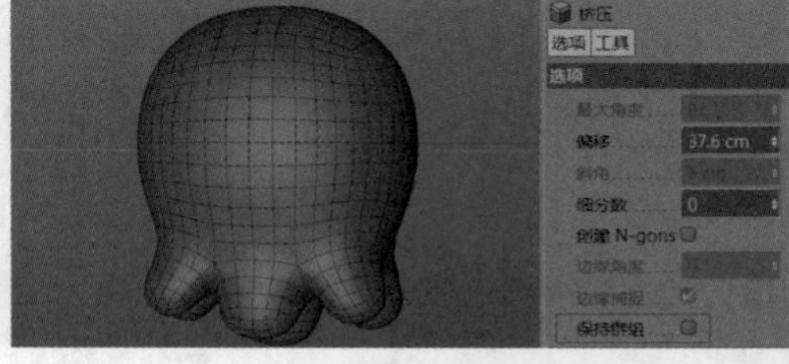

图4-6

05 切换为“点模式”，并选择面部中心的两个点，然后单击鼠标右键，在弹出的菜单中选择“倒角”命令，如图4-7所示。

06 将“偏移”设置为29 cm，如图4-8所示。

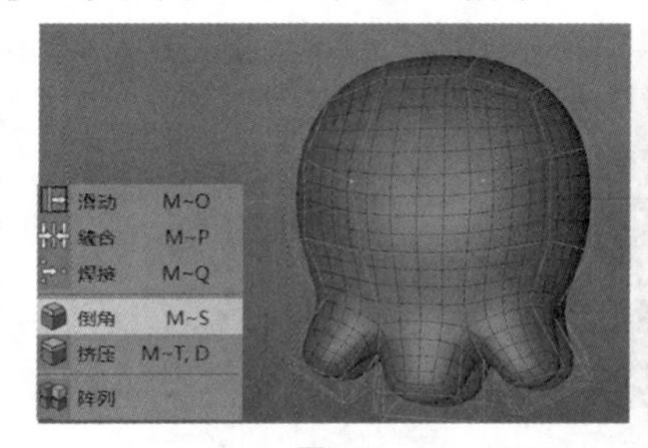

图4-7

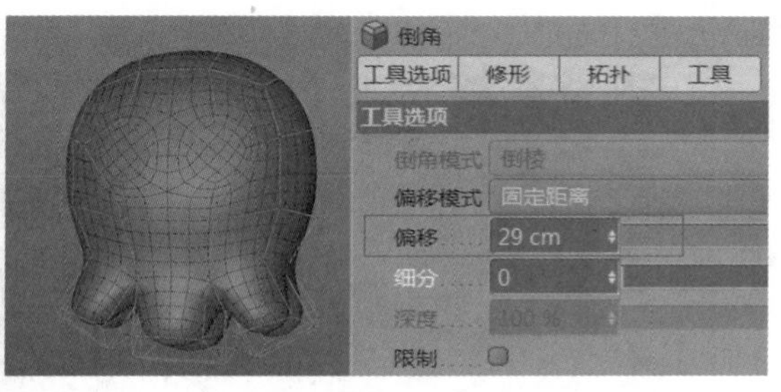

图4-8

07 将眼睛部分的两个面去掉，向里挤压，如图4-9所示。

08 新建球体，将“半径”设置为20 cm，分别放置于眼睛位置，如图4-10所示。

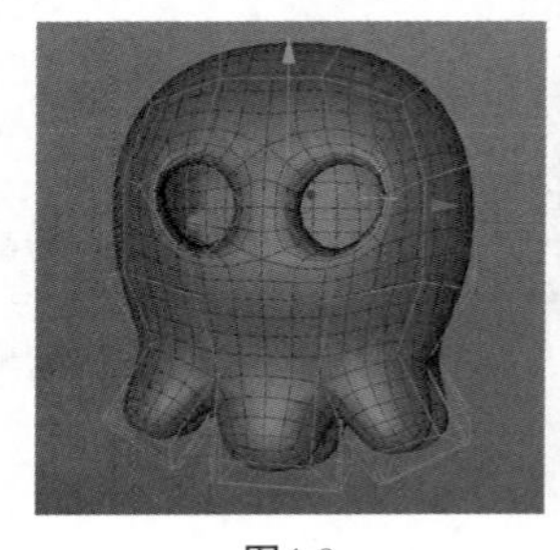

图4-9

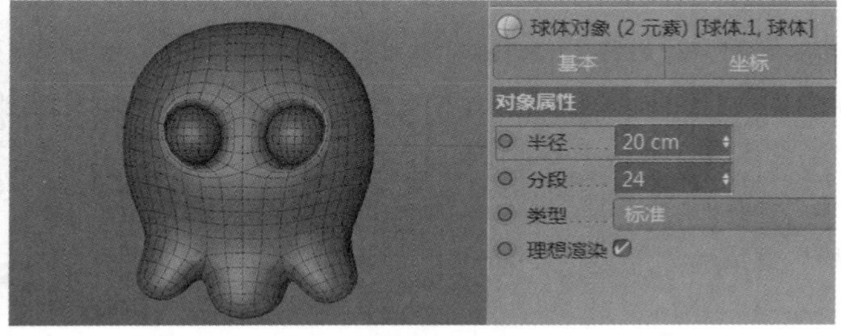

图4-10

09 新建立方体，将其转换为可编辑对象，缩放至合适的大小，放置于头部，然后新建细分曲面，将立方体作为子级放置于细分曲面的下方，并选择“边模式”，单击鼠标右键，选择“循环/路径切割”命令，切出一条线，接着选择“面模式”，并选择“循环选择”命令，选择切出来的面，执行“挤压”命令进行调整，完成帽子的制作，如图4-11所示。

10 双击材质面板空白处创建材质球，双击材质球打开“材质编辑器”窗口，在“颜色”通道中将材质球的颜色设置为H:189°、S:32%、V:100%，如图4-12所示。

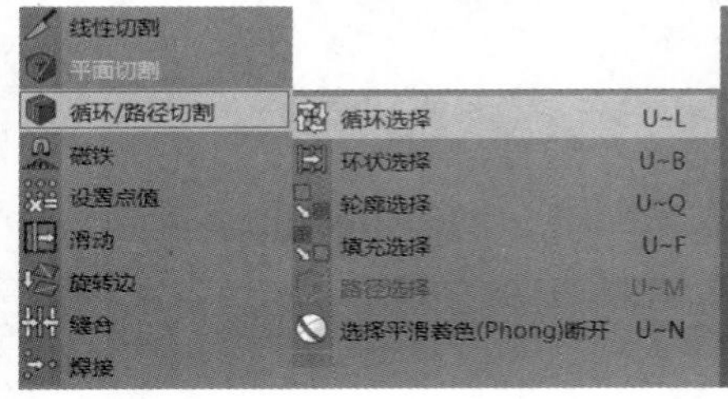

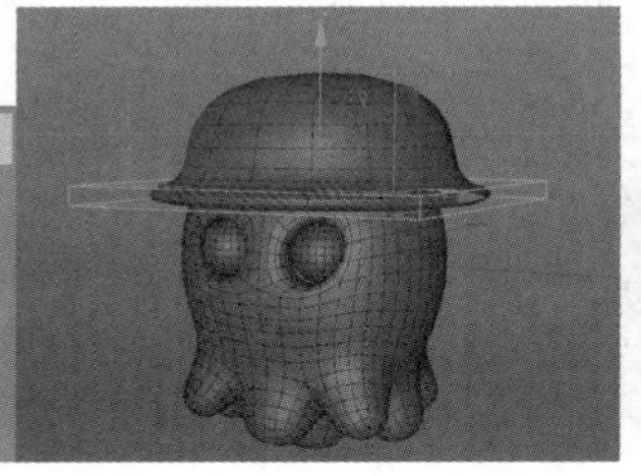

图4-11

图4-12

11 双击材质面板空白处再创建一个材质球，双击材质球打开“材质编辑器”窗口，在“颜色”通道的“纹理”选项中添加眼睛贴图，然后将纹理标签的“投影”设置为平直，并将材质赋予模型上，如图4-13所示。

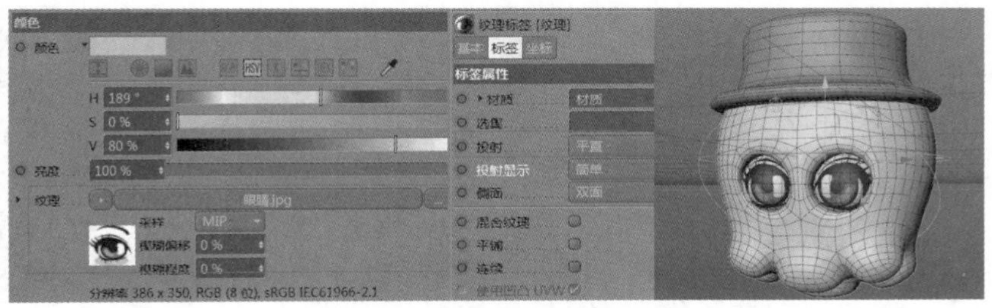

图4-13

⑫添加物理天空，然后在“渲染设置”窗口中添加“全局光照”“环境吸收”“线描渲染器”，并将“线描渲染器”中的“颜色”“光照”“轮廓”“边缘”全部勾选，如图4-14所示。最终渲染效果如图4-15所示。

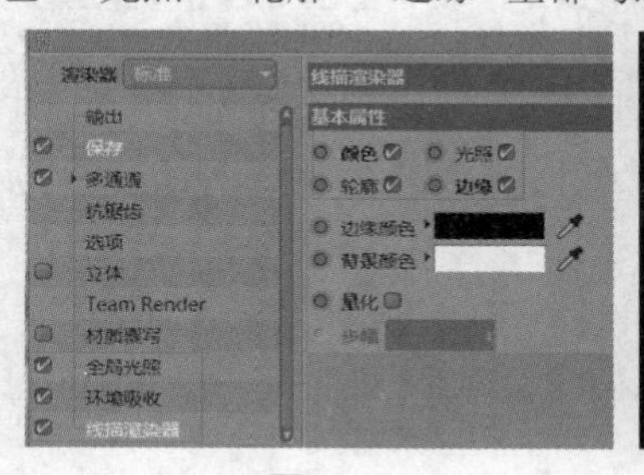

图4-14

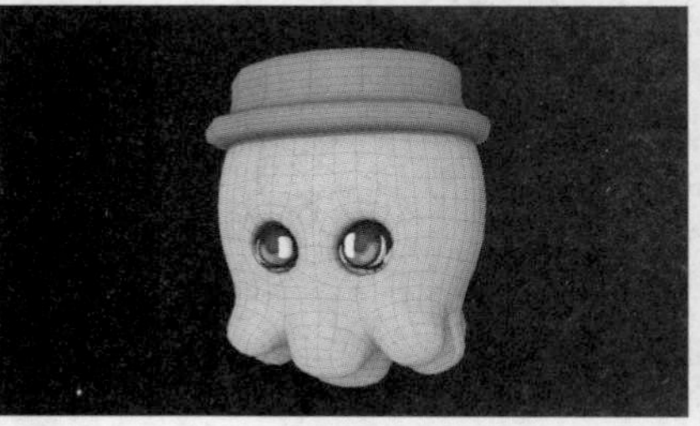

图4-15

4.1.2 细分曲面的功能介绍

“细分曲面”位于样条曲线的右侧，生成器的首位，菜单命令为“创建>生成器>细分曲面”，是曲面建模中常用的工具之一，如图4-16所示。它的作用是将物体曲面圆滑化，布线越多，曲面越平滑。

图4-16

在场景中新建立方体，然后新建细分曲面，并将它作为父级使用，可以看到立方体会变成球体的形状，如图4-17所示。将立方体的布线增加，就会接近立方体本身。

“细分曲面”的类型很多，它的作用是改变细分曲面的布线效果，工作中用得最多的还是它默认的类型，即Catmull-Clark(N-Gons)，如图4-18所示。

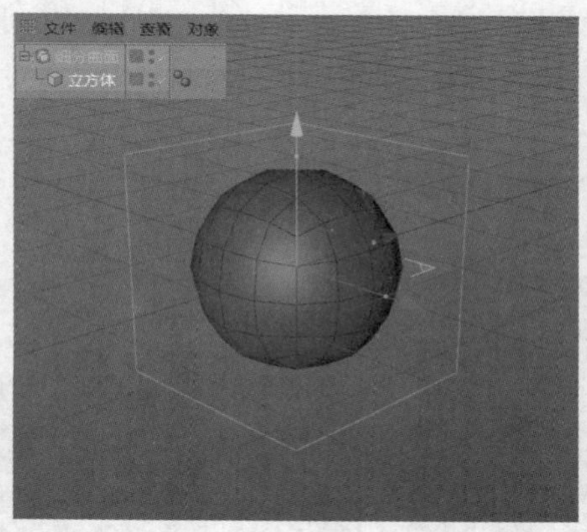

图4-17

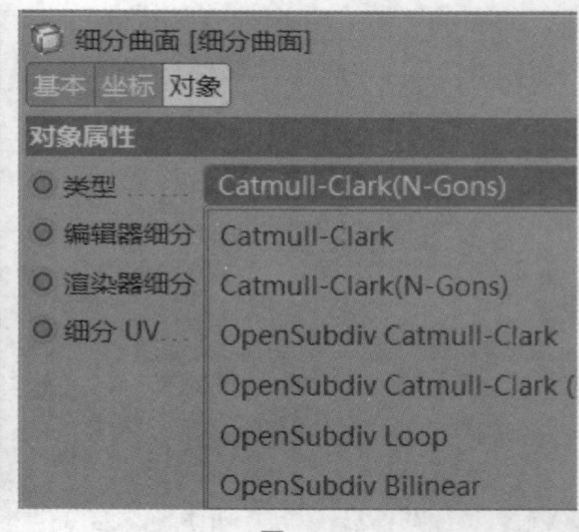

图4-18

“编辑器细分”会改变物体在编辑器中，即场景中的细分数。一般在工作中需要将它调得小一些，细分数越少，它的面数越少，这样计算机的运行速度快，工作效率也会更高。将“编辑器细分”改为5和2，它在场景中的运行速度明显是不一样的，如图4-19和图4-20所示。

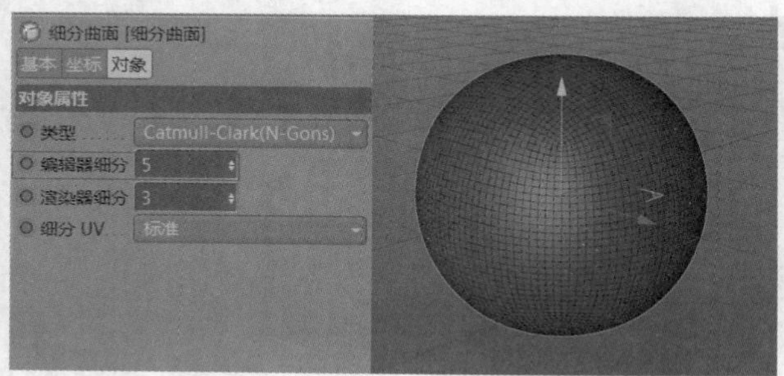

图4-19

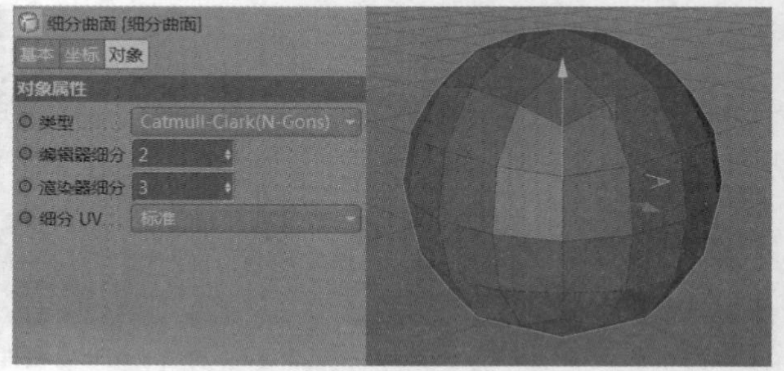

图4-20

“渲染器细分”会改变物体最终渲染时的细分数。在“编辑器细分”设置好的前提下，将“渲染器细分”调大，渲染出的效果最终是以“渲染器细分”为准的，而“编辑器细分”只能控制视窗面板里的细分数。例如，将“编辑器细分”设置为5，“渲染器细分”调为1，图像在场景中的显示是正常的，但是，当渲染到图片查看器时，渲染出的图像是以“渲染器细分”为准的，如图4-21和图4-22所示。

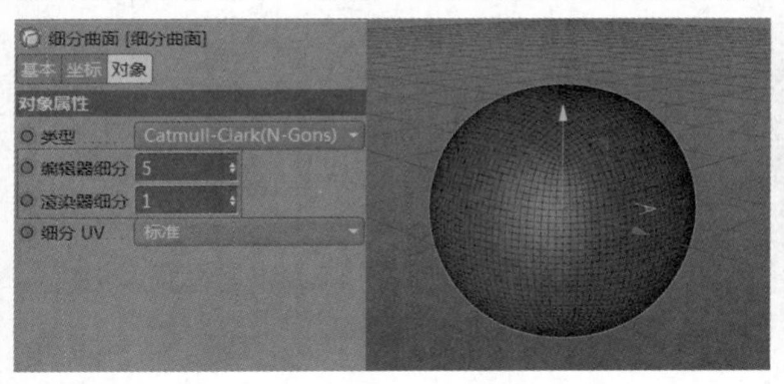

图4-21

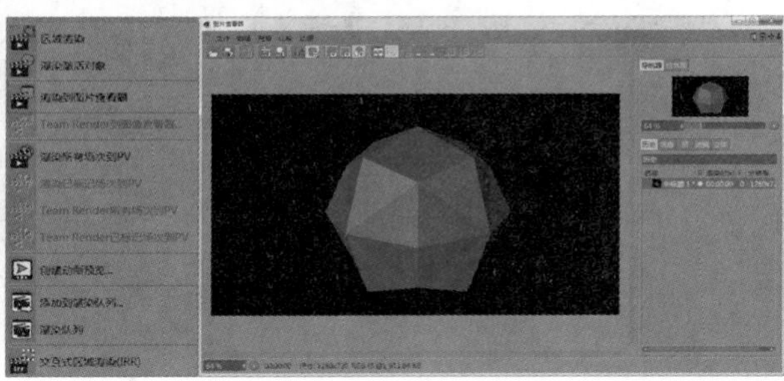

图4-22

“细分UV”代表细分曲面的UV贴图的方式，在工作中这个知识点只有在特殊情况下才会用到，此处不做讲解。

4.2 挤压

4.2.1 课堂案例——创意立体字

实例位置	实例文件>CH04>课堂案例——创意立体字.c4d
素材位置	无
视频位置	CH04>课堂案例——创意立体字.mp4
技术掌握	掌握挤压的使用方法

本案例主要是用生成器中的挤压工具来制作创意立体字，效果如图4-23所示。

图4-23

01 执行“创建>样条>文本”命令，然后在“文本”框中分别输入文本“AYOU”及“CINEMA 4D”，如图4-24所示。

02 新建挤压，分别将两个文本作为子级添加到挤压的下方，如图4-25所示。

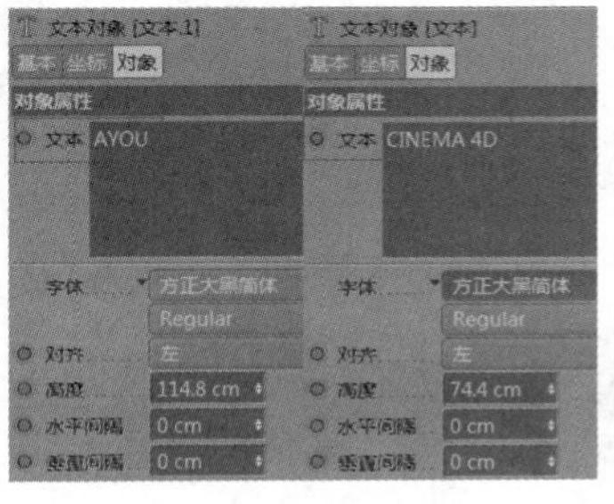

图4-24

图4-25

03 将文本“AYOU”的“移动”值设置为0 cm、0 cm、185 cm，将文本“CINEMA 4D”的“移动”值设置为0 cm、0 cm、75 cm，然后将“AYOU”文本旋转，放置于合适的位置，如图4-26所示。

04 执行“创建>样条>胶囊”命令，新建两个胶囊，将“半径”都设置为4.5 cm，“高度”分别设置为150 cm和

230 cm，置于文字之间，如图4-27所示。

图4-26

图4-27

05 新建样条线圆环，将圆环的“半径”设置为3 cm，然后新建矩形，并转换为可编辑对象，按快捷键Ctrl+A全选所有的点，接着单击鼠标右键，在弹出的菜单中选择“倒角”命令，最后复制3个相同的矩形，放置于合适的位置，建模部分完成，如图4-28所示。

06 双击材质面板空白处创建材质球，双击材质球打开“材质编辑器”窗口，在“颜色”通道中将材质球的颜色设置为H:41°、S:74%、V:100%，如图4-29所示。

图4-28

图4-29

07 在“反射”通道中选择“类型”为GGX，并将“粗糙度”设置为15%，然后修改“菲涅耳”为“绝缘体”，如图4-30所示。

08 采用同样的方法设置其他材质，将设置好的材质添加到对应的模型上，并添加物理天空，如图4-31所示。最终渲染效果如图4-32所示。

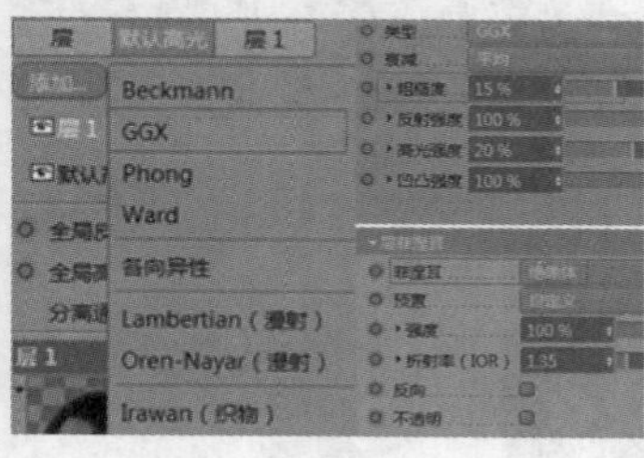

图4-30

图4-31

图4-32

4.2.2 挤压的功能介绍

“挤压”是生成器中常用的工具之一，它的作用在于将样条实体化（样条线是不能被直接渲染的），并且挤出一定的厚度。

新建一个圆环样条线，如果直接渲染，会发现没有任何效果，漆黑一片，如图4-33所示。

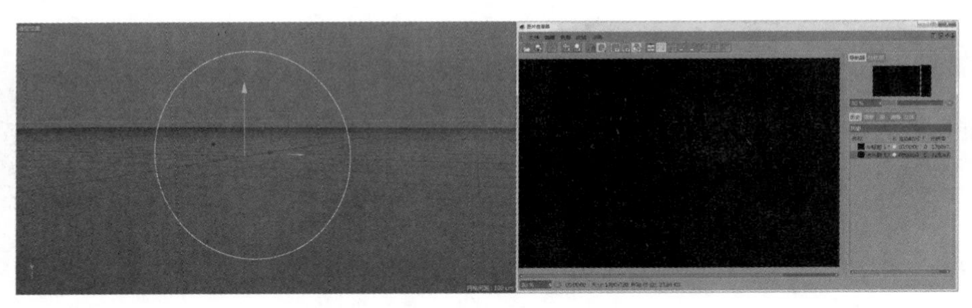

图4-33

新建挤压，将圆环作为子级放置于挤压的下方。圆环就会变成实体模型，并且拥有一定的厚度，这时再渲染就会出现模型，如图4-34所示。

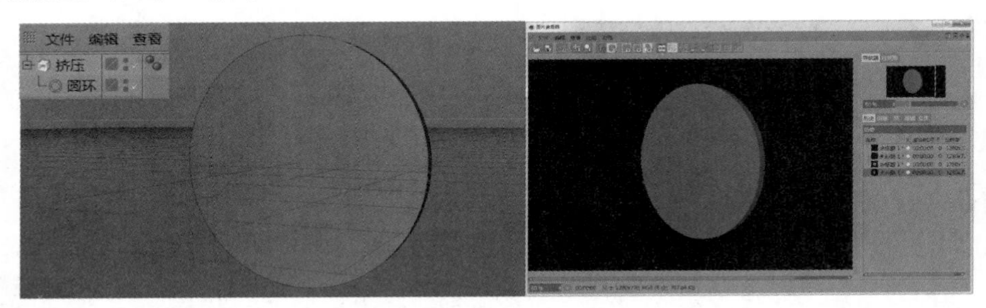

图4-34

挤压常用的有“对象”和“封顶”两个属性。

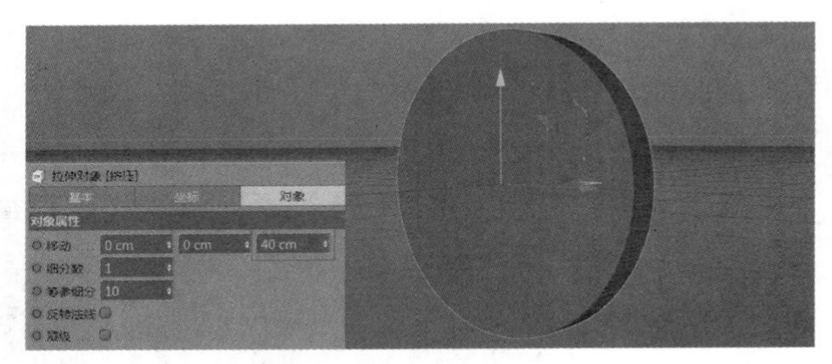

图4-35

1.对象

移动

“移动”代表分别向x轴、y轴和z轴挤压的厚度。例如，将z轴设置为40 cm，表示圆环向z轴伸展40 cm，如图4-35所示。

刚开始使用挤压“移动”选项时，容易出现错误。例如，在顶视图中新建一个圆环，再新建一个挤压，将圆环作为子级放于挤压的下方，可以在透视图中看到圆环的挤压会出现错误，如图4-36所示。

出现这种错误时，需要将“移动”的z轴数值改为0，将y轴数值改为24 cm，其他保持默认，圆环就会恢复正确，如图4-37所示。

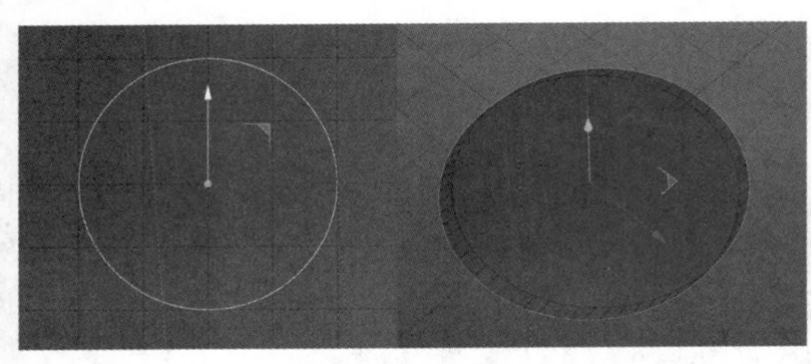

图4-36

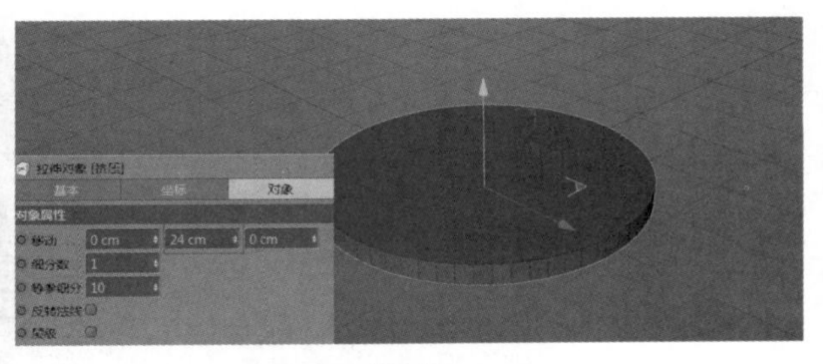

图4-37

技巧与提示

出现这种错误，是因为方向错了，挤压默认伸展方向是z轴，而这个图中，圆环是在顶视图中建立的，所以如果直接用默认挤压，就会沿z轴挤压，便会出现上述的现象。

细分数

“细分数”代表挤压方向上的面数。将“细分数”设置为5，就代表在y轴方向上，伸展的面数为5，如图4-38所示。

图4-38

反转法线

“反转法线”代表垂直于面的反面所指的方向。新建两个圆环，分别挤压，一个勾选“反转法线”，另一个保持默认。将两个挤压的圆环全选，单击鼠标右键，在弹出的菜单中选择“连接对象+删除”命令，如图4-39~图4-41所示。

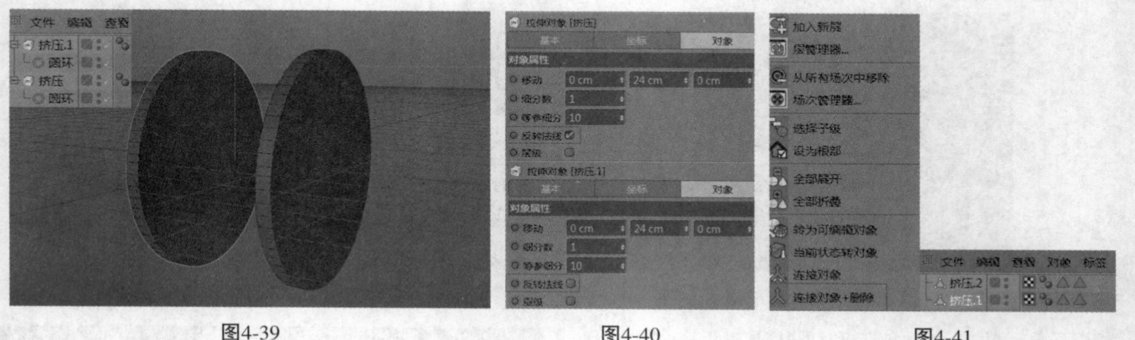

图4-39　图4-40　图4-41

选择编辑工具栏中的“面模式”，并选中圆柱的一个面，勾选“反转法线”选项，可以看到它垂直于面的坐标轴所指方向是向里的，而正常情况下是向外的，如图4-42所示。

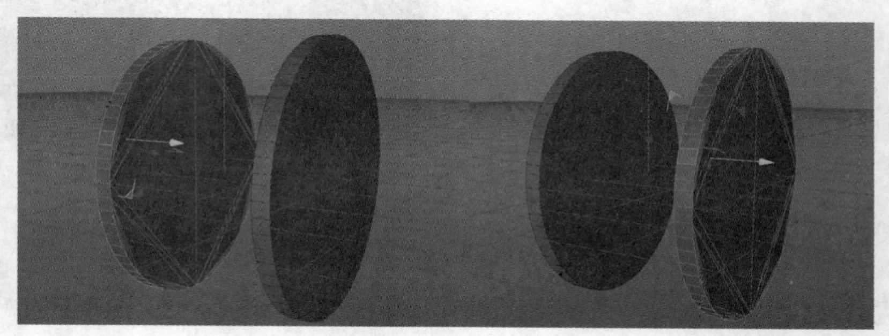

图4-42

层级

“层级”代表挤压下方的对象全部挤压。勾选“层级”选项，新建一个圆环、一个矩形，将这两个样条全部放到挤压的下方，圆环和矩形就会挤压出一定的厚度，如图4-43所示。

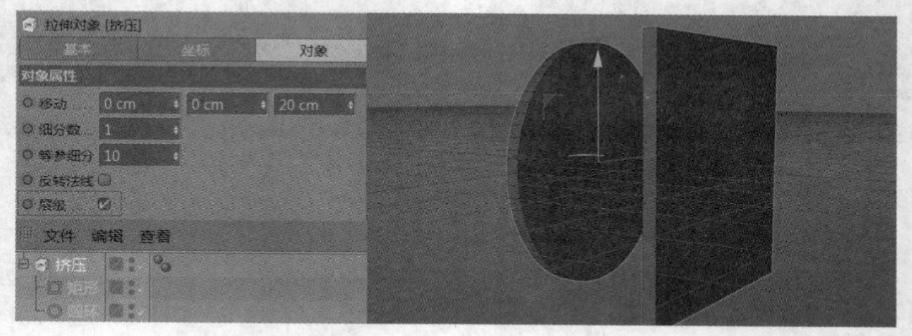

图4-43

2.封顶

“封顶”有4种类型，依次是“无”“封顶”“圆角”“圆角封顶”，如图4-44所示。“无”代表没有顶面和底面；“封顶”代表封住底面和顶面；“圆角”代表与顶面和底面接触的边是以圆角形式出现的，但没有顶面和底面；“圆角封顶”代表以圆角的形式封住底面和顶面。

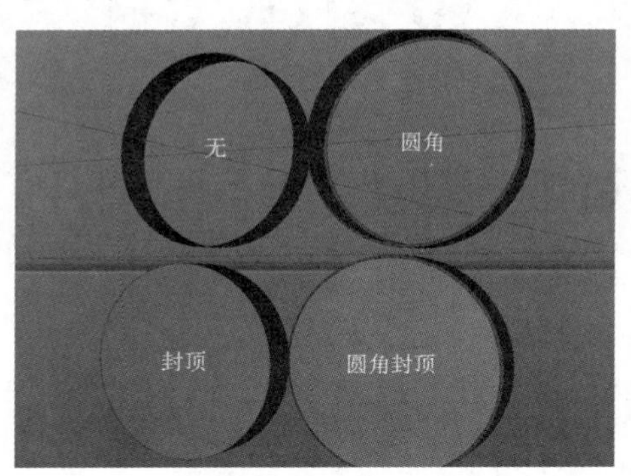

图4-44

步幅

“步幅”代表圆角的圆滑程度。将步幅设置为10，面数就会增加，相比圆角就会更加平滑，如图4-45所示。

半径

“半径”代表连接顶面和顶面圆角的大小。将“半径”设置为10 cm，圆角的半径大小就增加到10 cm，如图4-46所示。

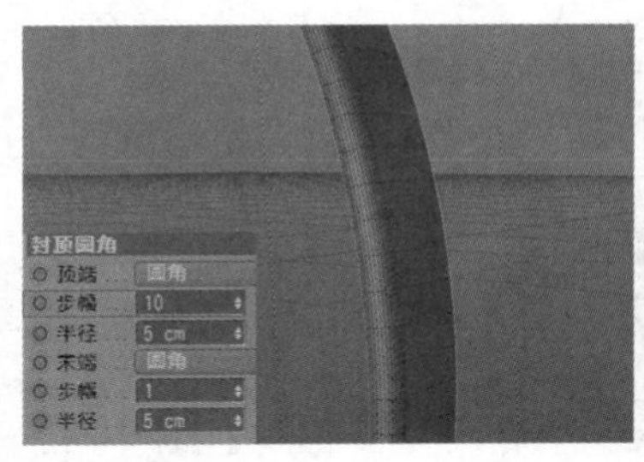

图4-45

图4-46

顶端和末端

“顶端”和“末端”代表顶面和底面，圆角类型有“线性”“凸起”“凹陷”“半圆”“1步幅”“2步幅”“雕刻”7种，代表圆角的形状，如图4-47和图4-48所示。

“凸起”和“凹陷”的步幅为1时效果和“线性”是一样的，增加步幅的值才能看出差别；“线性”的步幅调高后形状也不会有变化。“半圆”的步幅为1时形状没有变化，步幅为2时是一个尖锐的边缘凸起，增加步幅值后显示为圆滑的边缘。“1步幅”“2步幅”“雕刻”的步幅数对形状没有影响。

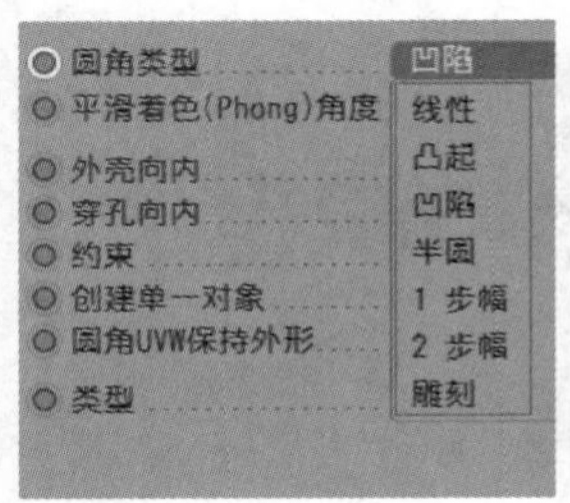

图4-47

图4-48

外壳向内

“外壳向内”代表对象的外沿圆角显示方式。新建齿轮及挤压，将齿轮作为子级放置于挤压的下方，对比不勾选“外壳向内”和勾选时的效果，可以明显看出变化，如图4-49和图4-50所示。

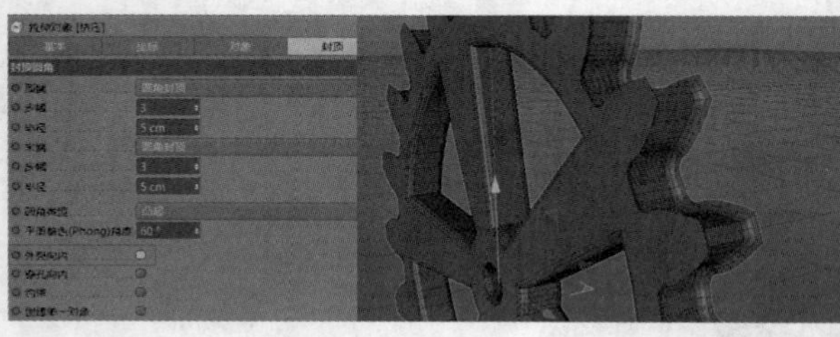

图4-49

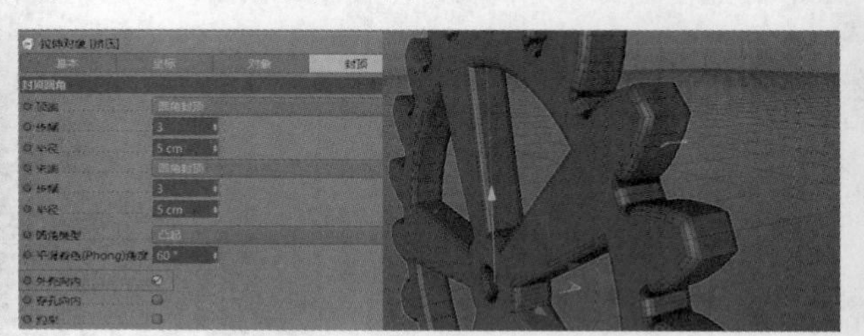

图4-50

穿孔向内

“穿孔向内”指对象镂空的边的圆角显示方式。以上一个齿轮作为例子，观察勾选“穿孔向内”与不勾选时的形状变化，效果如图4-51和图4-52所示。

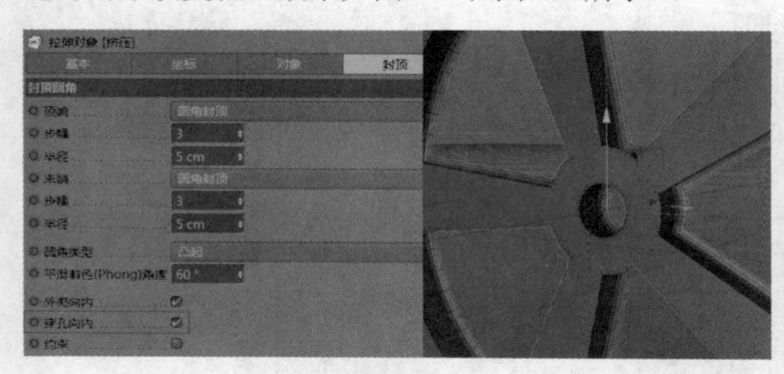

图4-51

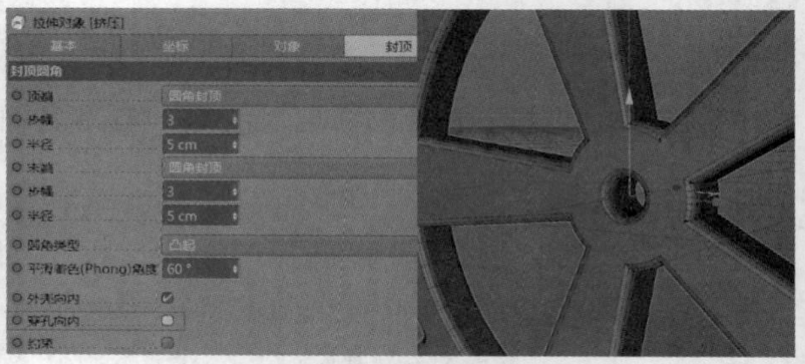

图4-52

约束

“约束”是将整体对象的长宽限定在原来的样条内。新建两个齿轮，勾选约束和关闭“约束”，两个齿轮有明显变化，没有加约束的齿轮会明显比加了约束的齿轮要大一些，如图4-53所示。

图4-53

创建单一对象

勾选该选项之后，如果把图形转换成可编辑对象，图形会变成一个整体、单一的对象。而没有勾选这个选项，转换成可编辑对象后，会出现多个对象，包括封顶等，如图4-54和图4-55所示。

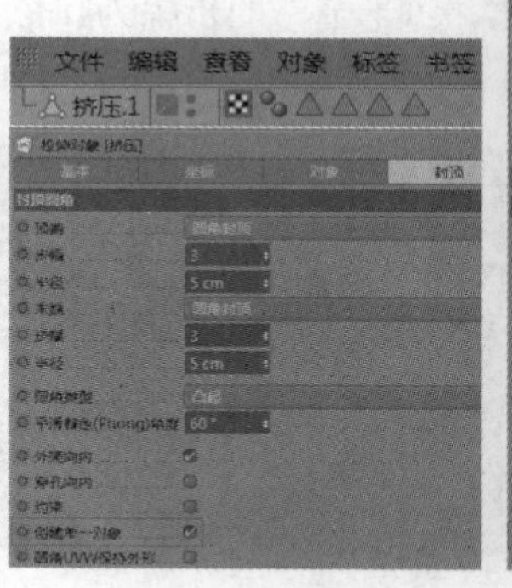

图4-54

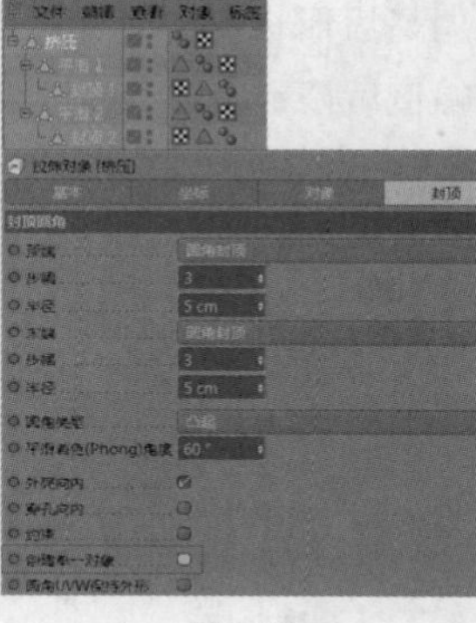

图4-55

圆角UVW保持外形

“圆角UVW保持外形”代表挤压物体在添加材质以后，圆角的材质也会显示在物体的材质中。新建一个普通材质，随便贴一张贴图，查看不勾选此选项与勾选时的材质变化，如图4-56和图4-57所示。此选项了解即可，工作中只有特殊情况下才会用到。

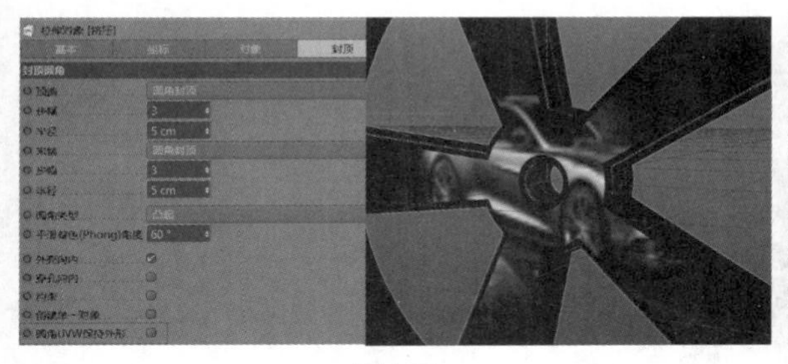

图4-56

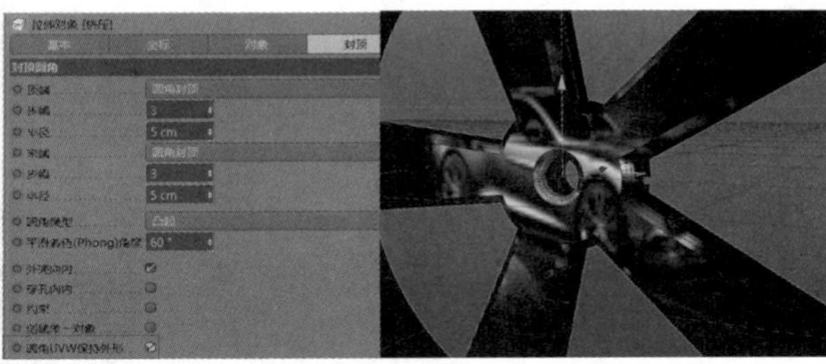

图4-57

类型

“类型”包括N-gons、“三角形”和“四边形”。标准网格在“类型”为“三角形”或“四边形”时会自动激活，它的作用是改变物体的布线，让布线更加整齐，再添加细分曲面后不会出现错误及制作一些特殊效果。

新建文本对象及挤压，文本对象作为子级放置于挤压的下方，输入文字“AF”，选择字体为Backslide，如图4-58所示。

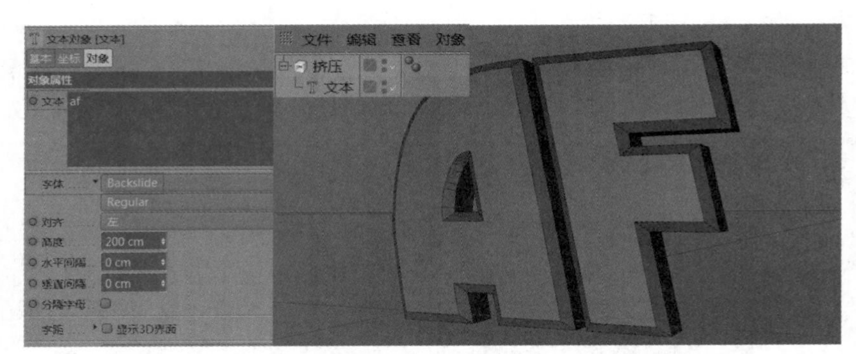

图4-58

新建细分曲面，并作为父级放置于挤压的上面，可以看到“AF”会发生错误，如图4-59所示。这时选择“类型”为“三角形”或“四边形”，勾选“标准网格”选项，就会恢复正常，如图4-60所示。

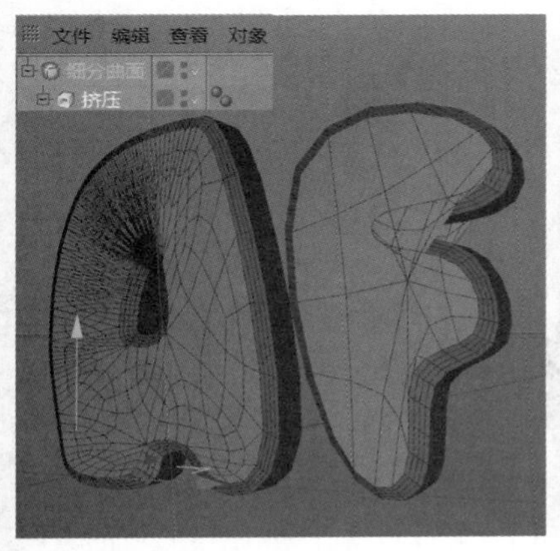

图4-59

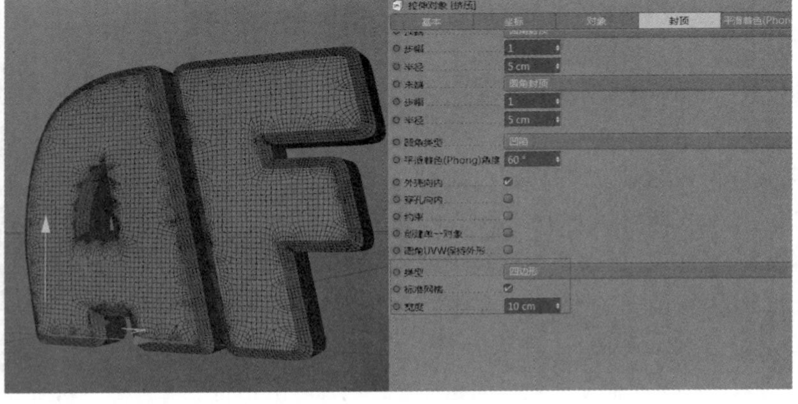

图4-60

4.3 旋转

4.3.1 课堂案例——酒瓶

实例位置	实例文件>CH04>课堂案例——酒瓶.c4d
素材位置	素材文件> CH04>课堂案例——酒瓶
视频位置	CH04>课堂案例——酒瓶.mp4
技术掌握	掌握旋转的使用方法

本案例主要针对旋转工具的运用来制作酒瓶效果，效果如图4-61所示。

图4-61

01 找一张合适的参考图，将参考图拖曳至正视图中，按快捷键Shift+V，激活视图窗口，然后选择背景，将“透明”设置为50%，如图4-62所示。

02 执行“创建>样条>引导线”命令，新建引导线，将引导线放置于中心位置，因为旋转是基于中心位置旋转的。然后单击钢笔工具，绘制瓶子的一半，并将绘制的样条线设置为红色，这样比较明显，如图4-63所示。

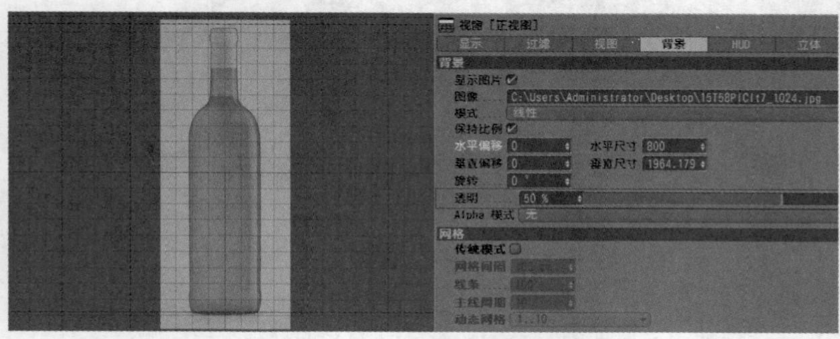

图4-62　　图4-63

03 执行“创建>生成器>旋转”命令，新建旋转，将样条线作为子级放置于旋转的下方，瓶子模型制作完成，如图4-64所示。

04 双击材质面板空白处创建材质球，双击材质球打开“材质编辑器”窗口，在“透明”通道中将材质球的“折射率”设置为3，其他选项保持不变，如图4-65所示。

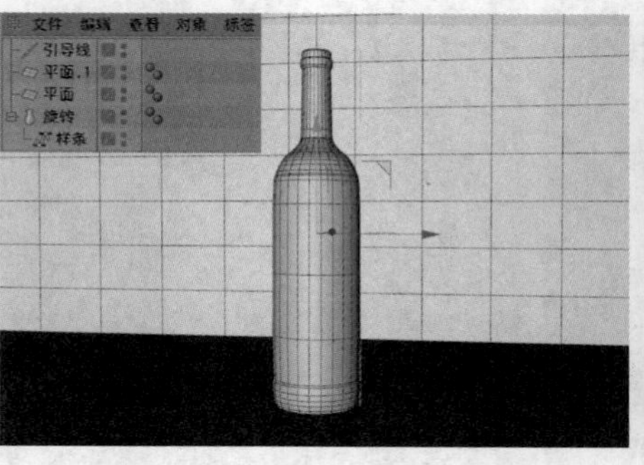

图4-64

图4-65

05 双击材质面板空白处再创建一个材质球，双击材质球打开“材质编辑器”窗口，在“颜色”通道的“纹理”选项中添加合适的贴图，如图4-66所示。

06 将设置好的材质添加到对应的模型上，添加物理天空，然后在“渲染设置”窗口中添加“全局光照”和“环境吸收”，如图4-67所示。最终渲染效果如图4-68所示。读者可以观看教学视频，了解本案例的详细制作过程。

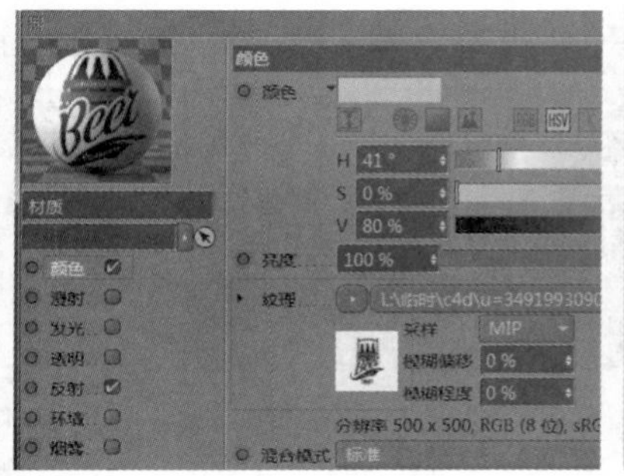

图4-66

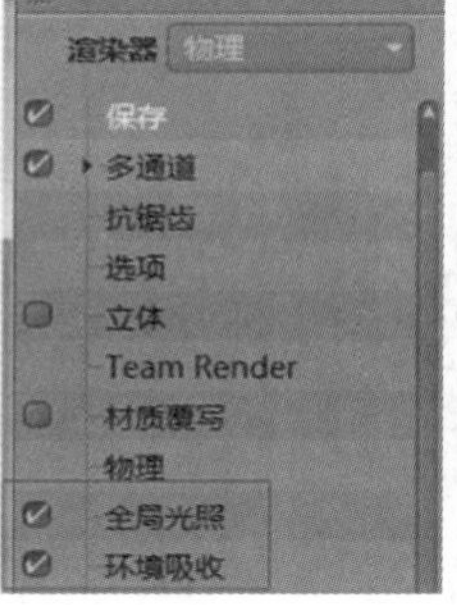

图4-67

图4-68

4.3.2 旋转的功能介绍

旋转即绘制一个剖面样条，以全局坐标轴为中心线旋转创建对象。新建一个圆弧，再新建旋转，将圆弧作为子级放置于旋转的下方，就会显示半球形，如图4-69所示。

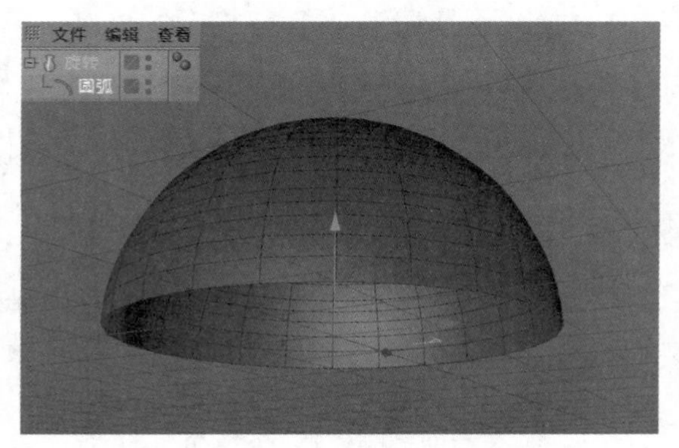

图4-69

1.角度、细分数和网格细分

“角度”指样条旋转多少度；“细分数”指旋转复制的面数量，数值越高，越圆滑；“网格细分”指横线的网格细分数量。这3个选项的数值可以切换到顶视图查看，更加方便明显。例如，将“角度”设置为180°，“细分数”设置为1，“网格细分”设置为2，再复制一个半球，将“角度”设置为180°，“细分数”设置为10，“网格细分”设置为50，如图4-70和图4-71所示。

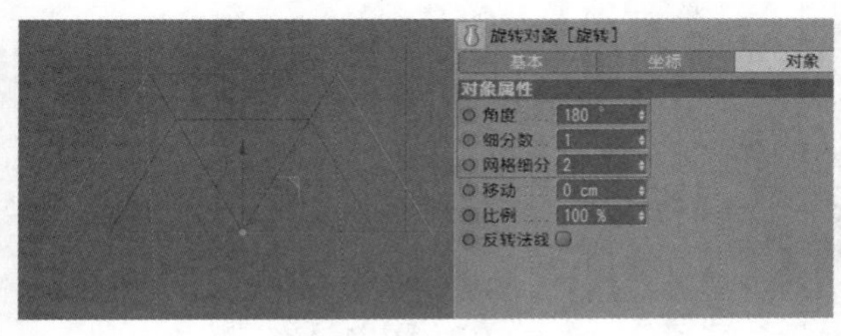

图4-70

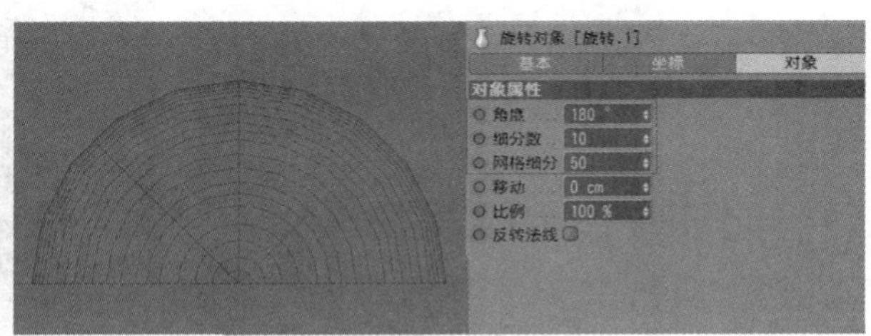

图4-71

2.移动和比例

“移动”指终点位移，“比例”指终点缩放。这两个选项在工作中用到的不是很多，只需了解即可。

3.反转法线

“反转法线”和挤压的“反转法线”是一样的。复制两个半球，一个勾选“反转法线”选项，另一个不勾选，然后选择“面模式”，坐标轴垂直于面的方向是相反的，如图4-72和图4-73所示。

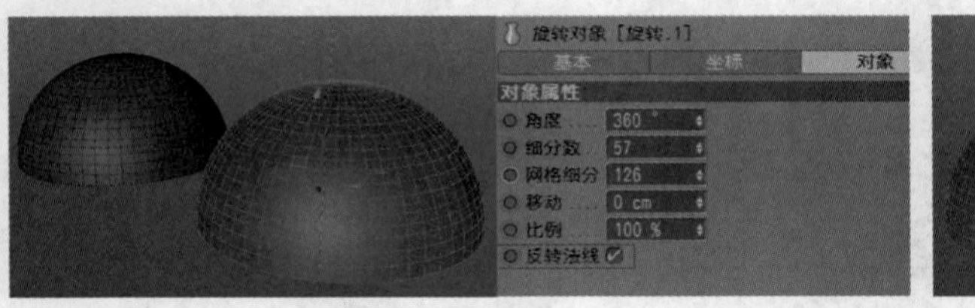

图4-72

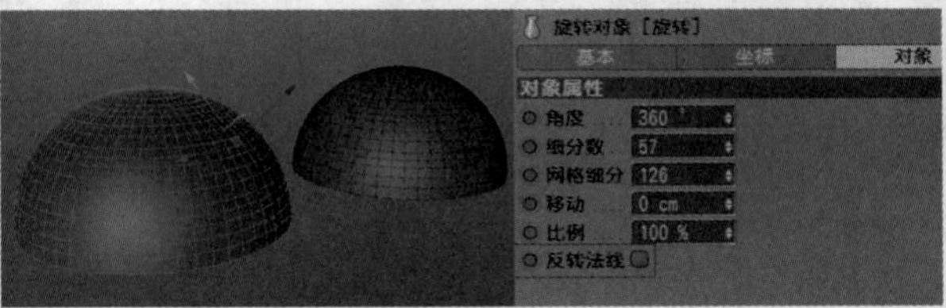

图4-73

4.封顶

“封顶”和挤压中的“封顶”原理是一样的，但必须是闭合样条并且角度小于360°时才能看到，而且封的是截面。新建一个圆弧，把圆弧转换成可编辑对象，选择“点模式”，按快捷键Ctrl+A全选。单击鼠标右键，在弹出的菜单中选择“创建轮廓”命令，按住鼠标左键往左拖曳，就会创建出一个封闭的曲线，如图4-74所示。

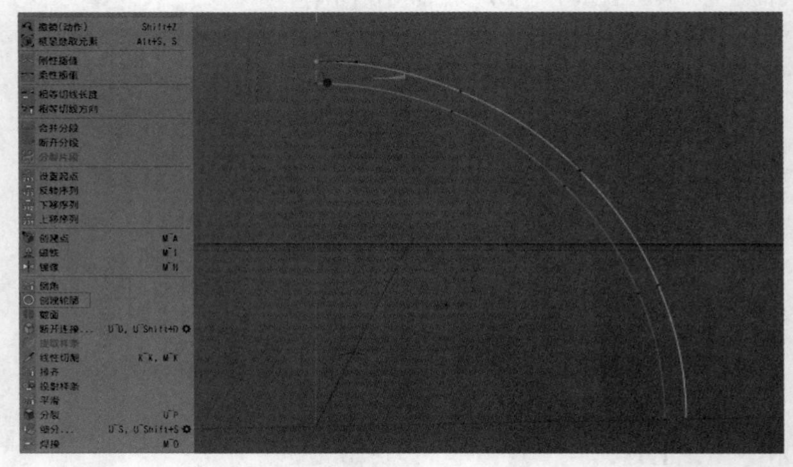

图4-74

将创建出的圆弧作为子级放置于旋转的下方，并将“角度”设置为180°，封顶类型全部设置为“圆角封顶”，圆弧就会发生变化，如图4-75和图4-76所示。其他封顶属性调节和挤压一样，此处就不一一讲解了，详情可参阅“挤压”封顶的知识。

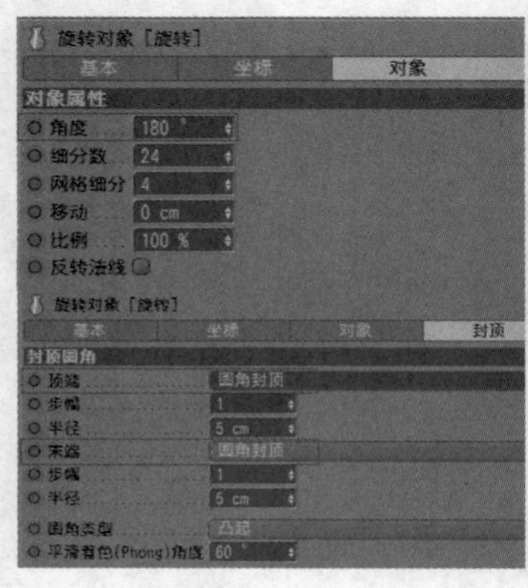

图4-75

图4-76

4.4 放样

4.4.1 课堂案例——奶瓶

实例位置	实例文件> CH04>课堂案例——奶瓶.c4d
素材位置	无
视频位置	CH04>课堂案例——奶瓶.mp4
技术掌握	掌握放样的运用方法

下面通过一个案例来了解放样的用法，效果如图4-77所示。

图4-77

01 找一张参考图，将参考图拖曳至正视图中，按快捷键Shift+V，激活视图窗口，然后选择背景，将透明度设置为50%，如图4-78所示。

02 新建圆环，旋转90°，复制圆环，并旋转到合适的位置，把放样分为奶嘴、连接处、瓶身3部分制作，如图4-79所示。

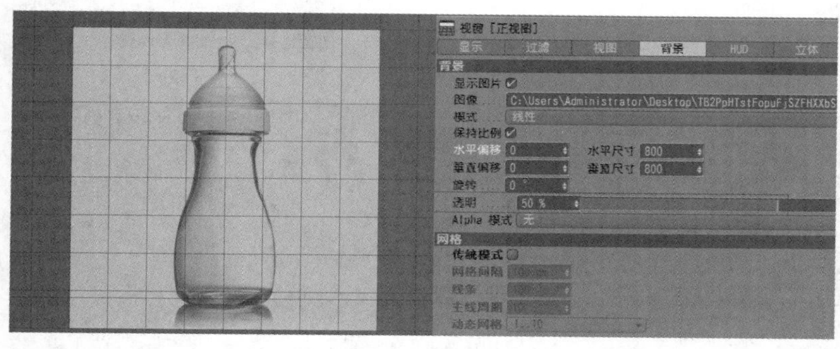

图4-78

图4-79

03 执行“创建>生成器>放样”命令，新建放样，将圆环全部选中，并作为子级放置于放样的下方，如图4-80所示。

04 新建两个平面，分别作为背景和地面，切换至透视图，奶瓶建模完成。双击材质面板空白处创建材质球，双击材质球打开“材质编辑器”窗口，在“透明”通道中将材质球的“折射率”设置为1.5，其他选项保持不变，如图4-81所示。

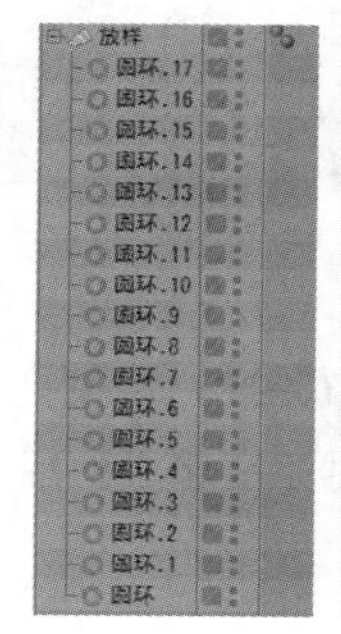

图4-80

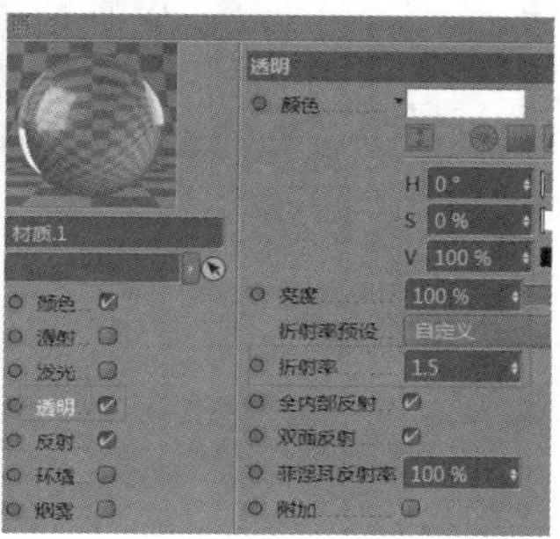

图4-81

05 将设置好的材质添加到对应的模型上，添加物理天空和HDR环境贴图，然后在“渲染设置”窗口中添加“全局光照”和“环境吸收”，如图4-82所示。最终渲染效果如图4-83所示。

图4-82　　图4-83

4.4.2 放样的功能介绍

放样即连接多个样条作为截面创建对象，按对象图层的上下顺序从上到下连接。新建一个星形，再新建一个圆环，将星形和圆环作为子级，同时放于放样的下方，可以看到，图形的顶面是星形，而底面是圆形，中间形状是星形到圆环的过渡，如图4-84所示。

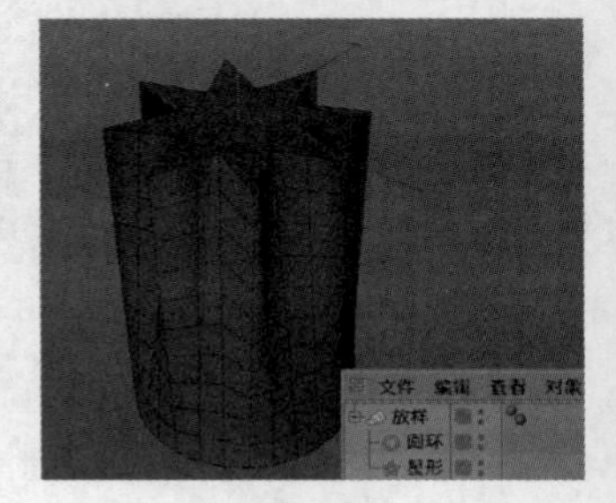

图4-84

“网孔细分U”指两个样条相连的纵轴数量；“网孔细分V”指两个样条相连的横轴数量；“网格细分U”指顶面截面的细分数，在顶视图中可以明显看到变化。将“网孔细分U”设置为20，“网孔细分V”设置为30，“网格细分U”设置为3，如图4-85所示，效果如图4-86所示。

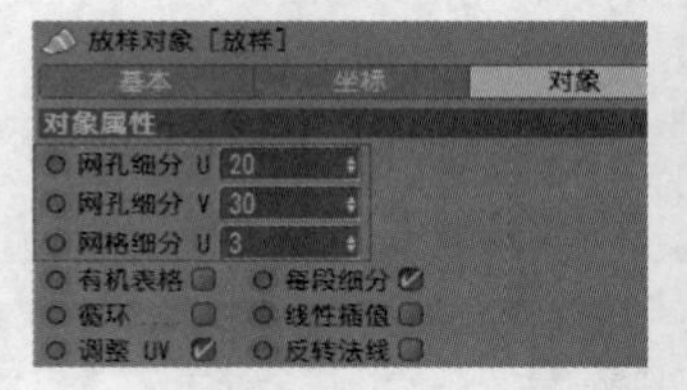

图4-85

图4-86

再将“网孔细分U”设置为50，“网孔细分V”设置为80，“网格细分U”设置为50，如图4-87所示。对比变化，如图4-88所示。

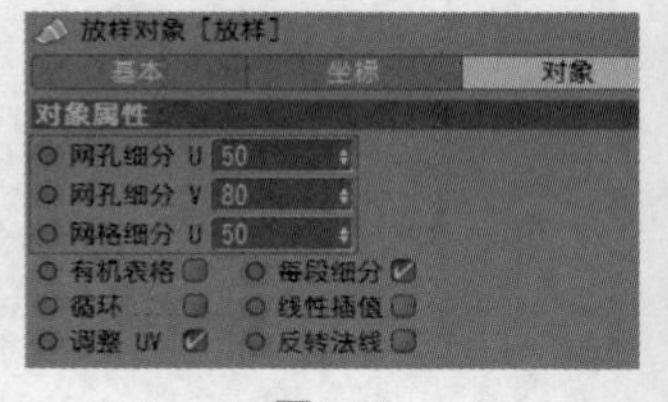

图4-87

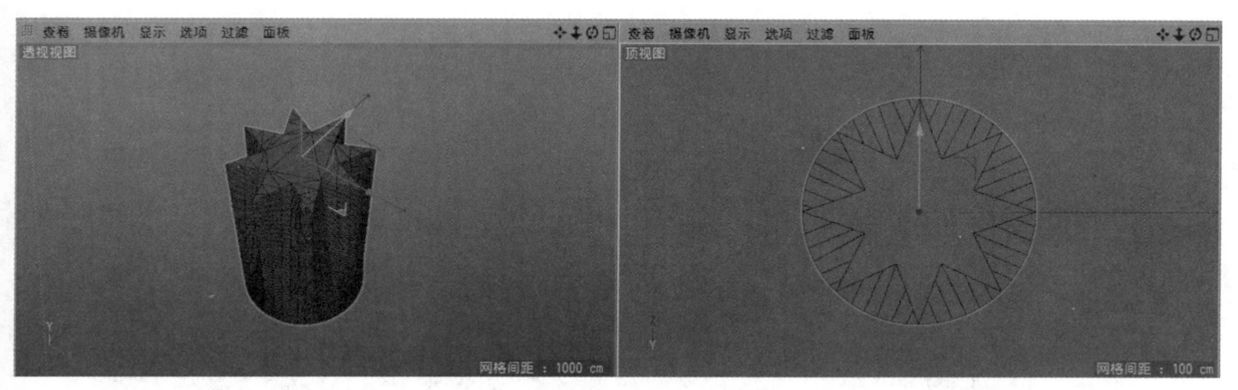

图4-88

4.5 扫描

4.5.1 课堂案例——冰淇淋

实例位置	实例文件>CH04>课堂案例——冰淇淋.c4d
素材位置	无
视频位置	CH04>课堂案例——冰淇淋.mp4
技术掌握	掌握扫描的使用方法

下面通过一个冰淇淋案例来了解扫描的用法，效果如图4-89所示。

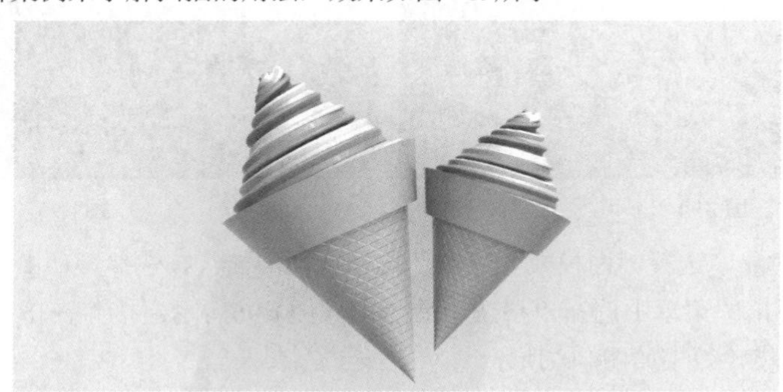

图4-89

01 新建样条螺旋，竖直旋转90°，将“开始角度”设置为0，“终点半径”设置为51 cm，“结束角度”设置为1190°，“高度”设置为102 cm，“半径偏移”和“高度偏移”都设为50%，其余参数保持默认，如图4-90所示。

02 复制一个螺旋并旋转60°，如图4-91所示。

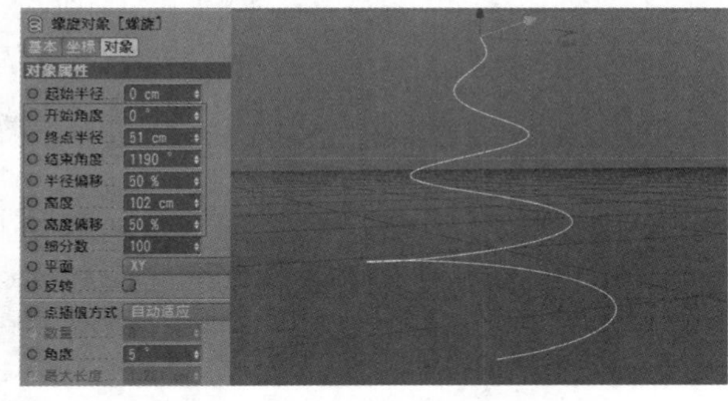

图4-90

图4-91

03 执行“创建>样条>星形”命令，新建样条星形，设置“点”为4，将星形转换为可编辑对象，然后切换为“点模式”，全选所有的点，接着单击鼠标右键，在弹出的菜单中选择“倒角”命令，将鼠标左移，倒出角度，如图4-92和图4-93所示。

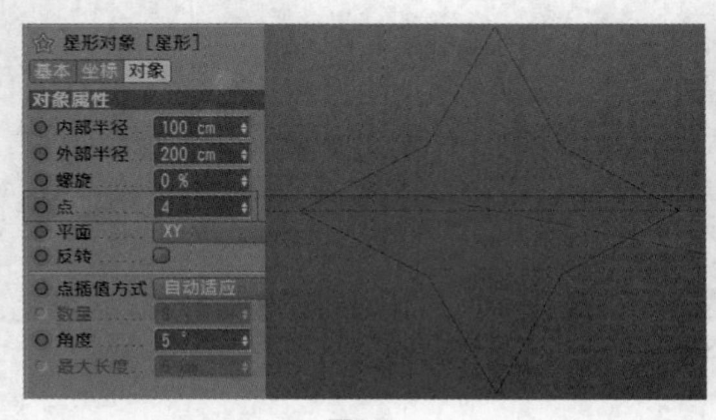

图4-92

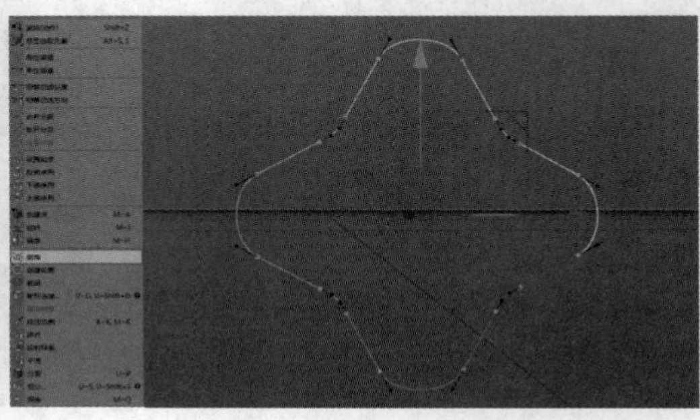

图4-93

04 执行“创建>生成器>扫描”命令，新建扫描，将星形和螺旋作为子级，放置于扫描的下方，如图4-94所示。

05 新建圆锥，将“底部半径”设置为64 cm，“高度”设置为214 cm，如图4-95所示。

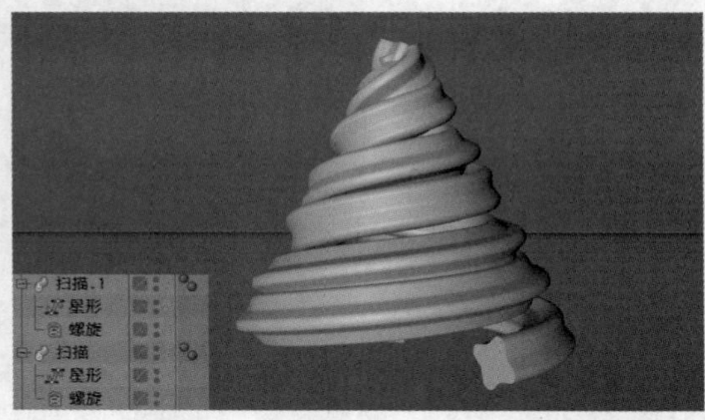

图4-94

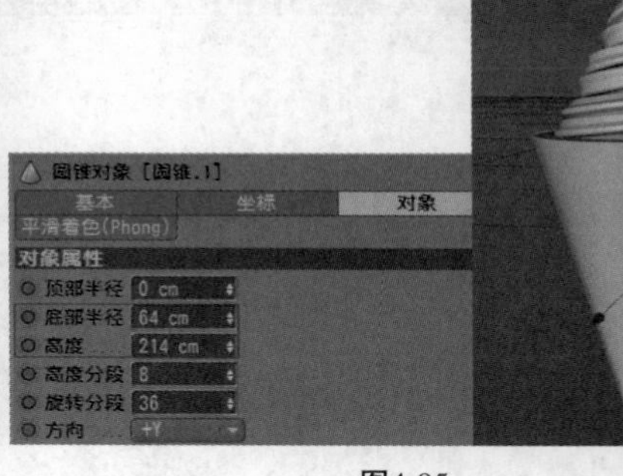

图4-95

06 将圆锥转换为可编辑对象，选择“面模式”，循环选择上面的面（按快捷键U~L，单击任意一面即可）。然后单击鼠标右键，在弹出的菜单中选择“挤压”命令，如图4-96所示。接着在挤压出的面里，循环选择上面的面继续挤压，完成建模，效果如图4-97所示。

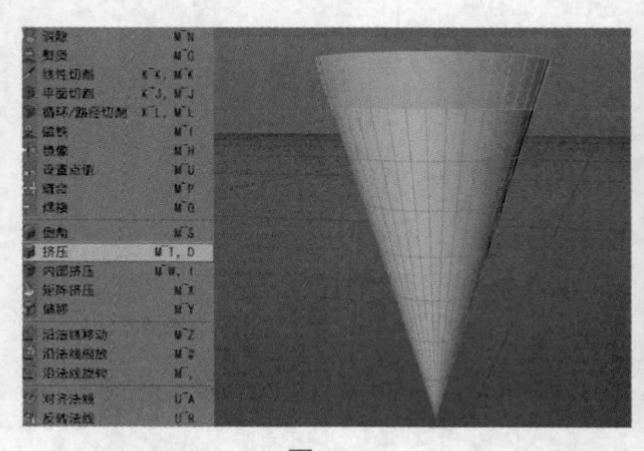

图4-96

图4-97

07 双击材质面板空白处创建材质球，双击材质球打开“材质编辑器”窗口，在“颜色”通道中将材质球的颜色设置为H:295°、S:32%、V:98%，如图4-98所示。

08 再新建一个材质球，双击材质球打开“材质编辑器”窗口，在“颜色”通道中将材质球的颜色设置为H:39°、S:46%、V:100%，如图4-99所示。

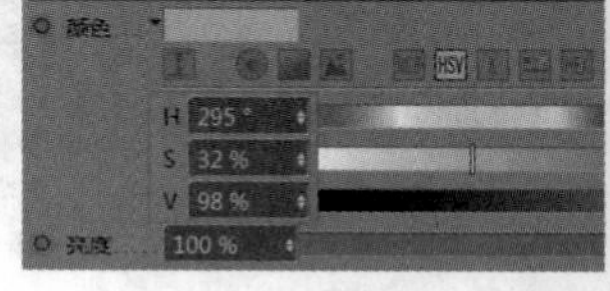

图4-98

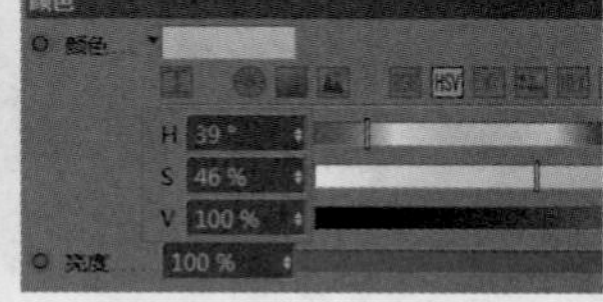

图4-99

⑨在“反射”通道中选择“类型”为GGX，并将“粗糙度”设置为23%，然后修改“亮度”为12%，“纹理”为菲涅耳（Fresnel），“混合强度”为5%，如图4-100所示。

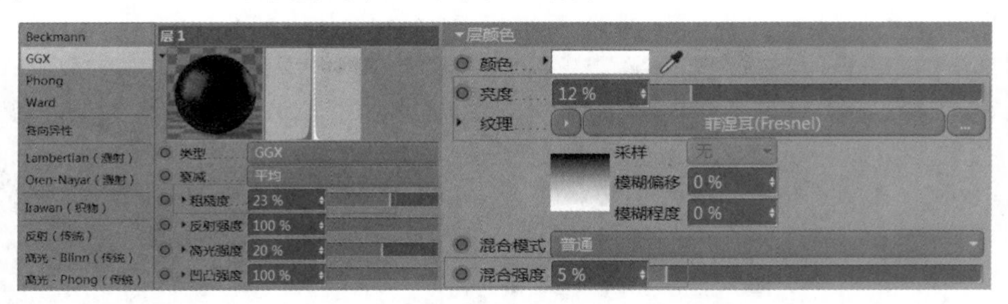

图4-100

⑩在“凹凸”通道中选择“纹理”为平铺，然后在“着色器属性”中将“图案”修改为“三角2”，如图4-101所示。

⑪采用同样的方法设置其他材质，将设置好的材质添加到对应的模型上，并添加物理天空，然后在“渲染设置”窗口中添加“全局光照”和“环境吸收”，如图4-102所示。最终渲染效果如图4-103所示。读者可以观看教学视频，了解本案例的详细制作过程。

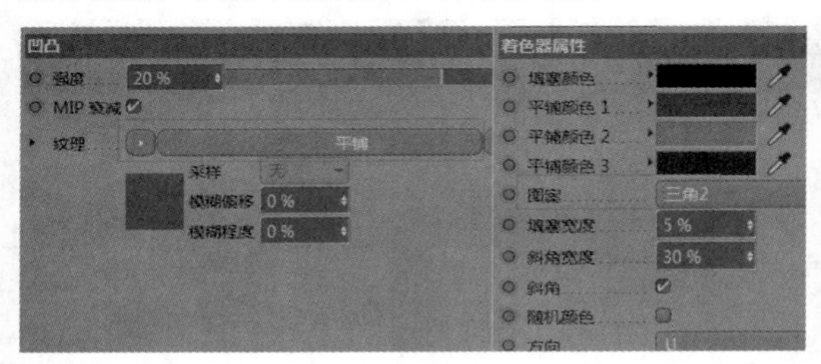

图4-101

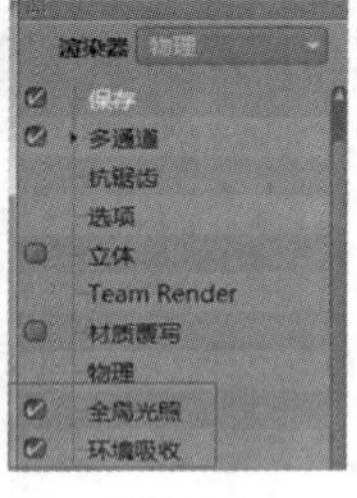

图4-102

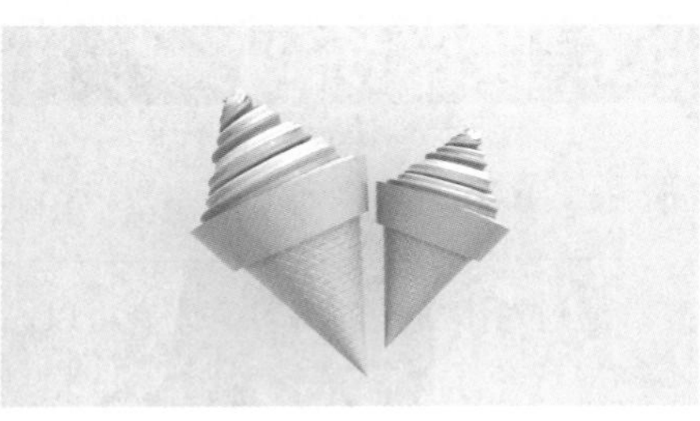

图4-103

4.5.2 扫描的功能介绍

“扫描”是生成器里常用的工具之一，是截面沿着样条的运行路径创建对象的一种方式。

新建两个圆环，分别命名为圆环1、圆环2。将圆环1的“半径”设置为11 cm，圆环2的“半径”设置为200 cm，然后将两个圆环放置于扫描的下方，如图4-104所示，就会显示圆环的形状，圆环1代表截面，圆环2则代表截面的运行路径，效果如图4-105所示。

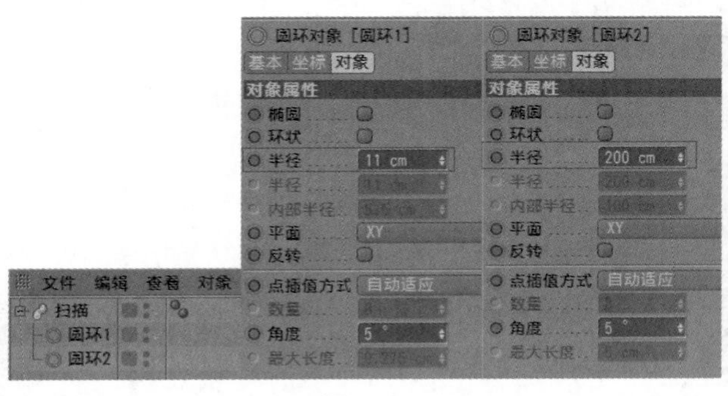

图4-104

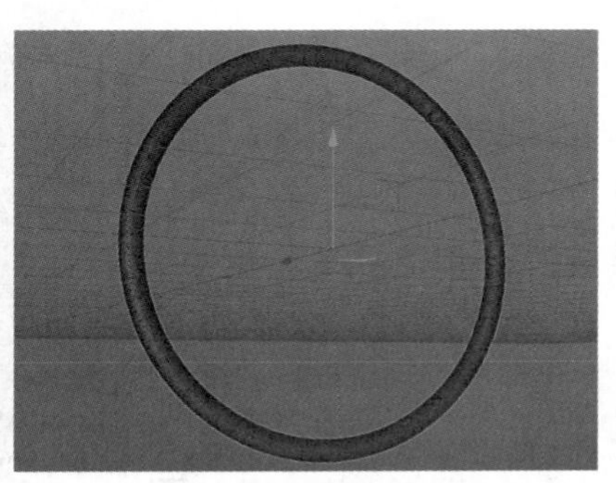

图4-105

属性介绍

※ 网格细分：指被扫描物体的平滑程度。

※ 终点缩放：指被扫描物体终点样条的半径大小。

※ 结束旋转：指结束点样条的旋转角度。

※ 开始生长：指被扫描物体以开始点进行生长动画。

※ 结束生长：指被扫描物体以结束点进行生长动画。

※ 细节：用曲线的方式来调节曲线的缩放和旋转。例如，将“细节”里的“缩放”打开，按住Ctrl键，在曲线中间加一个点，再将这个点移动到底部，可以看到，圆环的左侧会缩得很小，如图4-106和图4-107所示。

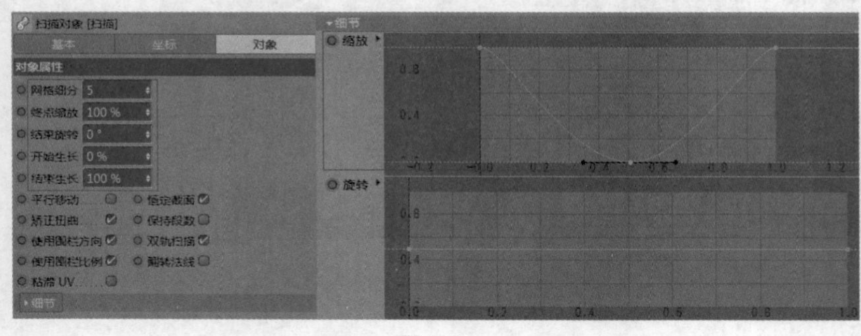

图4-106

图4-107

※ 封顶：以样条的起点为顶端，终点为末端，其他属性和挤压的封顶原理一样。

4.6 课堂练习——小木桥

实例位置	实例文件>CH04>课堂练习——小木桥.c4d
素材位置	无
视频位置	CH04>课堂练习——小木桥.mp4
技术掌握	掌握扫描的使用方法

通过对本案例的练习，读者可以加深对扫描工具的理解，效果如图4-108所示。

图4-108

01 选择钢笔工具，绘制样条，如图4-109所示。

02 新建立方体，设置“尺寸.X”为21 cm，“尺寸.Y”为0.8 cm ，“尺寸.Z”为163 cm，然后新建克隆，将“模式”改为“对象”，接着将绘制的样条放置于对象选框中，将“数量”设置为15，如图4-110所示。

图4-109

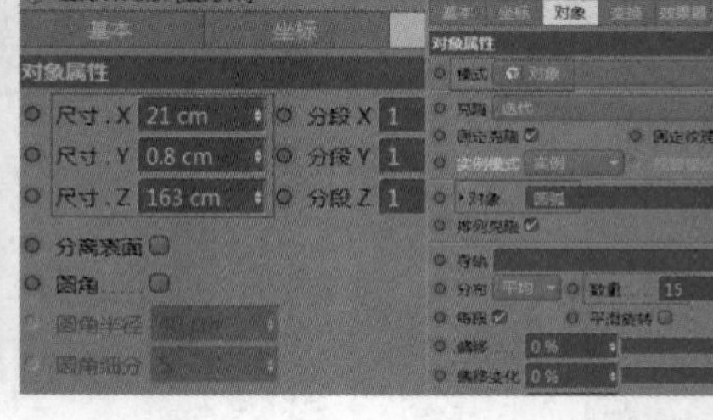

图4-110

03 将绘制的样条复制一份，然后新建圆环，并将“半径”设置为4.8 cm，接着新建扫描，将圆环和样条都作为子级放置于扫描的下方，如图4-111所示。

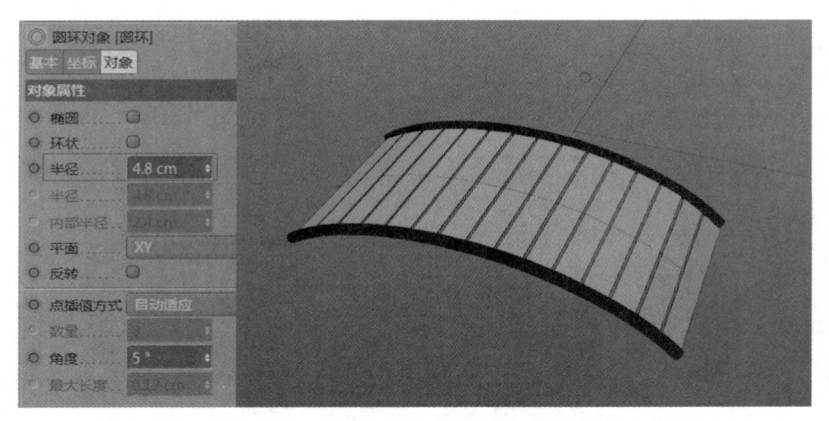

图4-111

04 将扫描复制一份，然后新建圆柱，将“半径”设置为2 cm，“高度”设置为56 cm，接着新建克隆，将圆柱作为子级放置于克隆的下方，并将克隆的“模式”设置为“对象”，最后将样条拖曳至对象选框中，将“数量”设置为8，“旋转”设置为90°、90°、0°，如图4-112和图4-113所示。

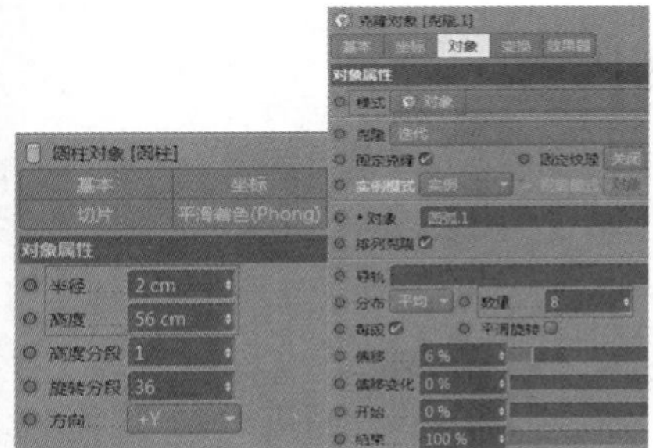

图4-112

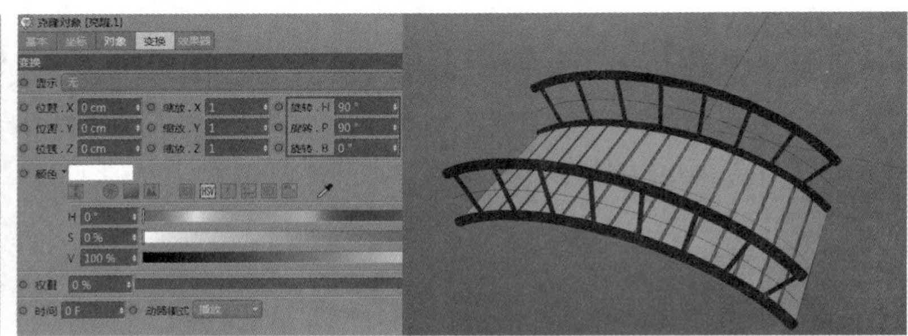

图4-113

05 添加背景，小桥模型制作完成。双击材质面板空白处创建材质球，双击材质球打开“材质编辑器”窗口，在“颜色”通道中将材质球的颜色设置为H:25°、S:68%、V:75%，如图4-114所示。

06 采用同样的方法设置其他材质，将设置好的材质添加到对应的模型上，然后添加物理天空，接着在“渲染设置”窗口中添加“全局光照”和“环境吸收”，如图4-115所示。最终渲染效果如图4-116所示。

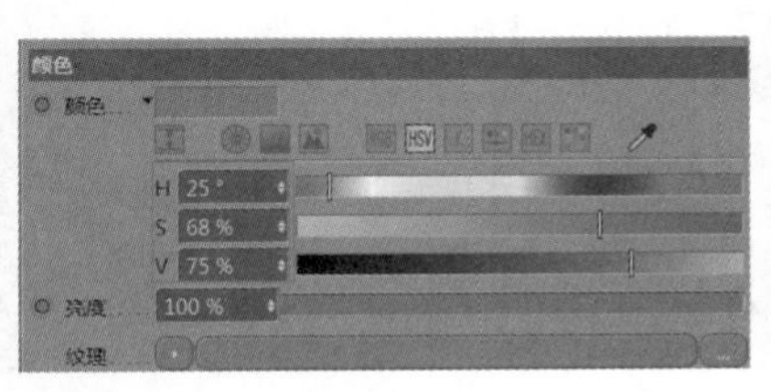

图4-114

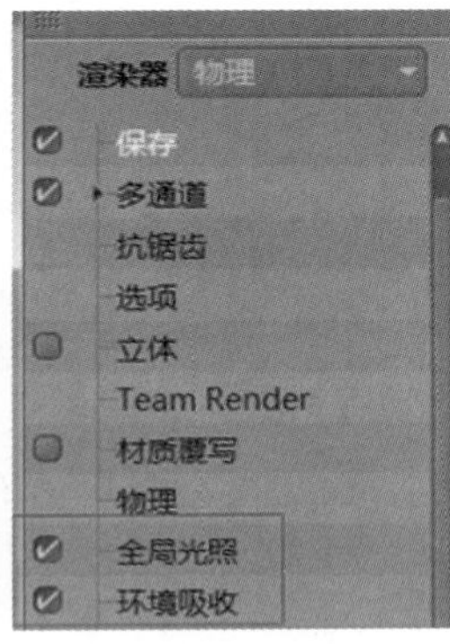

图4-115

图4-116

4.7 课后习题——卡通形象

实例位置	实例文件>CH04>课后习题——卡通形象.c4d
素材位置	无
视频位置	CH04>课后习题——卡通形象.mp4
技术掌握	掌握NURBS建模的使用方法

通过对本习题的练习，读者可以巩固NURBS建模的使用方法，效果如图4-117所示。

图4-117

关键步骤提示

第1步，利用立方体、圆柱、圆锥及胶囊来制作卡通模型的脸部效果。

第2步，新建立方体，将其转换为可编辑对象，并利用点线面的操作，制作卡通模型的身体部分。

第3步，添加普通材质和物理天空，进行最终的渲染。

第5章 造型工具

造型工具在工作中也是非常重要的，包括晶格、布尔、样条布尔、融球、对称、体积生成、体积网格和减面等。造型工具是始终作为父级使用的，常用于制作一些特殊效果的模型，是Cinema 4D相当强大的功能之一。

课堂学习目标

- 掌握晶格的使用方法
- 掌握布尔的使用方法
- 掌握样条布尔的使用方法
- 掌握融球与对称的使用方法
- 掌握体积生成与体积网格的使用方法
- 掌握减面的使用方法

5.1 晶格

5.1.1 课堂案例——晶格A

实例位置	实例文件>CH05>课堂案例——晶格A.c4d
素材位置	无
视频位置	CH05>课堂案例——晶格A.mp4
技术掌握	掌握造型工具中晶格的使用方法

本案例主要用造型工具中的晶格来制作晶格A字母效果，如图5-1所示。

图5-1

01 执行“创建>样条>文本”菜单命令，在“文本”文本栏中输入“A”，选择一个比较圆的字体，如图5-2所示。

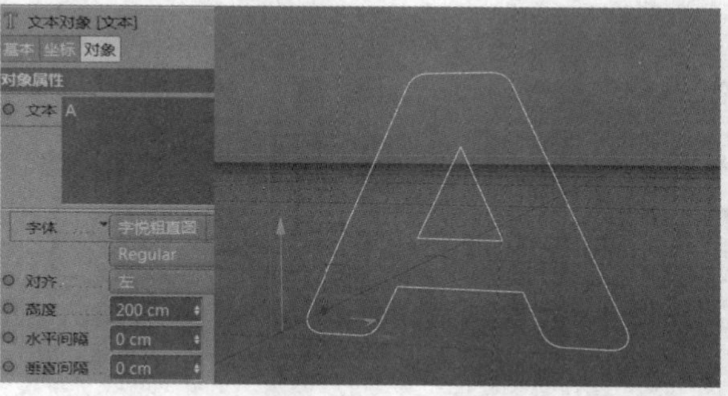

图5-2

02 新建挤压，将字母A作为子级放置于挤压的下方，将“移动”设置为0 cm、0 cm、24 cm，“封顶”选项中的“顶端”和“末端”都设置为“圆角封顶”，“步幅”都设置为3，“半径”都设置为3 cm，“圆角类型”设置为“半圆”，然后将“类型”改为“三角形”，勾选“标准网格”选项，将“宽度”设置为5 cm，如图5-3和图5-4所示。

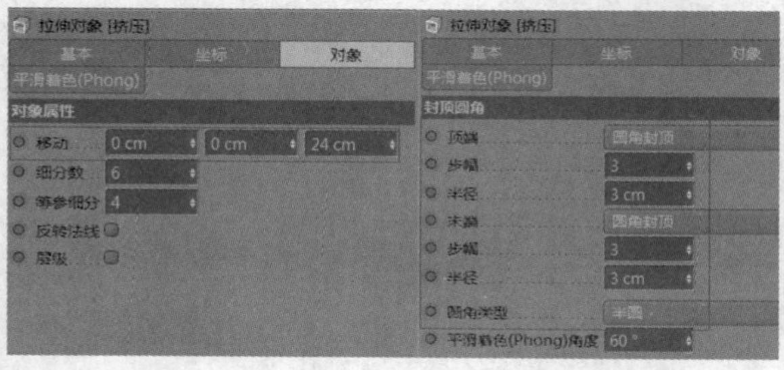

图5-3

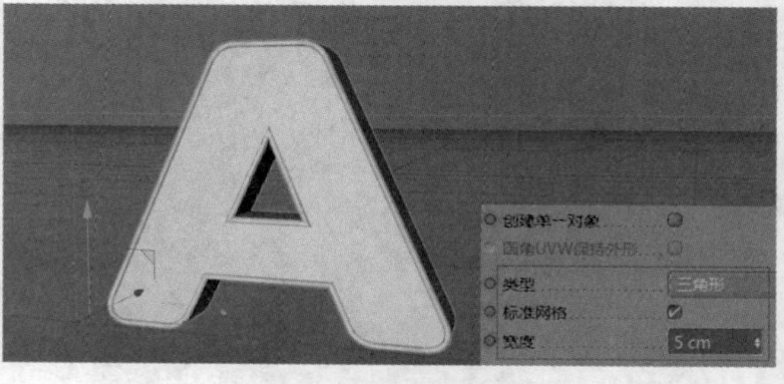

图5-4

03 执行“创建>造型>晶格”命令，新建晶格，将挤压作为子级放置于晶格的下方，将晶格的“圆柱半径”和“球体半径”都设置为0.3 cm，如图5-5所示。

04 将挤压出的文本A复制一份，将“步幅”都改为1，“半径”都改为2 cm，“圆角类型”改为“凸起”，其他数值保持不变，如图5-6所示。

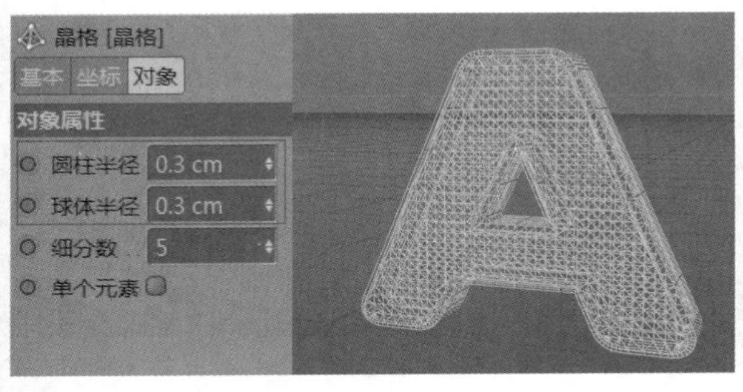

图5-5

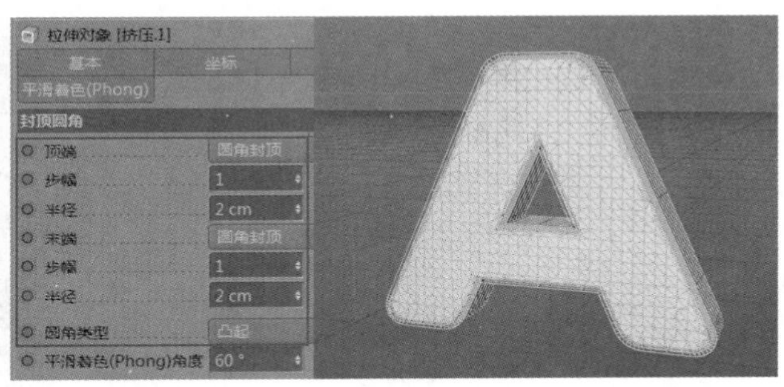

图5-6

05 新建平面作为地面和背景。双击材质面板空白处创建材质球，双击材质球打开“材质编辑器”窗口，取消勾选“颜色”通道。然后在“反射”通道中选择“类型”为GGX，并将“粗糙度”设置为15%，接着修改“菲涅耳”为“导体”，“预置”为“钢”，如图5-7所示。

06 双击材质面板空白处创建材质球，双击材质球打开“材质编辑器”窗口，在“透明”通道中将材质球的“折射率”设置为1.5，如图5-8所示。

07 将设置好的材质添加到对应的模型上，并添加物理天空，然后在“渲染设置”窗口中添加“全局光照”和“环境吸收”，如图5-9所示。

图5-7

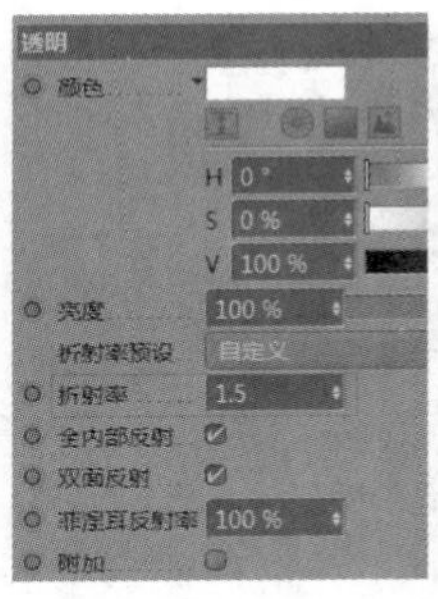

图5-8

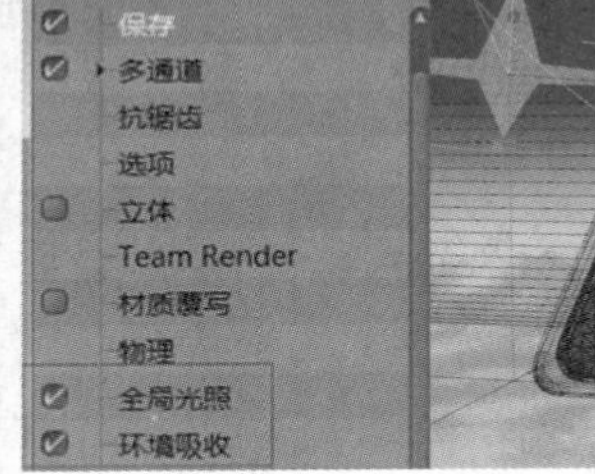

图5-9

5.1.2 晶格的功能介绍

“晶格”是将物体的布线以圆柱形式显示，面自动消除，而连接线的点则以球体显示。

新建一个立方体，将“分段X”“分段Y”“分段Z”都设置为1，再新建晶格，将立方体作为子级放置于晶格的下方，如图5-10所示。可以看到，立方体的边以圆柱形式显示，面自动消除，而顶点则以球体显示，如图5-11所示。

如果将“分段X”“分段Y”“分段Z”都设置为2，则立方体的晶格显示方式又会发生变化，如图5-12所示。

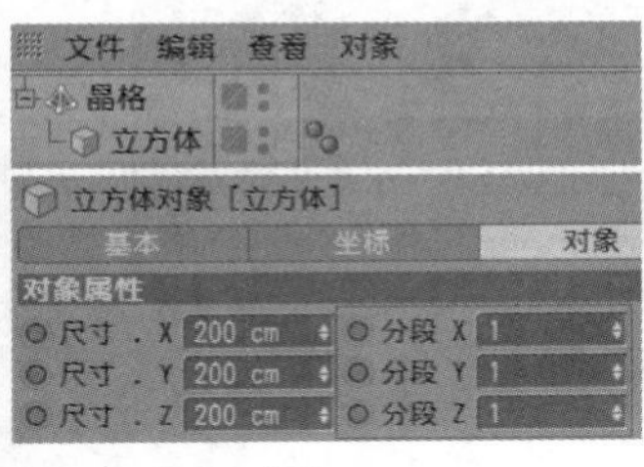

图5-10

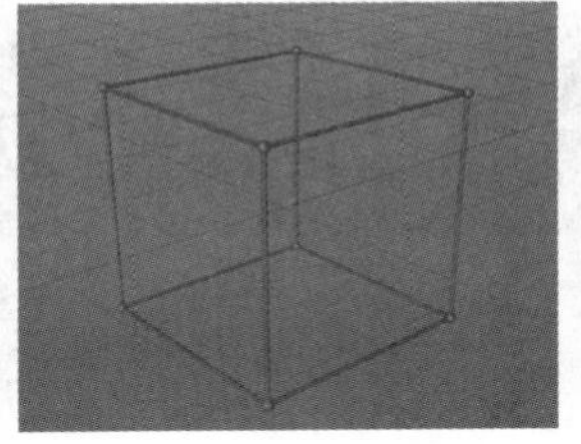

图5-11

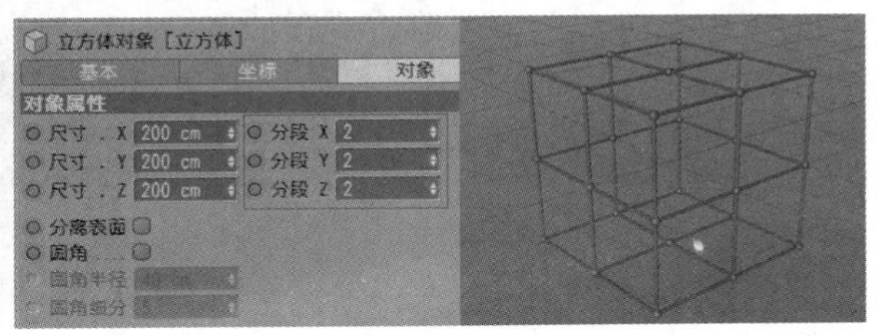

图5-12

“晶格”对象属性介绍

※ 圆柱半径：用于调整圆柱的粗细程度。

※ 球体半径：用于调整球体的大小，球体半径不会小于圆柱半径。

※ 细分数：用于设置圆柱的分段数，即圆柱的平滑程度。

※ 单个元素：代表转换为可编辑对象之后，执行晶格操作后的对象都会变成单个的元素，如图5-13所示。

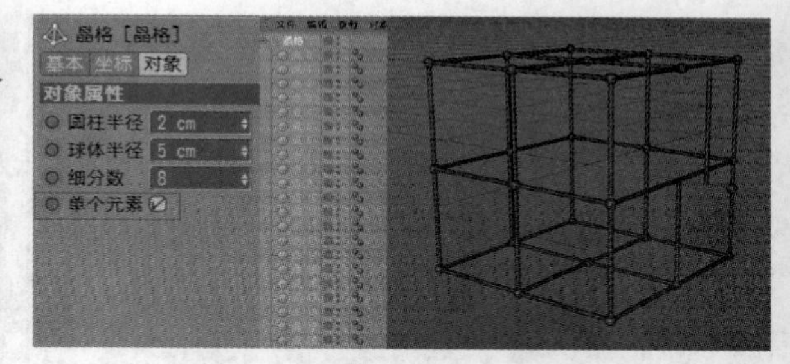

图5-13

5.2 布尔

5.2.1 课堂案例——骰子

实例位置	实例文件>CH05>课堂案例——骰子.c4d
素材位置	无
视频位置	CH05>课堂案例——骰子.mp4
技术掌握	掌握布尔工具的使用方法

本小节通过一个骰子案例来讲解布尔工具的使用方法，案例效果如图5-14所示。

图5-14

01 新建一个立方体，保持“尺寸.X”“尺寸.Y”“尺寸.Z”都为默认的200 cm，激活“圆角”选项，将“圆角半径”设置为12 cm，如图5-15所示。

02 新建12个球体，将“半径”全部设置为25 cm，按照骰子的点数将球体放到合适的位置，如图5-16所示。

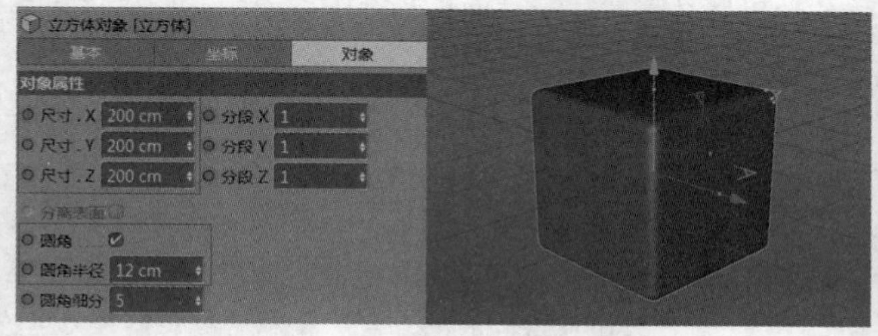

图5-15

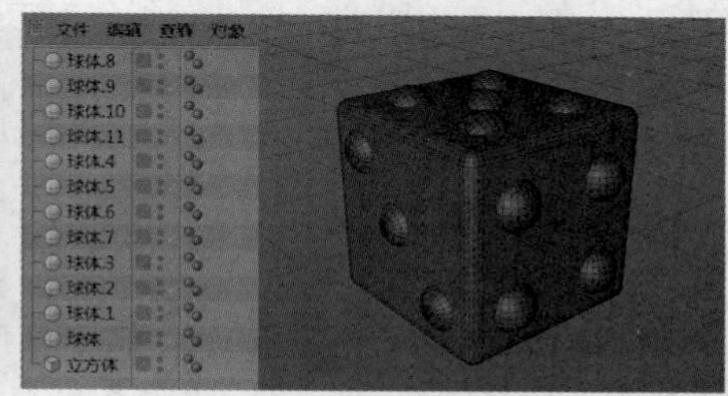

图5-16

03 将12个球体全部框选，单击鼠标右键，在弹出的菜单中选择“连接对象+删除”命令，12个球体就会变成一个整体，如图5-17所示。

04 执行“创建>造型>布尔”命令，新建布尔，默认布尔类型为“A减B”，然后将立方体作为子级放到布尔下方的第一个位置，将球体放置于立方体的下方，场景中骰子就建模完成了，如图5-18所示。

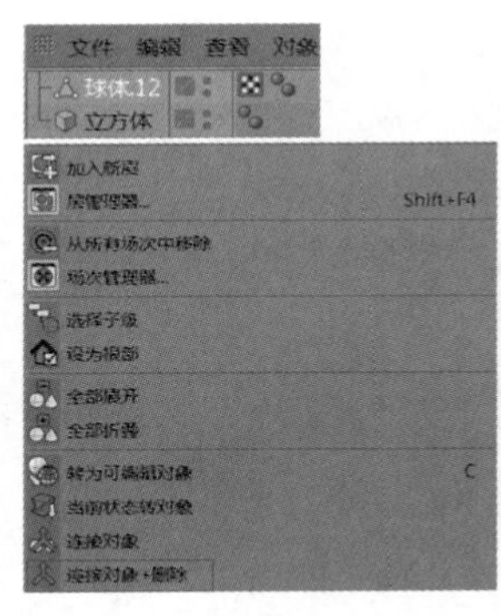

图5-17

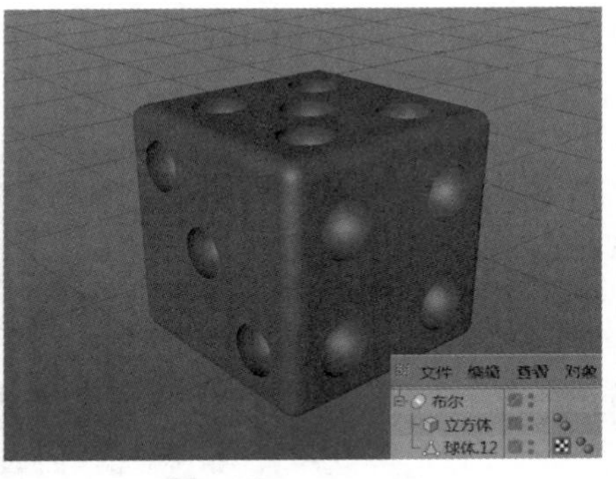

图5-18

05 新建两个平面，将其分别作为背景和地面，放置到合适的位置，骰子场景搭建完成。双击材质面板空白处创建材质球，双击材质球打开“材质编辑器”窗口，在“颜色”通道中将材质球的颜色设置为H:0°、S:88%、V:100%，如图5-19所示。

06 在“反射”通道中选择“类型”为GGX，并将“粗糙度”设置为22%，然后修改“菲涅耳”为“绝缘体”，“折射率（IOR）”为1.6，如图5-20所示。

07 双击材质面板空白处创建材质球，双击材质球打开“材质编辑器”窗口，在“颜色”通道中将材质球的颜色设置为H:190°、S:45%、V:95%，如图5-21所示。

08 在“反射”通道中选择“类型”为GGX，并将“粗糙度”设置为22%，修改“菲涅耳”为“绝缘体”，“折射率（IOR）”为1.6，如图5-22所示。

09 将设置好的材质添加到对应的模型上，并添加物理天空，然后在“渲染设置”窗口中添加“全局光照”和“环境吸收”，如图5-23所示。

图5-19

图5-20

图5-21

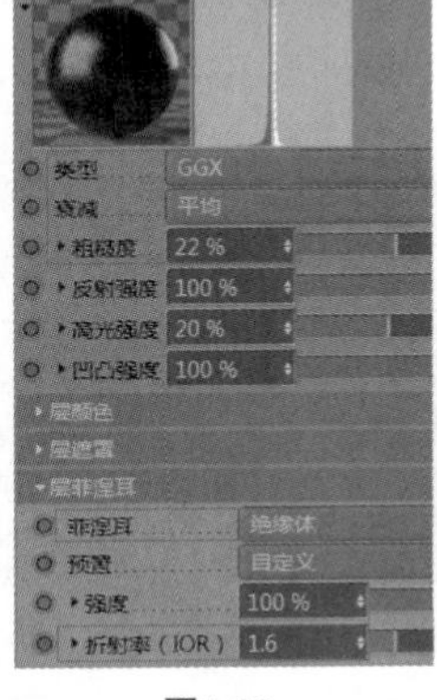

图5-22

图5-23

5.2.2 布尔的功能介绍

“布尔”代表物体与物体之间的一种逻辑运算方式，它的类型包括“A加B”“A减B”“AB交集”“AB补集”4种，如图5-24所示。

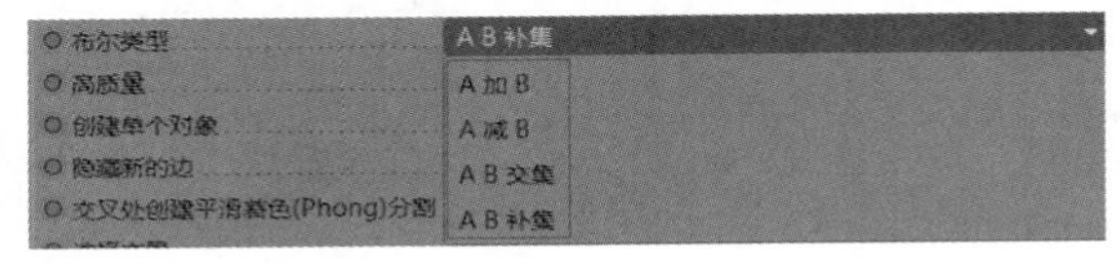

图5-24

新建一个立方体及一个球体，然后新建布尔，将立方体和球体作为子级放置于布尔的下方，系统默认布尔下方的第一个对象为A，第二个对象为B，默认的布尔类型是“A减B”，如图5-25所示。如果第一个对象是球体，第二个对象是立方体，就会产生图5-26所示的效果。

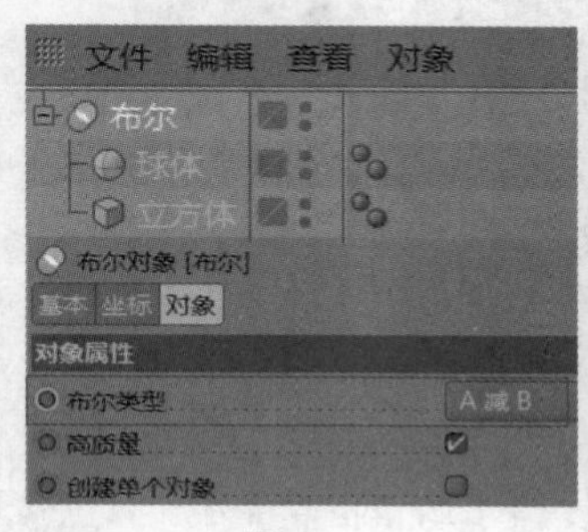

图5-25

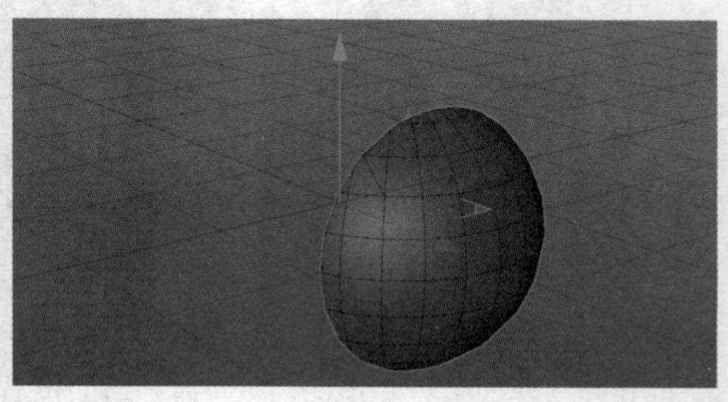

图5-26

如果将布尔下的第一个对象设置为立方体，第二个对象设置为球体，则会产生不同的效果，如图5-27所示。所以在工作中，一定要弄清对象的位置。

“A减B”类型是布尔运算中最常用的一种类型，在工作中还可以制作物体从无到有的动画。例如，用立方体包住整个球体，将布尔中的顺序设置为A为球体，B为立方体。将立方体向下移动时，发现球体会慢慢出现，如图5-28所示。

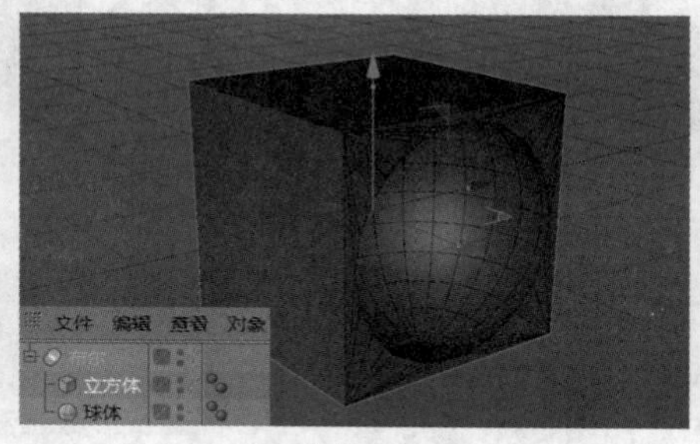

图5-27

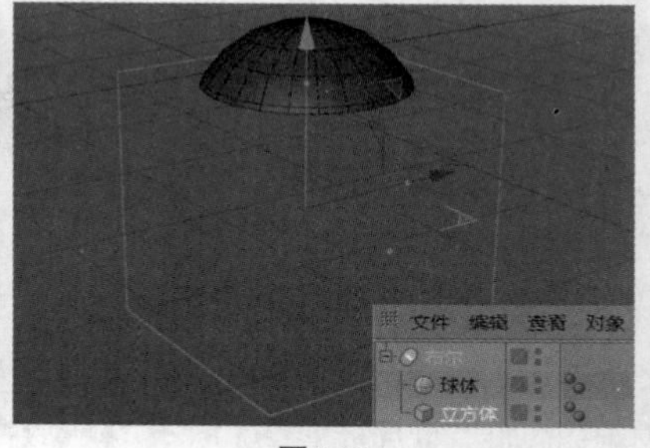

图5-28

若设置布尔类型为“A加B”，则表示A和B合并起来的形状，如图5-29所示。

当把布尔类型设置为“AB交集”时，则代表A、B物体的公共部分，如图5-30所示。

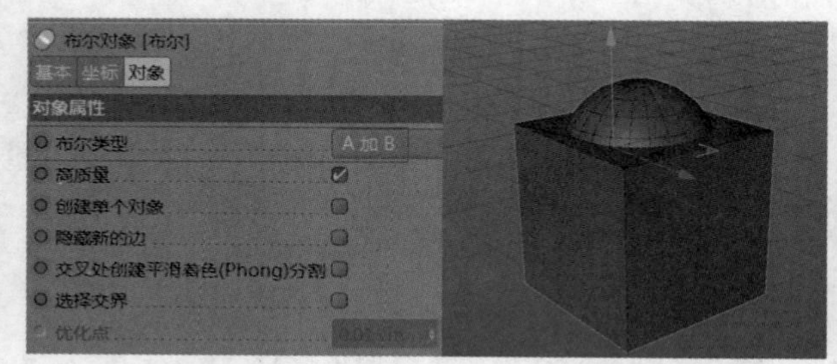

图5-29

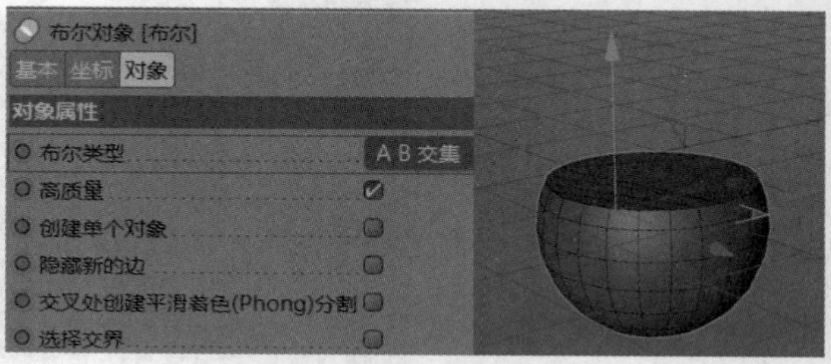

图5-30

而“AB补集”代表A、B物体公共部分以外的部分，如图5-31所示。

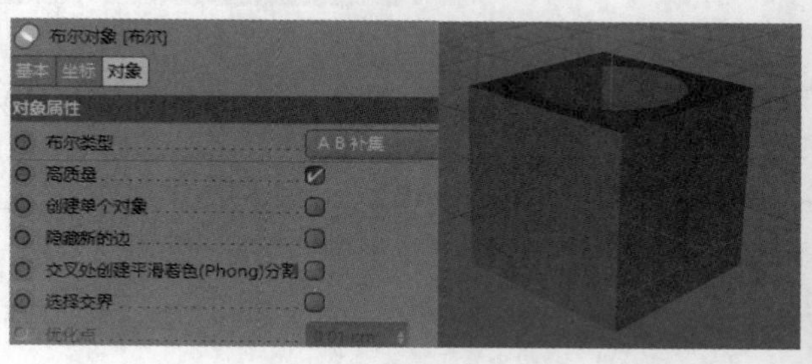

图5-31

技巧与提示

如果模型布线比较多，建议不要用布尔。第一，它会破坏物体的布线；第二，如果计算机配置不是足够好，计算机会卡顿。所以，在工作中要根据实际情况进行运用。

5.3 样条布尔

5.3.1 课堂案例——创意AYOU文字

实例位置	实例文件>CH05>课堂案例——创意AYOU文字.c4d
素材位置	无
视频位置	CH05>课堂案例——创意AYOU文字.mp4
技术掌握	掌握样条布尔工具的使用方法

本案例通过制作文字的特殊效果来讲解样条布尔工具的使用方法，效果如图5-32所示。

图5-32

01 新建样条文字，在“文本”文本框中输入“AYOU”，字体选择“汉仪哈哈体简”，“对齐”方式选择“左”，如图5-33所示。

02 按住Alt键并单击鼠标中键（即滚轮）切换成正视图，然后选择钢笔工具，在正视图中绘制一条闭合的曲线，如图5-34所示。

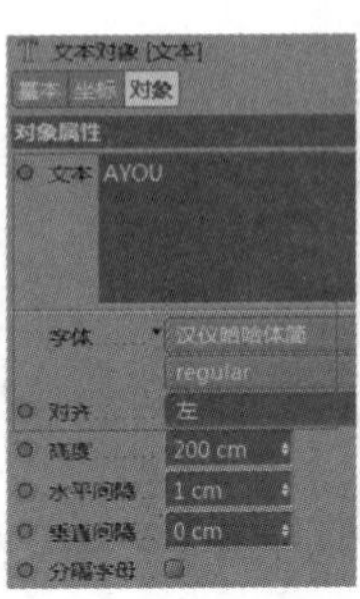

图5-33

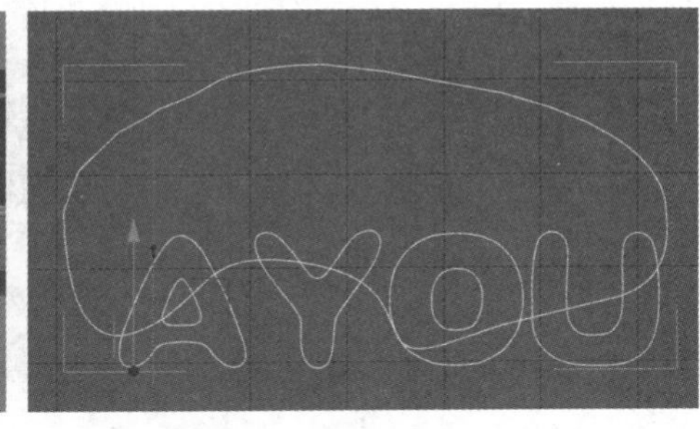

图5-34

03 新建样条布尔，将文字及样条作为子级放置于样条布尔的下方，样条在上，文本在下，将“模式”设置为“B减A”，样条就会变成视图显示的效果，如图5-35所示。

04 新建挤压，将样条布尔作为子级，放置于挤压的下方，然后将挤压的“顶端”和“末端”设置为“圆角封顶”，“半径”都设置为2 cm，如图5-36所示，效果如图5-37所示。

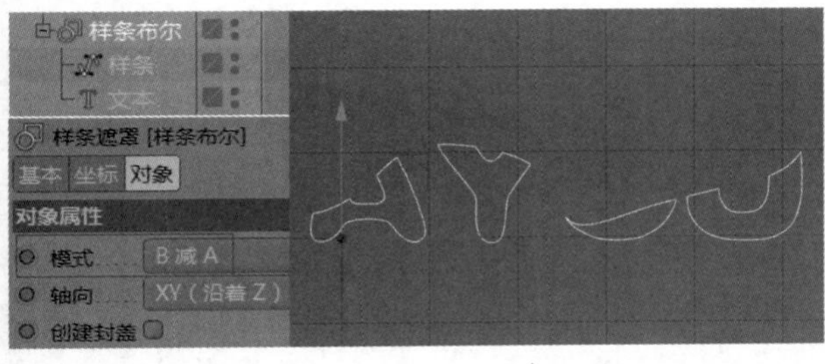

图5-35

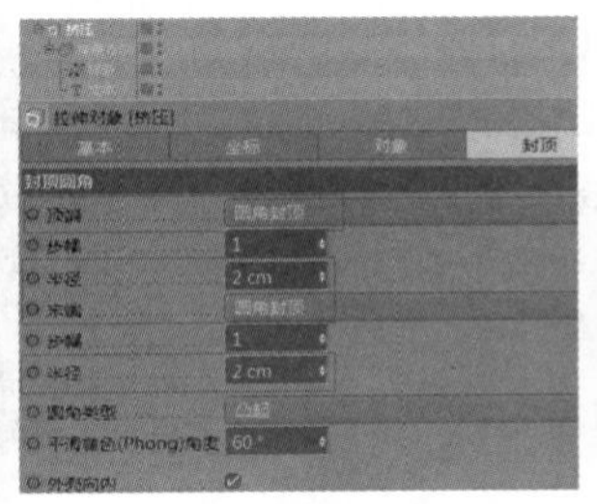

图5-36

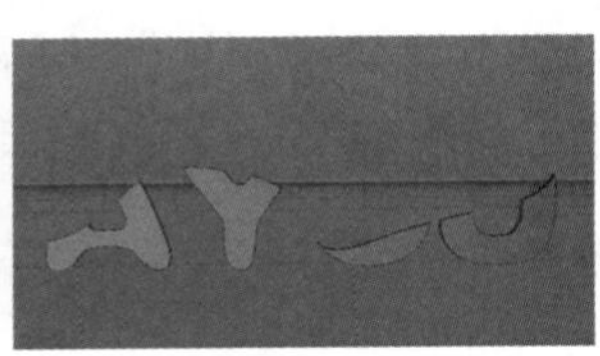

图5-37

05 新建运动图形里的克隆，将挤压作为子级放置于克隆的下方，并将克隆“对象”属性里的“位置.X”“位置.Y”“位置.Z”分别设置为0 cm、0 cm、22 cm，如图5-38所示，效果如图5-39所示。（“克隆”相关内容会在之后的章节中详细讲解。）

06 为文字做从无到有动画。找到图层中钢笔绘制的样条，沿y轴做从上到下的位移动画。在0帧时，将y轴的数值设置为-115 cm，并打上关键帧，到第90帧时，将y轴数值设置为142 cm，并打上关键帧，如图5-40和图5-41所示。

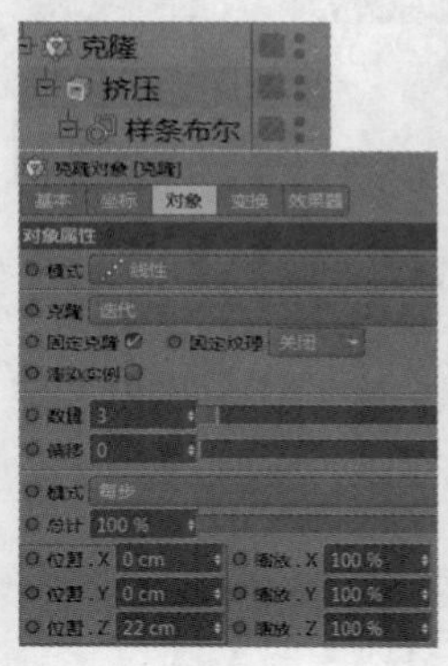

图5-38

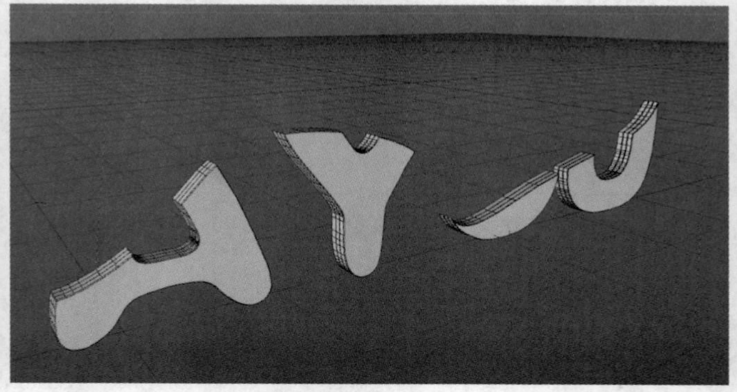

图5-39

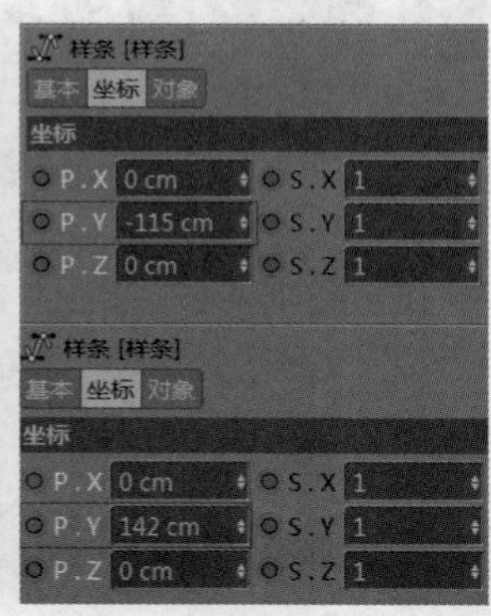

图5-40

图5-41

07 这时的动画是统一的效果，所以需要在“克隆”之上再加“步幅”效果器，并将“步幅”效果器的“位置”“缩放”“旋转”全部关闭，设置“时间偏移”为-40 F，代表克隆物体之间的延迟，如图5-42所示。将时间移动到50帧，就会出现图5-43所示的效果。

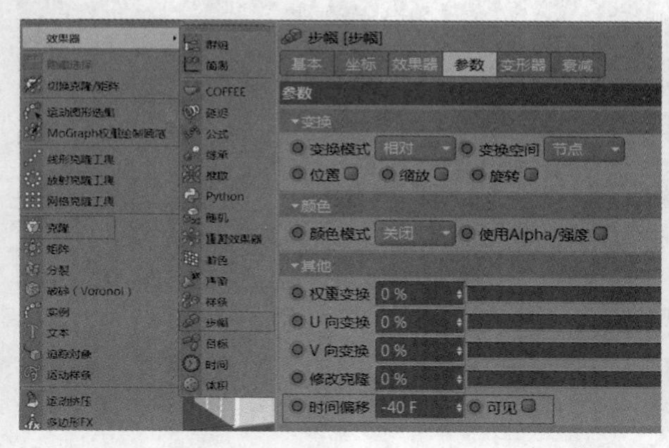

图5-42

图5-43

08 新建两个平面，分别作为背景和地面，并放置到合适的位置，创意文字的场景搭建完成。双击材质面板空白处创建材质球，双击材质球打开“材质编辑器”窗口，在“颜色”通道中将材质球的颜色设置为H:185°、S:20%、V:100%，如图5-44所示。

09 在“反射”通道中将“高光强度”设置为20%，如图5-45所示。

图5-44

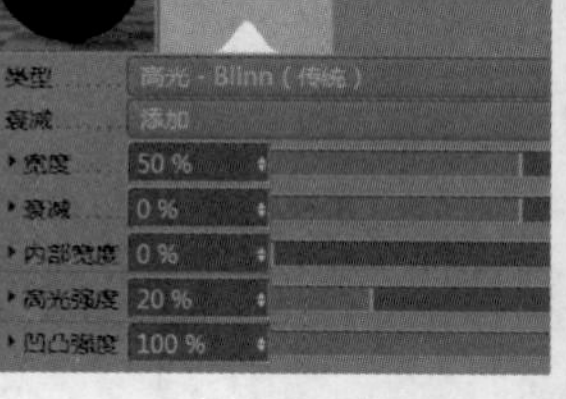

图5-45

⑩ 双击材质面板创建材质球，双击材质球打开“材质编辑器”窗口，在“颜色”通道中将材质球的颜色设置为H:320°、S:20%、V:100%，如图5-46所示。

⑪ 在“反射”通道中将“高光强度”设置为20%，如图5-47所示。

图5-46

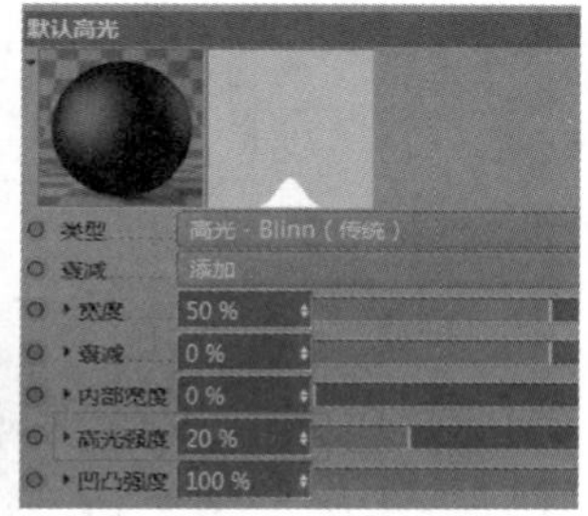

图5-47

⑫ 双击材质面板空白处创建材质球，双击材质球打开“材质编辑器”窗口，在“颜色”通道中将材质球的颜色设置为H:12°、S:19%、V:100%，如图5-48所示。

⑬ 在“反射”通道中将“高光强度”设置为20%，如图5-49所示。

图5-48

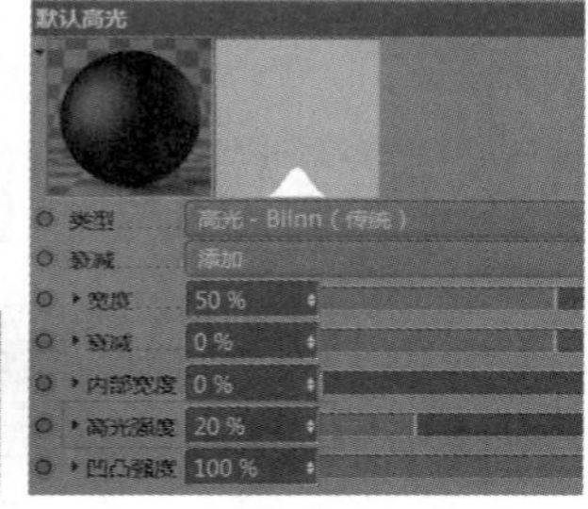

图5-49

⑭ 将设置好的材质添加到对应的模型上，并添加物理天空，然后在“渲染设置”窗口中添加“全局光照”和“环境吸收”，如图5-50所示。

图5-50

5.3.2 样条布尔功能介绍

“样条布尔”是工作中经常用到的造型工具之一。它的作用虽然和第3章讲样条线时的“样条差集”“样条并集”“样条合集”“样条或集”“样条交集”是一样的，但是样条布尔在处理时更加强大，而且可控性、实用性更强。因为样条布尔是作为样条的父级使用的，样条可以随时调整，这使得在处理样条时更加方便。例如，新建一个圆形和星形，同时作为子级放置于样条布尔的下方，移动星形或圆形，可以实时看到样条的变化，如图5-51所示。

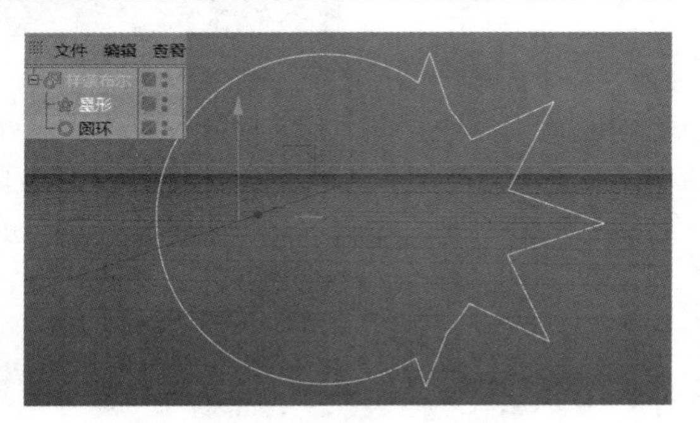

图5-51

样条布尔的类型包含“合集”“A减B”“B减A”“与”“或”“交集”6种，新建一个圆形和星形，将它们作为子级放置于样条布尔的下方，分别转换为不同的类型，可以看到形状变化，如图5-52所示。

“或”和“交集”在场景中看不出明显变化，简单地说，“或”代表两个图形是“或”的关系，即不是星形就是圆形，“交集”则是既有星形又有圆形，还有它们的公共部分。将“或”和“交集”都转化成可编辑对象，将样条拆分开，其效果如图5-53所示。

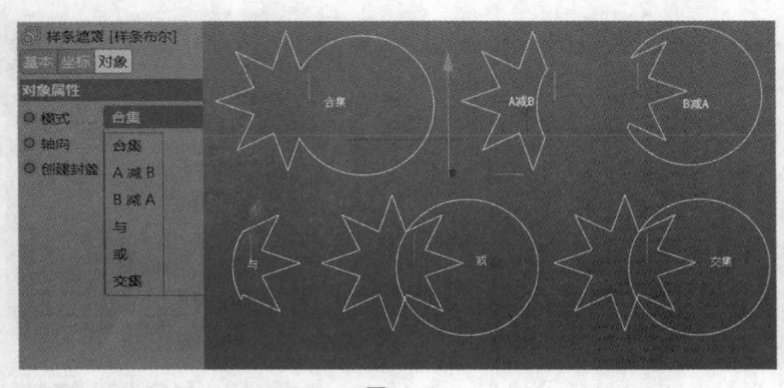

图5-52

图5-53

5.4 融球与对称

5.4.1 课堂案例——融合的小球

实例位置	实例文件>CH05>课堂案例：融合的小球.c4d
素材位置	无
视频位置	CH05>课堂案例：融合的小球.mp4
技术掌握	掌握融球的使用方法

利用融球可以做一些特殊的效果，下面通过一个案例来加深读者对融球的理解，效果如图5-54所示。

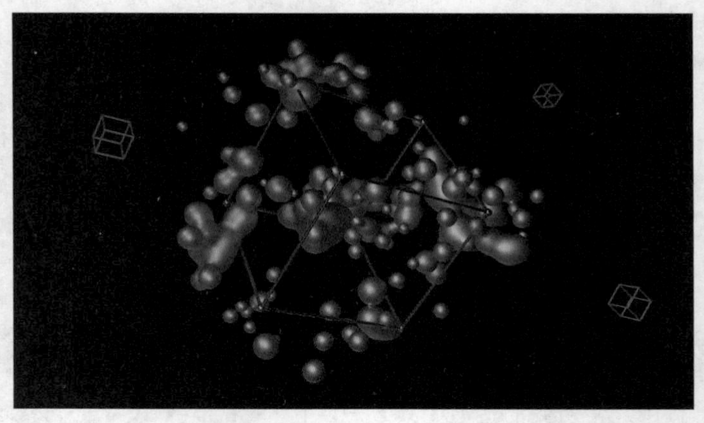

图5-54

01 新建一个球体，然后新建克隆，将球体作为子级，放置于克隆的下方，并将球体“半径”设置为18 cm，接着将克隆的“模式”设置为“放射”，“数量”设置为80，“半径”设置为160 cm，如图5-55和图5-56所示。

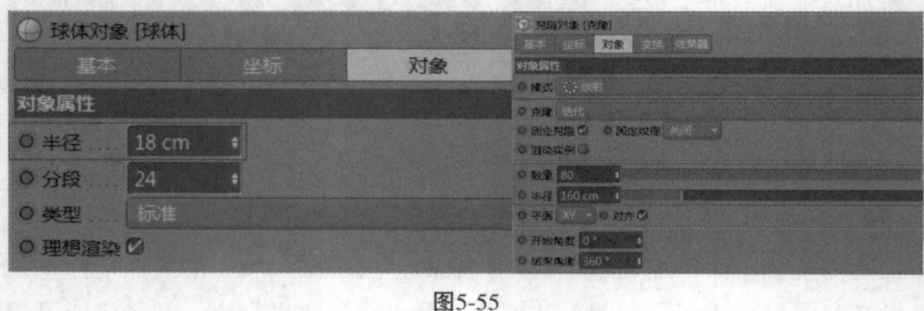

图5-55

图5-56

02 为克隆加入“随机”效果器，让“球体”的位置和大小随机显示，将“缩放”设置为0.5，勾选“等比缩放”选项，如图5-57所示，效果如图5-58所示。

03 再复制一个同样的克隆对象，竖直旋转90°，放置到合适的位置，效果如图5-59所示。

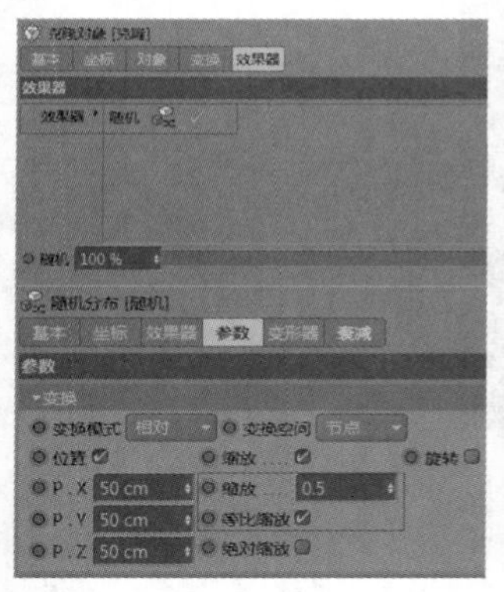

图5-57

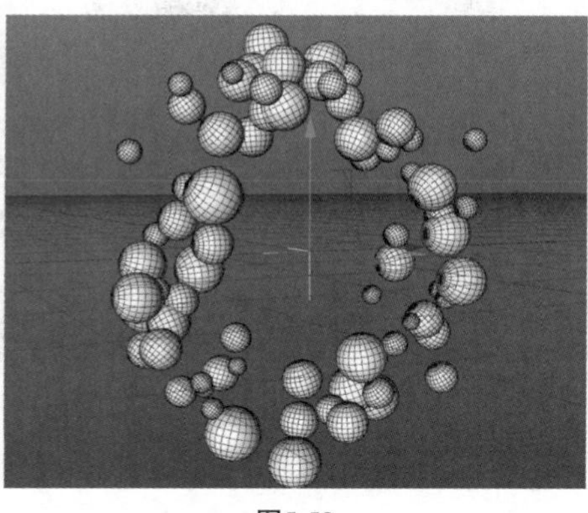

图5-58

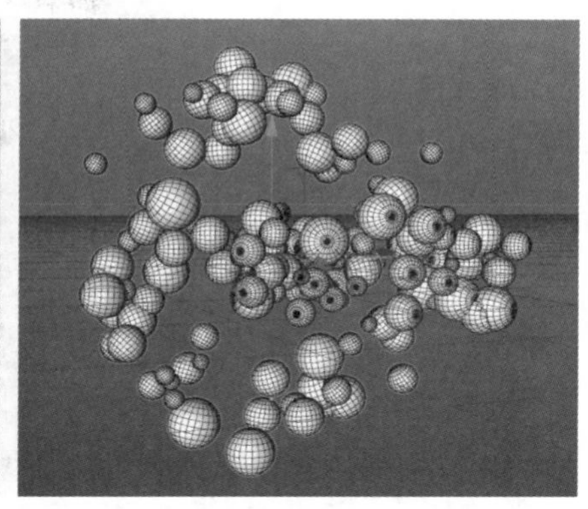

图5-59

04 执行“创建>造型>融球”命令，新建融球，然后将两个克隆作为子级，放置于融球的下方，并将“外壳数值”设置为440%，“编辑器细分”设置为3 cm，“渲染器细分”设置为3 cm，如图5-60所示，效果如图5-61所示。

05 新建立方体，保持立方体“尺寸.X”“尺寸.Y”“尺寸.Z”都为默认值200 cm，旋转到合适的角度，效果如图5-62所示。

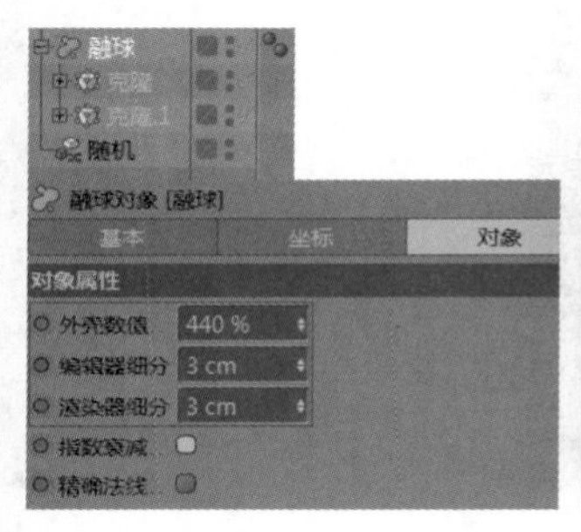

图5-60

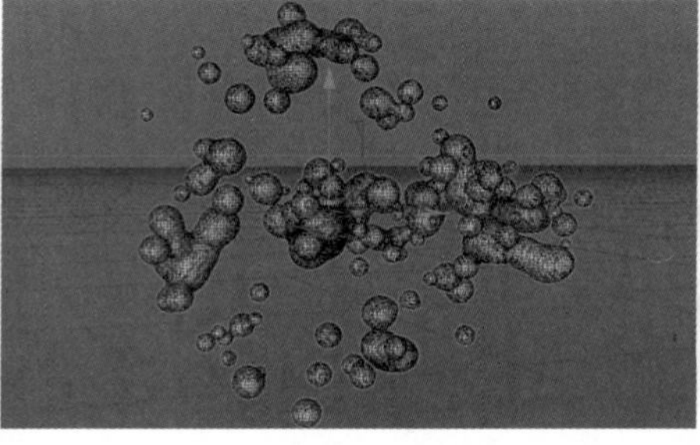

图5-61

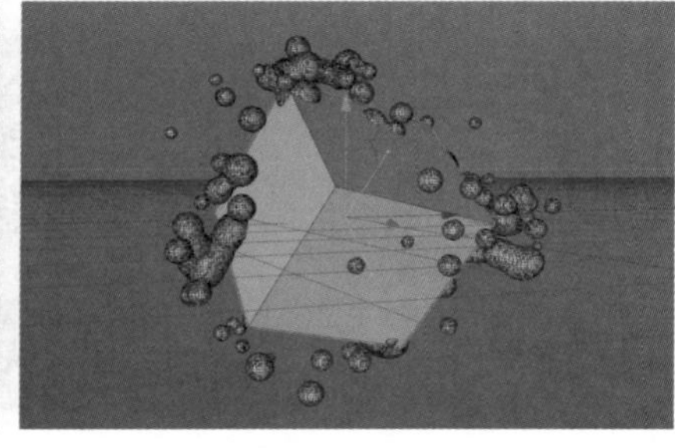

图5-62

06 新建晶格，将立方体作为子级放置于晶格的下方，并将“圆柱半径”和“球体半径”分别设置为2 cm和5 cm，效果如图5-63所示。

07 复制3个晶格，缩放并放到合适的位置，将“圆柱半径”和“球体半径”都设置为1.2 cm，效果如图5-64所示。

08 新建平面作为背景，建模部分完成。双击材质面板空白处创建材质球，双击材质球打开“材质编辑器”窗口，取消勾选“颜色”通道。然后在“反射”通道中选择“类型”为GGX，并将“粗糙度”设置为35%，接着将颜色设置为H:38°、S:45%、V:100%，最后修改“菲涅耳”为“导体”，“预置”为“金”，如图5-65所示。

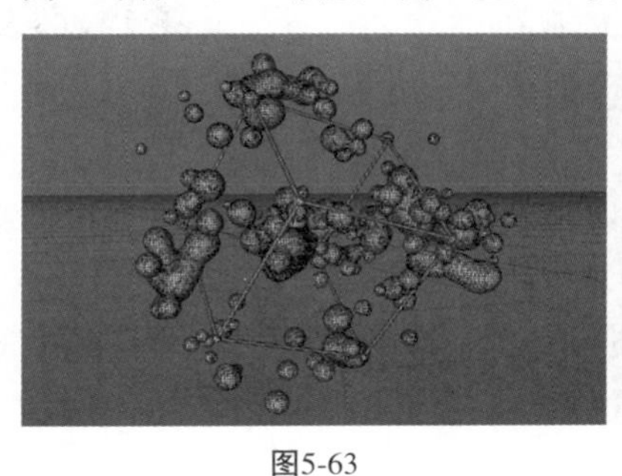

图5-63

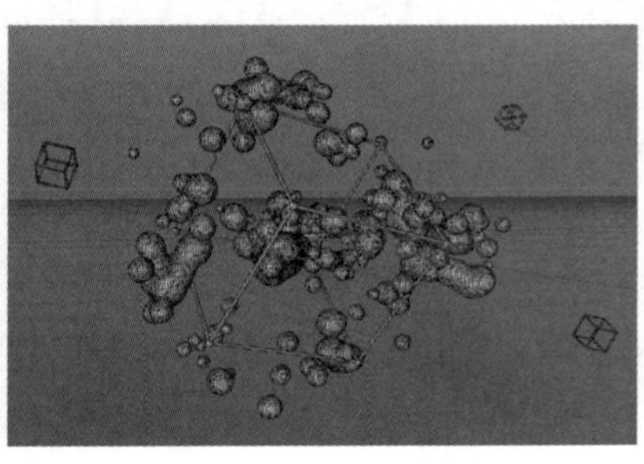

图5-64

图5-65

09 将设置好的材质添加到对应的模型上，并添加物理天空，然后在“渲染设置”窗口中添加“全局光照”和“环境吸收”，如图5-66所示。

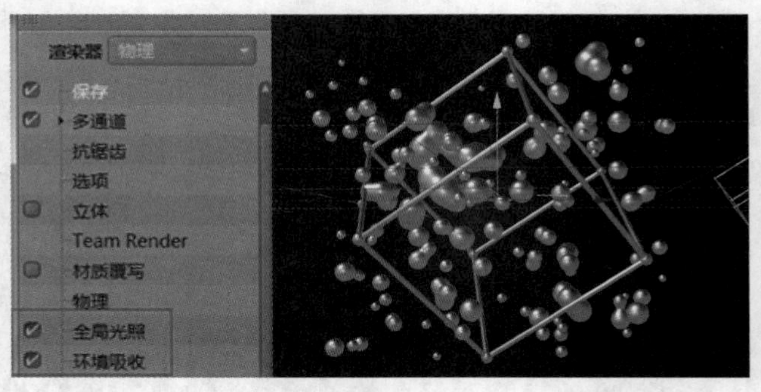

图5-66

5.4.2 融球

“融球”的作用是将球体融合在一起，而且在彼此分开时有相互粘连的效果。新建两个球体，再新建融球，将两个球体作为子级放置于融球的下方，就会看到融合的效果，将其中一个球体向外移动时，就会产生粘连的效果，如图5-67所示。

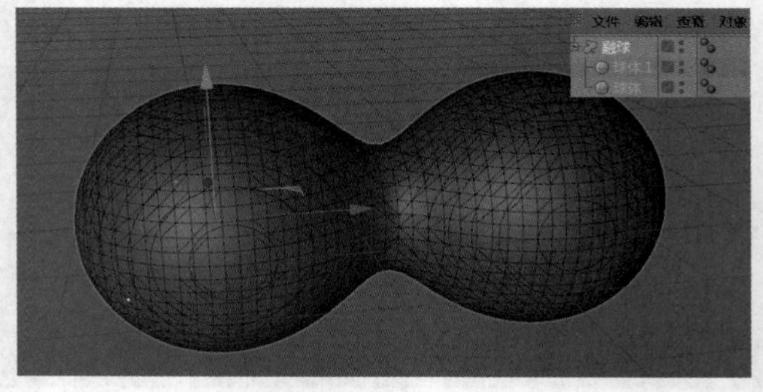

图5-67

1.外壳数值

“外壳数值”代表融球的影响范围。“外壳数值”越小，影响范围越大；反之，则影响范围越小。将“外壳数值”设置为150%，两个球是没有融球效果的，如果将数值设置为20%，融球效果非常明显，如图5-68和图5-69所示。

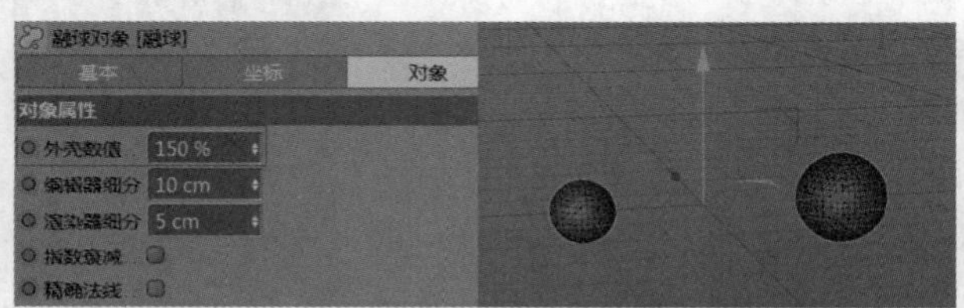

图5-68

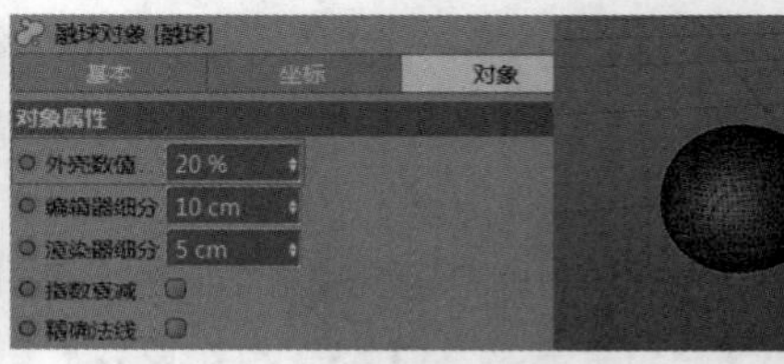

图5-69

2.编辑器细分和渲染器细分

“编辑器细分”代表在场景视图中融球的精细程度，可以实时查看。“编辑器细分”越小，融球的精细度越高；反之，则越低。“渲染器细分”则代表渲染完成后的融球精细程度。将“编辑器细分”设置为160 cm，而“渲染器细分”不作改变，在场景中融球效果不明显，如图5-70所示。但在渲染完成后，效果非常好，如图5-71所示。

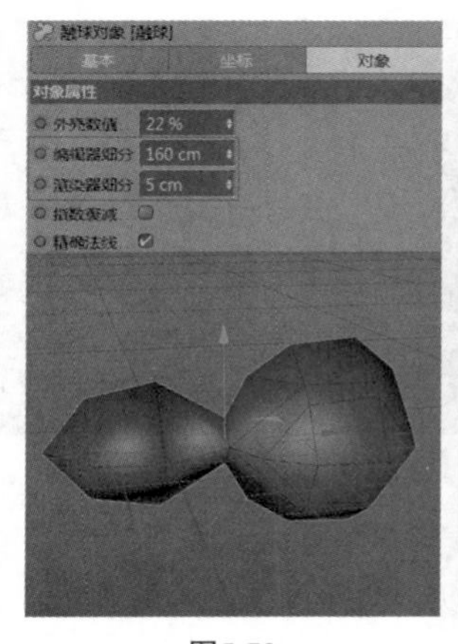

图5-70

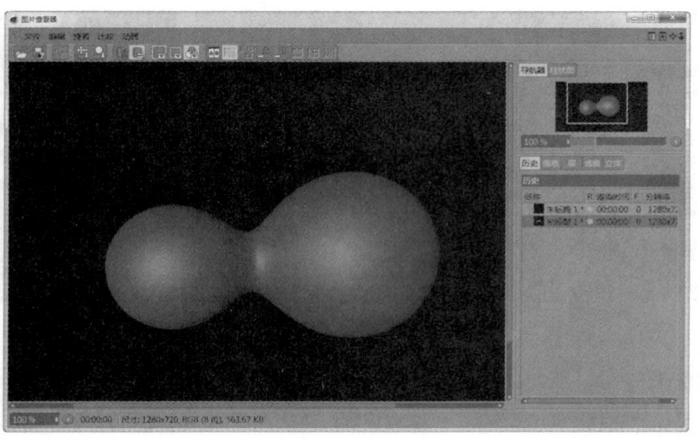

图5-71

3.指数衰减和精确法线

这两个选项可提高融球的精细度，不过在实际运用中，用得不是很多。

5.4.3 对称

新建对称，再新建一个球体，将球体作为子级放置于对称的下方，移动球体时，会出现另一个对称的球体，如图5-72所示。

对称功能不仅可以用于复制物体，还可以用于建模。新建一个立方体，将“分段X”“分段Y”“分段Z”均设置为10，如图5-73所示。按快捷键C，转换为可编辑对象，如图5-74所示。

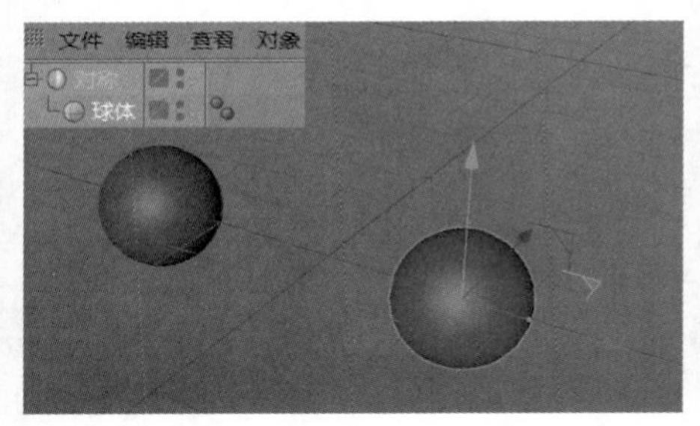

图5-72

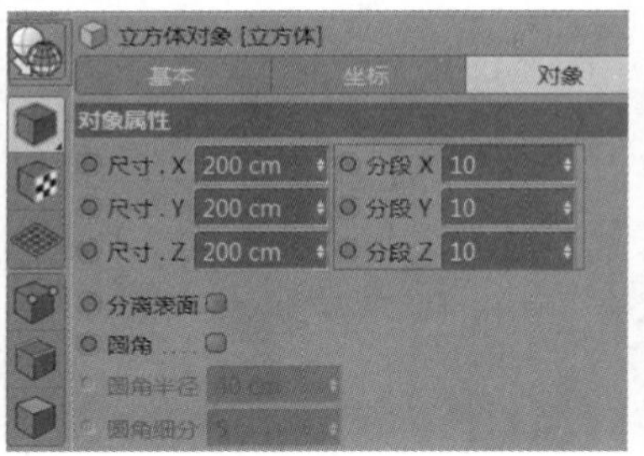

图5-73

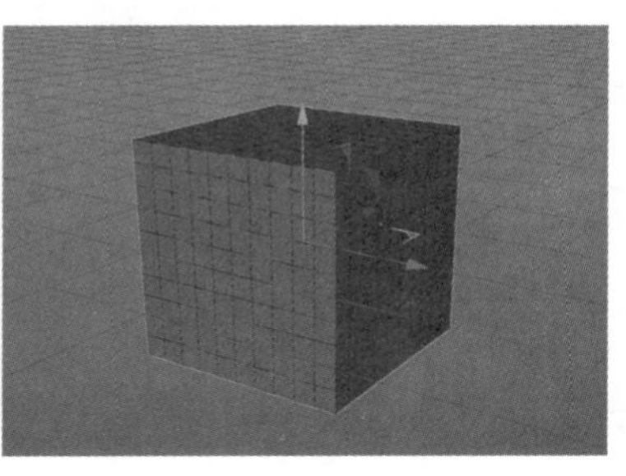

图5-74

选择“面模式”，切换为正视图，选择框选工具，框选立方体的一半，将其删除，如图5-75和图5-76所示。

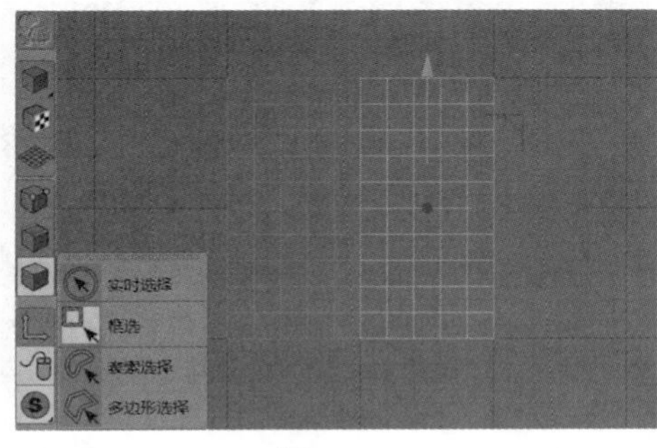

图5-75

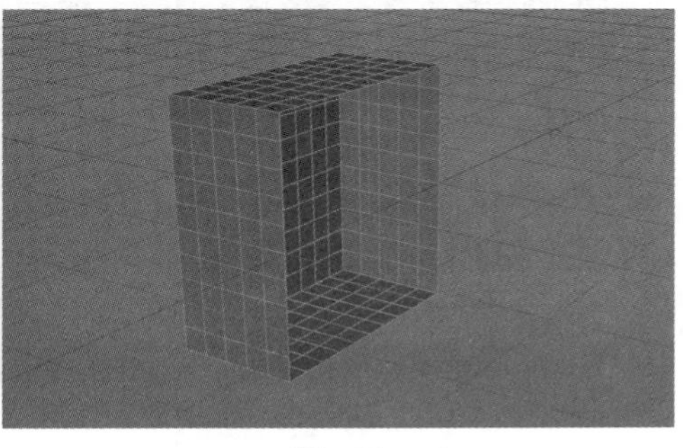

图5-76

新建对称，将编辑后的立方体作为子级放置于对称的下方，如图5-77所示。

选择“面模式”，选中其中一个面，向z轴移动，可以看到立方体的另一半也会有同样的动作，如图5-78所示。这样建模只需调整立方体一半，另一半也会出现同样的形状，建模会方便很多。

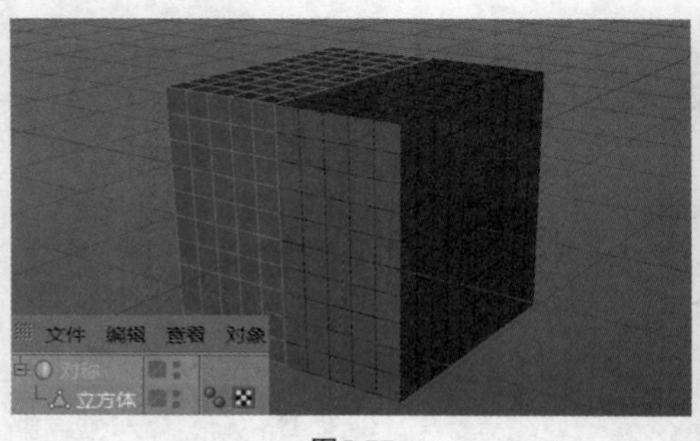

图5-77

图5-78

技巧与提示

对称需要注意镜像平面的方向。在做对称时，首先要考虑方向是否正确，确定以后再做对称。

5.5 体积生成与体积网格

5.5.1 课堂案例——奶酪

实例位置	实例文件>CH05>课堂案例——奶酪.c4d
素材位置	无
视频位置	CH05>课堂案例——奶酪.mp4
技术掌握	掌握体积生成和体积网格的使用方法

本案例制作的是奶酪，通过学习本案例，读者可以对体积生成及体积网格有一定的了解，效果如图5-79所示。

图5-79

01 执行“创建>样条>多边”命令，新建多边样条，将“侧边”改为3，如图5-80所示。

02 将样条转换为可编辑对象，缩放到合适的大小，如图5-81所示。

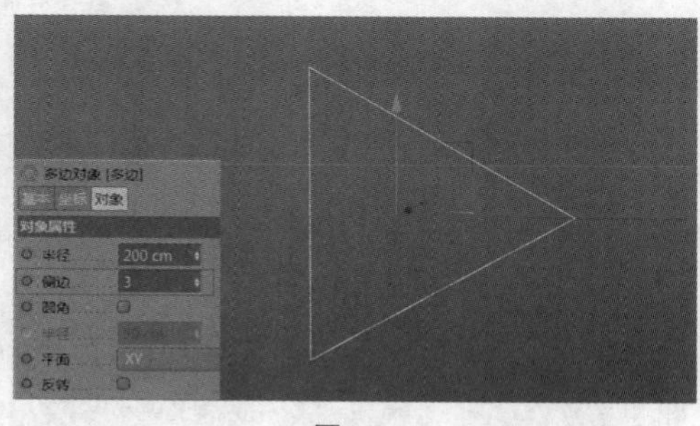

图5-80

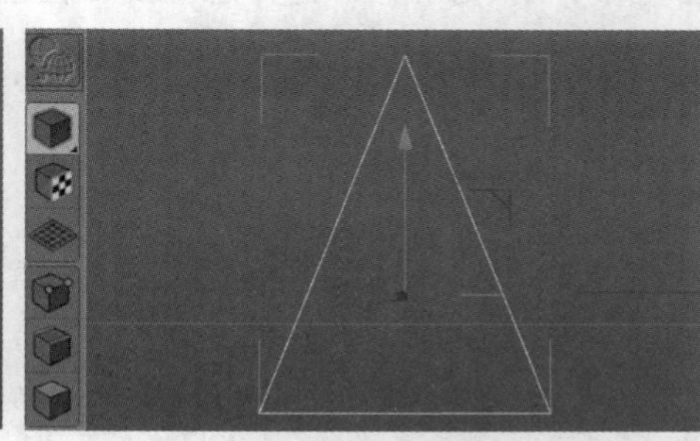

图5-81

03 切换为“点模式”，框选底部的两个点，并单击鼠标右键，在弹出的菜单中选择“细分”命令，两个点的中间会出现另一个点，如图5-82所示。

04 框选中间的点，向y轴的负方向移动，并单击鼠标右键，在弹出的菜单中选择“倒角”命令，将倒角“半径”设置为235°，效果如图5-83所示。

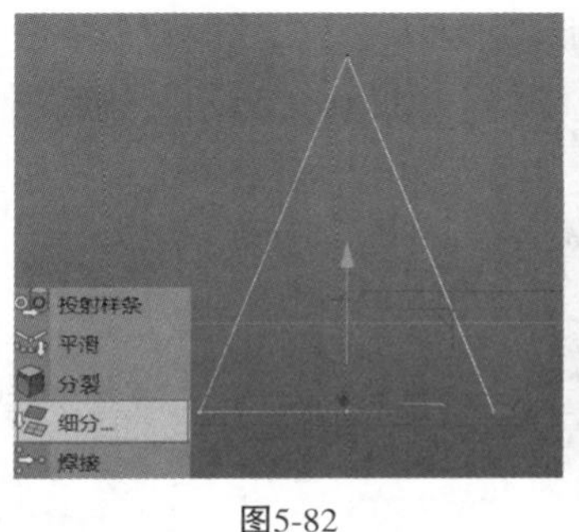

图5-82

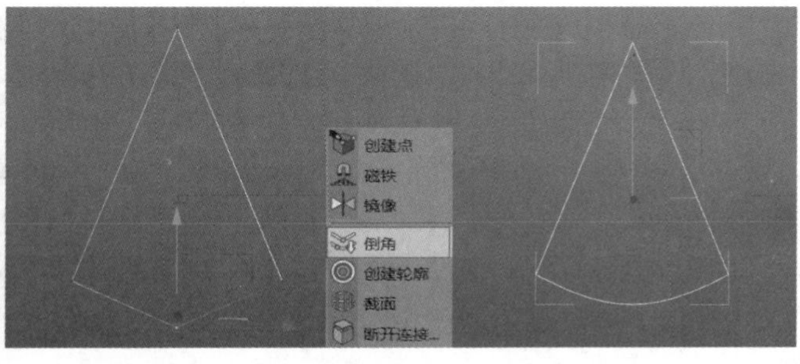

图5-83

05 新建挤压，将做好的样条作为子级放置于挤压的下方，并将挤压的“移动”设置为0 cm、0 cm、36 cm，如图5-84所示。

06 将挤压与子级全部框选，单击鼠标右键，在弹出的菜单中选择“连接对象+删除”命令，让其成为一个整体，如图5-85所示。

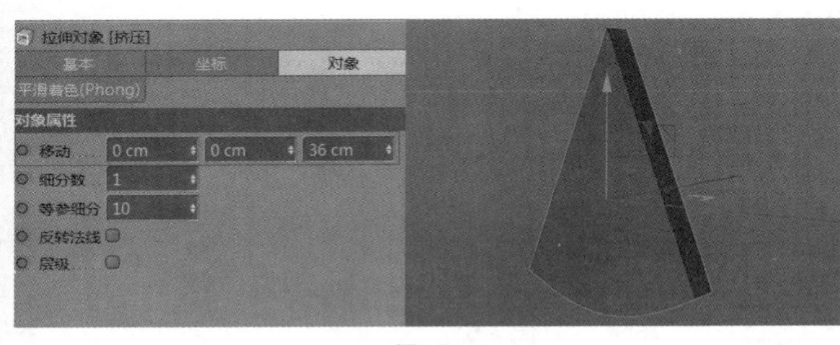

图5-84

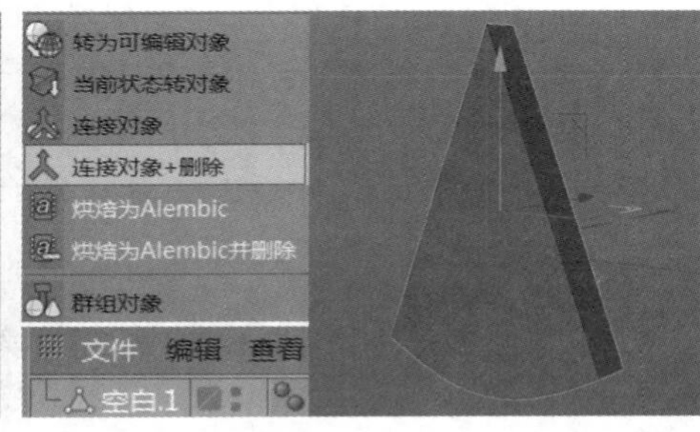

图5-85

07 新建球体，为其设置不同的大小后，放置于挤压形状的不同位置，如图5-86所示。

08 执行“体积>体积生成”命令，新建体积生成，将球体和挤压对象一起放置于体积生成的下方，如图5-87所示。

09 选择体积生成，在属性面板中，将“体素尺寸”改为1.5 cm，并将球体的“模式”都改为“减”，如图5-88所示。奶酪的效果虽然基本成型了，但是这种效果是无法渲染的。

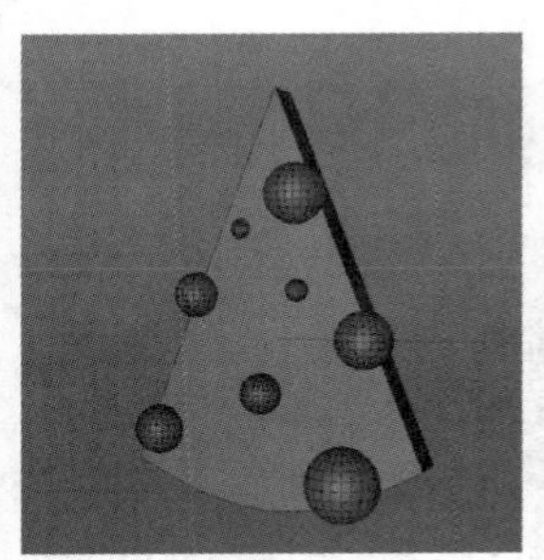

图5-86

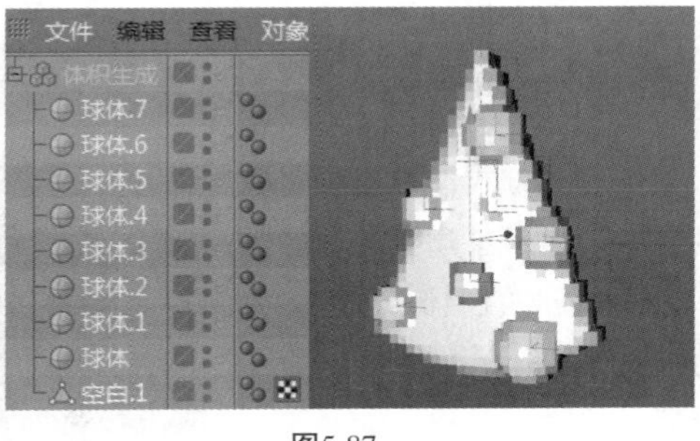

图5-87

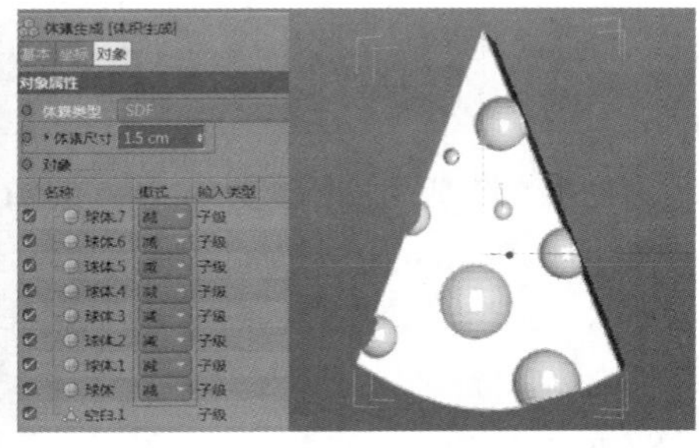

图5-88

10 执行“体积>体积网格”命令，新建体积网格，将体积生成与子级球体作为子级放置于体积网格的下方，奶酪的模型就完成了，如图5-89所示，这样才能被渲染。

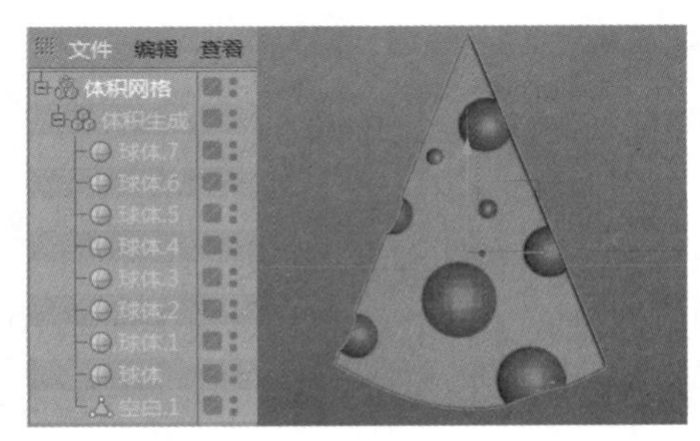

图5-89

⑪导入盘子模型，将奶酪旋转，放置于盘子中。双击材质面板空白处创建材质球，双击材质球打开“材质编辑器”窗口，在“颜色”通道中将“纹理”设置为“菲涅耳（Fresnel）”，如图5-90所示。然后在“渐变色标设置”对话框中将渐变起始颜色设置为H:28°、S:100%、V:100%，如图5-91所示；将渐变结束颜色设置为H:40°、S:100%、V:100%，如图5-92所示。

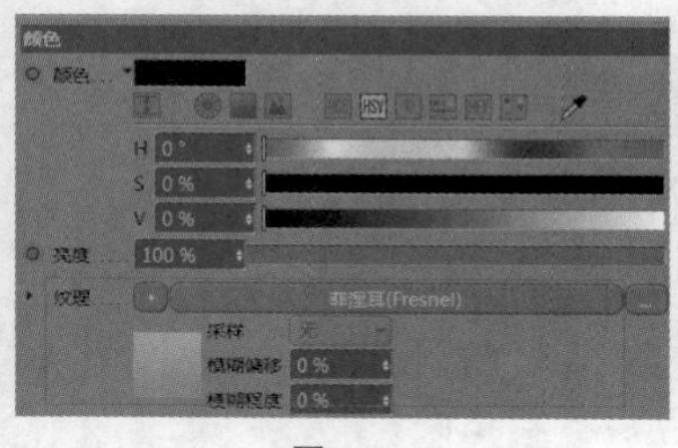

图5-90

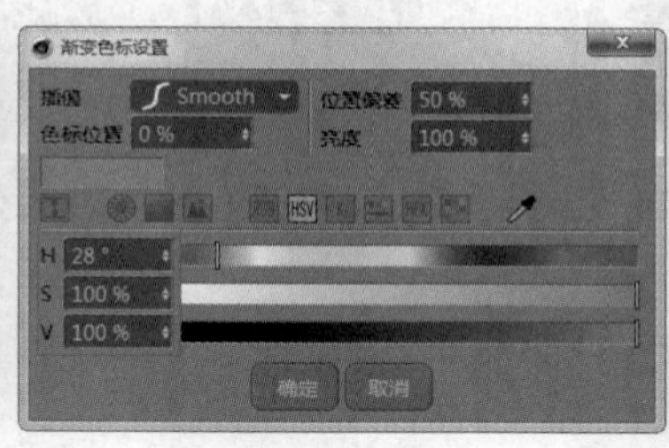

图5-91

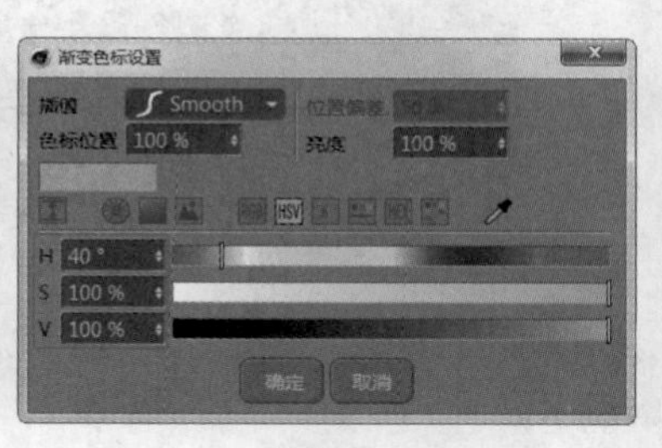

图5-92

⑫在“反射”通道中选择“类型”为GGX，并将“粗糙度”设置为10%，然后修改“菲涅耳”为“绝缘体”，“预置”为“牛奶”，“折射率（IOR）”为1.35，如图5-93所示。

⑬将设置好的材质添加到对应的模型上，然后新建泛光灯，将颜色设置为H:38°、S:25%、V:100%，将“投影”设置为“区域”，如图5-94所示。

⑭在“渲染设置”窗口中添加“全局光照”和“环境吸收”，如图5-95所示。最终渲染效果如图5-96所示。

图5-93

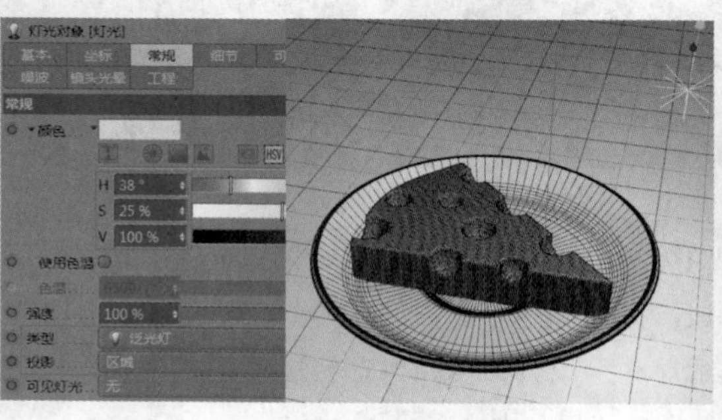

图5-94

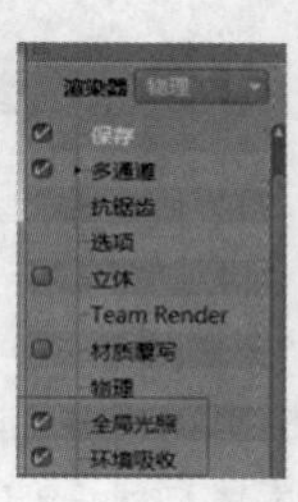

图5-95

图5-96

5.5.2 体积生成

“体积生成”可以理解为一种高级的布尔运算方式，它与布尔最大的区别就是，它的布线相对整齐，而且在做卡通形象建模时功能比较强大。但是，“体积生成”所生成的模型是不能被直接渲染的。

例如，新建立方体与球体，将球体的一半置于立方体中，如图5-97所示。

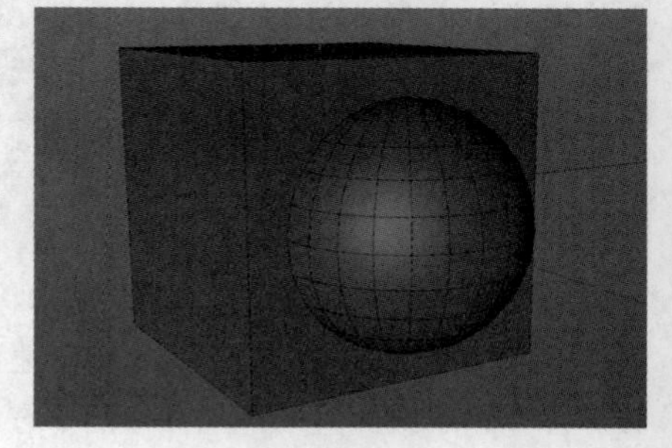
图5-97

新建布尔，将球体和立方体作为子级放置于布尔的下方，将布尔类型改为“A减B”，可以看到布线是比较乱的，如图5-98所示。

如果新建体积生成，将球体和立方体作为子级放置于体积生成的下方，将球体的“模式”改为“减”，将“体素尺寸”改为1 cm，会看到布线是非常整齐的，而且效果也非常好，如图5-99所示。

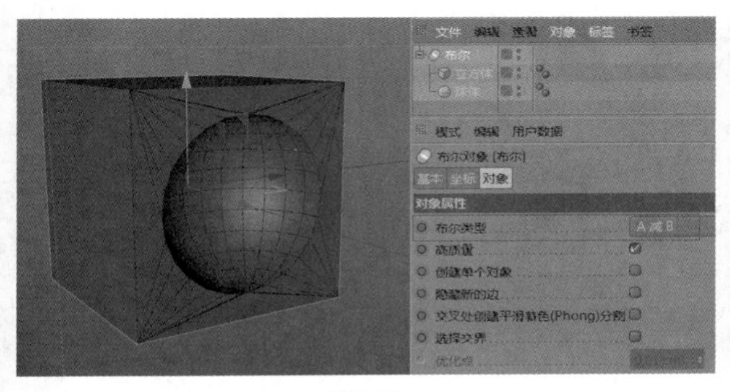

图5-98

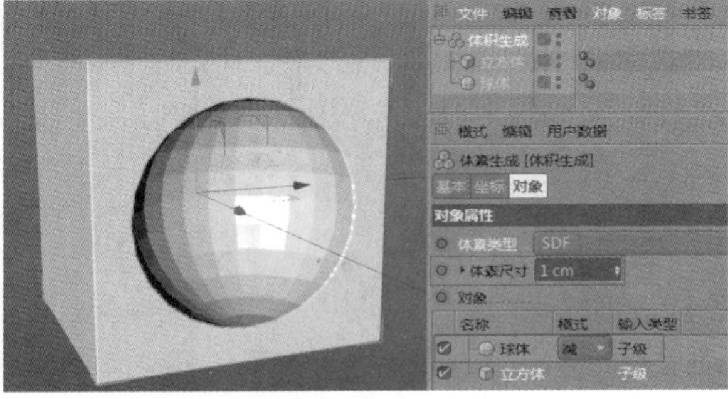

图5-99

5.5.3 体积网格

“体积网格”的作用是将“体积生成”产生的模型实体化，“体积生成”所做出来的模型是不能被直接渲染的，需要“体积网格”的帮助才能进行渲染，“体积网格”永远是作为体积生成的父级存在的。

例如，新建两个大小不同的球体，将“半径”分别设置为20 cm和15 cm，并将它们重叠在一起，如图5-100所示。

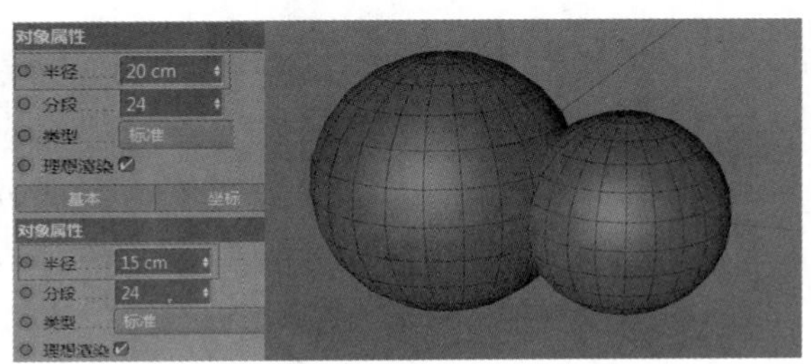

图5-100

新建体积生成，将两个球体作为子级放置于体积生成的下方，将“体素尺寸”设置为0.8 cm，如图5-101的所示。云的简单模型就完成了，但是不能被渲染。

新建体积网格，将体积生成作为子级放置于体积网格的下方，如图5-102所示。这样模型就能够渲染了。

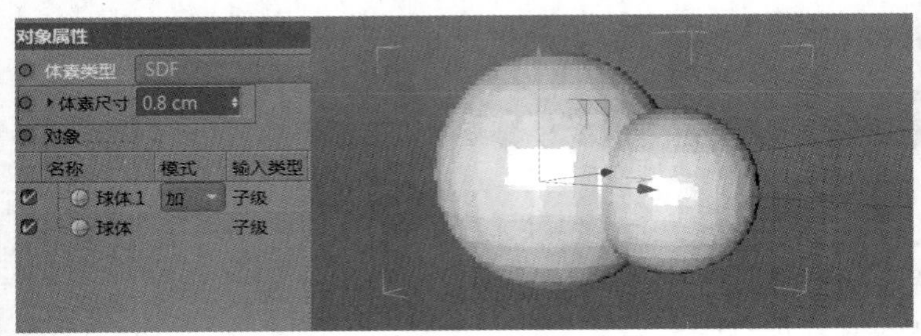

图5-101

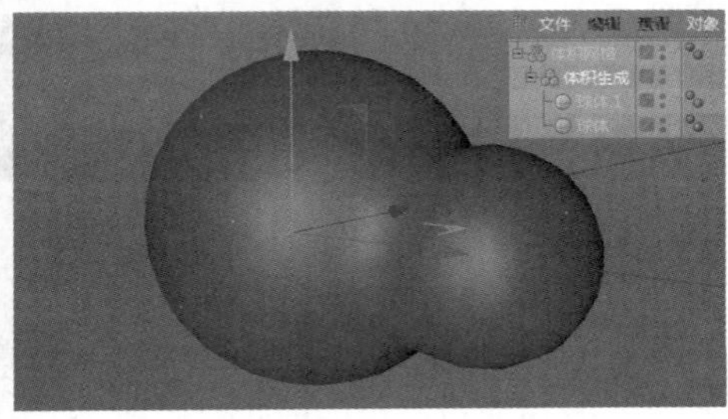

图5-102

5.6 减面

5.6.1 课堂案例——海上灯塔

实例位置	实例文件>CH05>课堂案例——海上灯塔.c4d
素材位置	无
视频位置	CH05>课堂案例——海上灯塔.mp4
技术掌握	掌握减面的使用方法

本案例将使用减面造型器制作海上的灯塔，效果如图5-103所示。

图5-103

01 新建平面，将“宽度”设置为1550 cm，“高度”设置为1480 cm，然后新建置换，将“高度”设置为60 cm，将置换作为子级放置于平面的下方，并为置换的“着色器”添加“噪波”贴图，如图5-104所示。接着将平面的平滑标签删除，效果如图5-105所示。

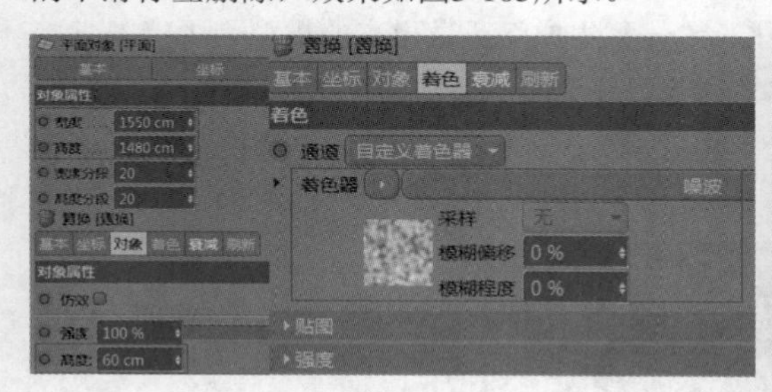

图5-104

图5-105

02 执行“创建>造型>减面”命令，新建减面，将平面作为子级放置于减面的下方，并将“减面强度”设置为70%，如图5-106所示。

03 执行“创建>对象>地形”命令，新建地形，将平滑标签删除，然后新建减面，将地形作为子级放置于减面的下方，并放置于不同的位置，效果如图5-107所示。

图5-106

图5-107

04 执行“创建>对象>宝石”命令，新建多个钻石，将其设置为不同的大小，放置于不同的位置，然后导入灯塔模型（在视频中会讲解建模方法），放置于合适的位置，效果如图5-108所示。

05 双击材质面板空白处创建材质球，双击材质球打开“材质编辑器”窗口，在“颜色”通道中将材质球的颜色设置为H:185°、S:50%、V:100%，如图5-109所示。

图5-108

06 双击材质面板空白处创建材质球，双击材质球打开“材质编辑器”窗口，在“颜色”通道中将材质球的颜色设置为H:30°、S:70%、V:35%，如图5-110所示。

图5-109

图5-110

07 将设置好的材质添加到对应的模型上，然后新建泛光灯，将颜色设置为H:60°、S:26%、V:100%，“强度”设置为90%，“投影”设置为“区域”，如图5-111所示。

08 在“渲染设置”窗口中添加“全局光照”和“环境吸收”，如图5-112所示。最终渲染效果如图5-113所示。

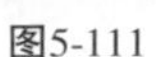

图5-111

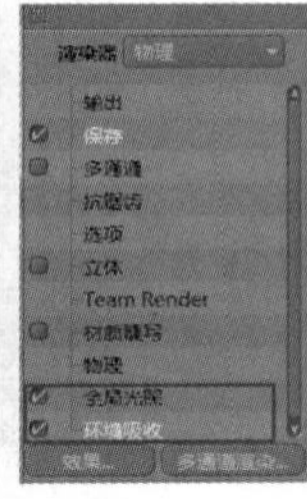

图5-112

图5-113

5.6.2 减面的功能介绍

“减面”的作用是将物体的面减少，在工作中经常用此造型器来做低面体效果。

例如，新建地形，将“尺寸”设置为600 cm、300 cm、600 cm，并将显示模式改为“光影着色（线条）”，如图5-114所示。将地形的平滑标签删除，然后新建减面，将减面造型器作为子级放置于地形的下方，面就减少了很多，如图5-115所示。

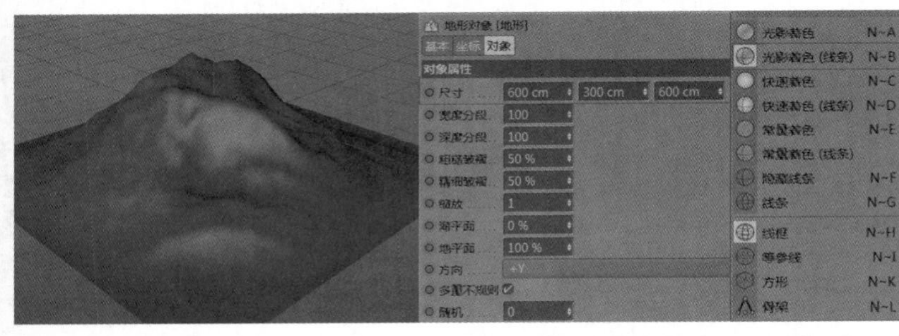

图5-114

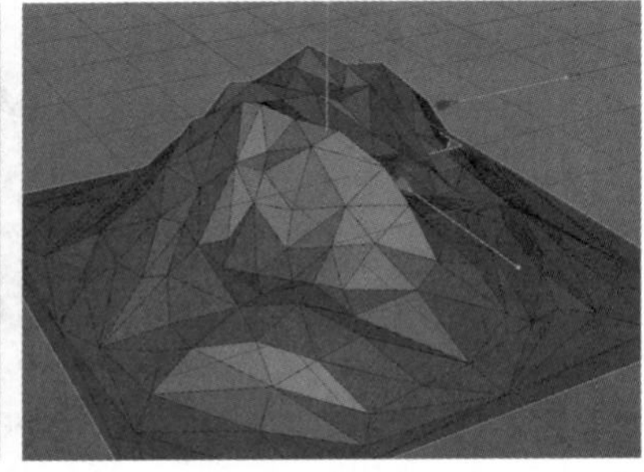

图5-115

5.7 课堂练习——建筑

实例位置	实例文件>CH05>课堂练习——建筑.c4d
素材位置	无
视频位置	CH05>课堂练习——建筑.mp4
技术掌握	掌握造型工具中晶格的使用方法

本案例的第一个重点是晶格的使用，第二个重点是可编辑多边形面的使用，效果如图5-116所示。

图5-116

01 新建球体，将“半径”设置为55 cm，“分段”设置为24，然后新建晶格，将球体作为子级放置于晶格下方，如图5-117所示。

02 新建圆柱，将其转换为可编辑对象，然后选择“面模式”，并选择最上面的面，单击鼠标右键，在弹出的菜单中选择“内部挤压”命令，向里挤压出一个面后，再次单击鼠标右键，在弹出的菜单中选择“挤压”命令，依次重复，接着新建两个圆柱，进行同样的操作，如图5-118所示。

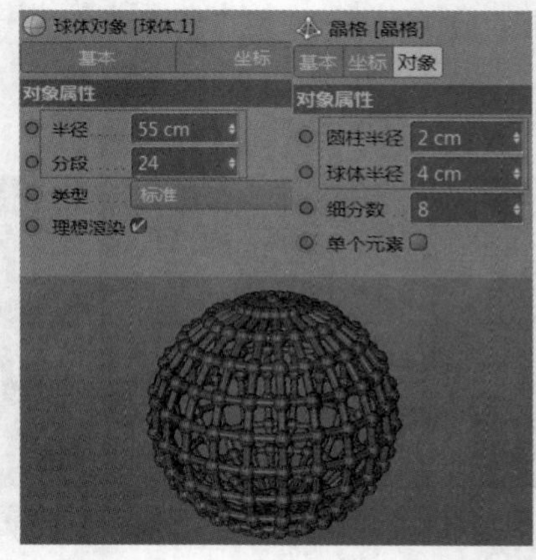

图5-117

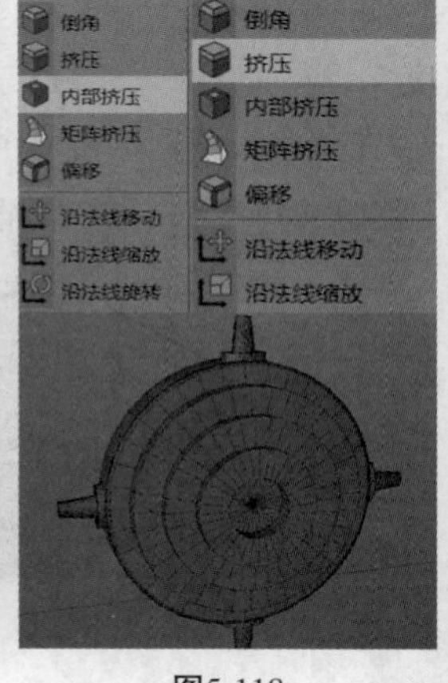

图5-118

03 其他元素就是基础的几何体拼接。完成建模后双击材质面板空白处创建材质球，双击材质球打开“材质编辑器”窗口，在“颜色”通道中将材质球的颜色设置为H:18°、S:80%、V:90%，如图5-119所示。

04 其他材质用同样的方法设置，将设置好的材质添加到对应的模型上，并添加物理天空，然后在“渲染设置”窗口中添加“全局光照”和“环境吸收”，如图5-120所示。

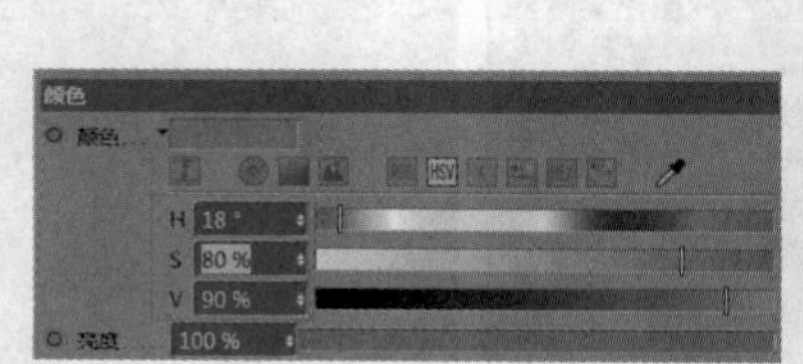

图5-119

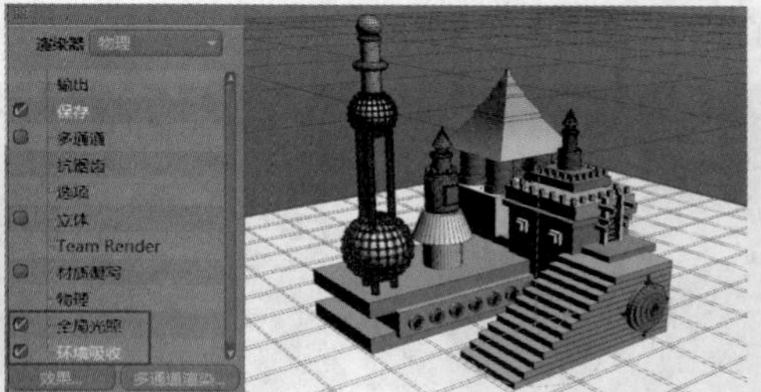

图5-120

5.8 课后习题——M字母

实例位置	实例文件>CH05>课后习题——M字母.c4d
素材位置	无
视频位置	CH05>课后习题——M字母.mp4
技术掌握	掌握造型工具中融球的使用方法

通过对本习题的练习，读者可以巩固融球工具的使用方法，效果如图5-121所示。

关键步骤提示

第1步，利用样条线中的文本工具，配合挤压效果，制作M字母的大体形状。

第2步，利用钢笔工具配合扫描工具制作雨伞把效果，再配合点线面操作和融球效果，制作M字母中特殊的效果。

第3步，为不同模型添加不同材质和物理天空，进行最终的渲染。

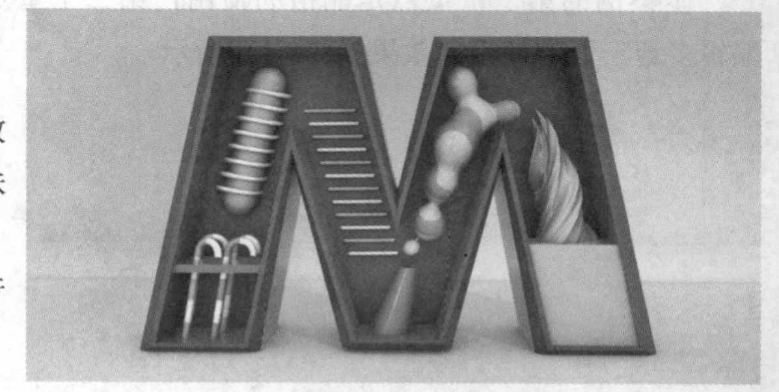

图5-121

第6章 变形工具

变形器是Cinema 4D 中一个非常重要的模块，对建模有着非常大的帮助，它的种类多达29种，功能也非常强大，需要读者熟练掌握重要的变形器。变形器永远都是作为子级来使用的，选择变形器时，按Shift键可以直接作为子级使用，在特殊情况下也会打包操作。

课堂学习目标

掌握扭曲与样条约束的使用方法

了解其他变形器的使用方法

6.1 扭曲

6.1.1 课堂案例——弯曲的梯子

实例位置	实例文件>CH06>课堂案例——弯曲的梯子.c4d
素材位置	无
视频位置	CH06>课堂案例——弯曲的梯子.mp4
技术掌握	掌握变形器扭曲的使用方法

本案例主要用变形器中的扭曲来制作小场景效果，效果如图6-1所示。

图6-1

01 首先制作梯子造型。打开Illustrator软件，选择钢笔工具，绘制图形，如图6-2所示。

02 按住Alt键，复制一个同样的图形，并框选所有的图形，执行“对象>混合>混合选项”菜单命令，打开“混合选项”对话框，然后设置“间距”为“指定的步数”，数量设置为8，如图6-3所示。

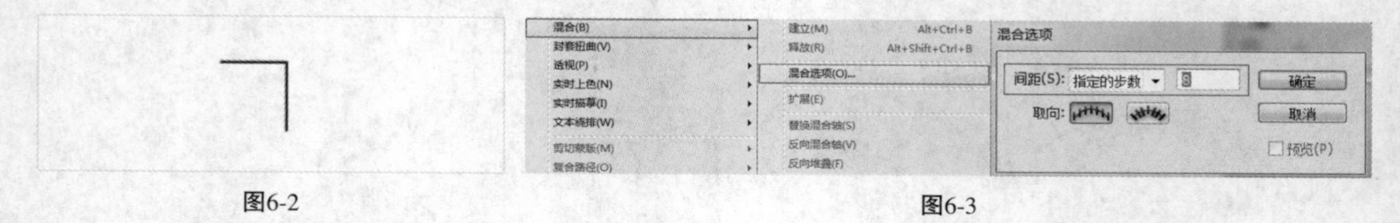

图6-2　　图6-3

03 执行“对象>混合>建立”菜单命令，此时就会出现台阶的形状，如图6-4所示。

04 选择全部线条，执行“对象>扩展”菜单命令，在弹出的对话框中单击“确定”按钮，并用钢笔工具连接首尾，如图6-5所示。

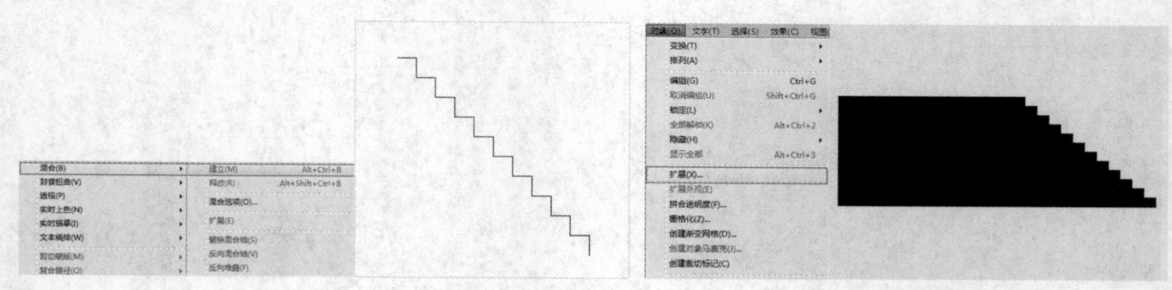

图6-4　　图6-5

05 将Illustrator文件保存并导入Cinema 4D中，效果如图6-6所示。

06 新建挤压，将样条作为子级，放置于挤压的下方，如图6-7所示。

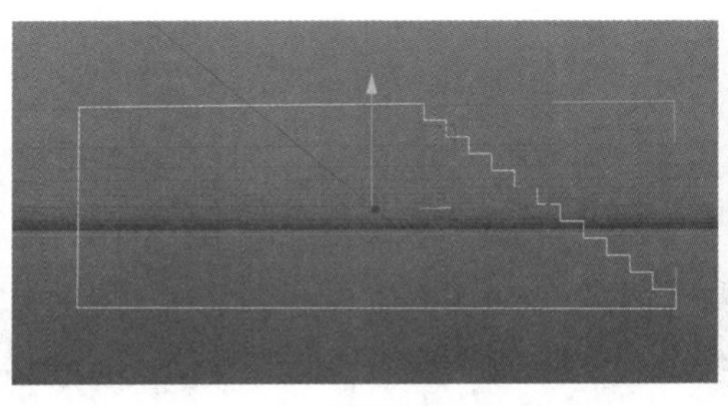

图6-6

图6-7

07 执行“创建>变形器>扭曲”命令，新建扭曲，将挤压和扭曲打包到一个文件夹中，然后将扭曲的编辑框放置于梯子的中间，将“尺寸”设置为34 cm、66 cm、38 cm，“强度”设置为79°，弯曲的梯子制作完成，如图6-8所示。

08 添加其他简单元素，如文本、圆柱体、云朵元素等，分别进行挤压、旋转操作，完成模型创建。双击材质面板空白处创建材质球，双击材质球打开“材质编辑器”窗口，在“颜色”通道中将材质球的颜色设置为H:190°、S:50%、V:80%，如图6-9所示。

09 其他材质用同样的方法设置，将设置好的材质添加到对应的模型上，并添加物理天空，然后在“渲染设置”窗口中添加“全局光照”和“环境吸收”，如图6-10所示。

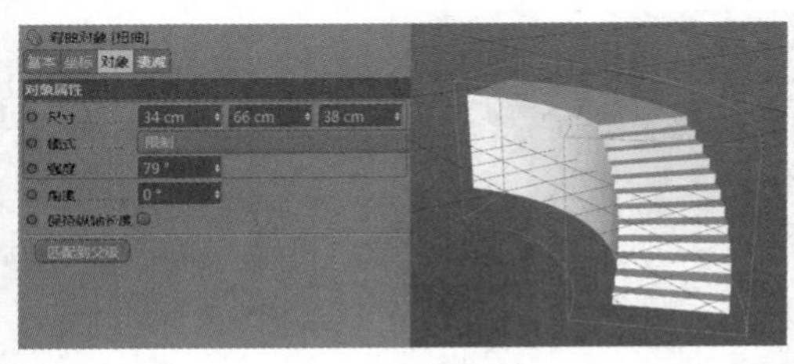

图6-8

图6-9

图6-10

6.1.2 扭曲的功能介绍

变形器位于造型工具的右侧，共有29种，如图6-11所示。

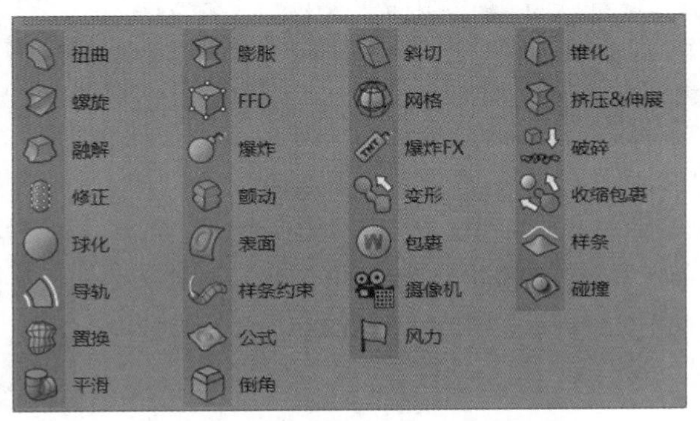

图6-11

变形器中用的比较多的变形器为“扭曲”和“样条约束”，它们是非常重要的变形器，本节和下一节主要对这两个变形器做重点介绍，如图6-12所示。

“扭曲”的作用就是将物体扭曲变形。新建立方体，保持默认大小，再新建扭曲，将扭曲作为子级放置于立方体的下方，调节“强度”为60°，如图6-13所示，效果如图6-14所示。

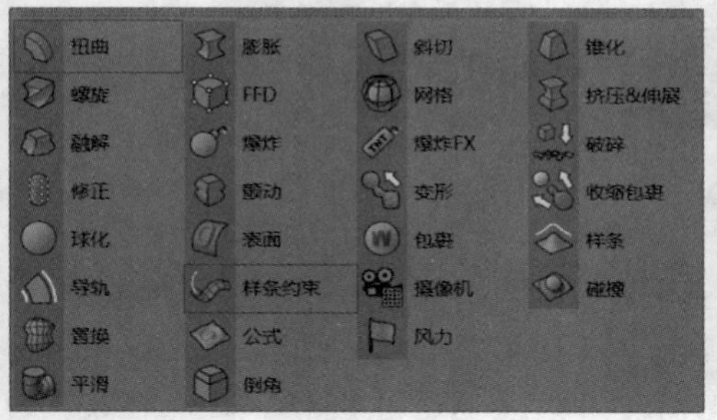

图6-12

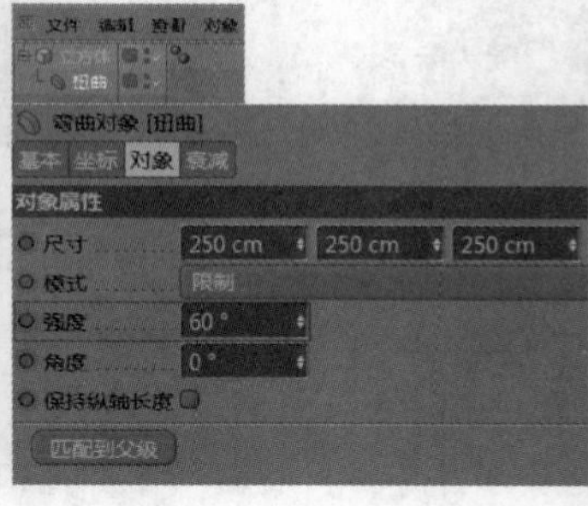

图6-13

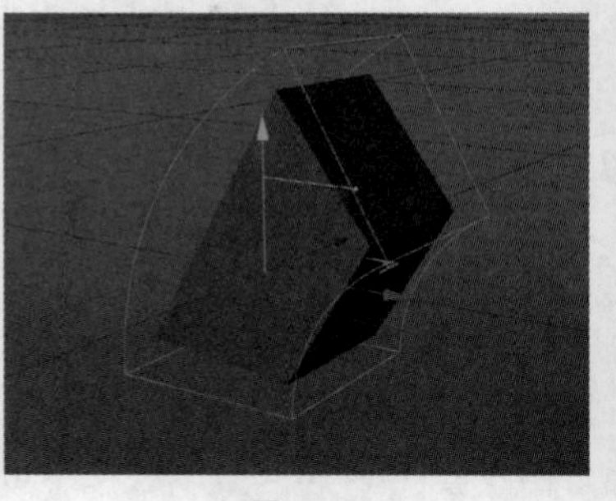

图6-14

可以看到，并没有达到扭曲的效果，这是因为物体的分段不够，将物体的“分段X”“分段Y”“分段Z”均设置为10，就会变成想要的效果，如图6-15所示。

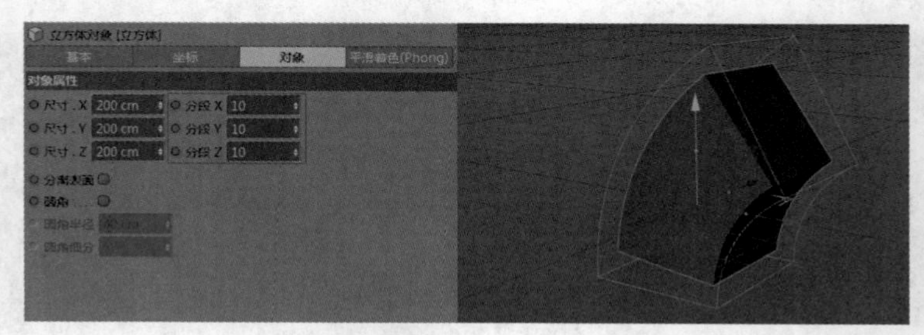

图6-15

技巧与提示

使用变形器的条件是物体必须要有足够的分段。

“尺寸”代表扭曲变形器的尺寸，即紫色框的尺寸，如果新建的变形器的尺寸过大，可以单击“匹配到父级”按钮，将变形器匹配到物体上，但是扭曲的方向必须是正确的，否则达不到想要的扭曲效果。新建一个立方体，将“分段X”“分段Y”“分段Z”设置为10，新建扭曲，将扭曲作为子级放置到立方体的下方，将“强度”设置为60°，单击“匹配到父级”按钮，可以看到变形器会匹配到立方体上，如图6-16和图6-17所示。

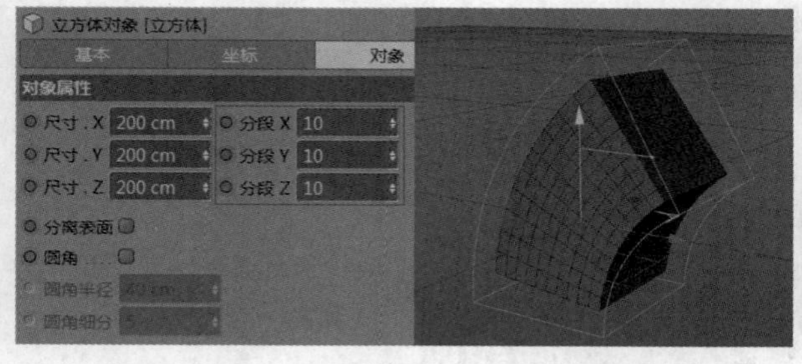

图6-16

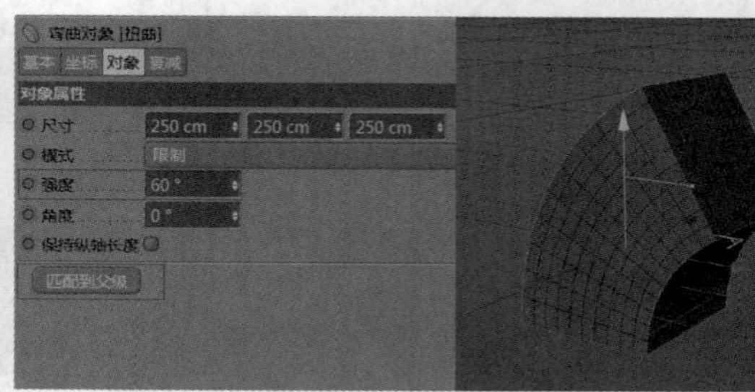

图6-17

调整扭曲强度是向左右扭曲的，如果想让立方体向前后扭曲，需要选中扭曲，然后单击“旋转”工具，按住Shift键旋转90°，再调整强度就可以前后扭曲了，如图6-18和图6-19所示。因此，在调整扭曲变形器时，首先需要确定扭曲的方向。

图6-18

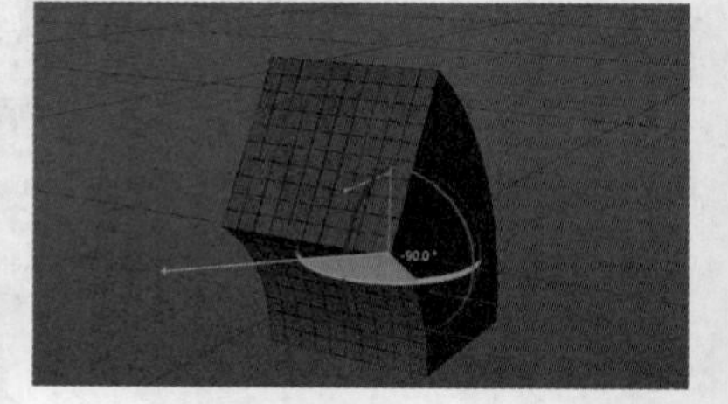

图6-19

6.1.3 扭曲的模式

扭曲包含“限制”“框内”“无限”3种模式，如图6-20所示。

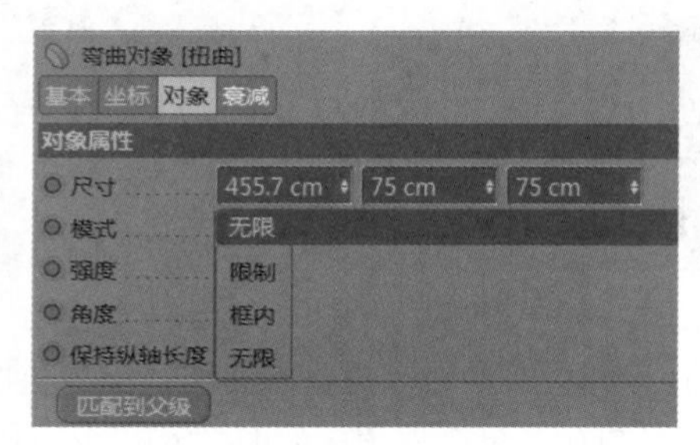

图6-20

1.限制

如果物体只有一部分在变形器内，其他不在变形器内的模型仍然影响变形效果。

新建一个胶囊，设置“半径”为50 cm，“高度”为1000 cm，新建扭曲，将扭曲作为子级放置于胶囊的下方，保持扭曲变形器的默认大小不变，将“强度”改为60°，如图6-21所示。胶囊框里、框外的部分都会受到扭曲变形器的影响，如图6-22所示。

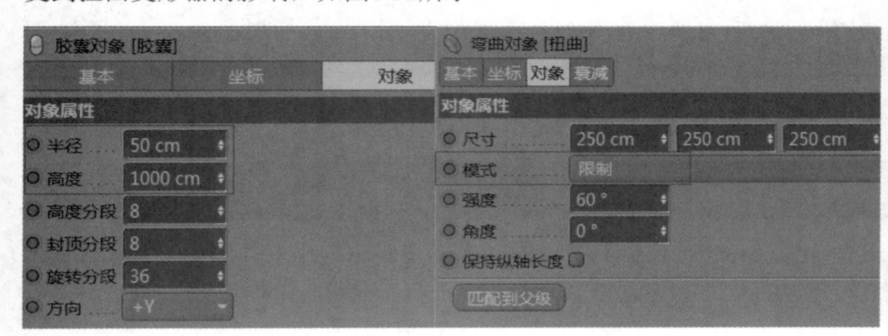

图6-21

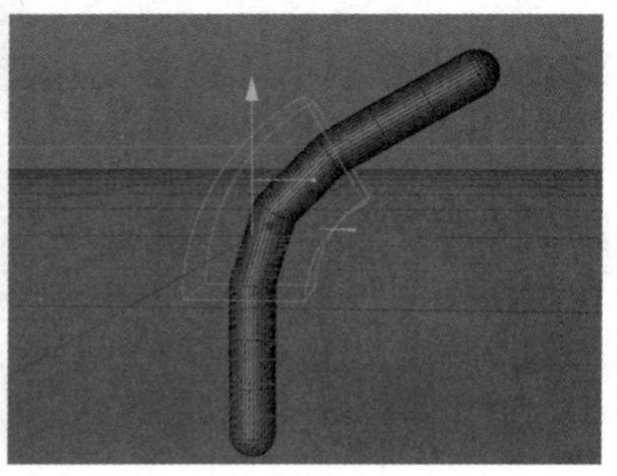

图6-22

2.框内

“框内”代表只有在扭曲变形器以内的部分受到扭曲影响，如图6-23所示。

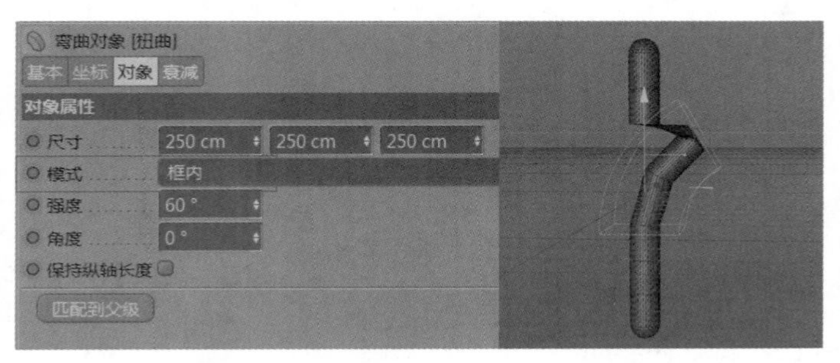

图6-23

3.无限

“无限”代表不受扭曲变形器框位置的影响，例如，将扭曲变形器移动一定的距离，但扭曲效果不受影响，如图6-24所示。

“强度”指扭曲的程度，“角度”指扭曲的旋转角度。例如，将“强度”设置为60°，“角度”设置为120°，参数及效果如图6-25所示。

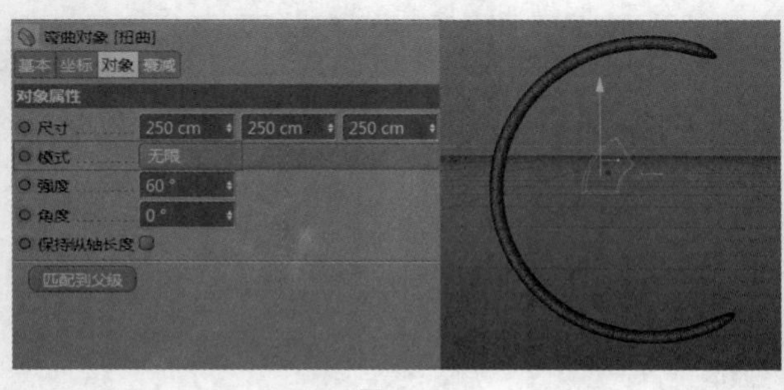

图6-24

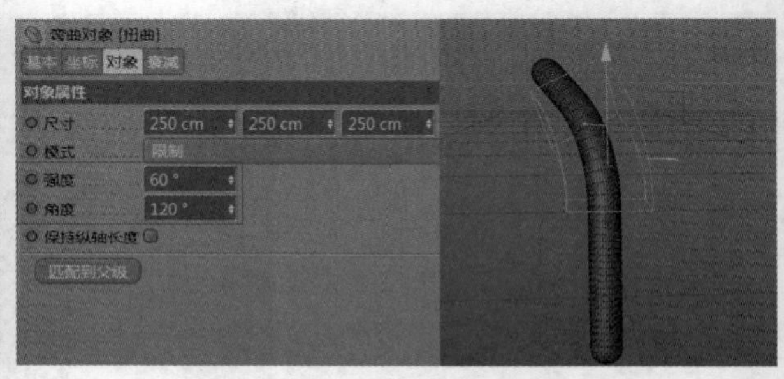

图6-25

“保持纵轴长度”指物体在保持原先大小的范围内进行扭曲，因为扭曲会对图形的大小进行改变，所以根据工作需要可以选择是否勾选“保持纵轴长度”选项，如图6-26和图6-27所示。

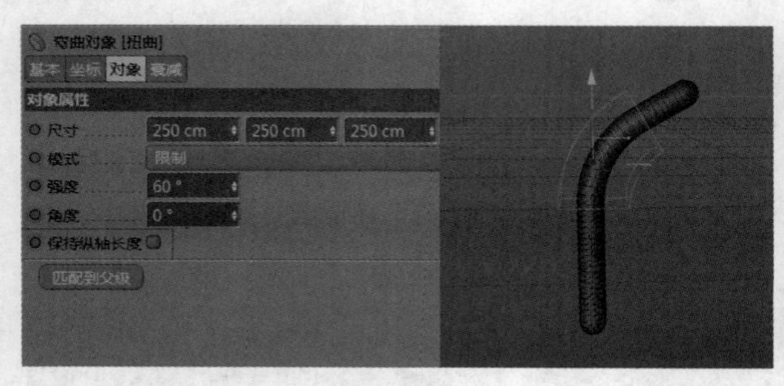

图6-26

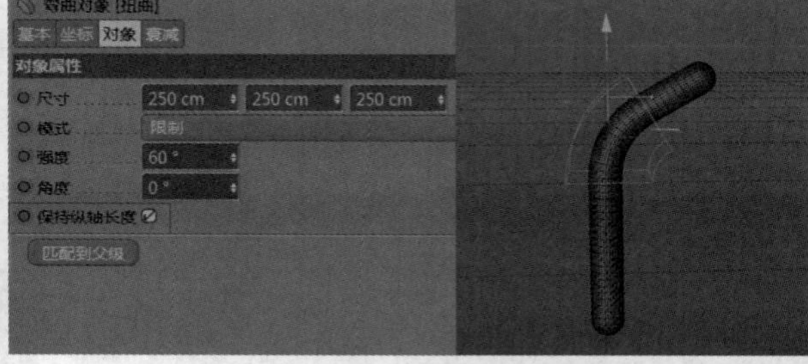

图6-27

6.2 样条约束

6.2.1 课堂案例——创意彩条字

实例位置	实例文件>CH06>课堂案例——创意彩条字.c4d
素材位置	素材文件> CH06>课堂案例——创意彩条字
视频位置	CH06>课堂案例——创意彩条字.mp4
技术掌握	掌握样条约束的使用方法

本案例制作的是创意彩条字，效果如图6-28所示。

图6-28

01 在Cinema 4D正视图中用钢笔工具绘制样条（样条也可以在平面软件Illustrator中绘制），如图6-29所示。

02 新建地形，将“尺寸”改为6.7 cm、1.6 cm、 6.7 cm，勾选“球状”选项，如图6-30所示。

图6-29

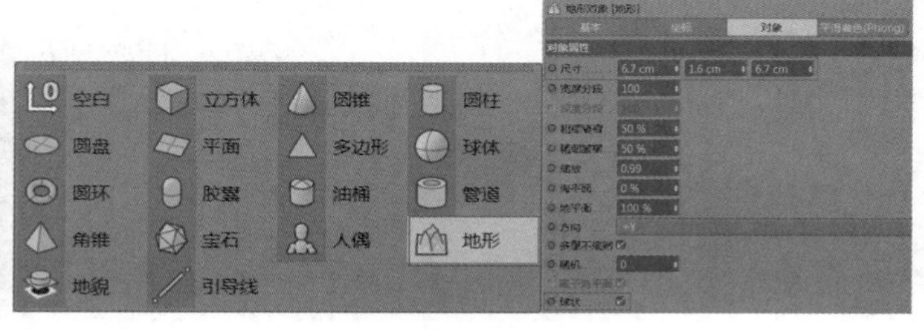

图6-30

03 执行“创建>变形器>样条约束”命令，新建样条约束，将样条约束作为子级放置于地形的下方，并将绘制的样条拖曳至样条约束的“样条”属性中，地形效果就会约束到绘制的样条上，如图6-31和图6-32所示。

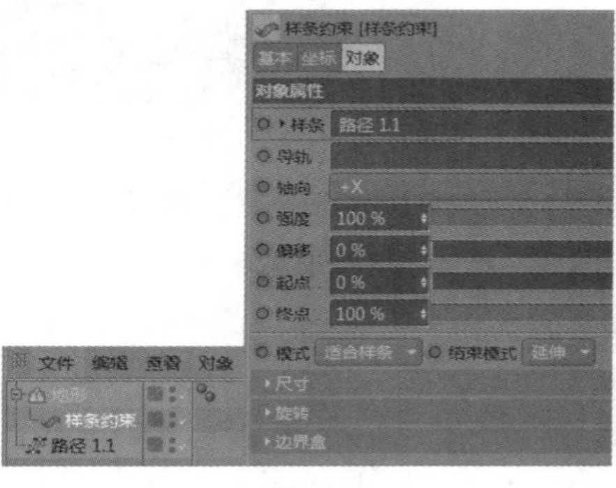

图6-31

图6-32

04 为文字加一些细节，把“尺寸”和“旋转”打开，分别调整曲线，让文字效果更加自然，如图6-33所示。

05 新建立方体，设置“尺寸.X”为86 cm，“尺寸.Y”为86 cm，“尺寸.Z”为86 cm，然后新建晶格，将立方体作为子级放置于晶格的下方，并旋转，将“圆柱半径”设置为1 cm，“球体半径”设置为2 cm，如图6-34所示，效果如图6-35所示。

图6-33

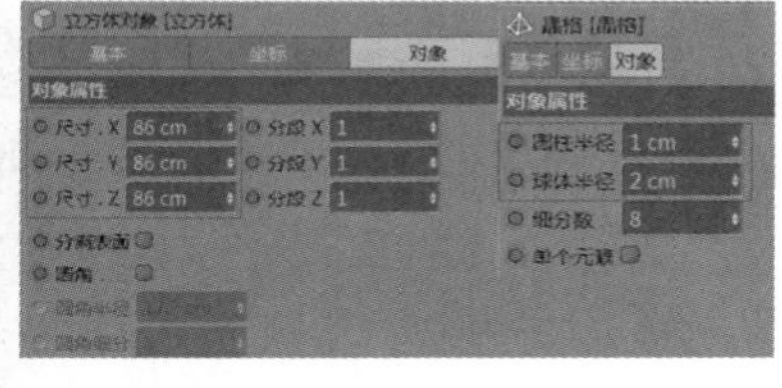

图6-34

图6-35

06 新建平面作为背景，将“宽度”设置为900 cm，“高度”设置为400 cm，“方向”为+Y，如图6-36所示。

07 新建球体作为装饰，设置球体“半径”分别为10 cm和4 cm，放到合适的位置，然后按快捷键Ctrl+D调出工程设置，将“默认对象颜色”设置为“80%灰色”，如图6-37所示。

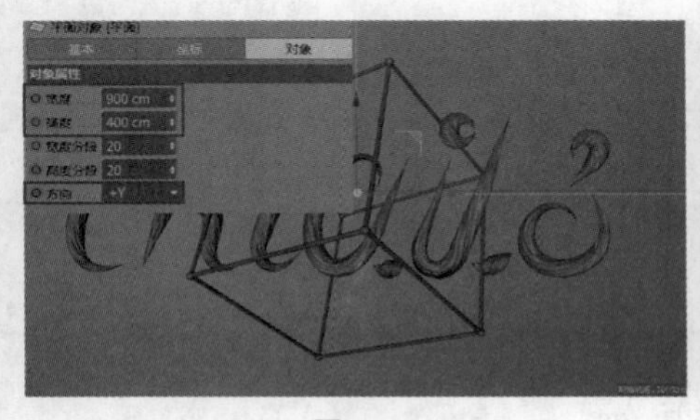

图6-36

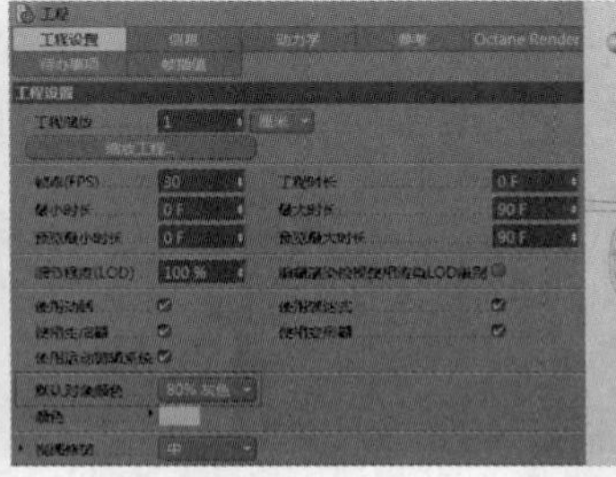

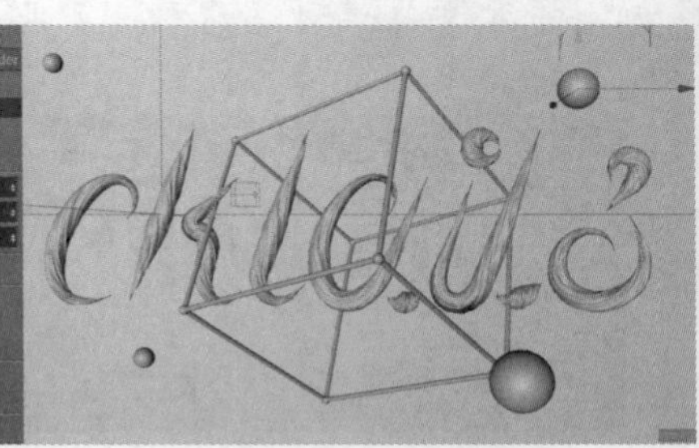

图6-37

⑧双击材质面板空白处创建材质球，双击材质球打开“材质编辑器”窗口，在“颜色”通道中将材质球的颜色设置为H:340°、S:68%、V:60%，如图6-38所示。

图6-38

⑨在“反射”通道中选择“类型”为GGX，并将“粗糙度”设置为15%，然后修改“菲涅耳”为“绝缘体”，如图6-39所示。

⑩其他材质用同样的方法设置。将设置好的材质添加到对应的模型上，并添加物理天空，然后在“渲染设置”窗口中添加“全局光照”“环境吸收”“线描渲染器”“素描卡通”，如图6-40所示。

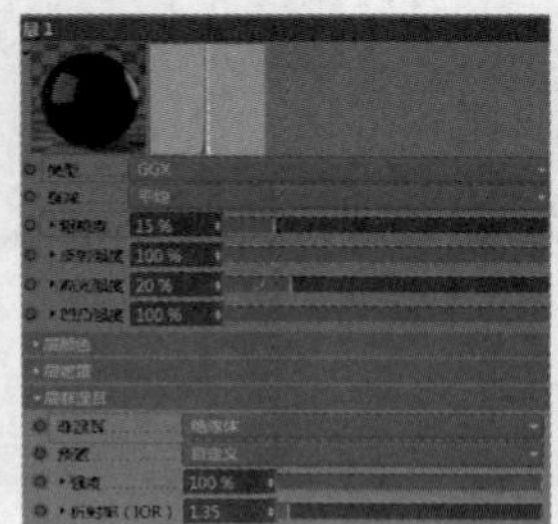

图6-39

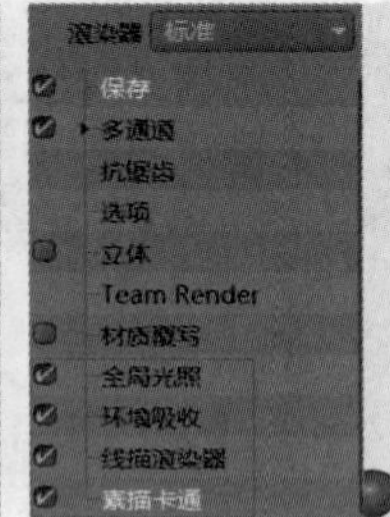

图6-40

6.2.2 样条约束的功能介绍

“样条约束”代表将几何体对象约束到样条上。

新建一个立方体，将“分段X”“分段Y”“分段Z”均设置为10，新建样条约束，将样条约束作为子级放到立方体的下方，新建圆环，将圆环拖至样条约束的“样条”中，立方体就会约束到圆环上，如图6-41和图6-42所示。

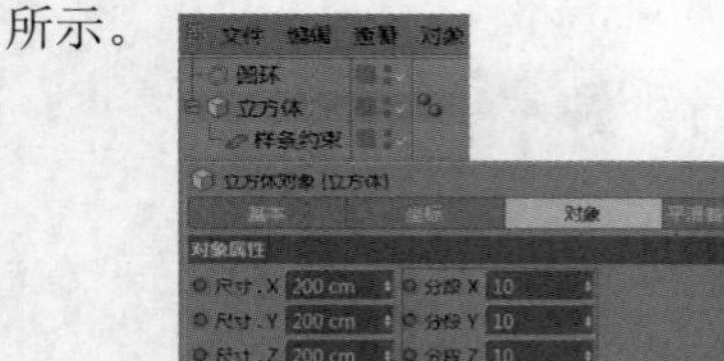

图6-41

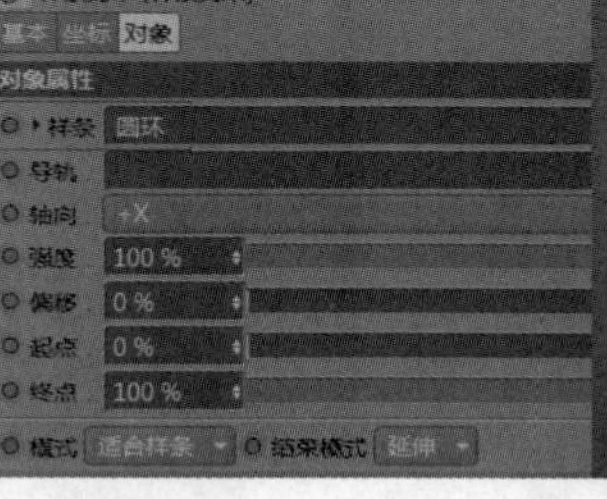

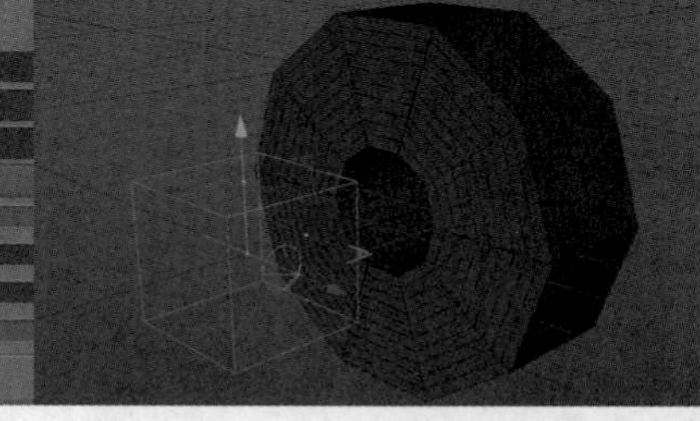

图6-42

1.起点/终点

改变“起点”和“终点”的数值，立方体就会以圆环的路径方向运动。例如，将“起点”设置为50%，形状就改变了，如图6-43所示。

2.偏移

“偏移”代表立方体在圆环上的旋转偏移。例如，将“偏移”设置为30%，可以看到立方体旋转了108°，如图6-44所示。

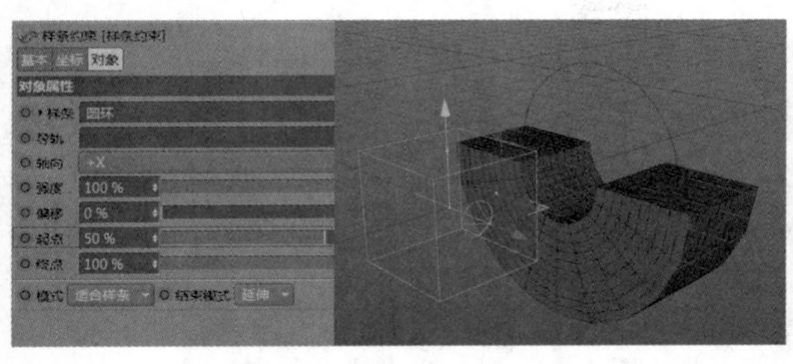

图6-43

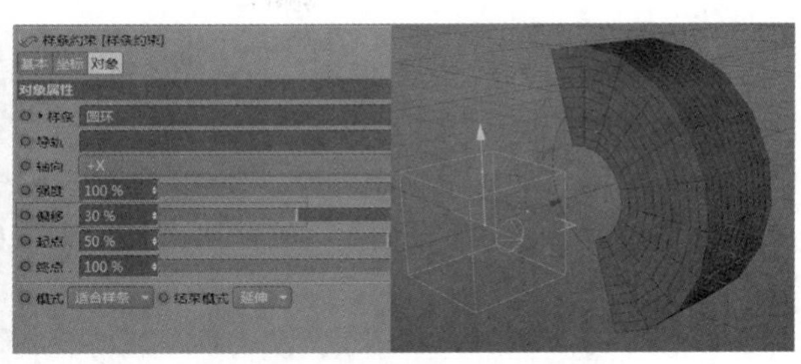

图6-44

3.模式

“适合样条”代表几何体会以拉伸的方式约束整个样条，“保持长度”代表几何体会以本身的大小约束到样条上，如图6-45和图6-46所示。

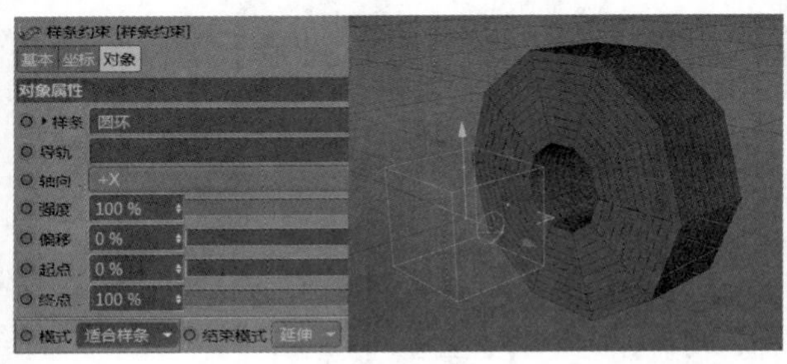

图6-45

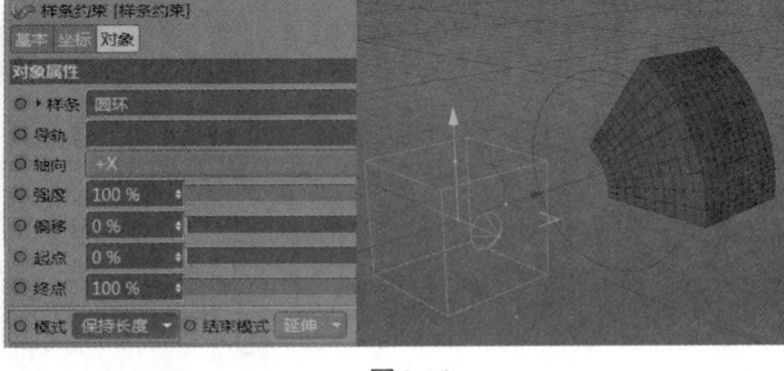

图6-46

4.尺寸和旋转

“尺寸”和“旋转”代表利用曲线来表达几何体的约束尺寸和约束旋转。将曲线调整为不同的形状，约束的几何体也会出现不同的变化，如图6-47和图6-48所示。

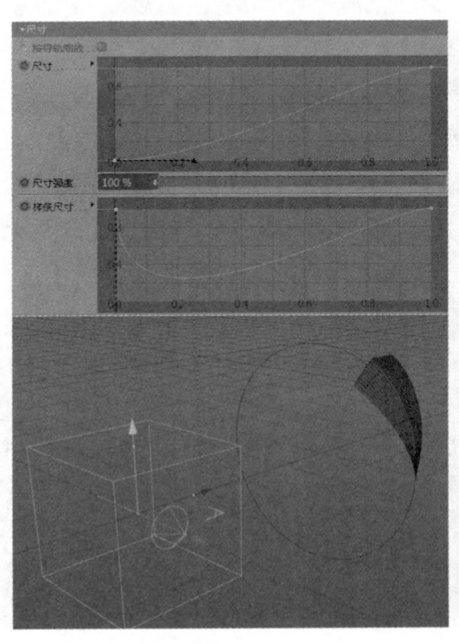

图6-47

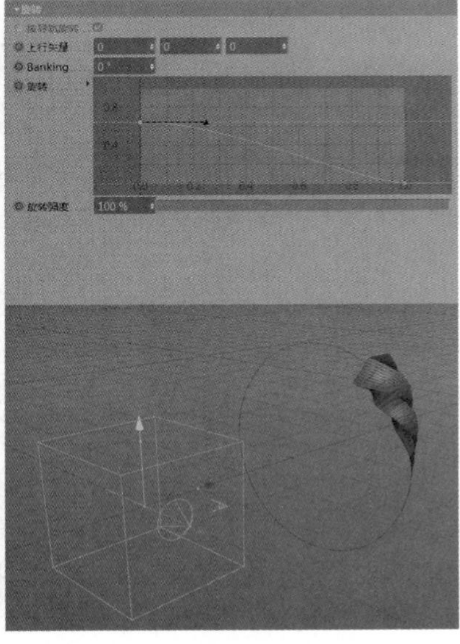

图6-48

5.边界盒

“边界盒”代表样条约束框的大小和位置，即紫色框的大小与位置。将“边界盒尺寸”改为450、200、200，样条约束的情况也会随之发生变化，如图6-49所示。

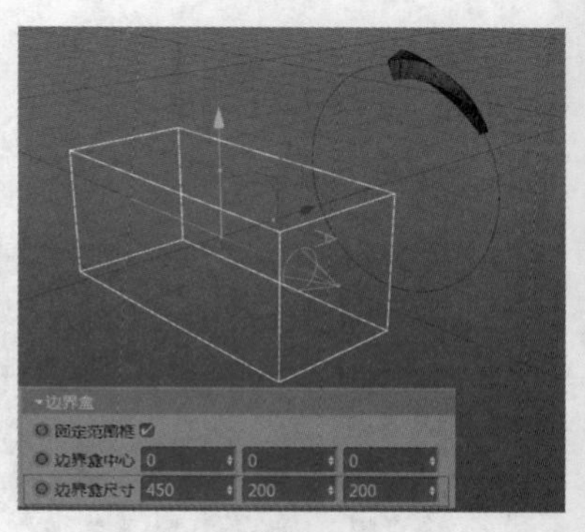

图6-49

例如，绘制一条弯曲的锁链。新建样条矩形，将其转换成可编辑对象，将矩形缩放到合适的大小，然后选择“点模式”，并按快捷键Ctrl+A全选所有的点，接着单击鼠标右键，在弹出的菜单中选择“倒角”命令，将倒角“半径”设置为42.96 cm，如图6-50所示，效果如图6-51所示。

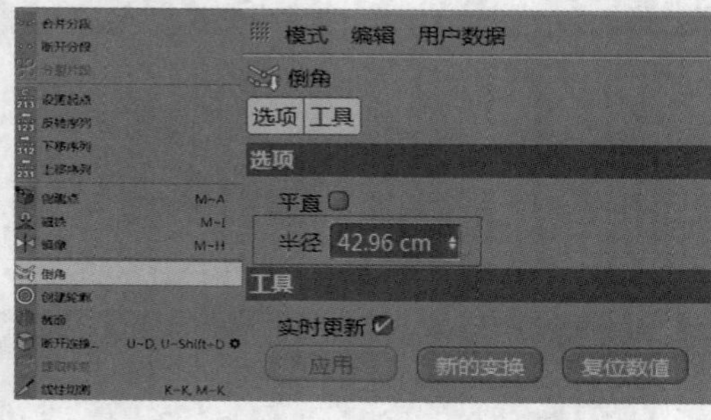

图6-50

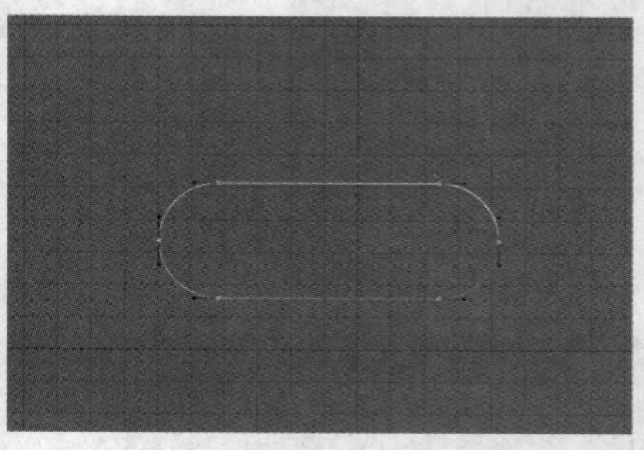
图6-51

新建样条圆环，将“半径”设置为2.8 cm，新建扫描，将圆环和矩形作为子级放置到扫描的下方，圆环代表截面，矩形代表路径，如图6-52和图6-53所示。

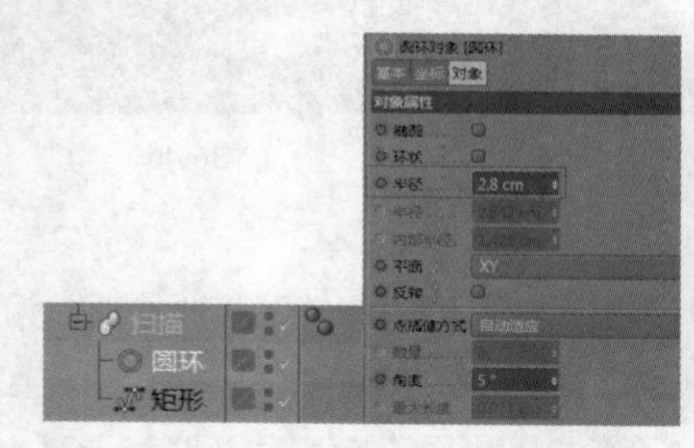

图6-52

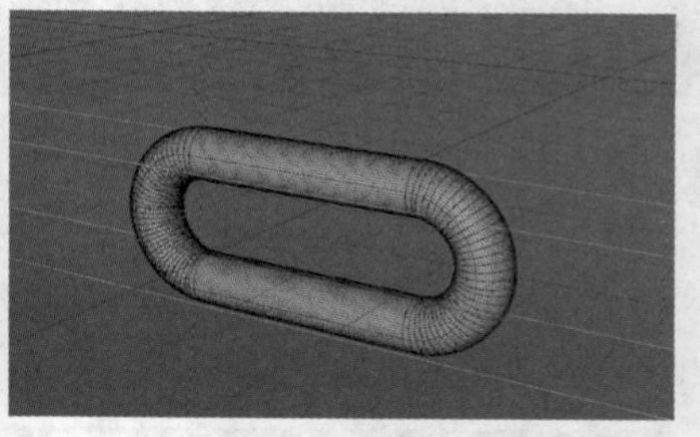
图6-53

新建克隆，将扫描作为子级放置于克隆的下方，然后选择正确的克隆位置，设置“位置.X”为35 cm，“位置.Y”为0 cm，“位置.Z”为0 cm，接着将“旋转.P”设置为90°，其他旋转数值设置为0°，“数量”设置为88个，锁链的形状基本绘制完成，如图6-54所示。

新建螺旋，将“起始半径”设置为0 cm，“结束角度”设置为1600°，“高度”设置为1700 cm，然后新建样条约束，将样条约束和克隆打包到一个文件夹中，并将螺旋线拖曳至样条约束的“样条”中，就会出现旋转的锁链，如图6-55所示。

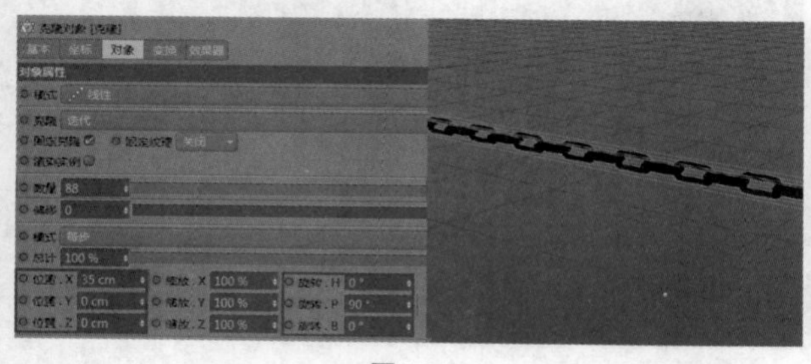
图6-54

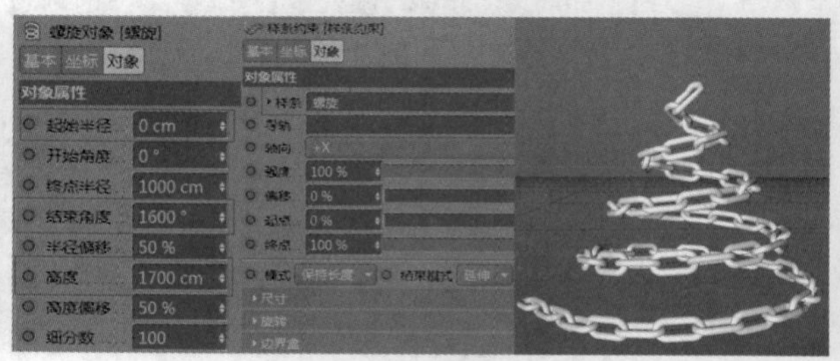

图6-55

6.3 其他变形器

6.3.1 课堂案例——LOVE

实例位置	实例文件>CH06>课堂案例——LOVE.c4d
素材位置	无
视频位置	CH06>课堂案例——LOVE.mp4
技术掌握	掌握公式变形器的使用方法

本案例使用公式变形器制作创意立体字，效果如图6-56所示。

图6-56

01 新建样条文本，输入“love”，选择“字体”为“方正琥珀_GBK”，然后新建挤压，将文本作为子级放置于挤压的下方，并将挤压的“移动”设置为0 cm、0 cm、79 cm，“顶端”和“末端”都设置为“圆角封顶”，“步幅”都设置为2，“半径”都设置为2 cm，如图6-57所示。

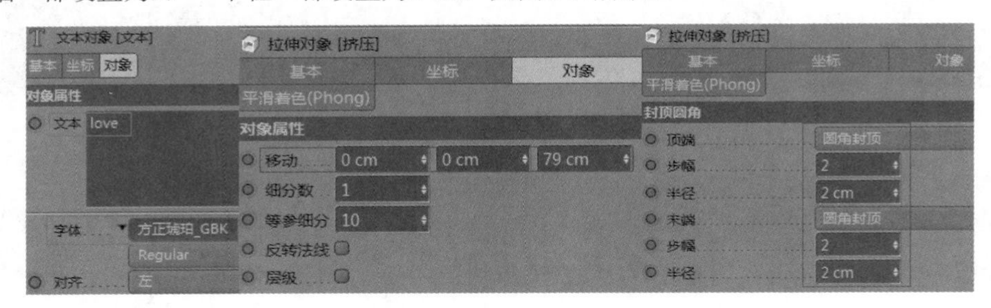

图6-57

02 新建球体及公式变形器，将其作为子级放置于球体的下方，并将“尺寸”设置为2000 cm、376 cm、610 cm，如图6-58所示。

03 新建平面作为背景图层，将“宽度”设置为1500 cm，“高度”设置为2900 cm，并将桃心多复制几个，缩放成不同的大小，放置于立体字的周围，如图6-59所示。

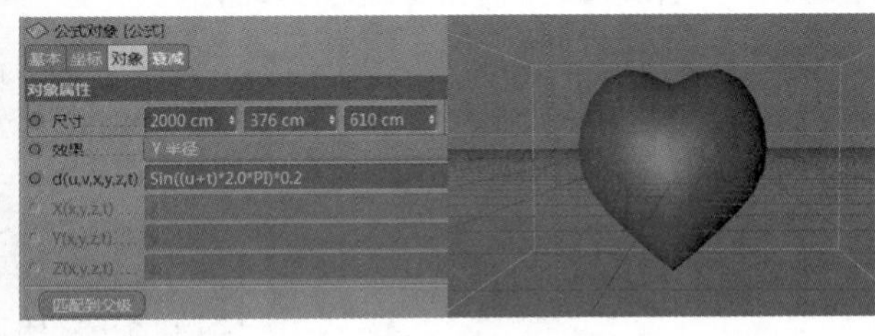

图6-58

图6-59

04 新建晶格，再复制一个桃心，然后将桃心作为子级放置于晶格的下方，并将晶格的“圆柱半径”和“球体半径”都设置为1 cm，如图6-60所示。

05 双击材质面板空白处创建材质球，双击材质球打开“材质编辑器”窗口，在“颜色”通道中将材质球的颜色设置为H:220°、S:26%、V:30%，如图6-61所示。

图6-60

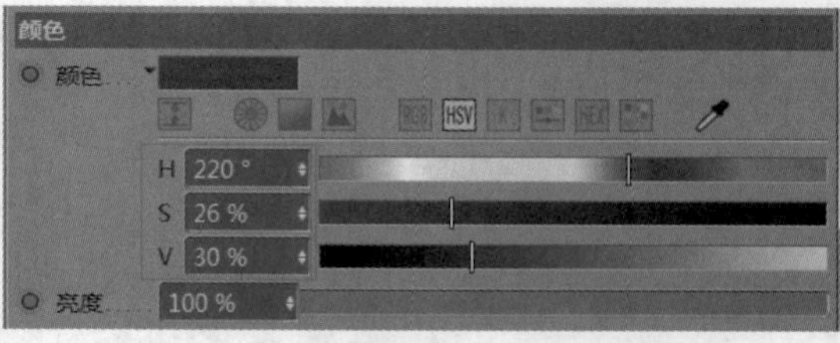

图6-61

06 在“反射”通道中选择“类型”为GGX，并将“粗糙度”设置为15%，然后修改“菲涅耳”为“绝缘体”，“折射率（IOR）”为2.13，如图6-62所示。

07 将设置好的材质添加到对应的模型上，然后新建泛光灯，将颜色设置为H:60°、S:0%、V:100%，将“强度”设置为120%，将“投影”设置为“区域”，如图6-63所示。

08 在“渲染设置”窗口中添加“全局光照”和“环境吸收”，如图6-64所示。最终渲染效果如图6-65所示。

图6-62

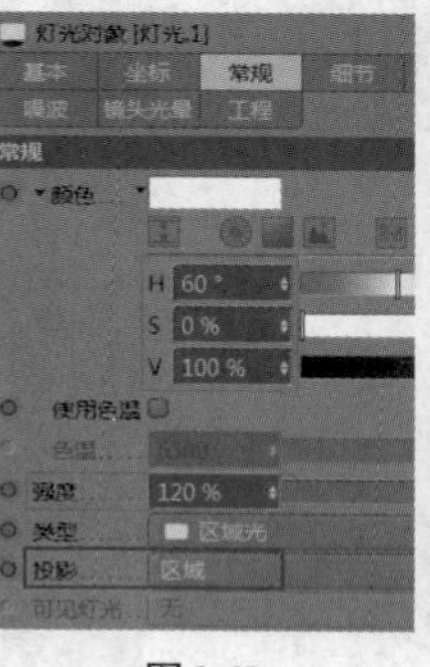

图6-63

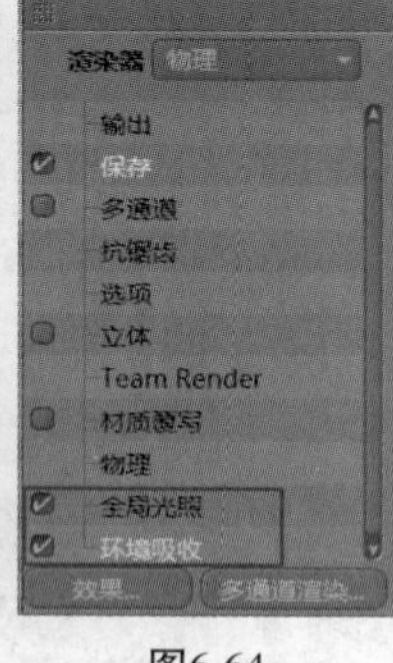

图6-64

图6-65

6.3.2 膨胀/斜切/锥化/螺旋

这几个变形器比较容易理解，调整参数可以改变形状及大小，效果如图6-66和图6-67所示。

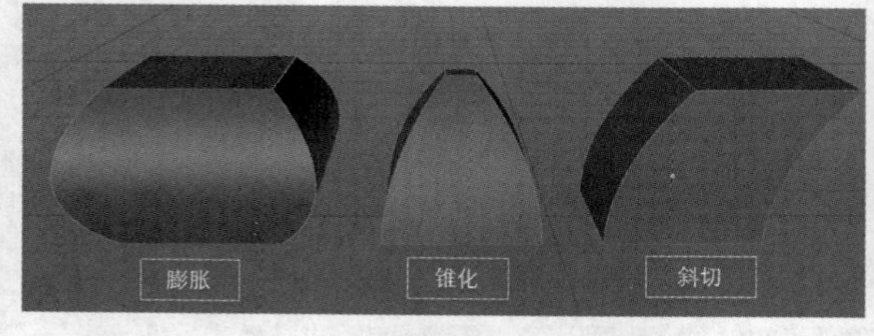

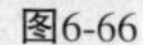

图6-66

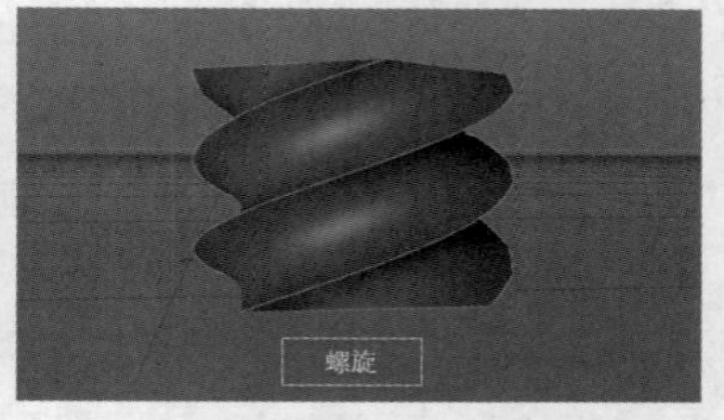

图6-67

6.3.3 FFD

FFD代表设置一个虚拟的网格点立方体，并将物体束缚在网格点立方体内，调整点可以修改物体形状。它也是非常常用的一个工具，需要灵活掌握。新建一个球体，再新建一个FFD，将FFD作为子级放置于球体的下方，单击“匹配到父级”按钮，如图6-68所示。

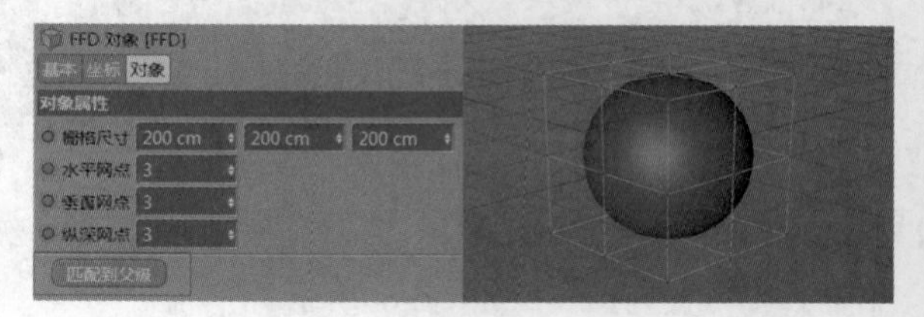

图6-68

框选虚拟立方体最上面的9个点，并向y轴正方向移动，可以看到球体的变化，球体变成了类似鸡蛋的效果，如图6-69所示。

“栅格尺寸”代表立方体的大小，“水平网点”“垂直网点”“纵深网点”代表网点数量。例如，将网点数都调整为10，代表x轴、y轴、z轴分别有10个网点，如图6-70所示。

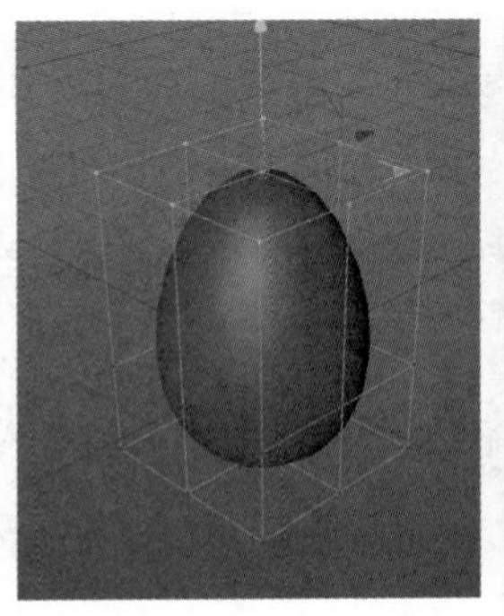

图6-69

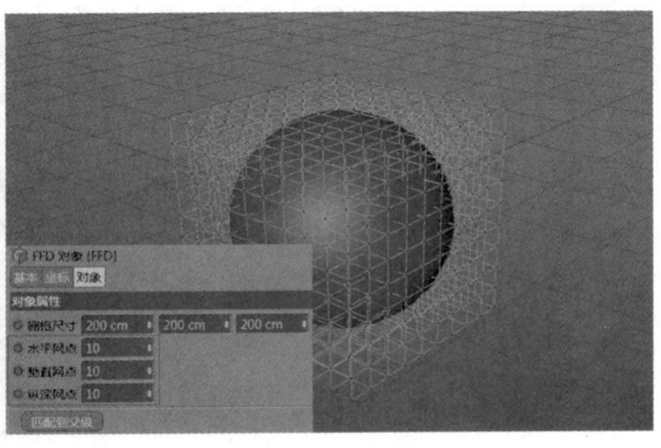

图6-70

6.3.4 网格

“网格”代表将一个物体约束到另一个物体上，并以另一个物体的点来控制物体的形状变化，也可以是动画。新建一个球体，再新建一个网格，将网格作为子级放置在球体的下方，然后新建一个立方体，将立方体转换成可编辑对象后，把立方体放置于网格对象属性的“网笼”中并单击“初始化”按钮，如图6-71所示。

初始化后，场景中的球体外框会出现一个黑色的立方体，代表球体会在立方体内被控制。单击“点模式”，移动立方体的点，球体会发生变化，但是会限制在立方体内，点的数值和立方体的分段是一致的，如图6-72所示。

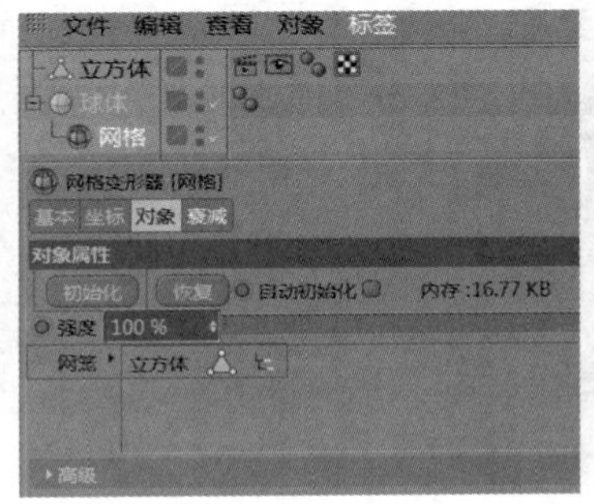

图6-71

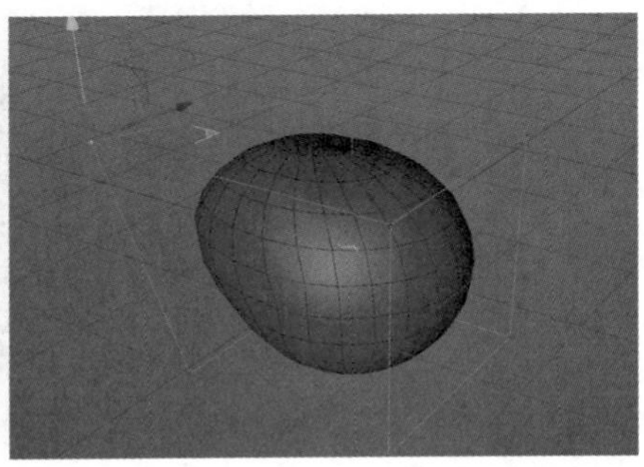

图6-72

6.3.5 挤压&伸展

新建胶囊和挤压&伸展，将胶囊作为父级放置在挤压&伸展的上方。挤压&伸展的对象属性中最重要的是“因子”选项，调整“因子”为210%，可以看到胶囊的形状变化，如图6-73所示。其他参数（顶部、中部、底部、方向、膨胀等）都是对胶囊做细节调整的。

“类型”中的“样条”选项是通过曲线的方式对胶囊的挤压形状进行改变的，如图6-74所示。

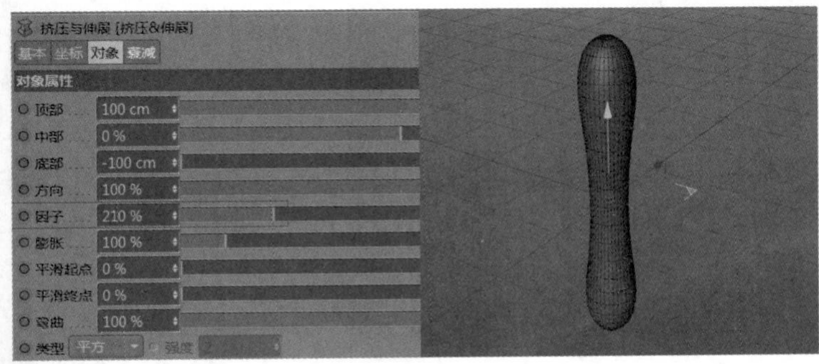

图6-73

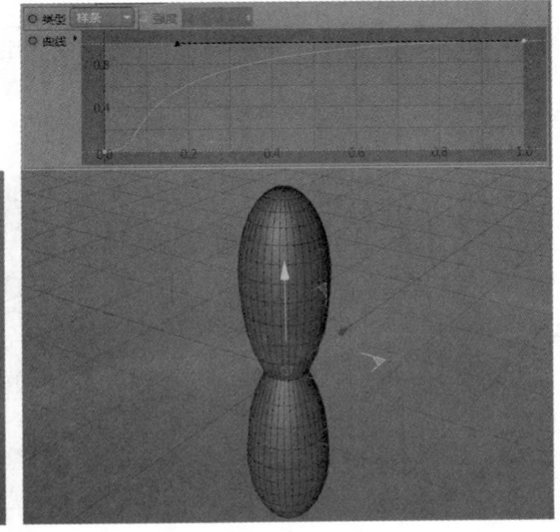

图6-74

6.3.6 融解

“融解”可以为物体添加融化效果。“强度”代表融化的强度，融解的其他对象数值（包括半径、垂直随机等）可以对融化的细节进行调整。新建胶囊，将融解作为子级放置在胶囊的下方，效果如图6-75所示。

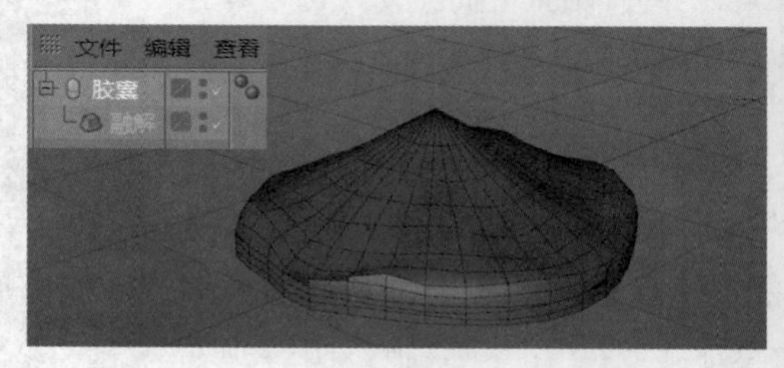

图6-75

6.3.7 爆炸

“爆炸”指对物体的面进行分离破碎。对象属性中的“强度”代表爆炸的强度，“速度”代表爆炸的速度，“角速度”代表爆炸面的旋转角度，“终点尺寸”代表爆炸面的大小，“随机特性”代表爆炸的随机程度。

新建立方体，将“分段X”“分段Y”“分段Z”设置为10，然后将爆炸作为子级放置于立方体的下方，将“强度”设置为10%，其他数值保持默认，如图6-76所示，效果如图6-77所示。

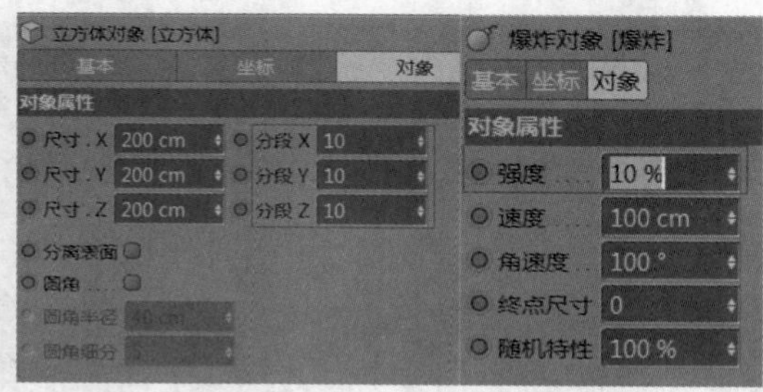

图6-76

图6-77

6.3.8 爆炸FX

“爆炸FX”是爆炸的另一种形式，可以对爆炸进行更加精细的调整。新建爆炸FX，可以看到，有3种颜色的范围框，绿色代表爆炸的速度，红色代表爆炸的冲击范围，蓝色代表重力的范围，如图6-78所示。其他参数数值可以对爆炸的参数进行细节调整，读者可以自行调整，观察爆炸变化。

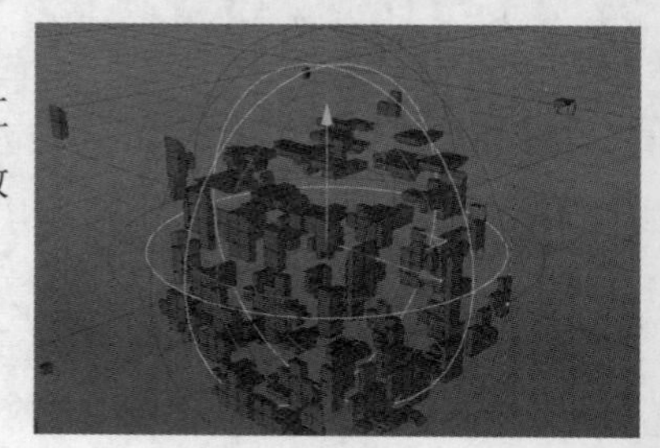

图6-78

6.3.9 破碎

“破碎”与“爆炸”的意思类似，也是对物体的面进行分离破碎，效果如图6-79所示。其参数“强度”代表破碎的强度，“角速度”代表破碎面的旋转角度，“终点尺寸”代表破碎面的大小，“随机特性”代表破碎的随机程度。

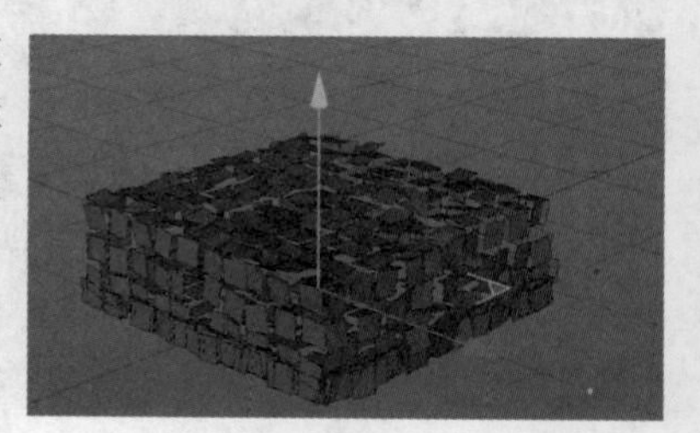

图6-79

6.3.10 修正

“修正”的作用与把几何体转换成可编辑对象是一样的，加上修正变形器以后，可以对物体的点、线、面进行操作。新建一个平面，将“宽度分段”和“高度分段”都设置为5，新建修正变形器，将修正作为子级放置于平面的下方，如图6-80所示。

选择“修正”，切换成“点模式”，选择其中的一个点进行移动，可以看到平面发生了相应变化，如图6-81所示。

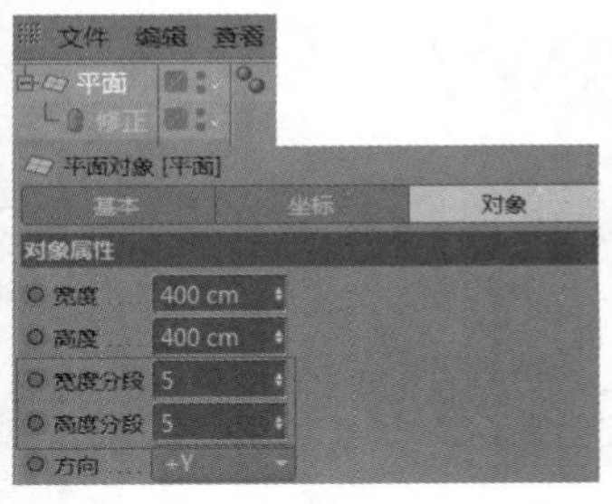

图6-80

图6-81

技巧与提示

修正的优势在于不用破碎几何体，就可以对点、线、面进行操作，工作中也会经常用到。

6.3.11 颤动

一般制作动画时才会使用“颤动”效果，它的作用就是让运动的物体有抖动效果，和运动图形里的延迟效果器的作用是一样的。新建一个球体，为球体做一个缩放动画，0帧时设置“半径”为20 cm，12帧时设置“半径”为40 cm，新建颤动，将颤动作为子级放置到球体的下方，将颤动的“强度”设置为240%，如图6-82和图6-83所示。这时播放动画，就可以看到颤动效果了。

图6-82

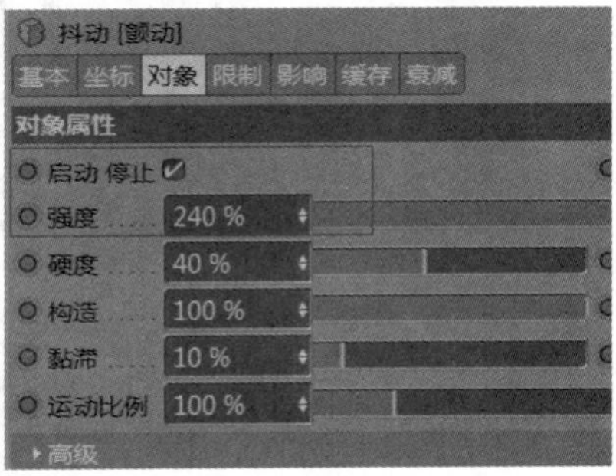

图6-83

6.3.12 变形

变形就是在点或者面相近的前提下，将一个物体转换为另一个物体，它需要配合姿态变形来使用，才能看到效果。例如，新建一个球体，将球体转换为可编辑对象，选择其中的一个点，沿z轴向外拖曳，如图6-84所示。

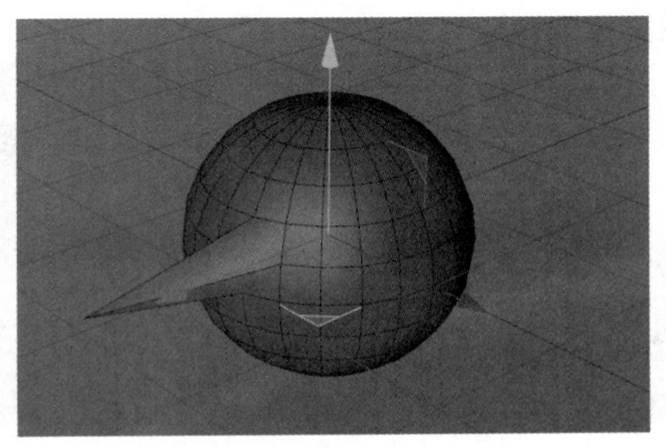

图6-84

新建变形，将变形作为子级放置在球体的下方，然后选择球体，单击鼠标右键，在弹出的菜单中选择“角色标签>姿态变形”命令，将“姿态变形”拖曳至变形内容框中，如图6-85和图6-86所示。

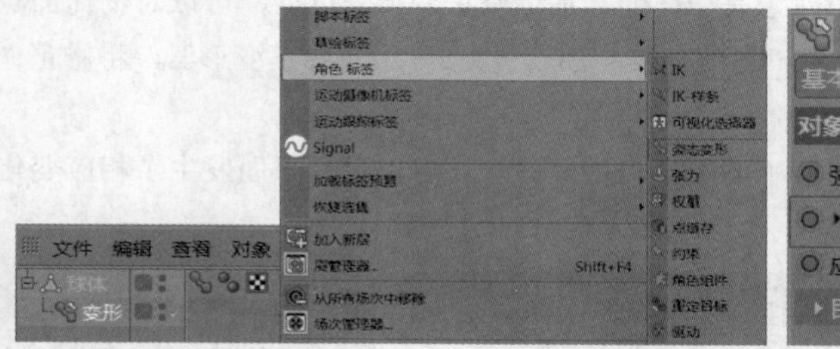

图6-85

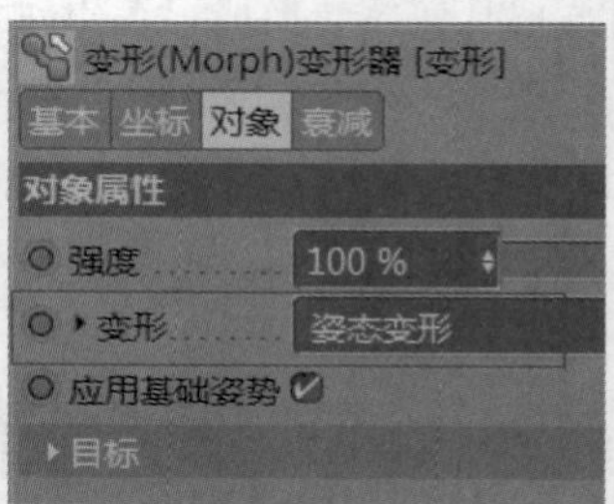

图6-86

单击“姿态变形”，选择“混合”的“点”模式，再新建一个同样大小的球体，将球体拖曳至“姿态变形”的标签姿态内容框中，在弹出的对话框中单击“是”按钮，如图6-87和图6-88所示。

选择“动画”选项，拖曳强度条，可以看到球体逐渐变形，如图6-89所示。这就是变形的作用，这里只需理解即可。

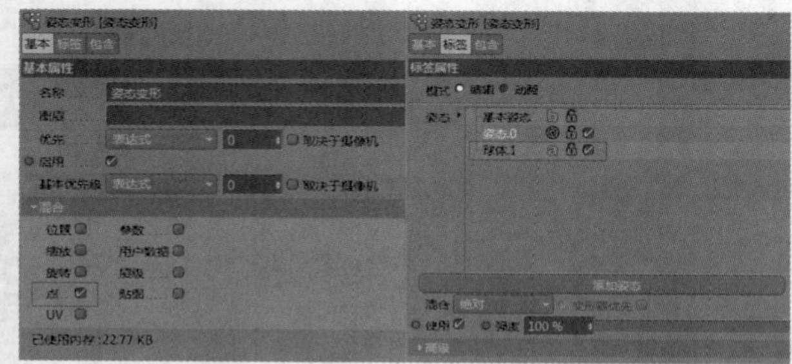

图6-87

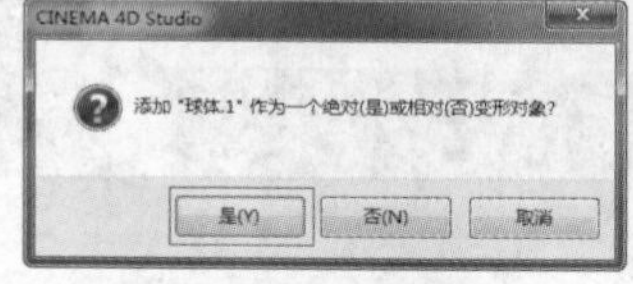

图6-88

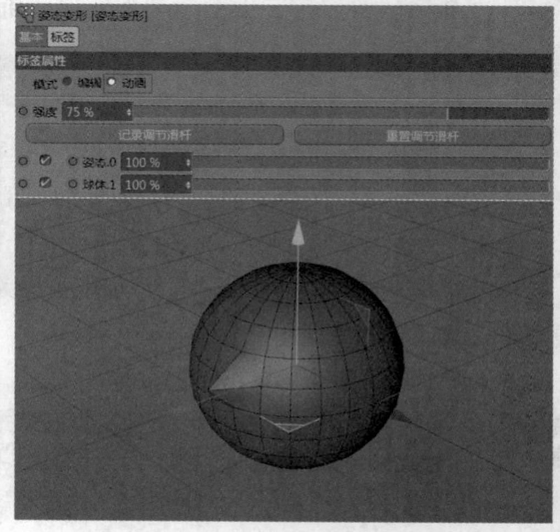

图6-89

6.3.13 收缩包裹

“收缩包裹”的作用是通过改变强度将一个物体缠绕吸附到另一个物体上。新建一个立方体和一个球体，然后新建收缩包裹，将球体作为父级放置于收缩包裹的上方，将立方体拖曳至收缩包裹的目标对象属性中，改变“强度”为67.3%，可以看到球体的有些面会吸附到立方体上，如图6-90和图6-91所示。

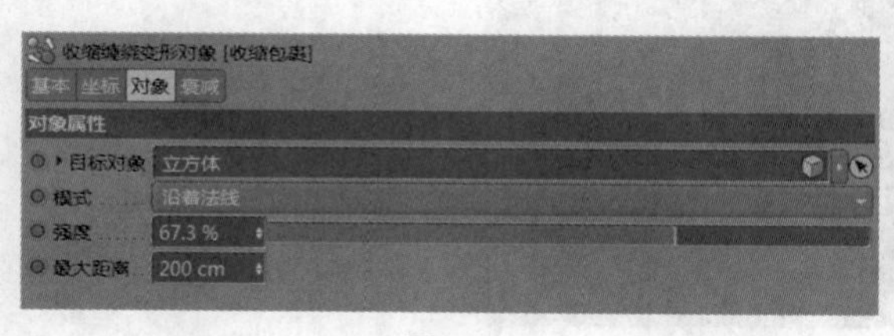

图6-90

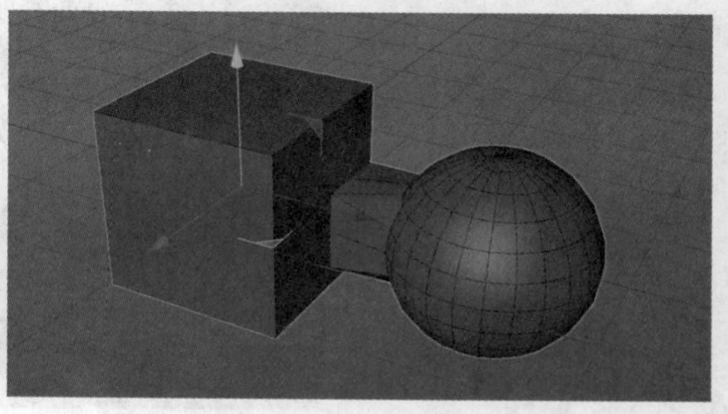

图6-91

6.3.14 球化

“球化”比较好理解，就是将物体球体化。新建一个立方体，将“分段X”“分段Y”“分段Z”都设置为10，新建球化，将球化作为子级放置于立方体的下方，调整球化的“强度”为49%，可以看到，立方体会逐渐变成球体，如图6-92和图6-93所示。

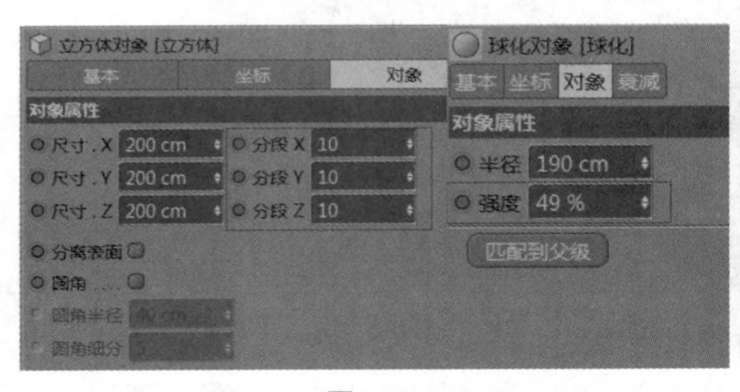

图6-92

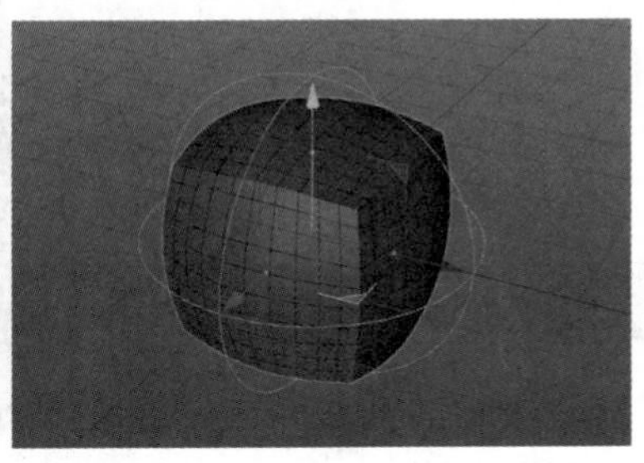

图6-93

6.3.15 表面

“表面”代表将一个几何体附着在另一个物体的表面上。新建一个球体和表面变形器，将表面作为子级放置于球体的下方，然后新建一个立方体，将立方体拖至“表面”中，将“类型”改为“映射（U,V）”，U设置为44%，V设置为28%，“缩放”全改为0.1，球体就会附着在立方体的表面上，如图6-94和图6-95所示。

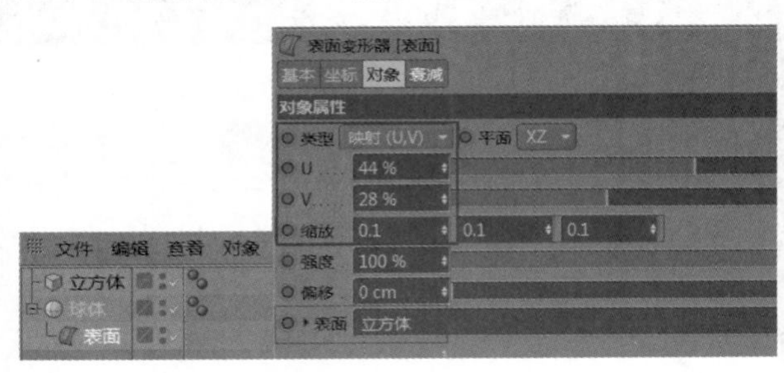

图6-94

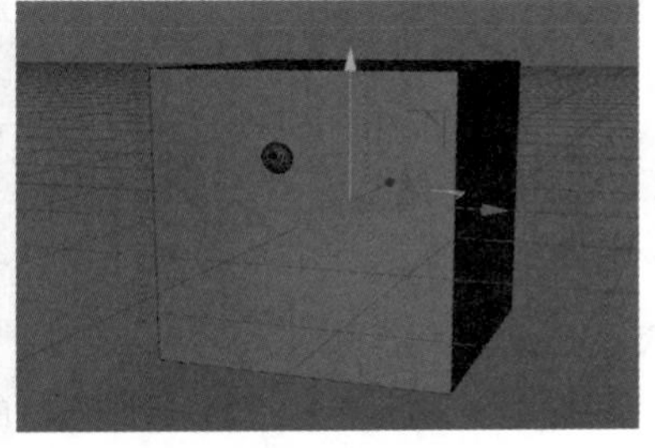

图6-95

6.3.16 包裹

“包裹”是扭曲的另一种形式，它的作用也是对物体做扭曲处理。其中“宽度”“高度”“半径”都是调节包裹编辑器的大小的。包裹的类型有“柱状”和“球状”两种，作用是将物体包裹在圆柱上或者球体上。“经度起点”“经度终点”“纬度起点”“纬度终点”代表正向和逆向旋转的角度数值。“移动”代表在一端固定的前提下，另一端上下移动的数值。“缩放Z”和“张力”代表包裹物体的缩放大小和伸展程度。

新建样条星形，将星形设置为7个点，新建挤压，将星形作为子级放置于挤压的下方，将挤压的封顶布线类型改为“四边形”，勾选“标准网格”选项，作用是避免包裹使物体出现破面的现象。新建包裹，将包裹作为子级放置于星形的下方，单击“匹配到父级”按钮，如图6-96和图6-97所示。

图6-96

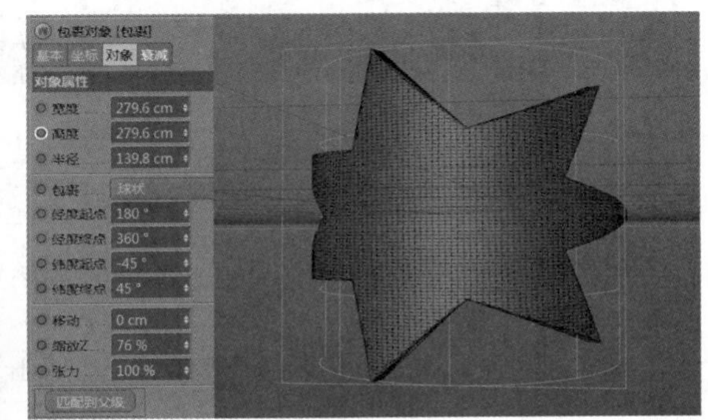

图6-97

新建球体，将“半径”设置为163 cm，调整星形的位置，星形就会包裹在球体的前面，如图6-98所示。

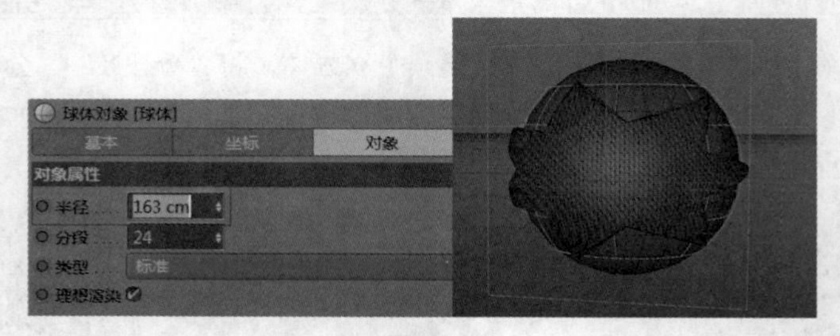

图6-98

6.3.17 样条

“样条”的作用是利用两个样条对物体进行形状上的变化。

新建两个摆线，旋转90°，然后新建一个平面，摆线与平面要保持平行，接着新建样条，将样条作为子级放置于平面的下方，并将两个摆线分别放置于样条的“原始曲线”和“修改曲线”中，最后上下移动两个摆线，可以看到平面的变化，如图6-99所示。样条下的其他对象属性都是对形状做细节调整的。

图6-99

6.3.18 导轨

“导轨”的作用和“放样”是一样的，不过“导轨”是利用两个样条，“放样”可以利用多个样条。此外，导轨还需要有一个参考物体。

新建两个摆线，然后新建立方体，将立方体的“分段X”“分段Y”“分段Z”都设置为10，新建导轨，将导轨作为子级放置于立方体的下方，如图6-100所示。

将两个摆线分别放置在导轨的“左边Z曲线”和“右边Z曲线”中，可以看到变化，如图6-101所示。

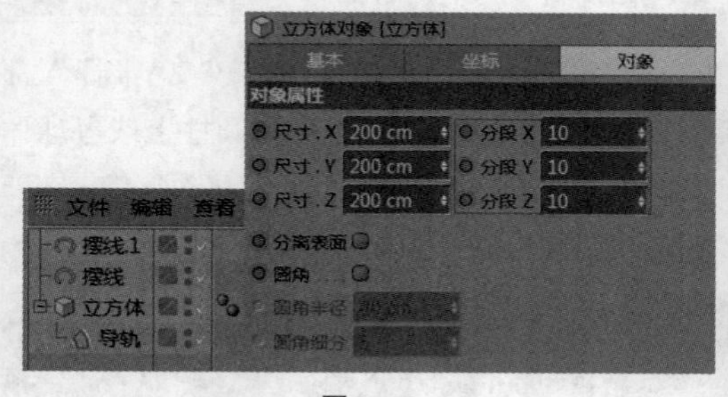

图6-100

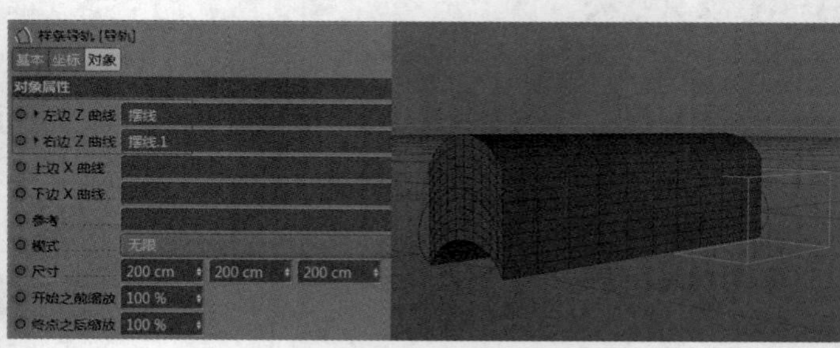

图6-101

6.3.19 摄像机

这个摄像机变形器需要配合Cinema 4D的摄像机才能使用，它的作用是利用摄像机对物体进行变形效果处理。

新建一个立方体，然后新建一个摄像机变形器，将“摄像机”变形器作为子级放置在立方体的下方，接着新建一个普通摄像机，将普通摄像机拖曳至摄像机变形器的“摄像机”中，如图6-102所示。

单击“摄像机”变形器，可以看到场景中出现了网格点，切换成点模式并框选点，向左移动，可以看到立方体的形状变化效果，如图6-103所示。

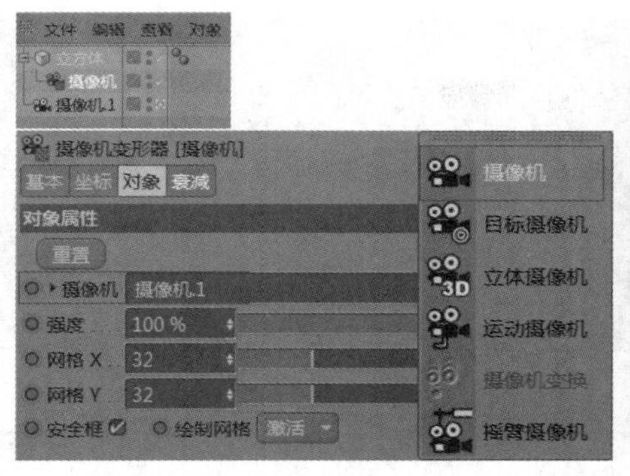

图6-102

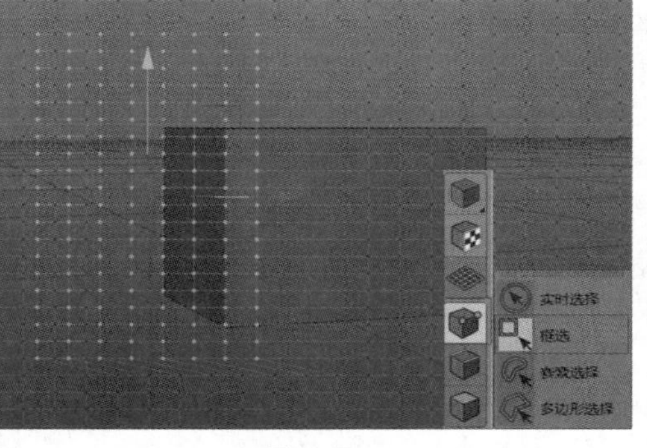

图6-103

6.3.20 碰撞

“碰撞”和“标签”中的“柔体”的效果是一样的，不过碰撞的参数比较简单。

新建一个立方体和一个球体，将立方体的分段数都设置为10，新建碰撞，将碰撞作为子级放置于立方体的下方，将球体拖到碰撞的碰撞器中，将球体移动到立方体的顶面上，会出现球体与立方体的碰撞效果，如图6-104和图6-105所示。

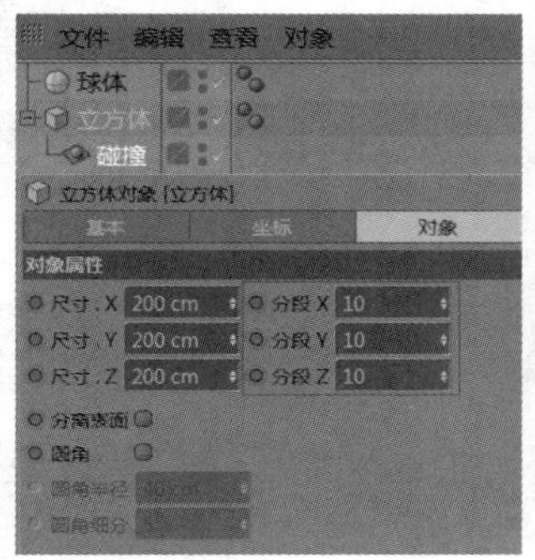

图6-104

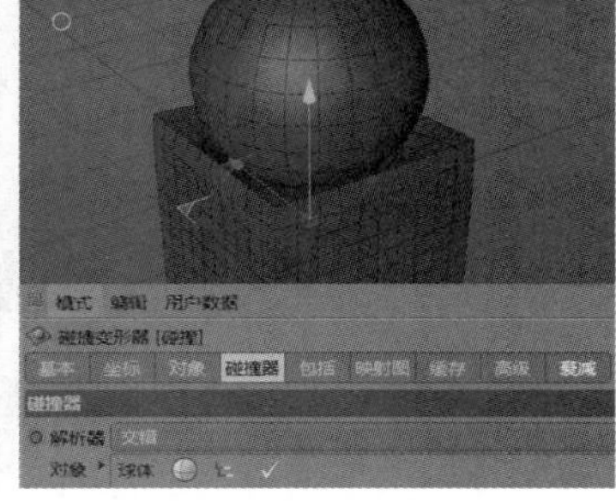

图6-105

6.3.21 置换

“置换”的作用是将贴图的黑白信息体现在物体上。工作中经常用置换做波纹效果。

新建一个平面，新建置换，将置换作为子级放置于平面的下方，在置换的“着色器”中选择“噪波”，平面就会出现波纹效果，调整噪波的黑白信息，可以对平面做出不同的变化，如图6-106和图6-107所示。

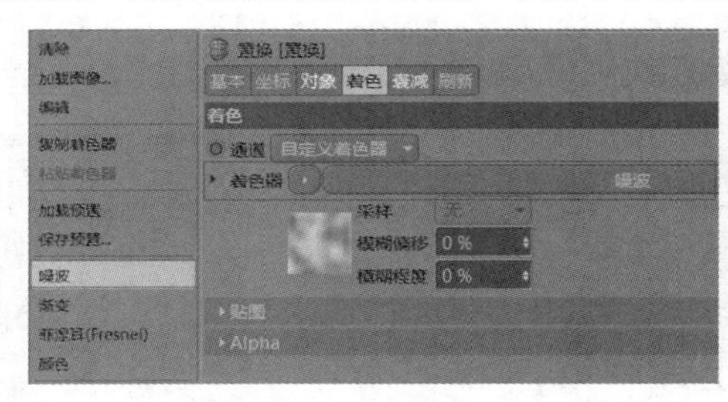

图6-106

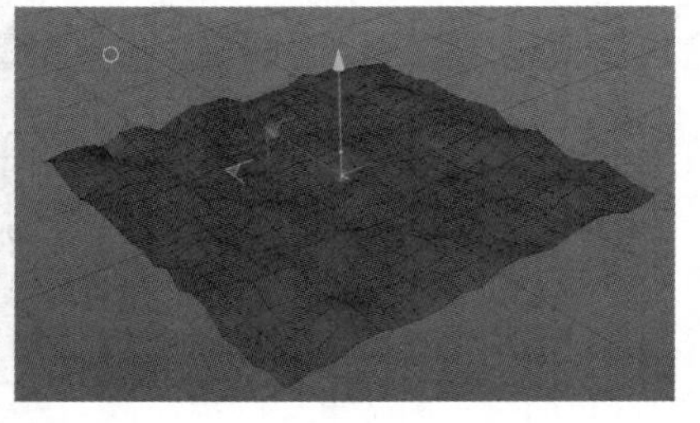

图6-107

6.3.22 公式

“公式”的作用是利用公式来对几何体进行变形，工作中经常用它来制作心形等效果。

新建一个球体，将“半径”设置为66 cm，然后新建公式，将公式作为子级放置在球体的下方，如图6-108所示。

将“公式对象”的“尺寸”设置为795 cm、522 cm、2200 cm，可以看到球体就会变成心形的效果，如图6-109所示。

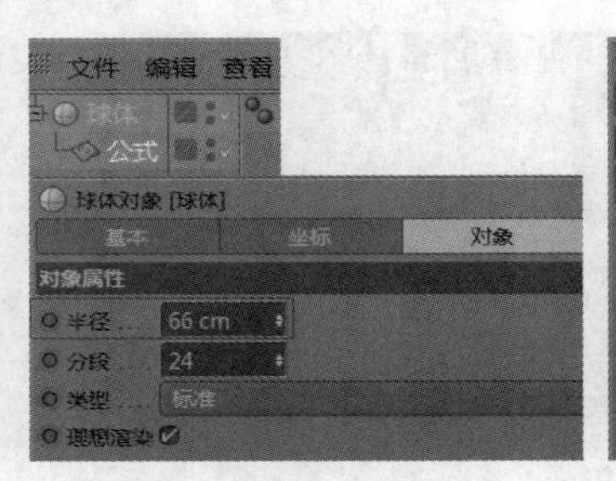

图6-108

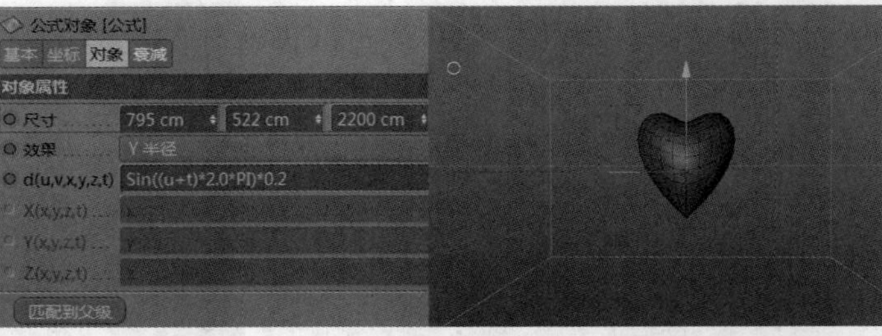

图6-109

6.3.23 风力

“风力”的作用是利用风力来变形对象。

新建一个平面，将它的“方向”设置为+Y，新建风力，将风力作为子级放置于平面的下方，可以看到，平面会有弯曲效果，就像被风吹过一样，如图6-110所示。单击“播放动画”，会有动画效果。

图6-110

6.3.24 平滑

“平滑”的作用是对物体做平滑化处理。例如，新建一个立方体，将立方体的“分段X”“分段Y”“分段Z”都设置为10，将平滑作为子级放置于立方体的下方，立方体的每个角就会自动平滑化，如图6-111和图6-112所示。

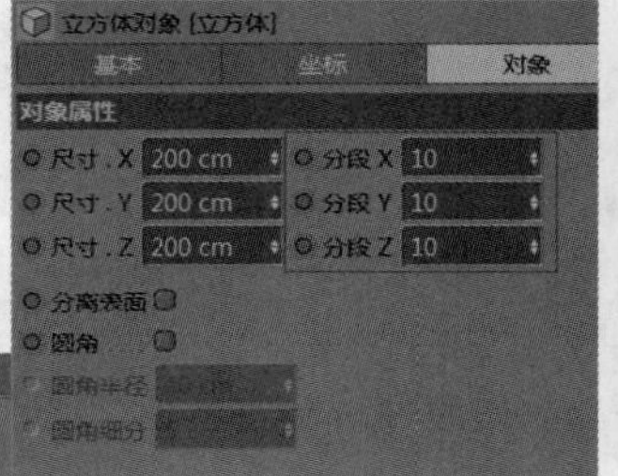

图6-111

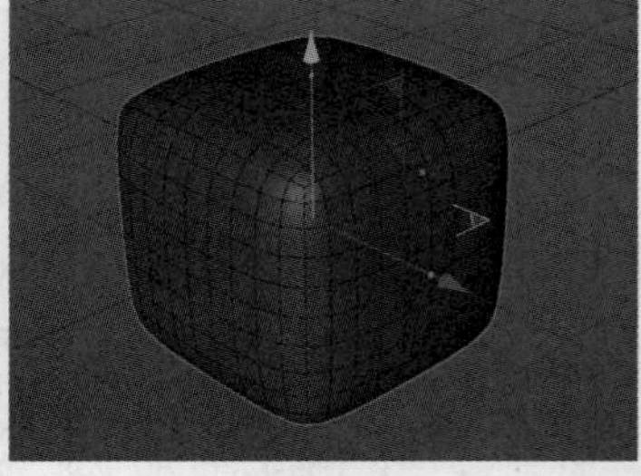

图6-112

6.3.25 倒角

“倒角”可以在不破碎几何体的前提下，对几何体的点、线、面进行倒角处理。

新建一个立方体，将倒角作为子级放置于立方体的下方，调整“偏移”为4 cm，“细分”为2，可以对倒角的大小和圆滑程度进行调整，如图6-113所示。

调整为不同的构成模式，可以对立方体的点、线、面进行倒角处理，如图6-114和图6-115所示。

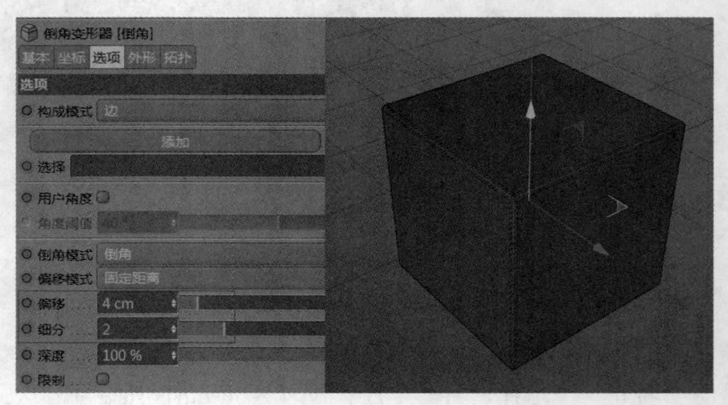

图6-113

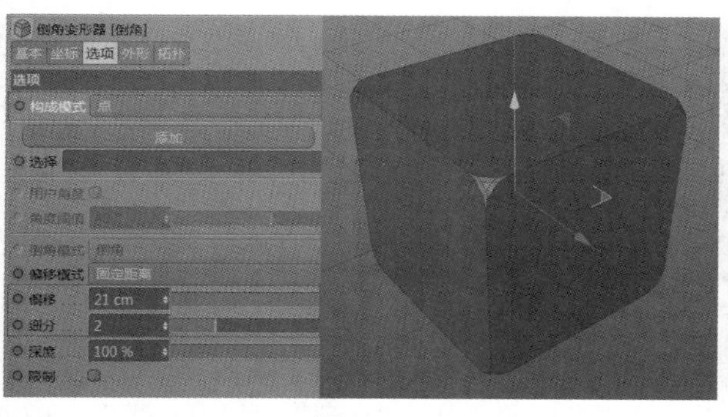

图6-114

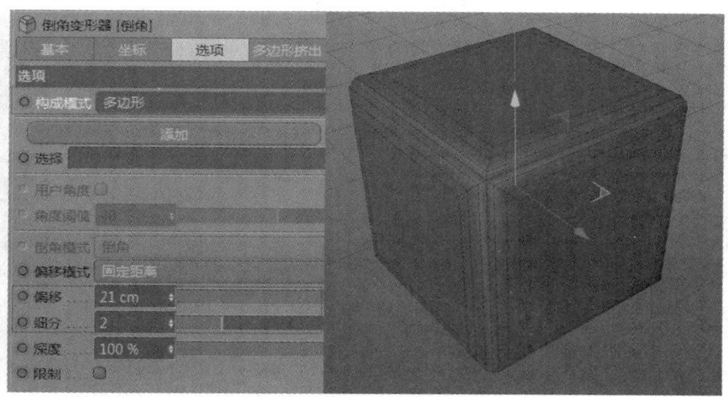

图6-115

6.4 课堂练习——弯曲木纹灯

实例位置	实例文件>CH06>课堂练习——弯曲木纹灯.c4d
素材位置	素材文件>CH06>课堂练习——弯曲木纹灯
视频位置	CH06>课堂案例——弯曲木纹灯.mp4
技术掌握	掌握修正变形器和扭曲变形器的使用方法

通过对本案例的练习，读者可以加深对修正变形器和扭曲变形器的理解，效果如图6-116所示。

图6-116

01 新建平面，将“宽度”设置为260 cm，“高度”设置为62 cm，“宽度分段”和“高度分段”都设置为3，如图6-117所示。

02 执行“创建>变形器>修正”命令，新建修正变形器，并将修正作为子级放置于平面的下方，然后切换为“点模式”，移动点的位置，将模型调整为图6-118所示的效果。

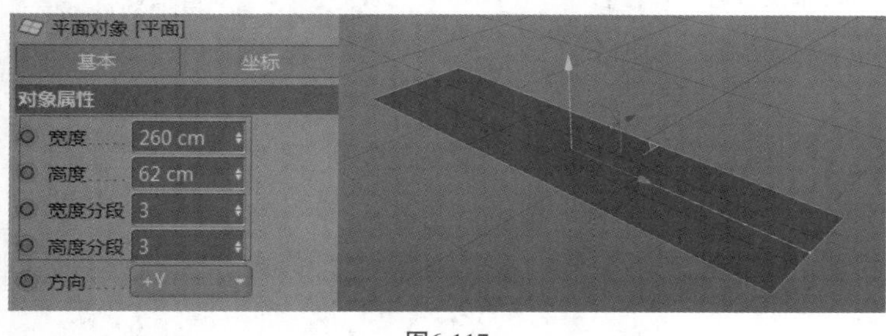

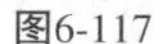

图6-117

图6-118

03 新建扭曲，将扭曲作为子级放置于平面的下方，并将扭曲的“尺寸”设置为45 cm、309 cm、90 cm，“强度”设置为68°，如图6-119所示。

04 新建细分曲面，将平面作为子级放置于细分曲面的下方，然后新建布料曲面，将布料曲面的“厚度”设置为0.3 cm，如图6-120所示。

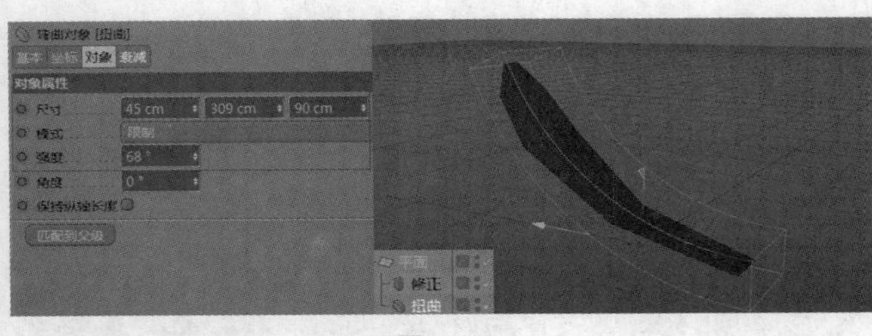

图6-119

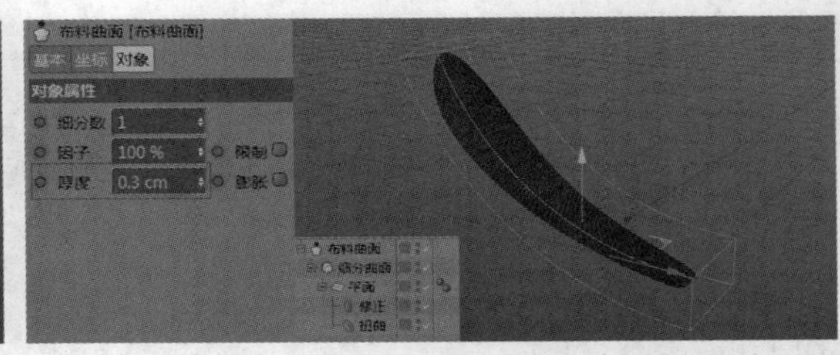

图6-120

05 新建克隆，将布料曲面作为子级放置于克隆的下方，将模式设置为“放射”，建模完成。双击材质面板空白处创建材质球，双击材质球打开“材质编辑器”窗口，在“颜色”通道中将“纹理”设置为木纹贴图，如图6-121所示。

06 在“反射”通道中选择“类型”为GGX，并将“粗糙度”设置为10%，“反射强度”设置为30%，然后修改“菲涅耳”为“绝缘体”，“折射率（IOR）”为1.35，如图6-122所示。

07 其他材质用同样的方法设置，将设置好的材质添加到对应的模型上，并添加物理天空，然后在“渲染设置”窗口中添加“全局光照”和“环境吸收”，如图6-123所示。读者可以观看教学视频，了解本案例的详细制作过程。

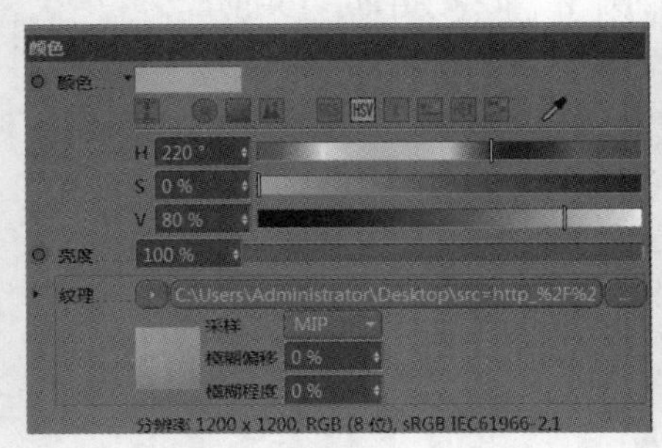

图6-121

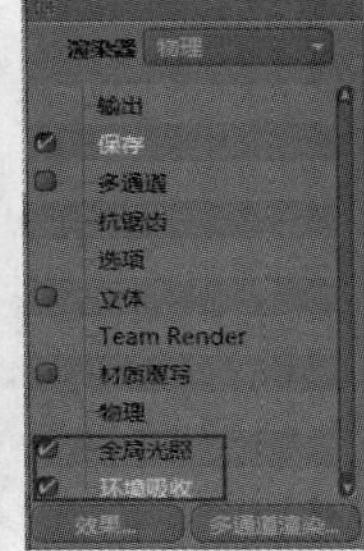

图6-122

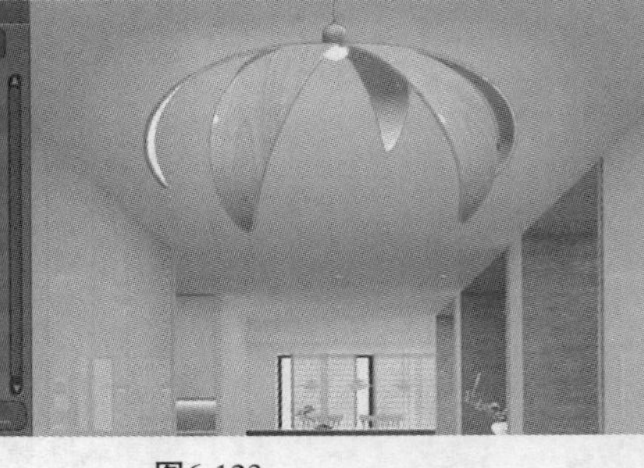

图6-123

6.5 课后习题——创意帐篷

实例位置	实例文件>CH06>课后习题——创意帐篷.c4d
素材位置	无
视频位置	CH06>课后习题——创意帐篷.mp4
技术掌握	掌握样条约束的使用方法

通过对本习题的练习，读者可以巩固样条约束的使用方法，效果如图6-124所示。

图6-124

关键步骤提示

第1步，利用球体及晶格工具配合点线面操作来制作帐篷的模型。

第2步，利用毛发工具制作草坪的效果，利用样条约束工具制作装饰条的效果。

第3步，添加渐变材质、毛发材质及灯光，进行最终的渲染。

第7章 多边形建模及样条的编辑

本章内容在实战建模过程中使用的频率非常高，所以也是本书中的重点内容，读者需要多加练习才能熟练地掌握。

课堂学习目标

- 掌握点、线、面模式下多边形各命令的使用方法
- 掌握修改样条命令的方法
- 熟悉多边形建模过程

7.1 点/线/面

7.1.1 课堂案例——游戏机

实例位置	实例文件>CH07>课堂案例——游戏机.c4d
素材位置	无
视频位置	CH07>课堂案例——游戏机.mp4
技术掌握	掌握点、线、面的常用命令

本案例主要用点、线、面的操作来完成游戏机小场景效果，效果如图7-1所示。

图7-1

01 新建立方体，保持默认大小，将立方体转换为可编辑对象，然后切换为“面模式”，选中顶面和面对视窗的两个面并删除，如图7-2所示。

02 按快捷键Ctrl+A全选所有的面，单击鼠标右键，在弹出的菜单中选择“挤压”命令，并将“创建封顶”选项勾选，长按鼠标左键并向右拖曳，挤压出一定的厚度，如图7-3所示。

图7-2

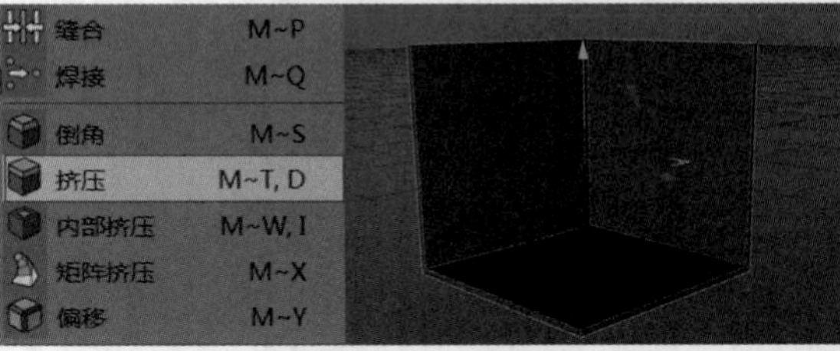

图7-3

03 选择左侧的面，单击鼠标右键，在弹出的菜单中选择“内部挤压”命令，向里挤压出一个面后，继续单击鼠标右键，在弹出的菜单中选择“挤压”命令，并向里挤压一定的厚度，如图7-4所示。

图7-4

04 新建立方体，设置“尺寸.X”为135 cm，“尺寸.Y”为52 cm，“尺寸.Z”为9 cm。然后将立方体转换为可编辑对象，并选择“面模式”，选择垂直于*z*轴的左侧的面，同样执行“内部挤压”命令，再执行“挤压”命令，效果如图7-5所示。

05 新建样条文本，然后在文本框中输入“游戏机”，接着新建挤压，将文本作为子级放置于挤压的下方，如图7-6所示。

图7-5

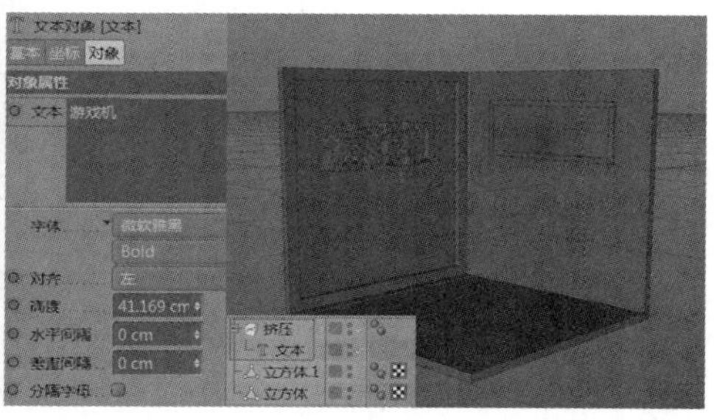

图7-6

06 新建样条线中的矩形，转换为可编辑对象，切换为“点模式”，然后选择顶端的两个点，单击鼠标右键，并在弹出的菜单中选择“倒角”命令，设置“半径”为70 cm，如图7-7所示。

07 新建挤压，将矩形作为子级放置于挤压的下方，将“移动”设置为0 cm、0 cm、15 cm，如图7-8所示。

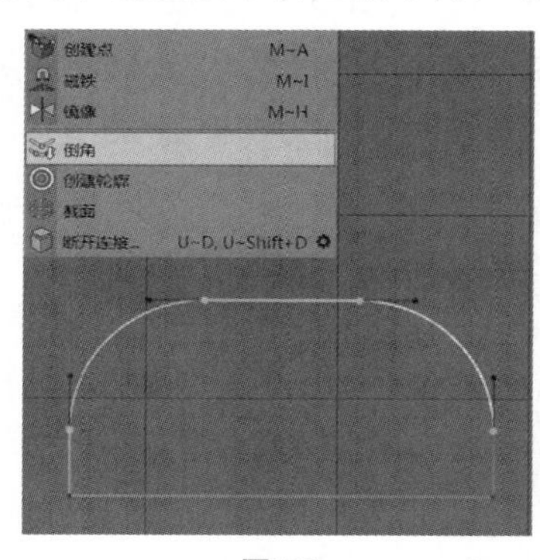

图7-7

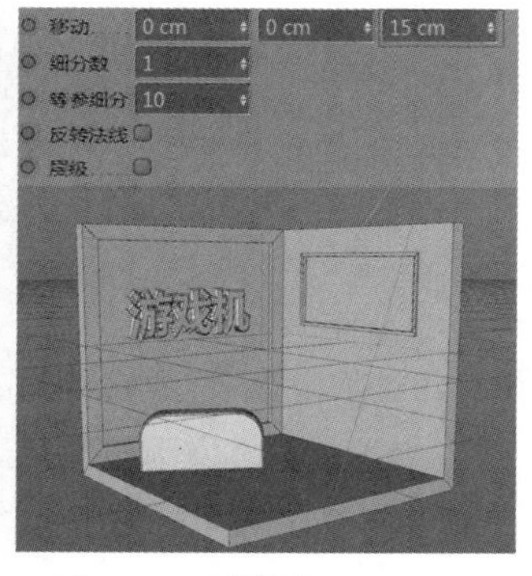

图7-8

08 本案例的主要知识点已讲完，接下来，新建立方体及圆柱等基础几何体，放置于合适的位置，效果如图7-9所示。

09 新建几个不同大小的球体，然后新建融球，将球体作为子级放置于融球的下方，并将融球的“编辑器细分”设置为5 cm，作为装饰，效果如图7-10所示。

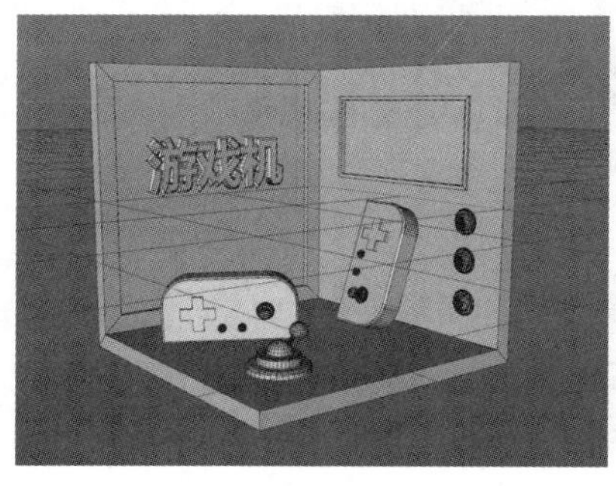

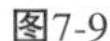
图7-9

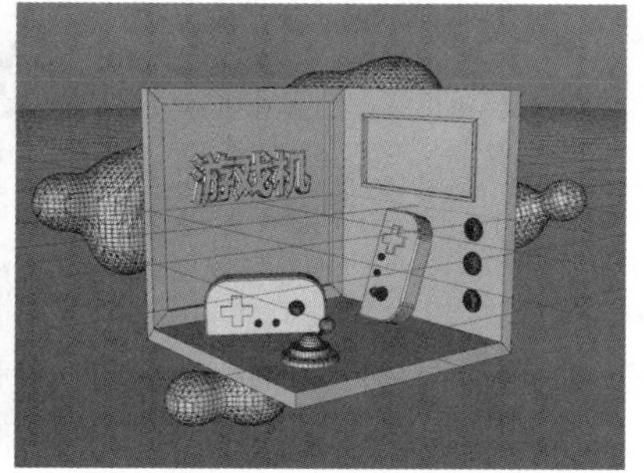

图7-10

10 双击材质面板空白处创建材质球，双击材质球打开“材质编辑器”窗口，在“颜色”通道中将材质球的颜色设置为H:220°、S:70%、V:25%，如图7-11所示。

11 在“反射”通道中选择“类型”为GGX，并将“粗糙度”设置为20%，“反射强度”设置为100%，然后修改“菲涅耳”为“绝缘体”，“折射率（IOR）”为1.35，如图7-12所示。

12 其他材质用同样的方法设置，将设置好的材质添加到对应的模型上，并添加物理天空和HDR环境贴图，然后在“渲染设置”窗口中添加“全局光照”和“环境吸收”，如图7-13所示。读者可以观看教学视频，了解本案例的详细制作过程。

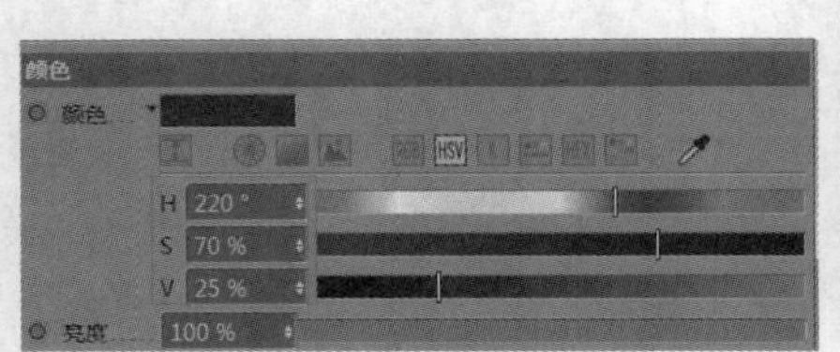

图7-11

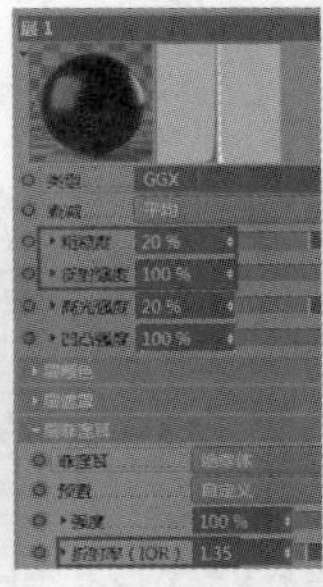

图7-12

图7-13

7.1.2 点模式

多边形建模在将物体转换成可编辑对象的前提下，才可以激活。

新建一个立方体，将立方体转换成可编辑对象，选择“点模式”，选择点，单击鼠标右键，可以看到弹出的菜单，如图7-14所示。这些命令在本小节中会做详细讲解。

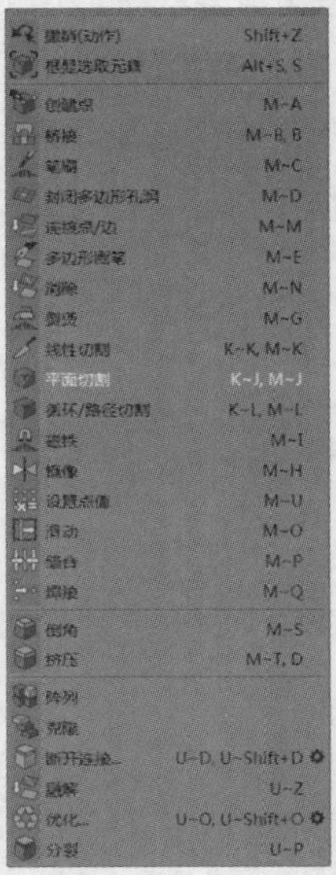

图7-14

1.撤销（动作）

“撤销（动作）”很好理解，即返回上一步操作，其快捷键是Shift+Z，也可以是Ctrl+Z。

2.框显选取元素

“框显选取元素”代表将选取元素移动到场景中心处。选择立方体的一个点，如图7-15所示。单击鼠标右键，在弹出的菜单中选择“框显选取元素”命令，可以看到这个点就会移动到场景的中心位置，如图7-16所示。

图7-15

图7-16

3.创建点

在几何体的边或者面上可以创建点，当出现选取状态时，才可以进行创建。选择“创建点”命令，移动鼠标指针至边上时，边的颜色会变成白色，单击即可在边上创建出一个点，单击“移动”工具，选择创建出的点进行移动，可以看到立方体的变化，如图7-17和图7-18所示。

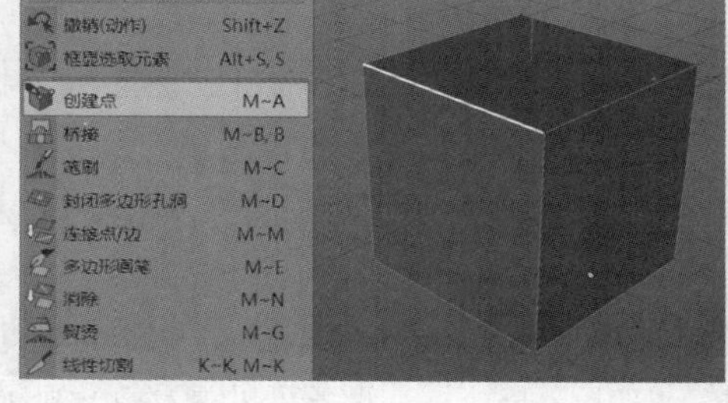

图7-17

图7-18

技巧与提示

在面上创建点时，会自动生成4个面，移动点和面，可以改变立方体的形状，如图7-19所示。

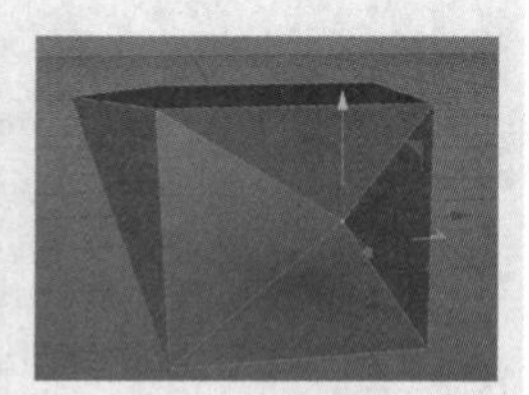

图7-19

4.桥接

“桥接”的作用是对破面进行修补。删除立方体的一个面，如图7-20所示。选择“桥接”，单击破面的一个点，按住鼠标左键对其进行拖曳，可以看到破面就缝合好了，如图7-21所示。

图7-20

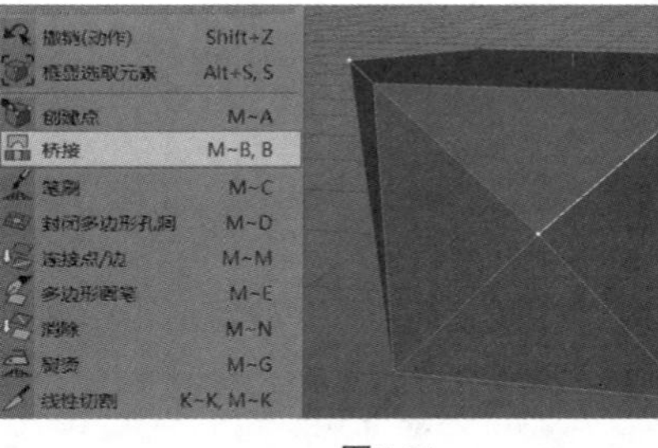

图7-21

5.笔刷

可以用笔刷的方式对点进行移动。拉动其中的一个点，可以对立方体的点进行移动，默认的“模式”是“涂抹”，也是最常用的一种模式，一般不做改变，如图7-22所示。

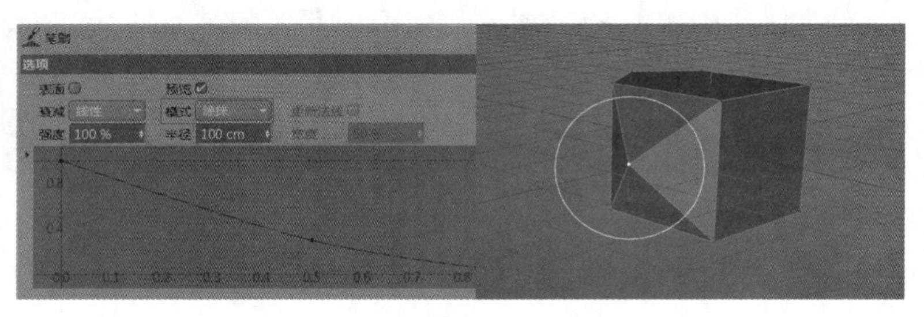

图7-22

6.封闭多边形孔洞

对破面进行封闭，操作相比“桥接”简单，直接单击就可以。在破的面比较少时，封闭多边形孔洞是很好的选择。当出现白色选框时，单击破面，就可以封闭破面，如图7-23和图7-24所示。

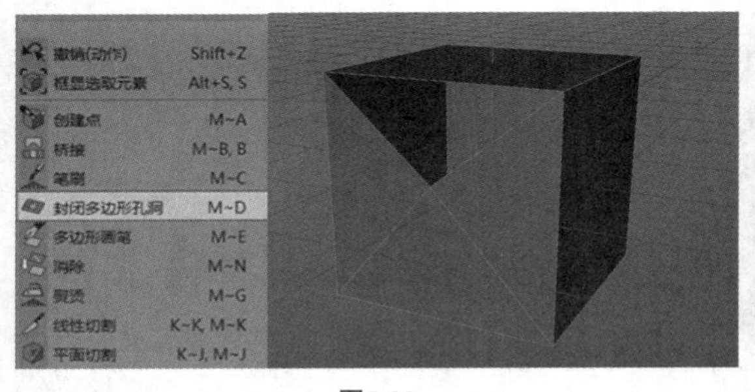

图7-23

图7-24

7.连接点/边

在“点模式”下将点与点连接成一条边。选择“创建点”命令，在对称的两条边上创建两个点，如图7-25所示。选择两个点，单击鼠标右键，在弹出的菜单中选择“连接点/边”命令，就可以看到点与点就会连成一条线，如图7-26所示。

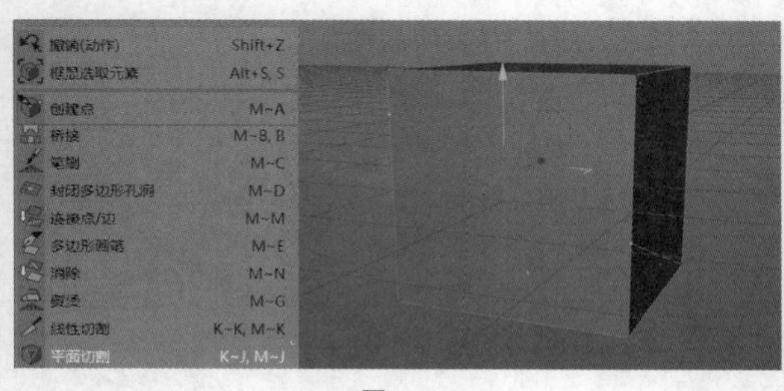

图7-25

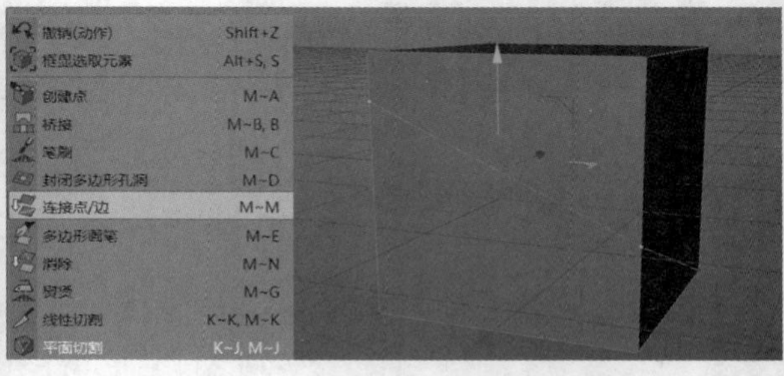

图7-26

8.消除

根据“点模式”或者“边模式”，可以消除点或者边，如图7-27所示。

9.熨烫

“熨烫”对选中的点做“角度”和“位置”的移动。选择“熨烫”命令，将“角度”设置为180°，“百分比”设置为-100%，可以看到点的变化，如图7-28所示。工作中用得不是很多，了解即可。

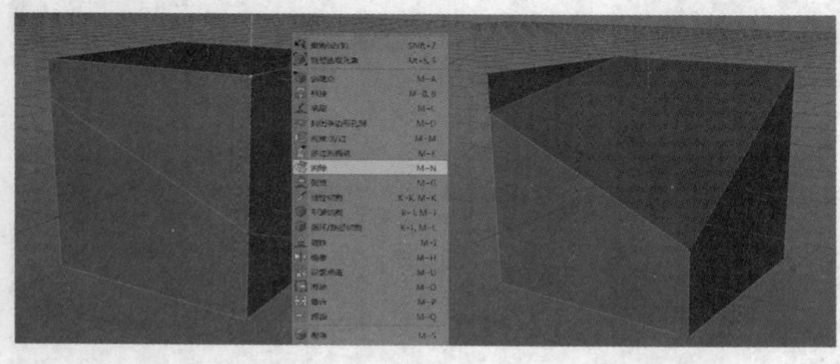

图7-27

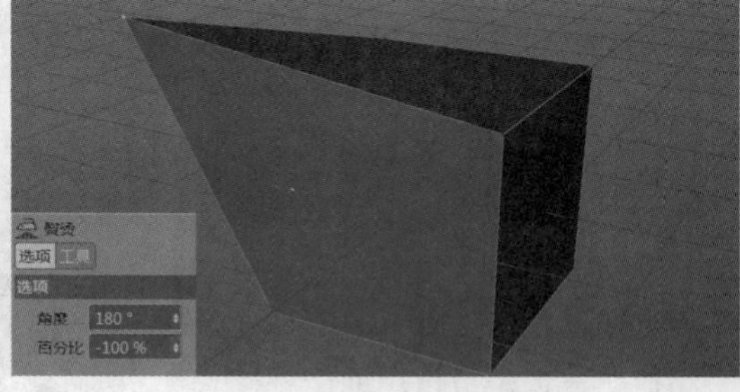

图7-28

10.多边形画笔和线性切割

这两个工具的作用类似，都是切割边和面。“多边形画笔”也可以自由绘制面，但是这个在工作中用到的不是很多，用得最多的还是在物体上绘制。两者的区别是“多边形画笔”仅限于可见的边或者面，而“线性切割”不仅限于可见的部分。新建两个立方体，一个立方体运用“多边形画笔”来切割一个面，而另一个立方体运用“线性切割”来切割一个面，同时要把线性切割的“仅可见”选项关闭，如图7-29~图7-31所示。

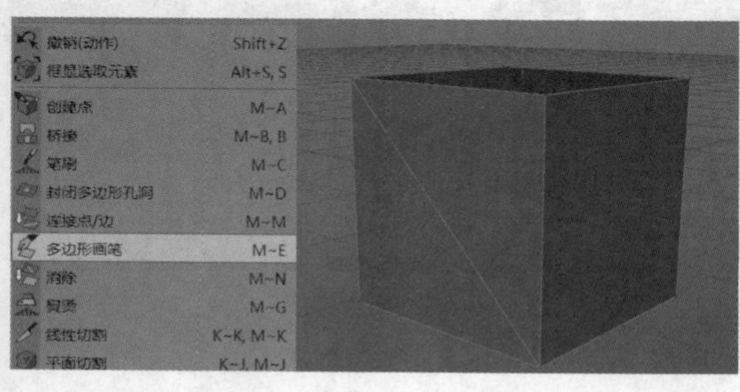

图7-29

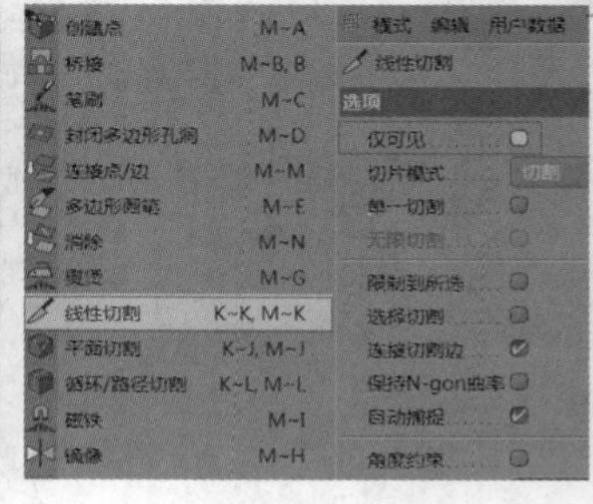

图7-30

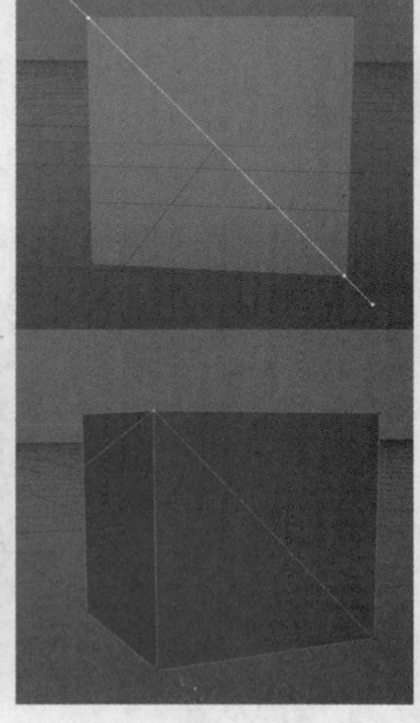

图7-31

11.平面切割

可以对物体进行更精确的切割，可以对切割的边进行移动和旋转，并且可以切割不要的部分。选择“平面切割”命令，在正面切割一条边，如图7-32所示。设置“平面位置”为28 cm、78 cm、21 cm，“平面旋转”为92°、-13°、43°，可以看到，切割的边会滑动到其他位置，如图7-33所示。

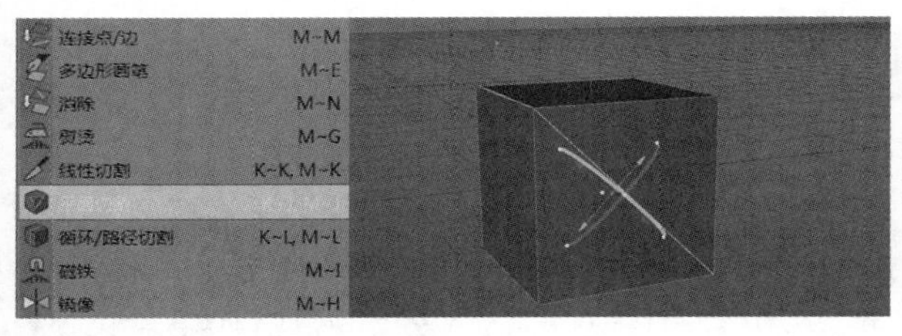

图7-32

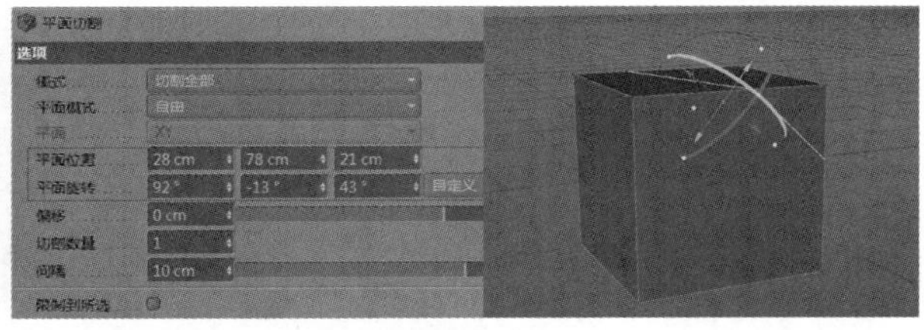

图7-33

12.循环/路径切割

“循环/路径切割”（快捷键为K~L或M~L）可以循环切割边，增加物体的分段。激活循环切割，在几何体的上方会出现深灰色的图标。操作时，将鼠标指针移至物体上，就会有白色的线框，选定位置，就可以单击鼠标左键循环切割一条边，如图7-34所示。深灰色图标的第一个选项代表居中切割的边，如图7-35所示。+号和-号代表平均增加循环的边和平均减少循环的边，如图7-36所示。

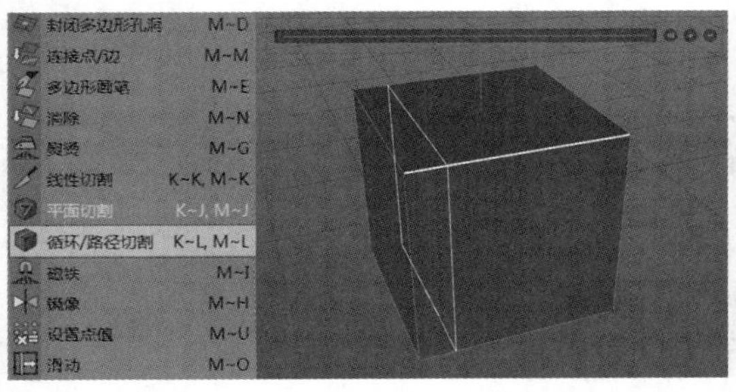

图7-34

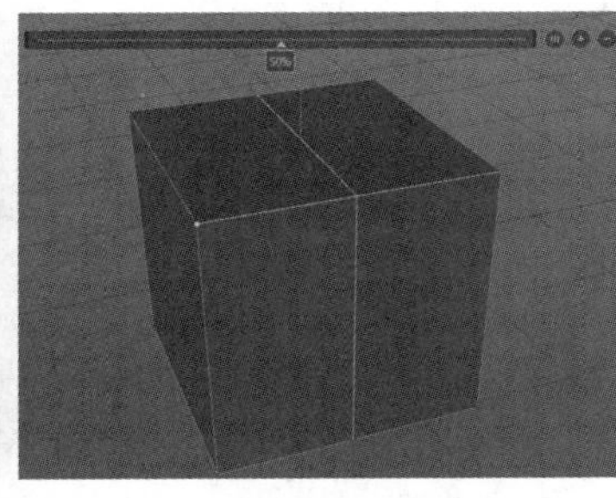

图7-35

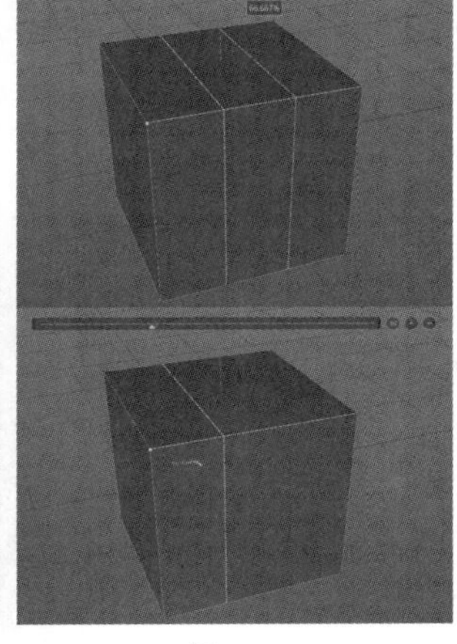

图7-36

13.磁铁

这个工具以“画笔”的形式对点进行移动，经常配合编辑工具栏中的捕捉工具一起使用。选中立方体中的一个点，单击鼠标右键，在弹出的菜单中选择“磁铁”命令，激活编辑工具栏中的捕捉开关，将选中的点向另外一个点移动，可以直接吸附在另一个点上，如图7-37所示。

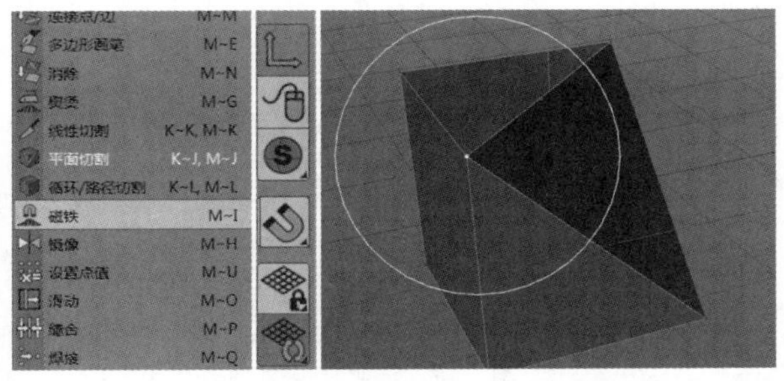

图7-37

14.镜像

“镜像”可以对选中的点进行镜像（对称）操作，从而新建一个点。

15.设置点值

通过具体数值，来确认点的位置信息，在场景中新建点。

16.滑动

“滑动”可以对创建的点或者边进行移动操作。选择“创建点”命令，选择其中一条边，在出现白色线时创建一个点，如图7-38所示。选中创建的点，单击鼠标右键，在弹出的菜单中选择“滑动”命令，就可以对创建出的点所在的边上进行移动，滑动时会出现另外一个白色的点（代表点的最终位置），如图7-39所示。

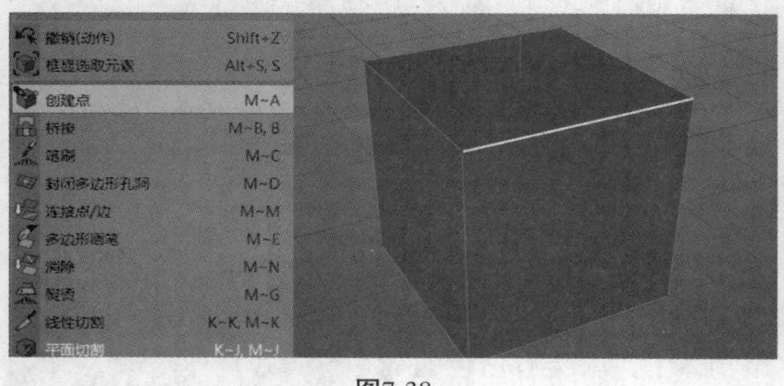

图7-38

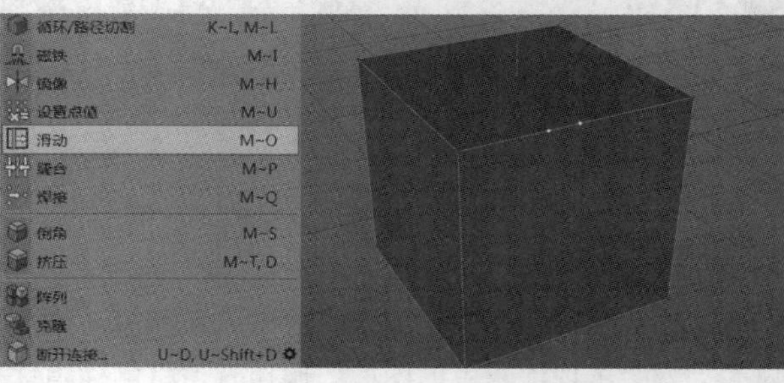

图7-39

17.缝合和焊接

两者的原理是一样的，都是将两个点合并成一个点。操作方式有所不同，“缝合”需要用鼠标进行滑动，当几何体上出现白色的线时，从一个点滑动到另一个点；而“焊接”时，会出现白色的点，代表焊接的合并点，前提条件都是同时选中两个点或者多个点，如图7-40所示。

图7-40

18.倒角

“倒角”的作用是将点、线、面创建出更多的点、线、面，使其更加平滑。选中立方体中的一个点，单击鼠标右键，在弹出的菜单中选择“倒角”命令，向右拖曳鼠标，可以看到选中的点变成了3个点，如图7-41所示。调节“细分”为4，可以使点更加平滑，如图7-42所示。

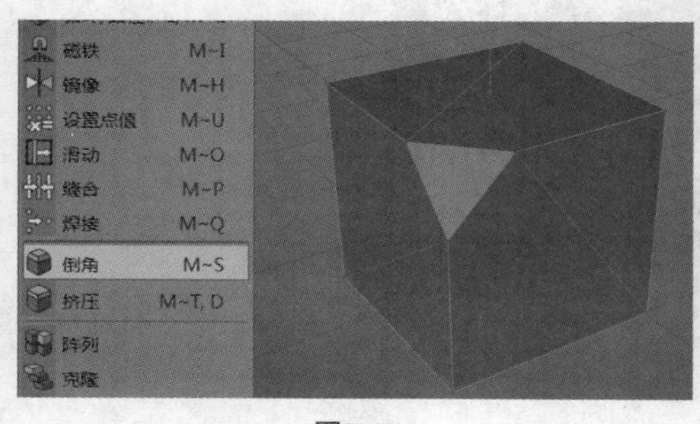

图7-41

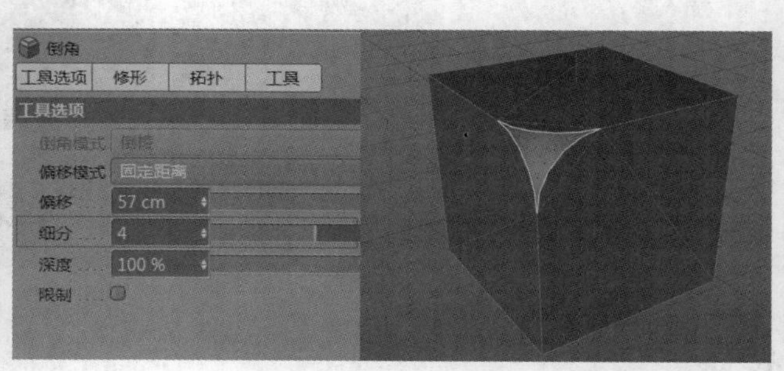

图7-42

技巧与提示

线和面的倒角也是同样的原理，读者可以多加练习，加深理解。

19.挤压

“挤压”的作用是将点、线、面以一定的角度复制，并进行连接。点与点是用线连接，线与线用面连接，面与面之间也是用面来连接。在“点模式”下选中立方体的一个点，单击鼠标右键，在弹出的菜单中选择“挤压”命令，向右拖曳鼠标，就会看到复制出一个点，并且这个点会由一条线连接，如图7-43所示。

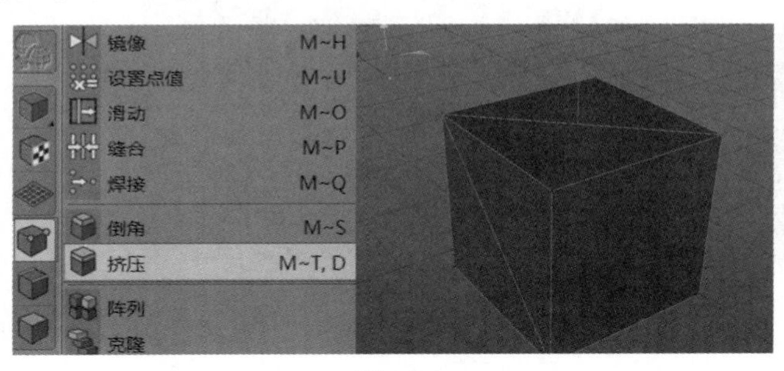

图7-43

技巧与提示

如果选择“边模式”，并进行挤压，会复制出另一条边，并且中间以面的形式连接，这就是挤压的含义，如图7-44所示。

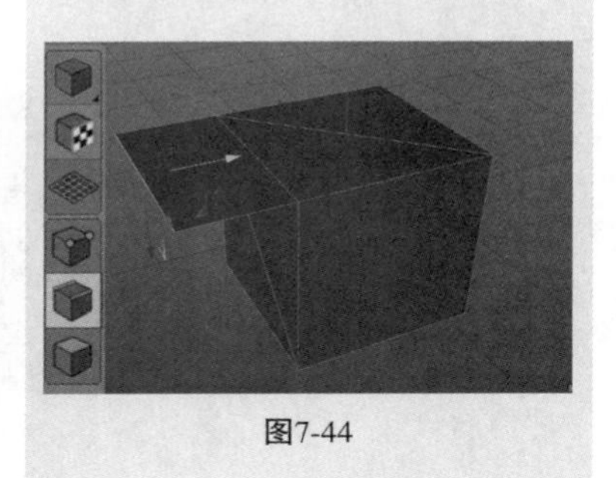

图7-44

20.阵列

“阵列”的作用是将选中的点以阵列的方式复制多个点。有些特殊效果可能会用到。选中立方体中一个点，选择“阵列”命令，将阵列的“偏移”值都改为100 cm，单击“应用”按钮，就会复制多个点，如图7-45和图7-46所示。

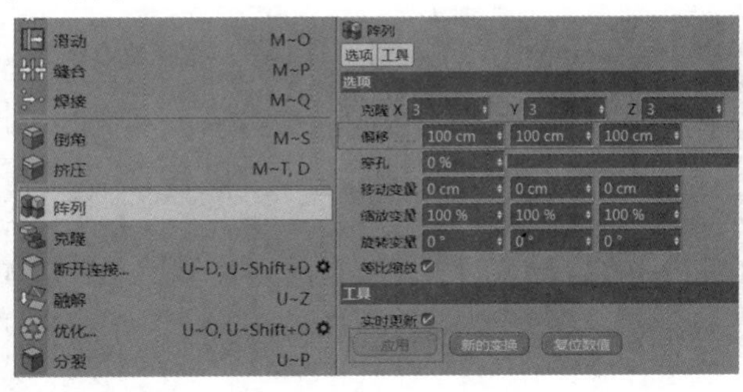

图7-45

图7-46

21.克隆

“克隆”可以对选中的点进行复制。选中立方体的一个点，选择“克隆”命令，在对象属性面板中，设置“克隆”为3，将“偏移”值设置为40 cm，单击“应用”按钮，会复制出3个点，如图7-47所示。

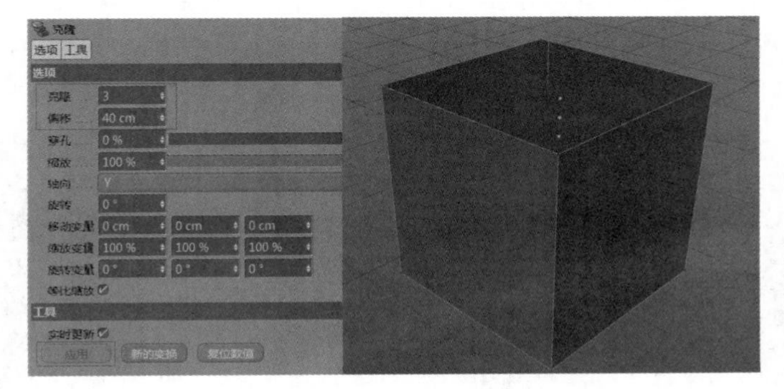

图7-47

22.断开连接

“断开连接”的作用是断开连接的点或者面。切换成“面模式”，选中立方体的一个面，然后单击鼠标右键，在弹出的菜单中选择“断开连接”命令，将选中的面向y轴正方向移动，面就会分离开，如图7-48所示。

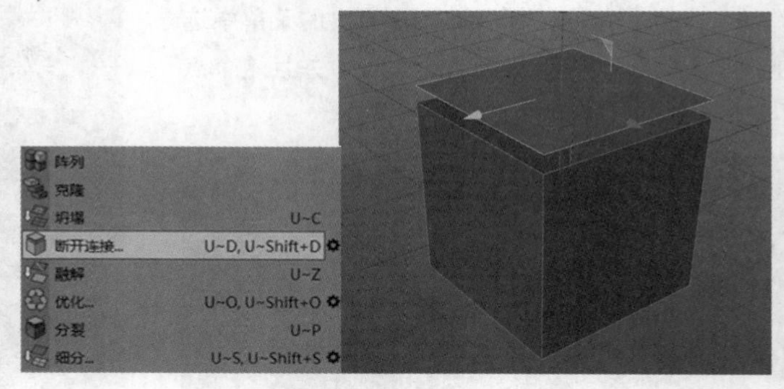

图7-48

23.融解

“融解”的作用和“消除”相同，也是消除点或者边。与“消除”的区别在于消除边时，“融解”只会消除边，但是“消除”是连点一起消除的。将立方体转换成可编辑对象后，切换成“边模式”，使用“循环/路径切割”，切割出的边如图7-49所示。单击鼠标右键，在弹出的菜单中分别选择“融解”和“消除”命令，可以看到“融解”后边缘的点都还在，而“消除”后边缘的点已全部消除，如图7-50所示。

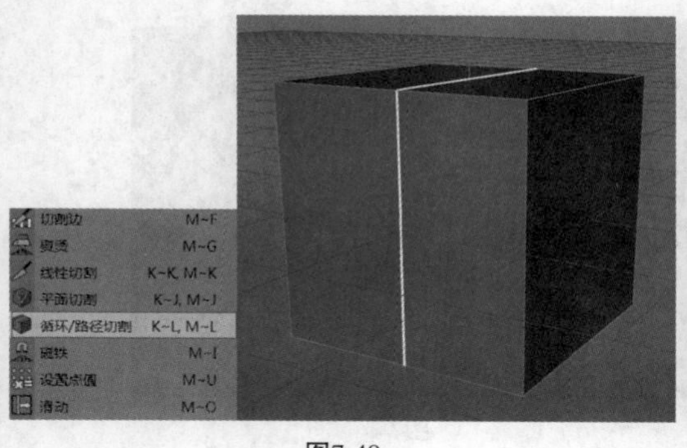

图7-49

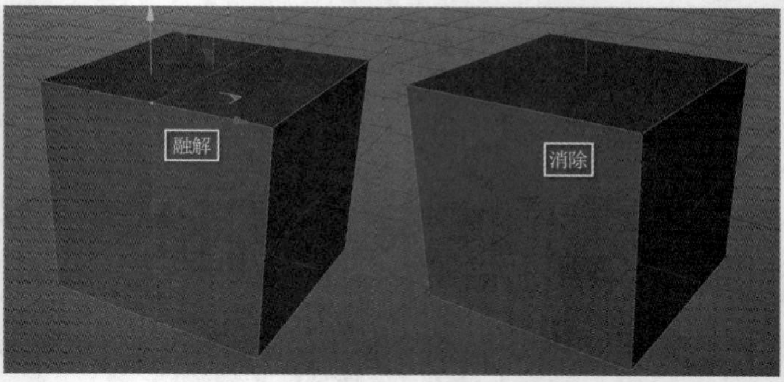

图7-50

24.优化

“优化”（快捷键为U~O）在工作中经常会用到，它的作用是将重复的点连接在一起，并将没用的点删除。新建一个圆柱体，将其转换成可编辑对象，选择其中一个点，将它向y轴的正方向移动，这个点会和下面的点分开，如图7-51所示。返回上一步，全选所有的点，单击鼠标右键，在弹出的菜单中选择“优化”命令，在拖曳其中一个点时，可以看到上下的点合并到一起了，如图7-52和图7-53所示。

图7-51

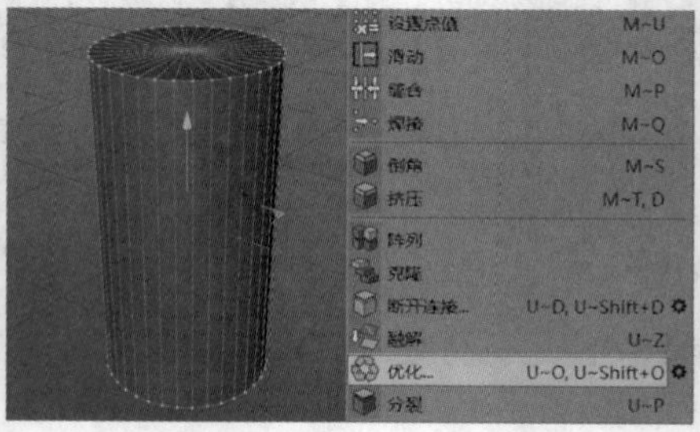

图7-52

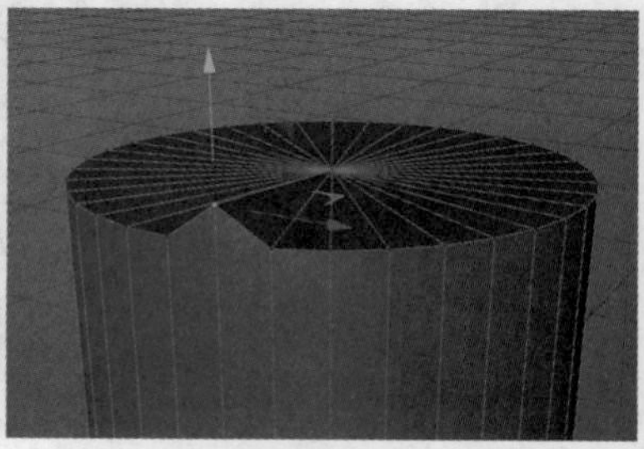

图7-53

技巧与提示

“优化”的另一个作用就是可以去掉多余的点。新建立方体，将其转换为可编辑对象，然后选中一个点，单击鼠标右键，在弹出的菜单中选择“阵列”命令，单击“应用”按钮，可以看到多了许多个点，如图7-54和图7-55所示。

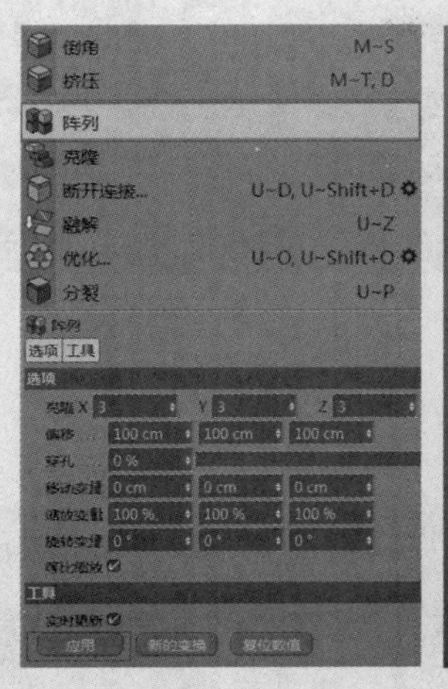

图7-54

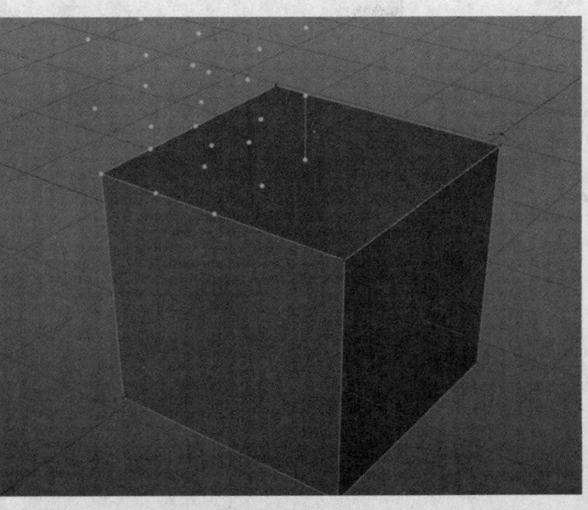

图7-55

如果点非常多，会非常占用电脑的内存，场景再大一些就会很卡顿，所以就需要删除多余的点。选中多余的点，单击鼠标右键，在弹出的菜单中选择“优化”命令，多余的点就全部删除了，如图7-56所示。

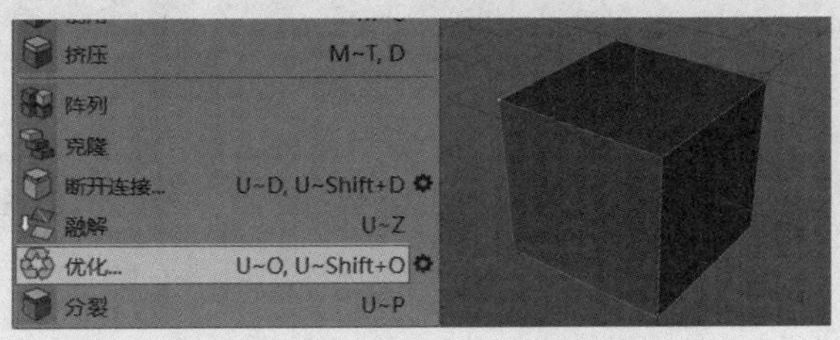

图7-56

25.分裂

它的作用和“断开连接”的原理是一样的，也是将物体的点或者面分裂开，不过“分裂”是对点或者面进行单独分裂，而且不会破坏原始图形。选中立方体的一个面，选择“分裂”命令，可以看到对象面板中有两个图层，其中一个图层就是分裂出来的一个面，另一个是原始图形，如图7-57所示，效果如图7-58所示。

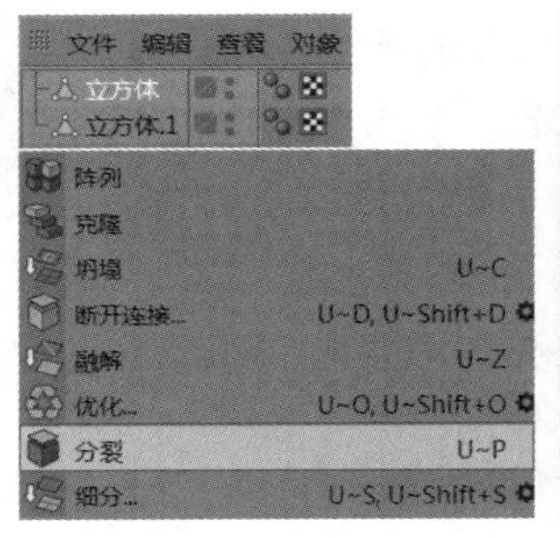

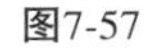
图7-57

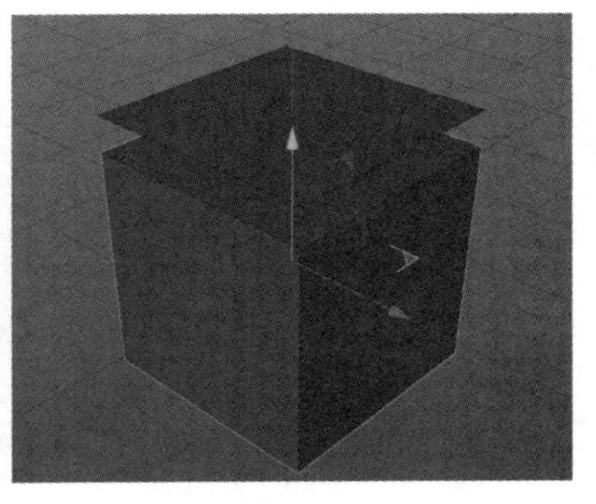

图7-58

7.1.3 边模式

大部分命令都是重复的，它的原理和“点模式”基本都是一样的，将点的概念换成了边，读者如有不懂的，可以翻看点模式的介绍。下面对不同于点模式下的命令进行介绍。

1.切割边

“切割边”的作用是将选中的边平均分成多段边，如图7-59和图7-60所示。

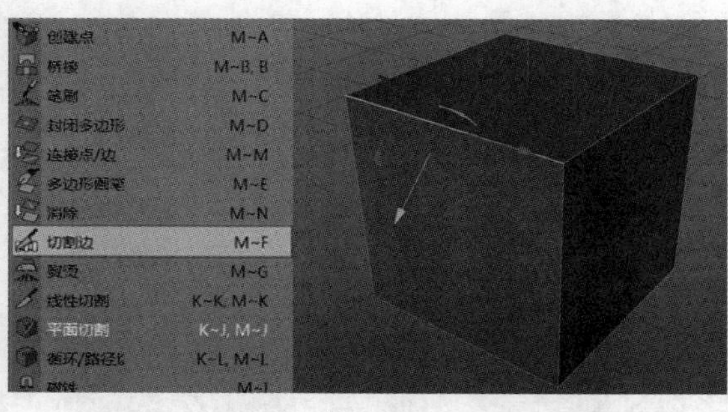

图7-59

图7-60

2.旋转边

对选中的边进行旋转，用得比较少，理解即可，如图7-61和图7-62所示。

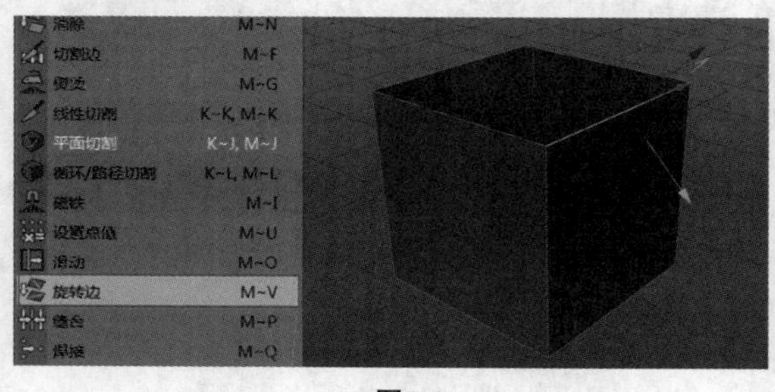

图7-61

图7-62

7.1.4 面模式新增命令介绍

1.内部挤压

“内部挤压”（快捷键为I）是很重要且常用的命令之一，它的作用是将选中的面以收缩或者扩展的方式新建一个面，经常配合挤压来使用。新建立方体，将其转换成可编辑对象，然后选择“面模式”，选中其中一个面，单击鼠标右键，选择“内部挤压”命令，按住鼠标左键向左拖曳，选中的面就会收缩角度并出现另一个面，如图7-63所示。

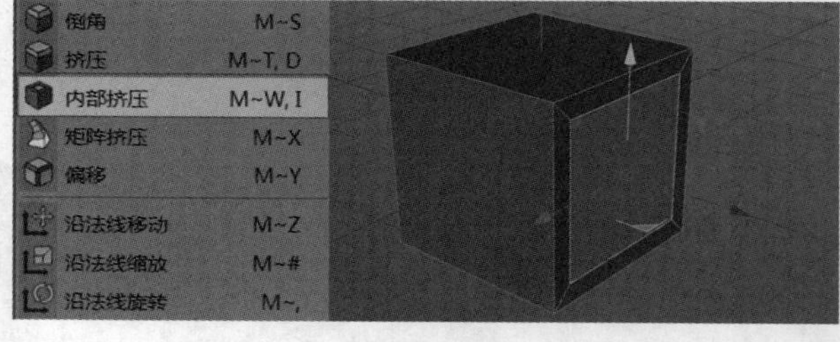

图7-63

单击鼠标右键，在弹出的菜单中选择“挤压”命令，将鼠标向左拖曳，面就会向z轴的反方向移动，立方体就会变成新的形状，如图7-64所示。

“内部挤压”中还有一个特别重要的概念就是保持群组。新建一个立方体，将“分段X”“分段Y”“分段Z”都设置为4，将立方体转换成可编辑对象，并在“面模式”下选中一个面，如图7-65所示。

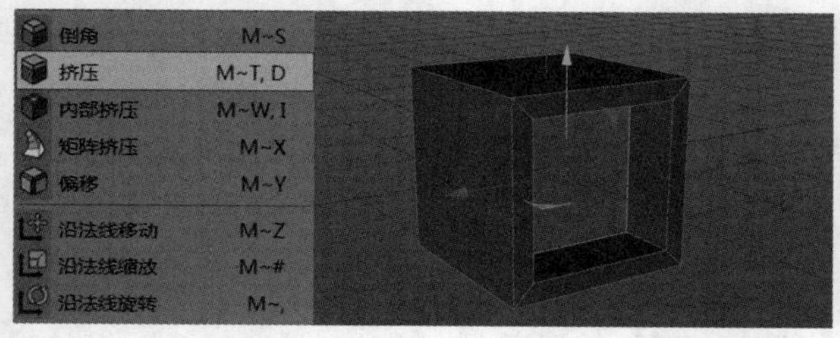

图7-64

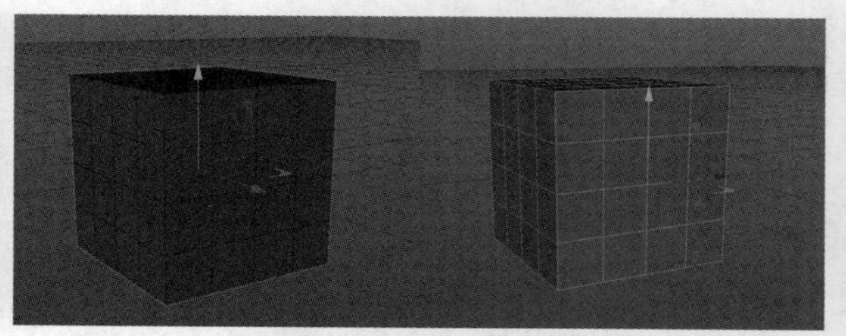

图7-65

单击鼠标右键，在弹出的菜单中选择“内部挤压”命令，在属性面板中分别将“保持群组”勾选与关闭，并进行内部挤压。可以看到，勾选“保持群组”选项的面还是一起进行内部挤压，而关闭该选项进行内部挤压时，将会根据分段的面进行单个操作，如图7-66和图7-67所示。

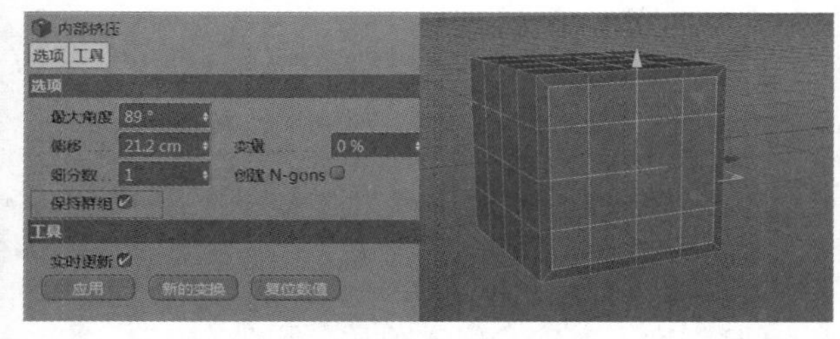

图7-66

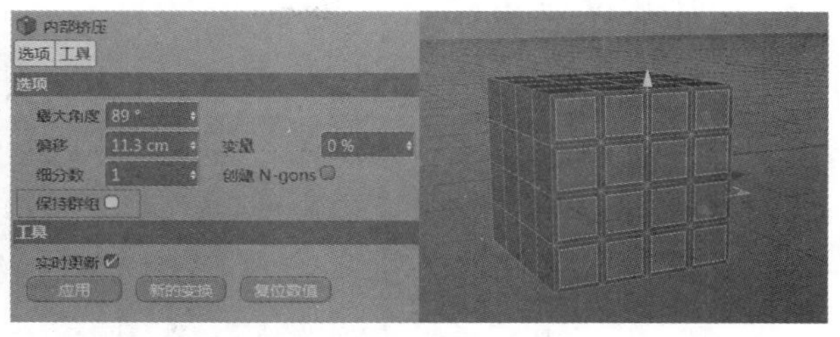

图7-67

2.矩阵挤压

“矩阵挤压”属于“内部挤压”的一种特殊类型，也是收缩创建一个新面，并以特定的角度旋转并进行挤压，如图7-68所示。

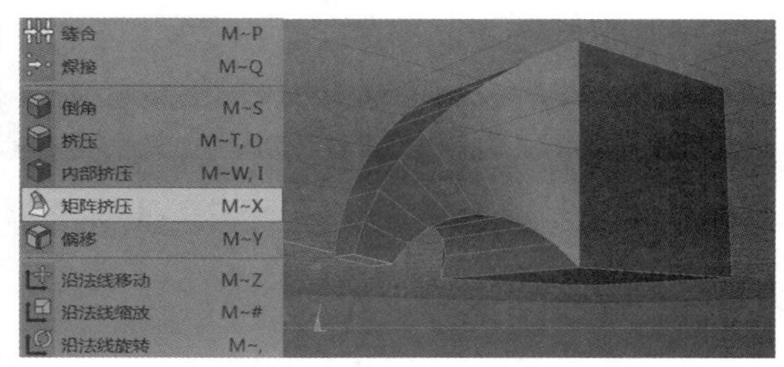

图7-68

3.偏移

“偏移”可以让几何体的面在法线方向上移动，并且复制出新的面。全选立方体所有的面，单击鼠标右键，在弹出的菜单中选择“偏移”命令，向右拖曳鼠标，立方体选中的面会向面的法线方向移动，并创建新的面，如图7-69和图7-70所示。

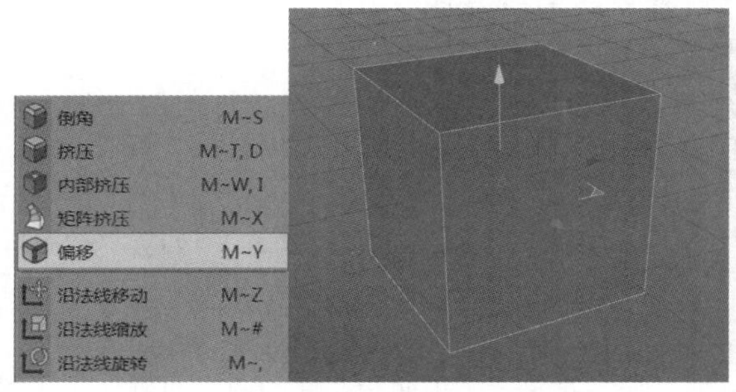

图7-69

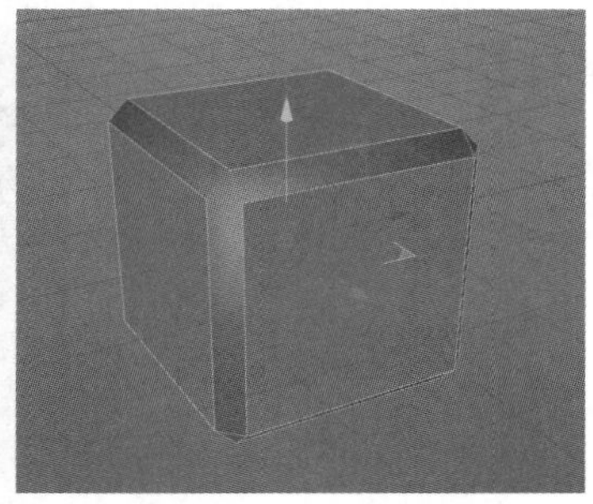

图7-70

4.沿法线移动/缩放/旋转和对齐/反转法线

“法线”即始终垂直于平面的虚拟线。沿法线方向，即沿垂直于平面的线方向。

5.坍塌

“坍塌”的作用是对选中的面进行消除，如图7-71所示。用得不是很多，了解即可。

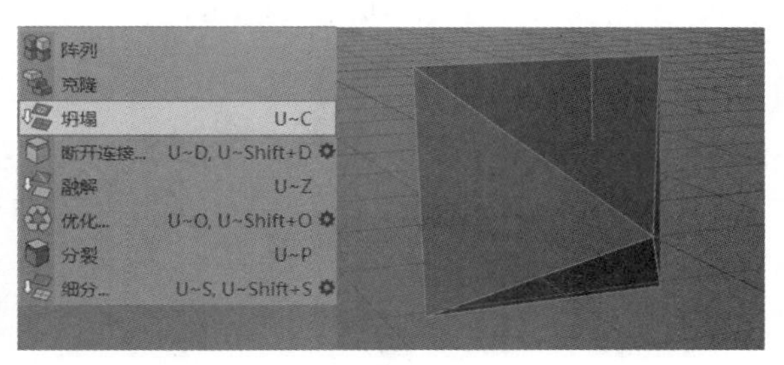

图7-71

6.细分

“细分”可以对选中的面进行分段，即增加多个面，可以对面进行多次细分，如图7-72所示。

7.三角化和反三角化

“三角化”是将正方形的面转换成两个三角形，而“反三角化”则是消除，如图7-73所示。

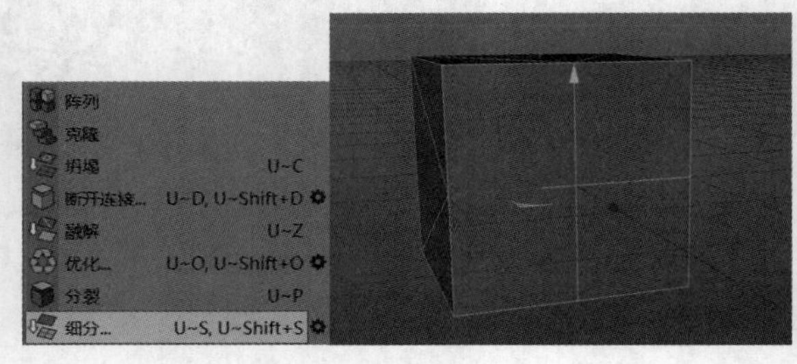

图7-72

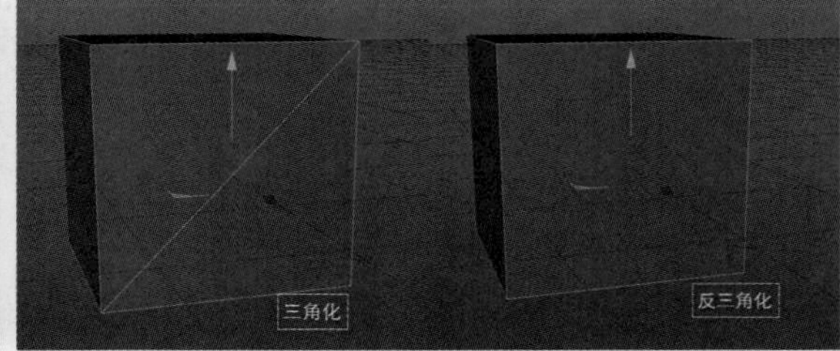

图7-73

7.2 编辑样条的点模式

7.2.1 课堂案例——建筑小楼

实例位置	实例文件>CH07>课堂案例——建筑小楼.c4d
素材位置	无
视频位置	CH07>课堂案例——建筑小楼.mp4
技术掌握	掌握点、线、面的常用命令使用方法

本案例主要用点、线、面的操作来完成小房子场景效果，效果如图7-74所示。

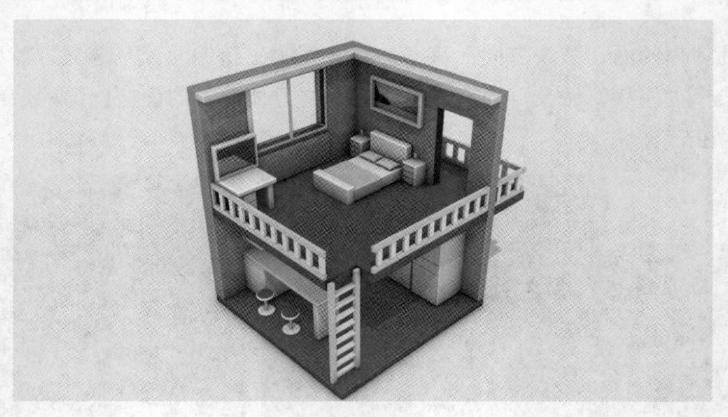

图7-74

01 新建立方体，保持默认大小，然后将其转换为可编辑对象，将顶面和相邻的两个面删除，如图7-75所示。

02 切换为“面模式”，按快捷键Ctrl+A全选所有的面，单击鼠标右键，在弹出的菜单中选择“挤压”命令，勾选“创建封顶”选项，如图7-76所示。

图7-75

图7-76

03 新建立方体，设置“尺寸.X”为205 cm，“尺寸.Y”为6 cm，“尺寸.Z”为 256 cm，将“分段X”“分段Z”设置为10，“分段Y”设置为1，如图7-77所示。

04 将立方体转换为可编辑对象，切换为“面模式”，将正对视口角落处的面删除，如图7-78所示。

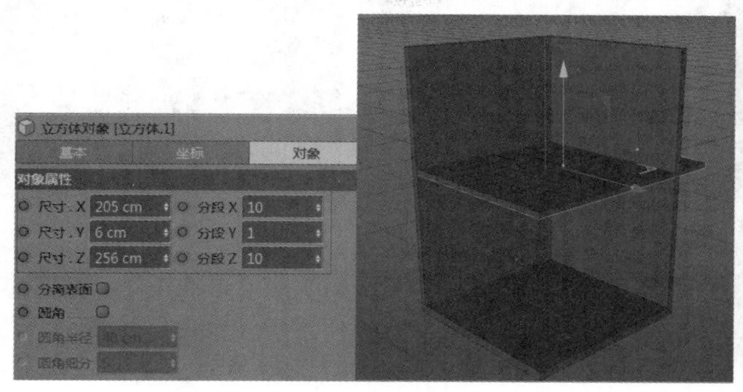

图7-77

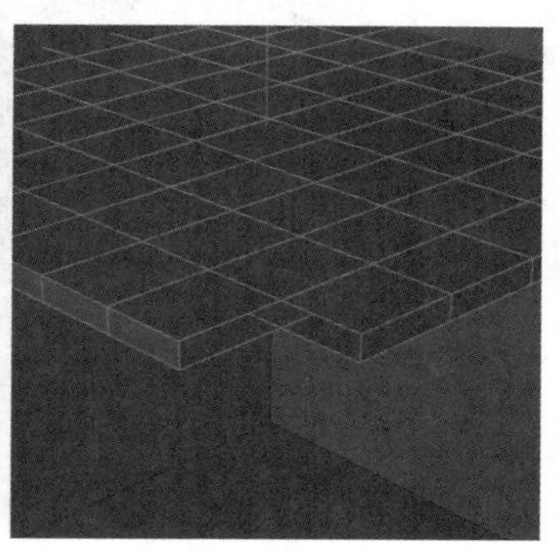

图7-78

05 切换为“边模式”，单击鼠标右键，在弹出的菜单中选择“桥接”命令，将删除的面封闭，如图7-79所示。

06 选择第一个立方体，切换为“边模式”，单击鼠标右键，在弹出的菜单中选择“循环/路径切割”，切出4条边，如图7-80所示。

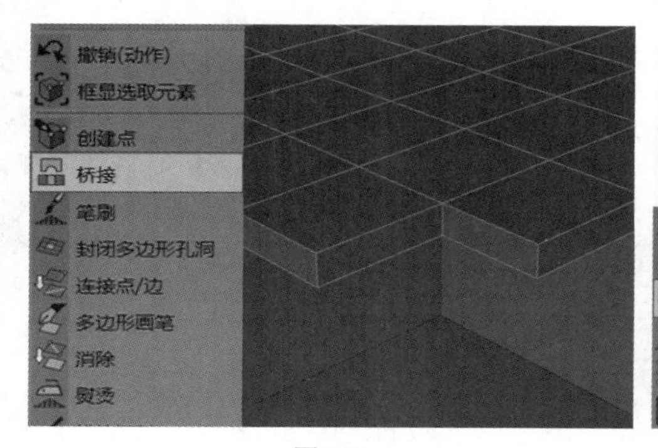

图7-79

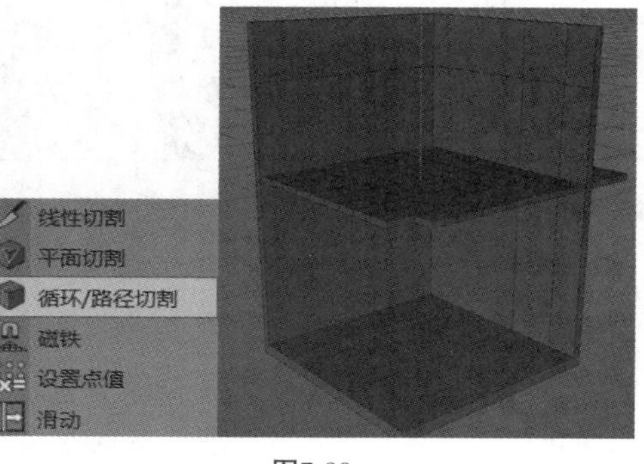

图7-80

07 切换为“面模式”，将不需要的面删除，如图7-81所示。

08 切换为“边模式”，选择“桥接”，将面封闭，如图7-82所示。

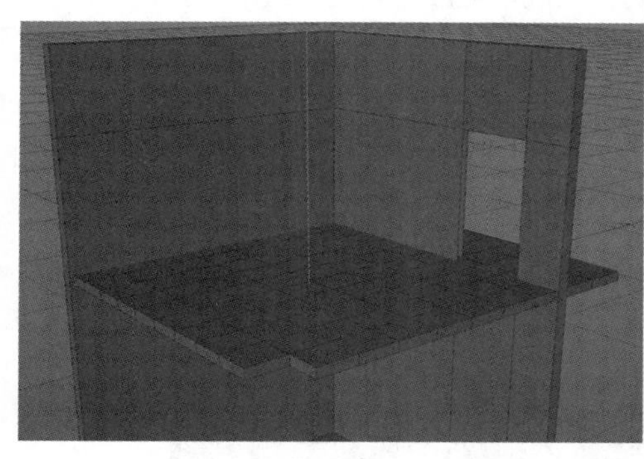

图7-81

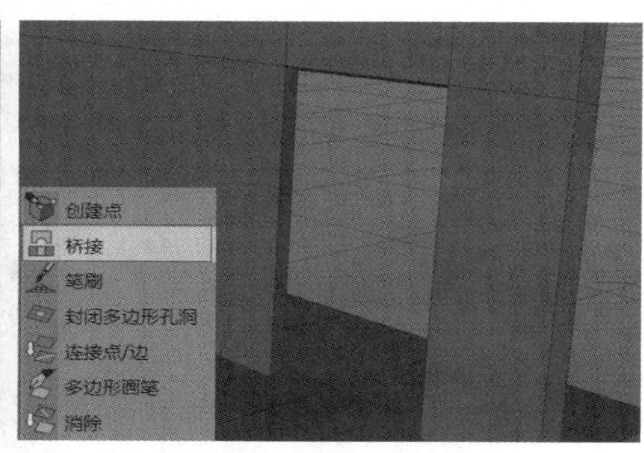

图7-82

09 制作顶部。新建立方体，将其转换为可编辑对象，缩放至合适的大小，并将多余的面删除，然后全选所有面，进行挤压，勾选“创建封顶”选项，挤压出厚度，如图7-83所示。

10 切换为“边模式”，选择“循环/路径切割”，将窗户的边切出来，并将多余的面删除，如图7-84所示。

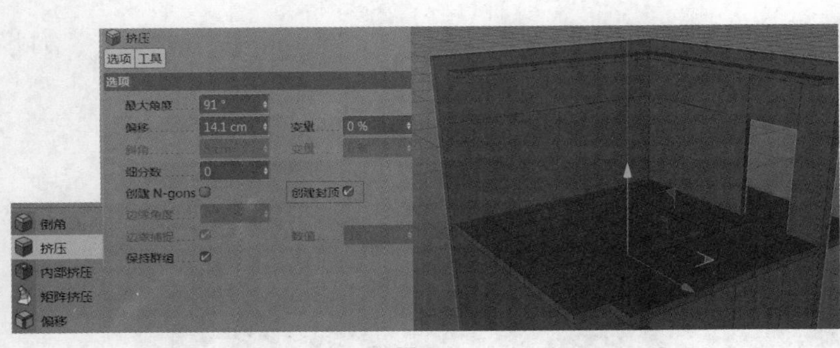

图7-83

图7-84

⑪新建晶格，将晶格的“圆柱半径”和“球体半径”都设置为1 cm，然后新建立方体，将“尺寸.X”设置为9 cm，“尺寸.Y”设置为60 cm，“尺寸.Z”设置为80 cm，并将立方体作为子级放置于晶格的下方，放置在窗户位置作为窗棂，如图7-85所示。

⑫新建样条矩形，将其转换为可编辑对象，切换为“点模式”，全选所有的点，单击鼠标右键，在弹出的菜单中选择“倒角”命令，形成圆角矩形。然后新建挤压，将矩形作为子级放置于挤压的下方，作为梳妆台的平面，其余部分及床都是由简单立方体组合而成的，并放置在合适的位置，如图7-86所示。

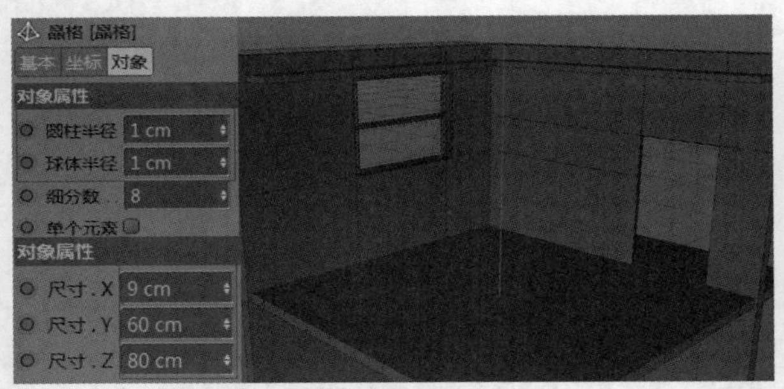

图7-85

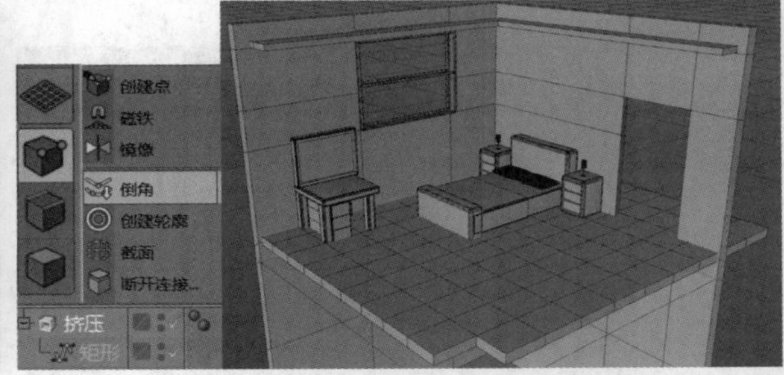

图7-86

⑬制作围栏。新建立方体，将“尺寸.X”设置为28 cm，“尺寸.Y”设置为6 cm，“尺寸.Z”设置为3 cm。然后新建克隆，并将立方体作为子级放置于克隆的下方，将克隆的“数量”设置为11，“位置.X”和“位置.Z”设置为0 cm，“位置.Y”设置为18 cm，接着新建两个立方体作为梯子的两端，设置“尺寸.X”为6 cm，“尺寸.Y”为186 cm，“尺寸.Z”为4 cm，楼梯制作完成，最后复制到合适的位置，如图7-87所示。

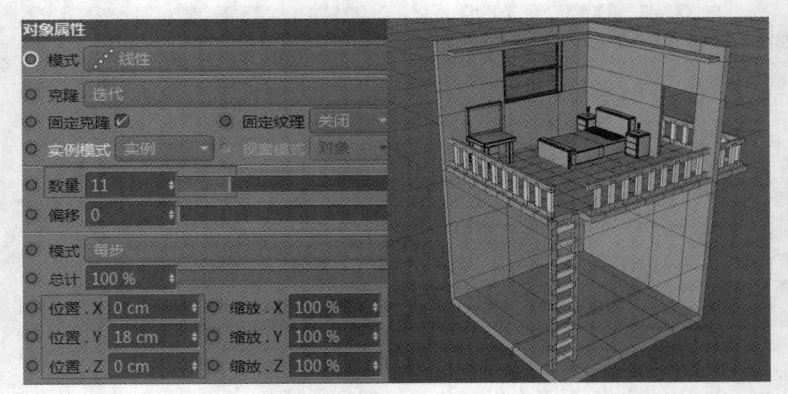

图7-87

⑭该案例的主要知识点已讲完，剩余的部分都是由简单立方体与圆柱体拼接而成的。建模完成后双击材质面板空白处创建材质球，双击材质球打开“材质编辑器”窗口，在“颜色”通道中将材质球的颜色设置为H:320°、S:20%、V:60%，如图7-88所示。

⑮双击材质面板空白处创建材质球，双击材质球打开“材质编辑器”窗口，在“透明”通道中将“折射率预设”设置为“玻璃”，将“折射率”设置为1.517，如图7-89所示。

⑯双击材质面板空白处创建材质球，双击材质球打开“材质编辑器”窗口，在“颜色”通道中将材质球的颜色设置为H:30°、S:15%、V:75%，如图7-90所示。

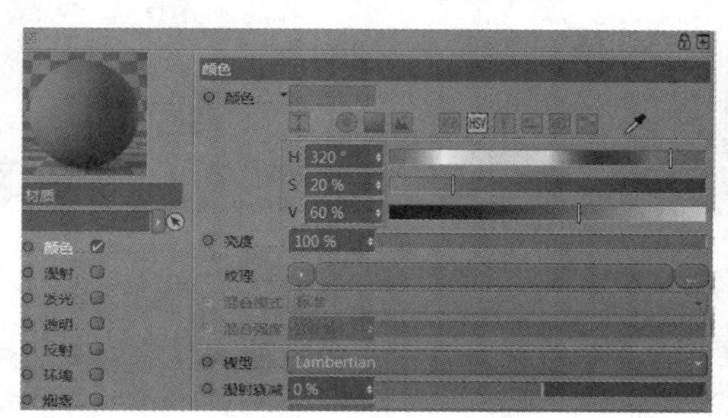

图7-88

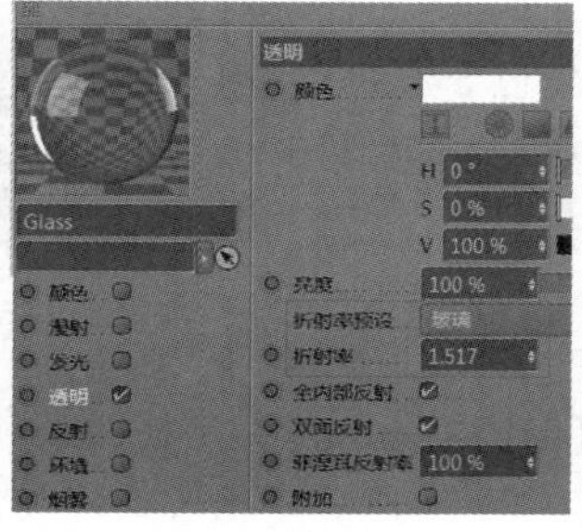

图7-89

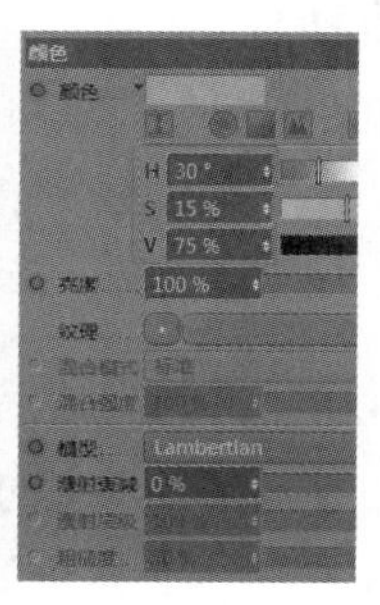

图7-90

⑰在“反射”通道中选择“类型”为GGX，并将“粗糙度”设置为20%，然后修改“菲涅耳”为“绝缘体”，如图7-91所示。

⑱其他材质用同样的方法设置，将设置好的材质添加到对应的模型上，并添加物理天空，然后在“渲染设置”窗口中添加“全局光照”和“环境吸收”，如图7-92所示。

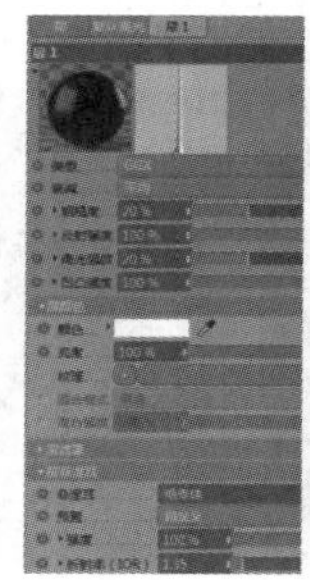

图7-91

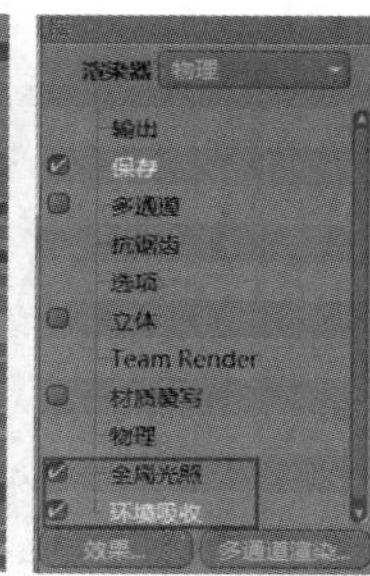

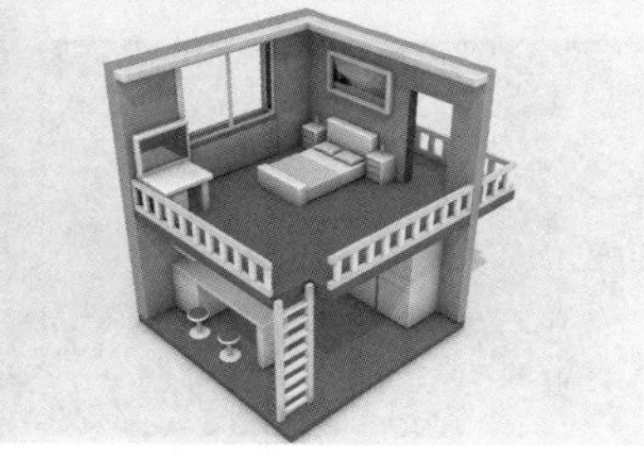

图7-92

7.2.2 编辑样条点模式的命令介绍

新建样条，将样条转换为可编辑对象，切换为“点模式”时，单击鼠标右键，这些命令才会出现，如图7-93所示。

这些命令里的大部分命令在前面讲几何体的点模式时都有讲过，就不做一一讲解了，这里只对不同的命令做详细介绍。

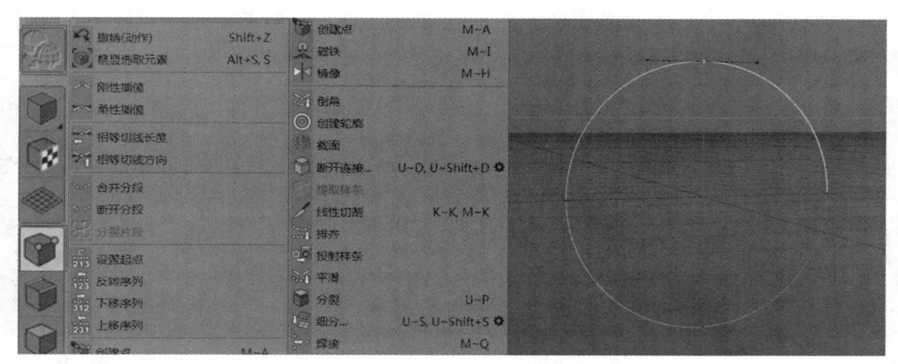

图7-93

1.刚性插值

“刚性插值”可以将点的连接方向以直角显示，并且会取消调整手柄，如图7-94所示。

2.柔性插值

“柔性插值”可以将点以一定的弧度连接，会有两个手柄，可以进行调整，如图7-95所示。

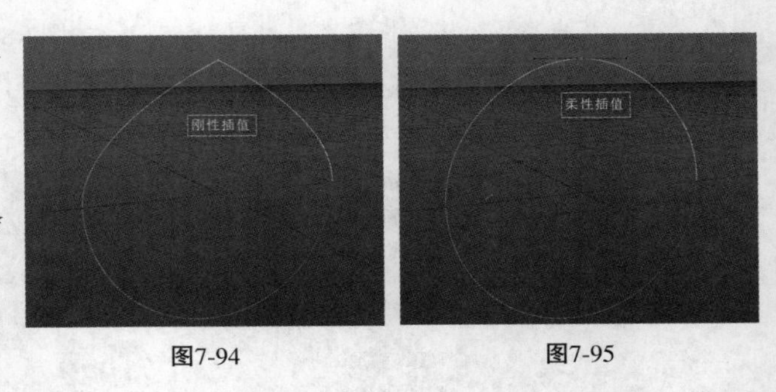

图7-94　　图7-95

3.相等切线长度

“相等切线长度”可以调整弧形两个手柄的长度，使其相等。将其中一个手柄缩短，如图7-96所示。单击鼠标右键，在弹出的菜单中选择“相等切线长度”命令，两个手柄长度就会成为相等的长度，如图7-97所示。

4.相等切线方向

“相等切线方向”指两个手柄的方向始终在一条切线上。例如，按住Shift键，让其中一个手柄改变切线方向，如图7-98所示。单击鼠标右键，在弹出的菜单中选择“相等切线方向”命令，两个手柄就会回到同一切线上，如图7-99所示。

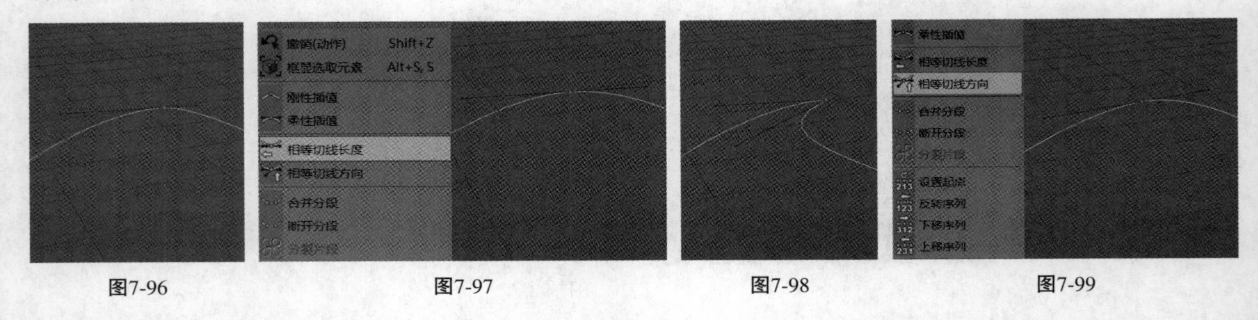

图7-96　　图7-97　　图7-98　　图7-99

5.合并分段

“合并分段”可以将两段样条合并成一个样条，操作方法是同时选择不同样条的两个点，例如，绘制两段样条，分别选中两段样条的一个点，如图7-100所示。单击鼠标右键，在弹出的菜单中选择“合并分段”命令，两个样条会合并成一个样条，如图7-101所示。

6.断开分段

可以将一个样条断开成多个样条。选中样条中的一个点，单击鼠标右键，在弹出的菜单中选择“断开分段”命令，圆环就成为一个不闭合的样条线，如图7-102所示。

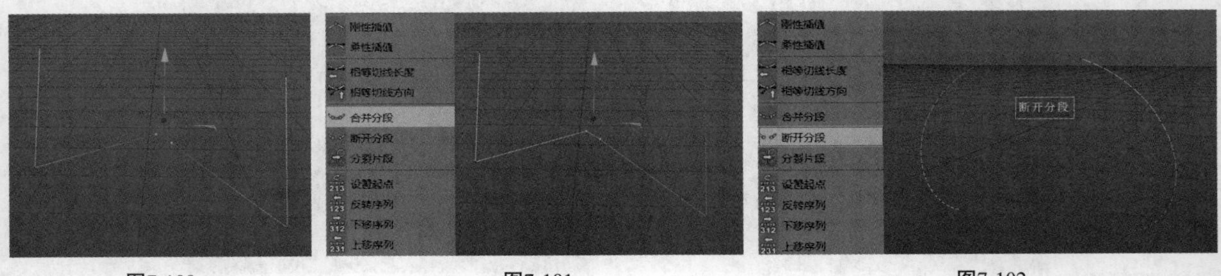

图7-100　　图7-101　　图7-102

7.分裂片段

“分裂片段”的作用是将不封闭的样条分裂成多个样条。选中点，单击鼠标右键，在弹出的菜单中选择“分裂片段”命令，图层面板中就会出现3段样条，如图7-103所示。

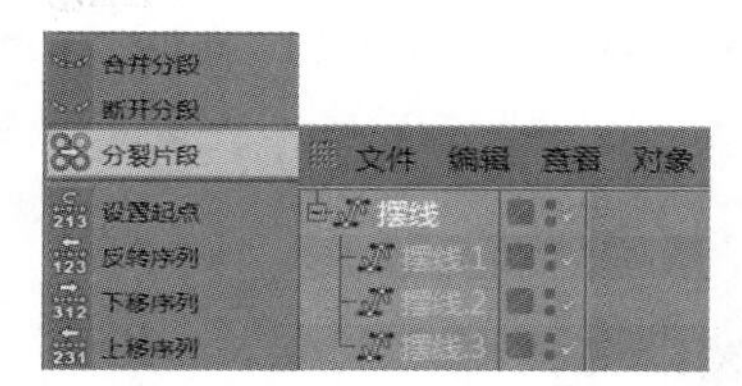

图7-103

8.样条点模式方向命令组

“设置起点”“反转序列”“下移序列”“上移序列”这4个命令都是关于样条的方向的。仔细观察样条，会看到样条的线是从深蓝色到白色过渡的，这就说明样条是有方向性的，不同的运转方向，会决定样条的开口方向。例如，将一个样条圆环的“闭合样条”选项关闭，可以看到默认的圆环的开口方向，如图7-104所示。

选择另外一个点，单击鼠标右键，在弹出的菜单中选择“设置起点”命令，再取消勾选“闭合样条”选项，可以看到，开口方向发生了变化，如图7-105所示。这个概念在工作中经常会用到，所以需要理解。

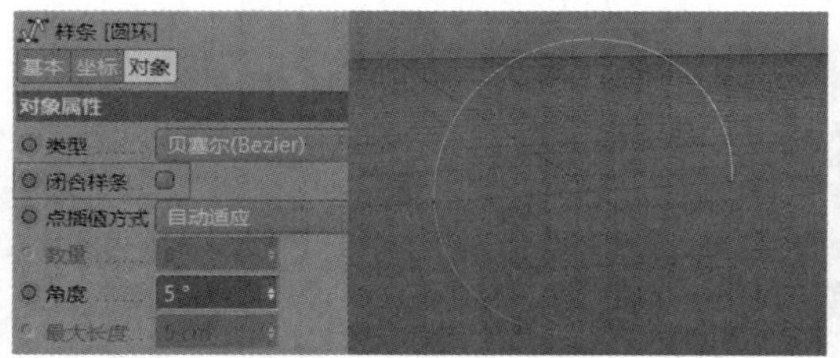

图7-104

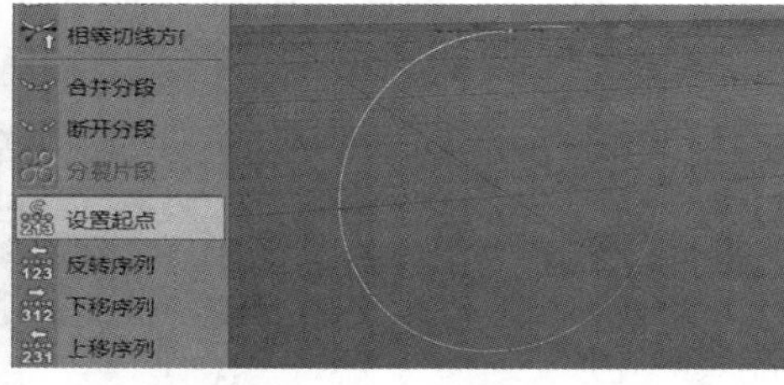

图7-105

样条的方向也代表了制作动画时的生长方向，起点在哪里就代表动画的生长点在哪里。新建两个样条圆环，将一个圆环的“半径”设置为10 cm，另一个圆环转换成可编辑对象，然后新建扫描，将“半径”为10 cm的圆环作为截面放在扫描的下方，另一个圆环作为路径放置到圆环的下方，设置“开始生长”为20%，如图7-106所示。

如果选择转换成可编辑对象的圆环，将最上面的点设置为起点，将“开始生长”设置为20%，生长方向就会发生变化，如图7-107所示。

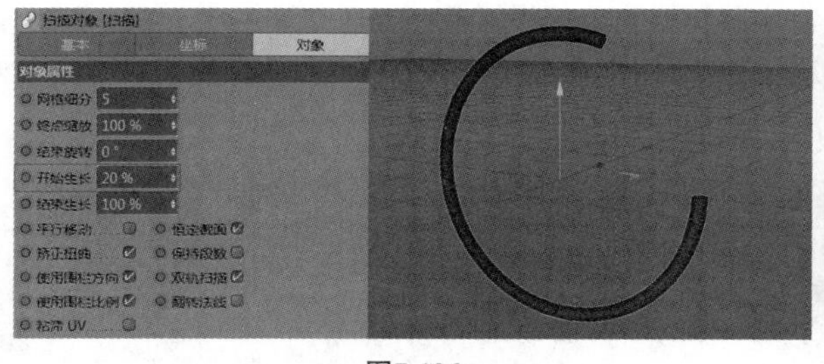

图7-106

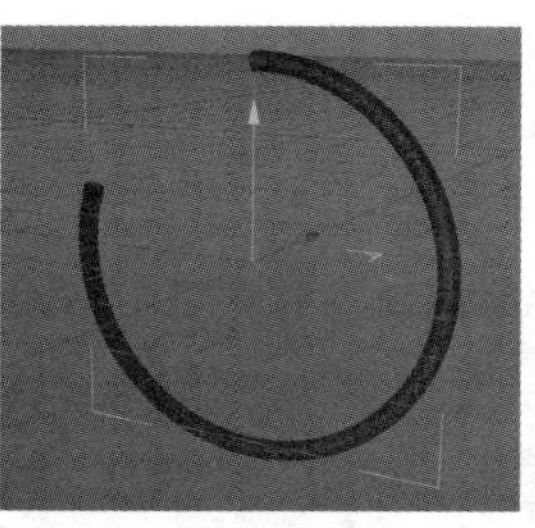

图7-107

“T字母制作”指样条的方向，一个重点运用就是制作图7-108所示效果的文字。

图7-108

9.创建轮廓

“创建轮廓”可以将样条的形状放大或者缩小，而不改变原始样条的形状。新建样条文本，输入字母“T”，选择“方正大黑_GBK”，将样条文本转换为可编辑对象，然后复制一个相同的样条，切换为“点模式”，选中其中的一个点，按快捷键Ctrl+A全选所有点，接着单击鼠标右键，在弹出的菜单中选择“创建轮廓”命令，向左拖曳鼠标，会创建出一个T字形的轮廓，再按Delete键，将T的外轮廓删除，如图7-109~图7-111所示。

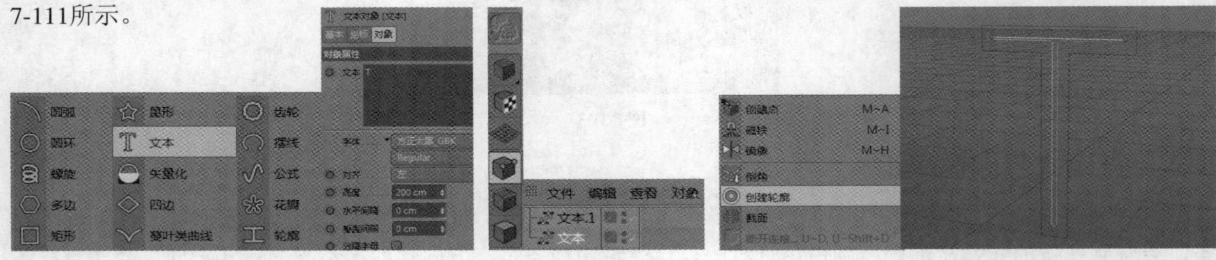

图7-109　　图7-110　　图7-111

将内轮廓的T向z轴方向移动一些，如图7-112这样直接进行放样，会出现错误。形成这种错误的原因就是内轮廓和外轮廓的序列方向不一致，所以要用到“设置起点”“反转序列”“下移序列”“上移序列”这4个命令。将放样关闭，切换为“点模式”，可以看到两个样条的过渡颜色是不统一的，如图7-113所示。

需要利用“上移序列”将内外两个轮廓的方向统一，如图7-114所示。调整正确后，打开放样，就会出现想要的效果，如图7-115所示。

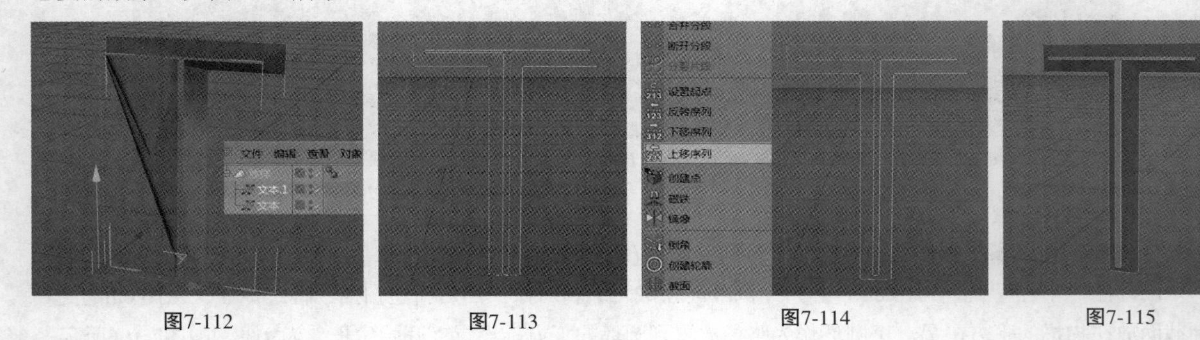

图7-112　　图7-113　　图7-114　　图7-115

10.截面

“截面”需要在两个样条线同时选中的前提下才能使用，它的作用是可以在两个样条的接触区域随意绘制样条。新建两个样条圆环，将其交叉，全部转换为可编辑对象，同时选中两个样条，选择“点模式”，单击鼠标右键，在弹出的菜单中选择“截面”命令，绘制（按住Shift键可以对样条进行平行和垂直绘制）时，可以看到，在公共区域会新建一个样条，如图7-116和图7-117所示。

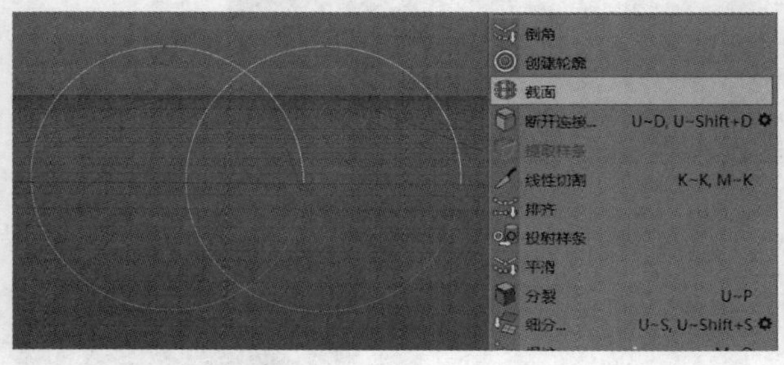

图7-116

图7-117

全选3个样条，单击鼠标右键，在弹出的菜单中选择“连接对象+删除”命令，就会成为一个整体样条。新建一个样条圆环，设置“半径”为7 cm，然后新建一个扫描，将圆环作为截面放置于扫描的下方，而样条作为路径放置到圆环的下方，就会做出新的模型，如图7-118和图7-119所示。

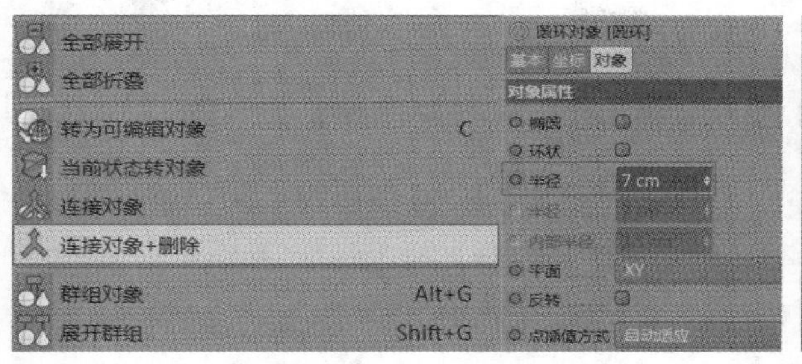

图7-118

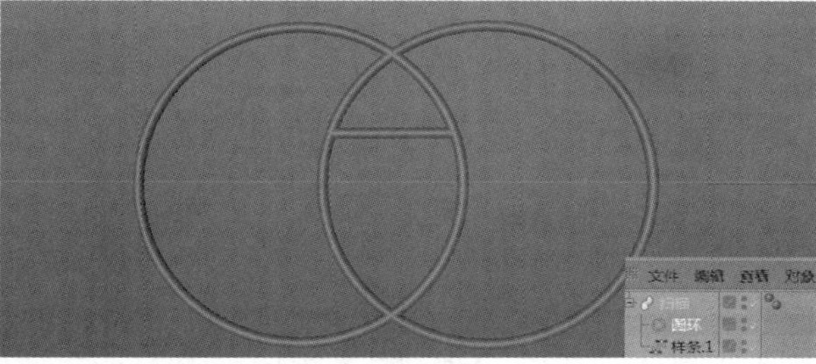

图7-119

11.提取样条

“提取样条”可以将几何体上的边提取出来，使其成为单独的样条。新建立方体，将其转换为可编辑对象，切换为“边模式”，然后选择随意的3条边，接着执行“网格>命令>提取样条”菜单命令，就可以将选中的3条边提取成单独的一个样条，如图7-120和图7-121所示。

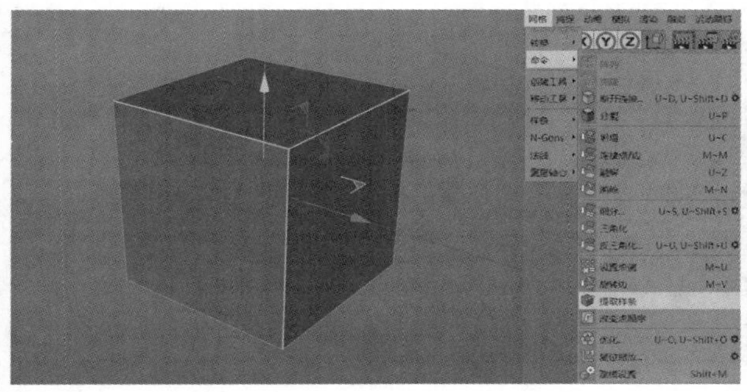

图7-120

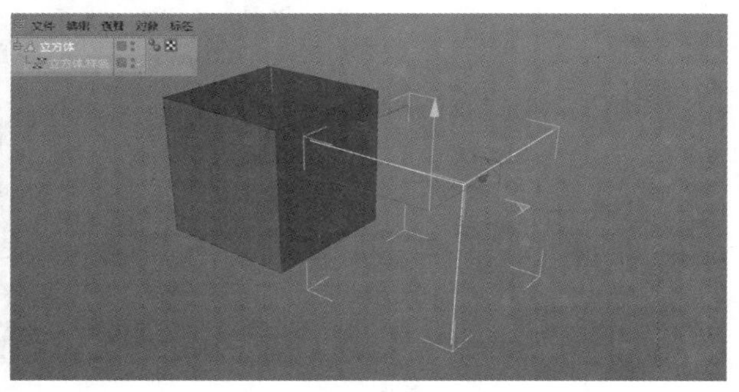

图7-121

12.排齐

以圆环为例，将圆环转换为可编辑对象，选中相邻的两个点，然后单击鼠标右键，在弹出的菜单中选择“排齐”命令，两个点之间的弧线就会变成直线，如图7-122所示。

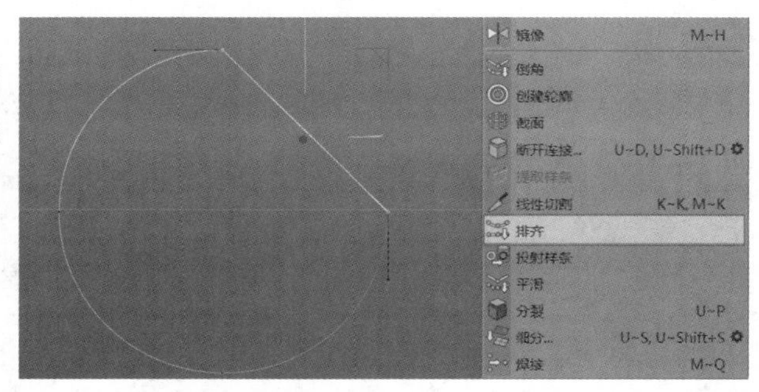

图7-122

13.投射样条

“投射样条”指将样条的形状投射到几何体上，并按几何体的形状进行分布。以球体为例，新建球体，再新建星形，将星形转换成可编辑对象，切换为正视图，将星形放在球体的正前方，并使其小于球体，如图7-123所示。

选中星形，然后单击鼠标右键，在弹出的菜单中选择“投射样条”命令，单击“应用”按钮，星形就会以球体的形状附着在球体的前方，如图7-124和图7-125所示。

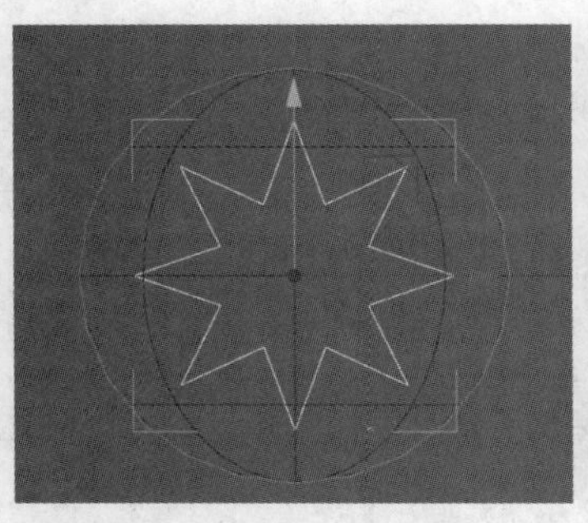

图7-123

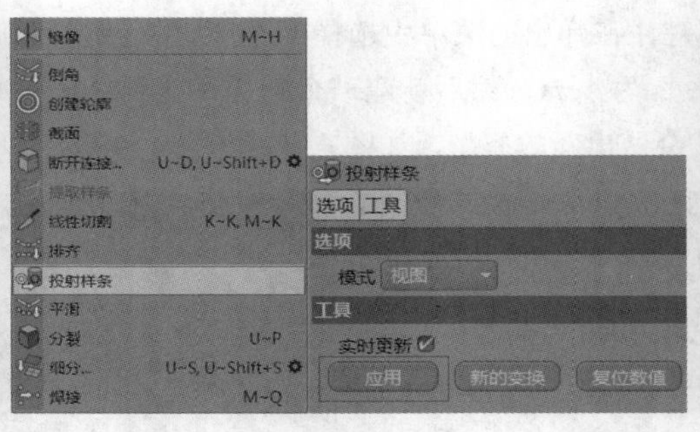

图7-124

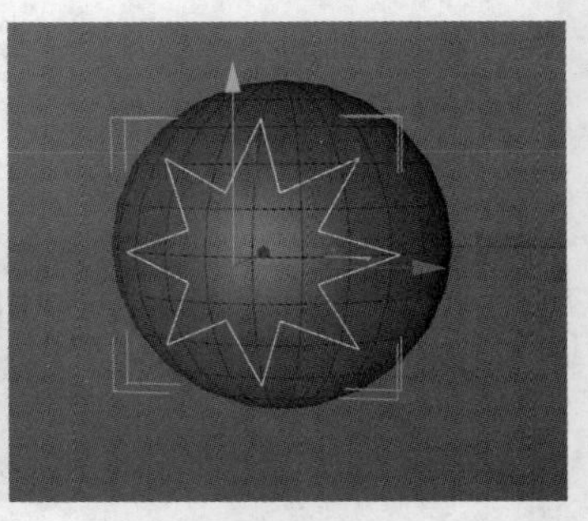

图7-125

7.3 课堂练习——创意房子

实例位置	实例文件>CH07>课堂练习——创意房子.c4d
素材位置	无
视频位置	CH07>课堂练习——创意房子.mp4
技术掌握	掌握点、线、面的常用命令

通过对本案例的练习，读者可以掌握点、线、面的常用命令，案例效果如图7-126所示。

图7-126

01 新建平面，将“宽度”设置为3100 cm，“高度”设置为6800 cm，然后新建立方体，设置“尺寸.X”为2400 cm，“尺寸.Y”为35 cm，“尺寸.Z”为250 cm，接着新建“立方体.2”，设置“尺寸.X”为2450 cm，“尺寸.Y”为35 cm，“尺寸.Z”为600 cm，如图7-127所示，效果如图7-128所示。

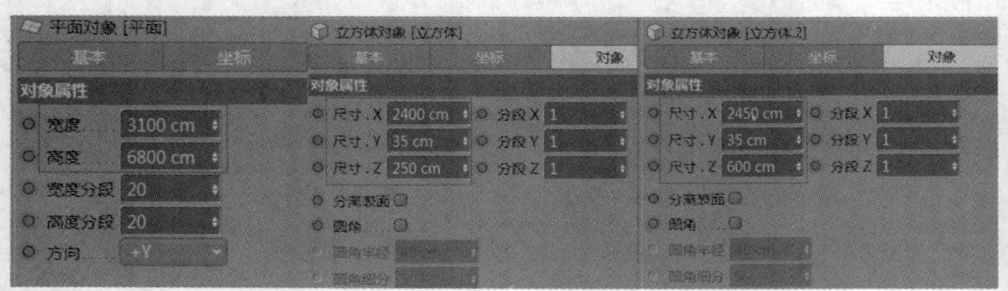

图7-127

图7-128

02 新建立方体，将其转换为可编辑对象，缩放到合适的大小，切换为“面模式”，选择顶部的面，单击鼠标右键，在弹出的菜单中选择“内部挤压”命令，向外挤出循环面，然后单击鼠标右键，在弹出的菜单中选择“挤压”命令，挤出一定的面，接着继续进行“内部挤压”，多次操作，做出房子的顶部。用同样的操作，选择立方体其他的面，向里挤压出几个面，房子建模完成，如图7-129所示。

03 新建运动图形文本，输入所需的文字“OFFICE”，将“深度”设置为15.6 cm，“细分数”设置为1，并放置于房子的顶部。然后新建立方体，设置“尺寸.X”为230 cm，“尺寸.Y”为62 cm，“尺寸.Z”为48 cm，并添加其他元素，如图7-130所示。

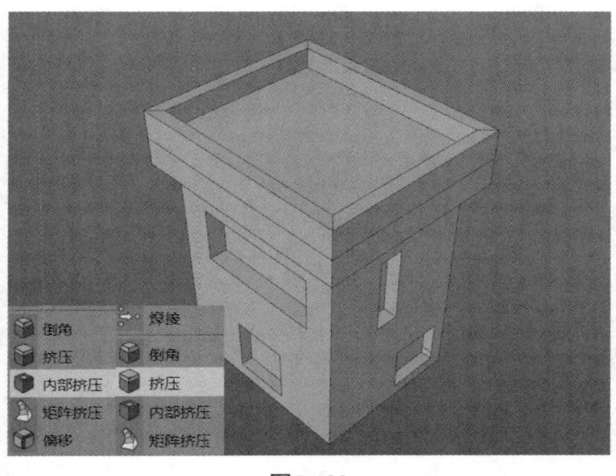

图7-129

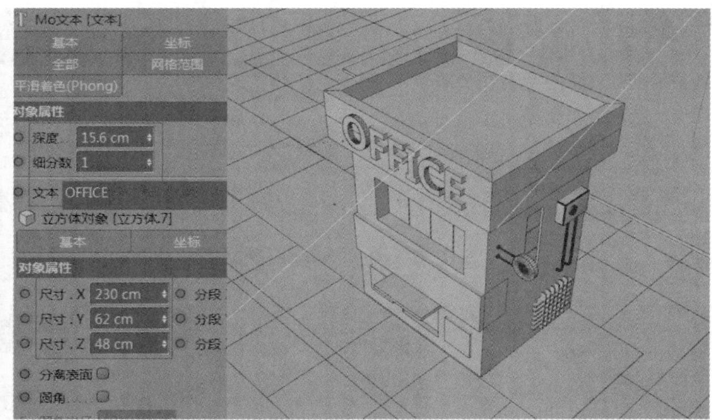

图7-130

04 绘制样条，并新建克隆及立方体，设置立方体的“尺寸.X”为80 cm，“尺寸.Y”为1 cm，“尺寸.Z”为18 cm，将克隆的“模式”设置为“对象”，然后将样条拖至克隆“对象”选框中，并将“数量”设置为20，街道线绘制完成，如图7-131所示。

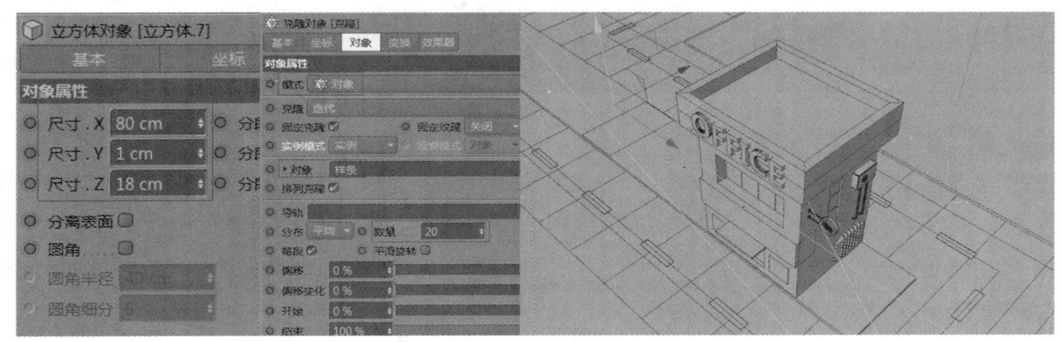

图7-131

05 添加卡通树等元素，建模完成。双击材质面板空白处创建材质球，双击材质球打开“材质编辑器”窗口，在“颜色”通道中将材质球的颜色设置为H:190°、S:85%、V:100%，如图7-132所示。

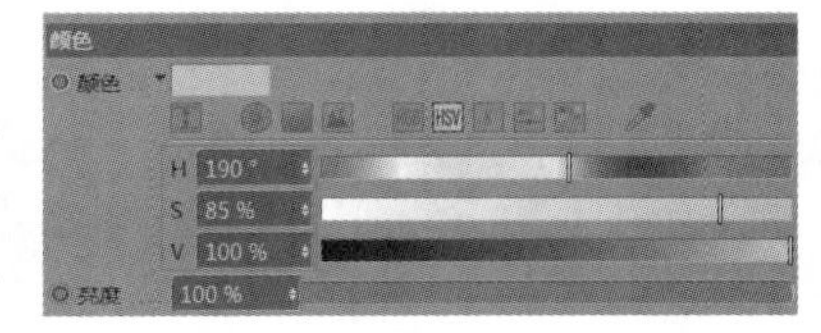

图7-132

06 在“反射”通道中将高光“宽度”设置为50%，“高光强度”设置为20%，其他保持不变，如图7-133所示。

07 采用同样的方法设置其他材质，只改变颜色即可，将设置好的材质添加到对应的模型上，然后添加物理天空，接着在“渲染设置”窗口中添加“全局光照”和“环境吸收”，如图7-134所示。最终渲染效果如图7-135所示。

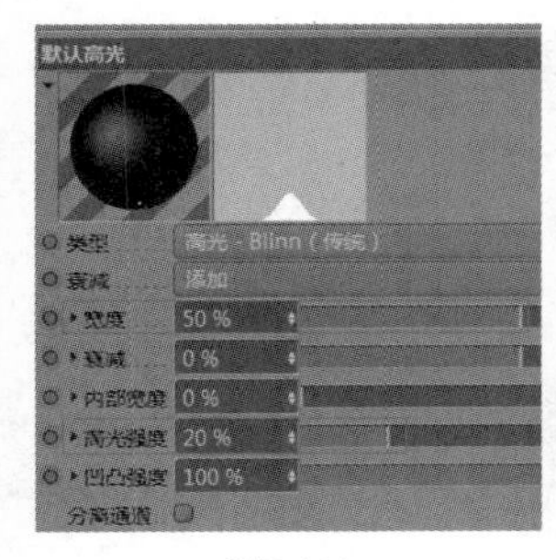

图7-133

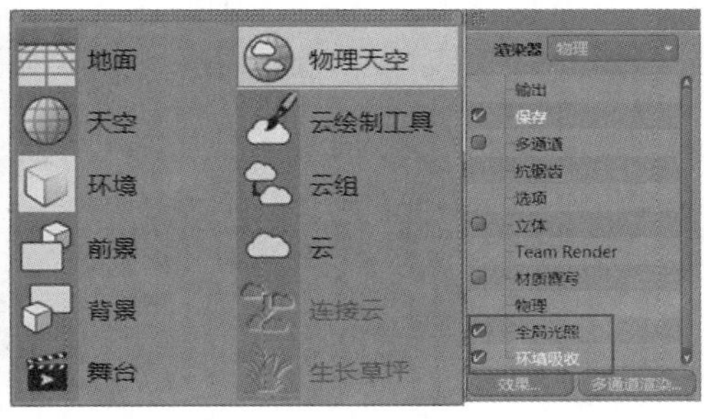

图7-134

图7-135

7.4 课后习题——创意建筑

实例位置	实例文件>CH07>课后习题——创意建筑.c4d
素材位置	无
视频位置	CH07>课后习题——创意建筑.mp4
技术掌握	掌握点、线、面的常用命令

通过对本习题的练习，读者可以掌握点、线、面的常用命令，效果如图7-136所示。

图7-136

关键步骤提示

第1步，新建样条线中的矩形，并转换为可编辑对象，利用点、线、面的操作，并配合挤压来制作建筑的底座模型效果。

第2步，新建立方体，并转换为可编辑对象，利用点、线、面的操作，来制作建筑的模型，并配合克隆工具来制作装饰的柱子效果。

第3步，利用OC渲染器，添加黄金材质、普通材质及灯光，进行最终的渲染。

第8章 灯光与材质渲染模块

Cinema 4D的四大重要模块有建模、灯光、材质和渲染。灯光是Cinema 4D中非常重要且必不可少的模块，它可以照亮整个场景，并让场景显得更加自然、真实。在Cinema 4D中材质系统同样非常强大，好的材质对一个好的作品起到至关重要的作用。本章重点介绍灯光与材质的使用，这是读者必须掌握的内容。

课堂学习目标

- 掌握灯光的使用方法
- 掌握3种布光的方法
- 掌握反光板的使用方法
- 掌握材质与纹理的使用方法

8.1 灯光

8.1.1 课堂案例——扫尾投影字

实例位置	实例文件>CH08>课堂案例——扫尾投影字.c4d
素材位置	无
视频位置	CH08>课堂案例——扫尾投影字.mp4
技术掌握	掌握灯光中远光灯的使用方法

本案例将通过投影字的制作来加深读者对灯光的理解，效果如图8-1所示。

图8-1

01 新建平面，将“宽度”设置为1500 cm，“高度”设置为860 cm，并旋转90°，垂直于网格，然后新建样条文本，输入“AYOU”文字，接着新建挤压，将文本作为子级放置于挤压的下方，如图8-2所示。

02 将挤压的“移动”设置为0cm、0 cm、30 cm，并将“顶端”和“末端”都改为“圆角封顶”，“步幅”都设置为1，“半径”都设置为2 cm，如图8-3所示。

03 新建摄像机，使摄像机垂直于平面，并将设置坐标“P.X”为300 cm，“P.Y”为82 cm “P.Z”为-2000 cm，其他数值保持默认不变，将“投射方式”设置为“平行”，如图8-4所示。

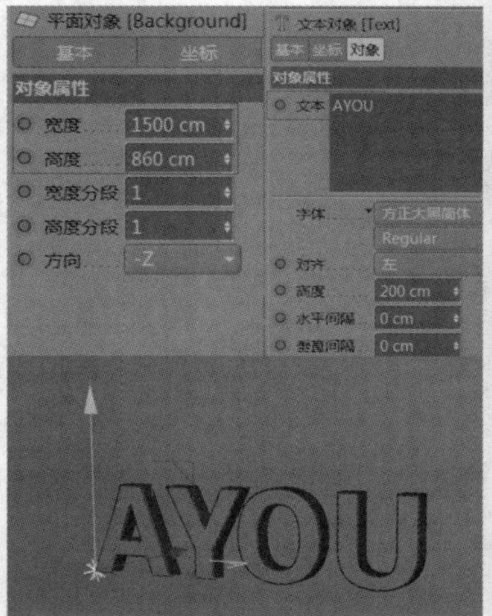

图8-2

图8-3

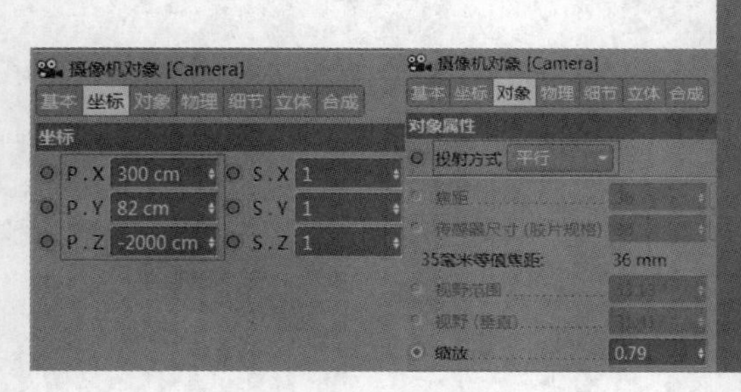

图8-4

04 进入摄像机视图，新建远光灯，将“强度”设置为350%，“投影”设置为“光线跟踪（强烈）”，设置坐标的“R.H”为-86°，“R.P”为-75°“R.B”为0°，如图8-5所示。渲染后，投影的效果如图8-6所示。

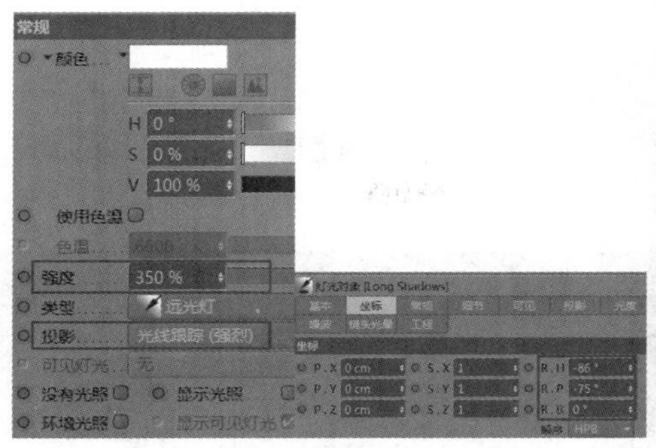

图8-5

图8-6

05 双击材质面板空白处创建材质球，双击材质球打开“材质编辑器”窗口，在“颜色”通道中将材质球的颜色设置为H:4°、S:78%、V:98%，如图8-7所示。然后取消勾选“反射”通道，并将材质指定给文字层。

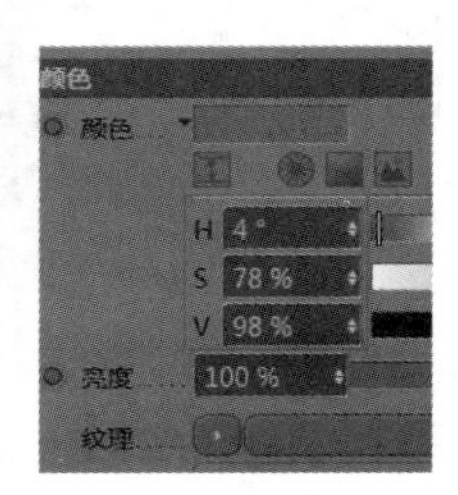

图8-7

06 双击材质面板空白处创建材质球，双击材质球打开“材质编辑器”窗口，在“颜色”通道中将材质球的颜色设置为H:0°、S:0%、V:11%，如图8-8所示。然后取消勾选“反射”通道，并将材质指定给墙壁层。

07 在“渲染设置”窗口中添加“全局光照”和“环境吸收”，如图8-9所示。最终渲染效果如图8-10所示。

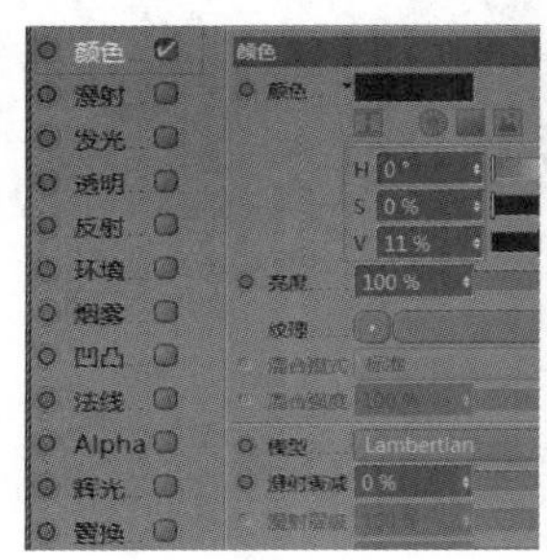

图8-8

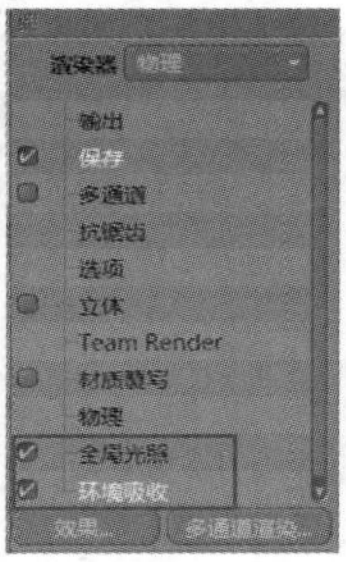

图8-9

图8-10

8.1.2 灯光类型

灯光的图标是一个灯泡，它位于摄像机的后方，如图8-11所示。它有“灯光”“点光”“目标聚光灯”“区域光”“IES灯”“无限光”“日光”“PBR灯光”8种类型，如图8-12所示。

除了上述这几种类型外，还有“四方聚光灯”“平行光”“圆形平行聚光灯”“四方平行聚光灯”这4种，位于灯光属性的“类型”选项中，如图8-13所示。

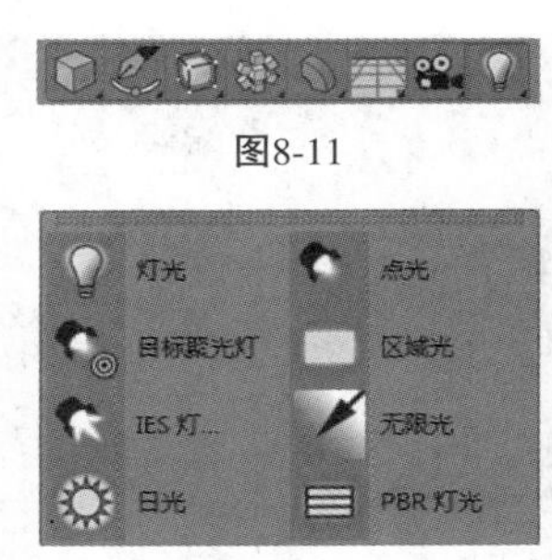

图8-11

图8-12

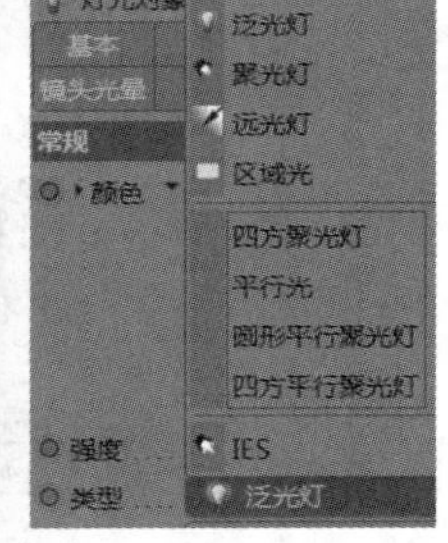

图8-13

1.灯光（泛光灯）

就如同日常使用的灯泡一样，它的灯光是向四周发散的。

新建一个灯光，将灯光属性中的“可见灯光”设置为“可见”，单击“渲染活动视图”，可以看到，灯光就会向四周发散，如图8-14所示。

2.点光（聚光灯）

“点光（聚光灯）”指灯光向一个方向并在一定的范围内发散。

新建聚光灯，将“可见灯光”设置为“可见”，单击“渲染活动视图”，灯光就会从一个点发射灯光，可以模拟车灯效果，如图8-15所示。

图8-14

图8-15

3.目标聚光灯

“目标聚光灯”的作用和聚光灯是一样的，不同的是，目标聚光灯在聚光灯后加了目标标签，代表聚光灯始终指向目标对象。

新建目标聚光灯，会出现一个聚光灯和一个空对象，移动空对象，灯光的指向也会随之移动，如图8-16所示。

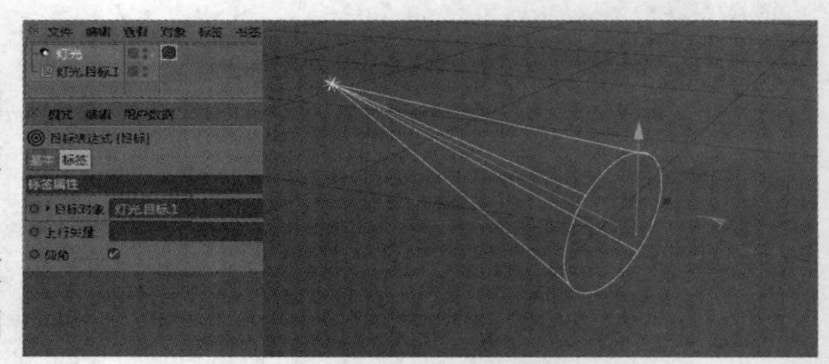

图8-16

4.区域光

“区域光”是工作中用得最多的灯光类型，它的作用是通过一个面向四周发散灯光，而这个面的大小可以随意控制，可控性比较强，经常当柔光灯箱使用。

新建一个立方体，将立方体转换为可编辑对象，将前面的一个面删除，新建区域光，将“强度”调整为150%，进行窗口渲染，如图8-17所示。

而将“类型”改变为“泛光灯”，其他保持不变，再进行渲染，可以看到，少了很多细节，如图8-18所示。

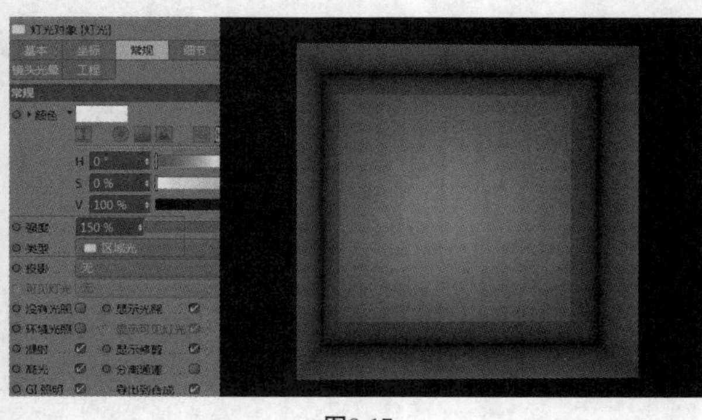

图8-17

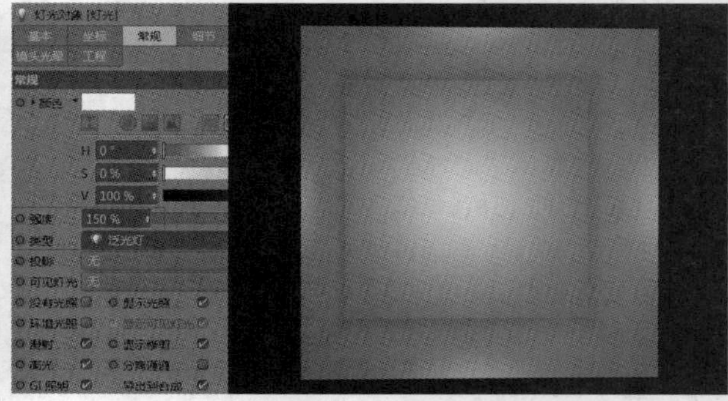

图8-18

5.IES灯

这种类型的灯光在家装中用得比较多，它的作用是利用预置的灯光贴图来制作可见灯光效果，它是有指向性的。如果直接在灯光中选择IES灯，会出现打开路径，既可以在网络上下载一些IES灯进行使用，也可以使用软件内置IES灯。打开方法：新建一个灯光，将类型切换为IES灯光，找到“光度”选项，如图8-19所示。

打开“内容浏览器”，输入“ies”，单击“查找”按钮，就会搜索出许多IES灯光，随便选择一种，拖曳至光度数据“文件名”文本框中，如图8-20所示。

新建平面，竖直旋转90°，将灯光放置于平面的前方，可以看到，IES灯光就会显示预置的灯光，如图8-21所示。

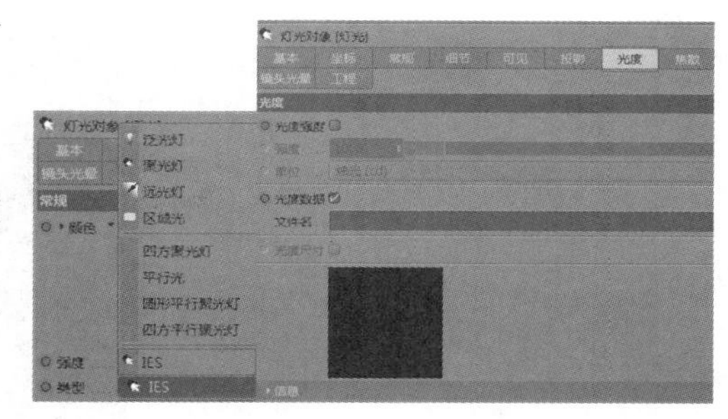

图8-19

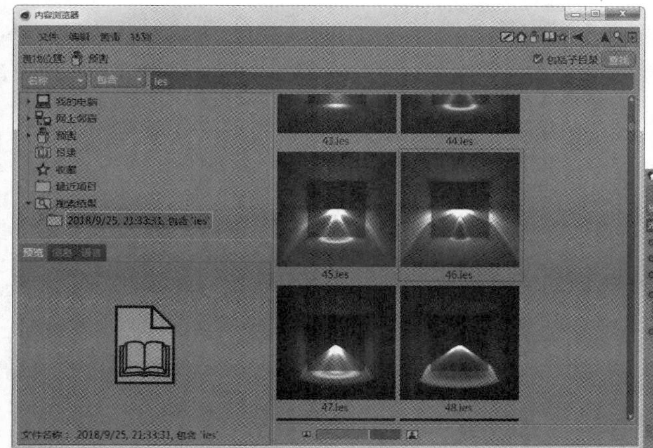

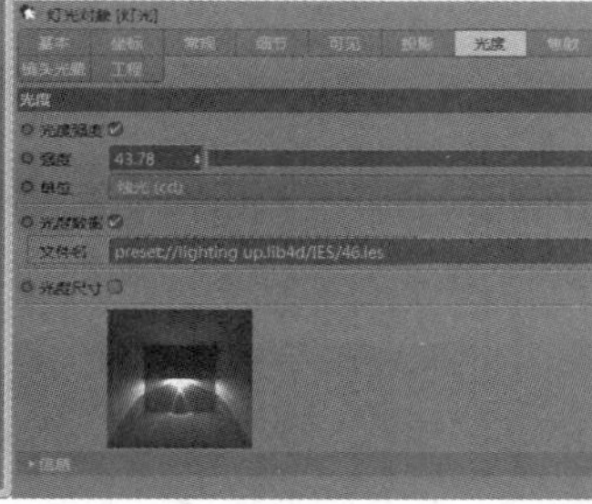

图8-20

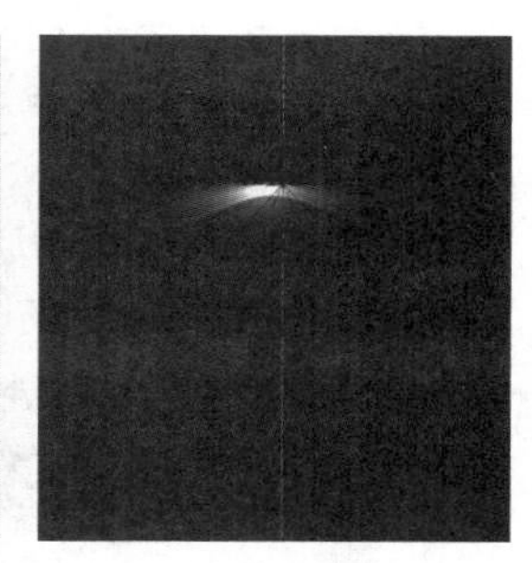

图8-21

6.无限光（远光灯）

经常用它来模拟太阳光，是无限大的，可以在场景的任何位置进行灯光的调节。而且远光灯的阴影比起其他灯光的阴影更加明显，也可以用来模拟窗户照进来的光。

新建平面，设置“宽度”为1100 cm，“高度”为1300 cm，竖直旋转90°，再新建立方体，设置大小为106 cm，放置于平面的上方，新建远光灯，调整灯光的位置，在视图选项中将“投影”打开，渲染视图窗口，如图8-22和图8-23所示。

如果将“远光灯”改为“区域光”，其他设置不变，再对它进行渲染，可以看到阴影就不是太明显了，如图8-24所示。

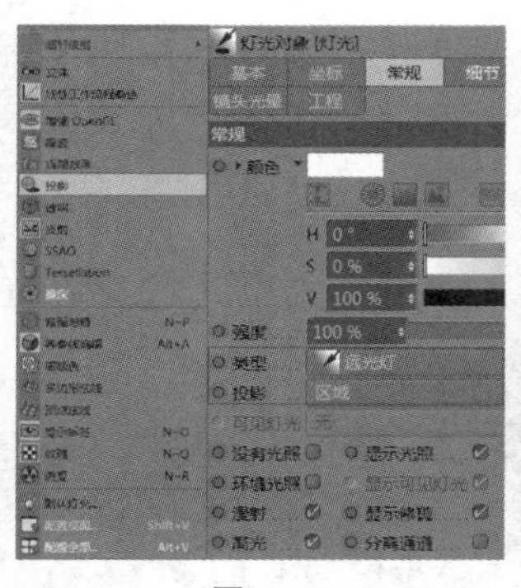

图8-22

图8-23

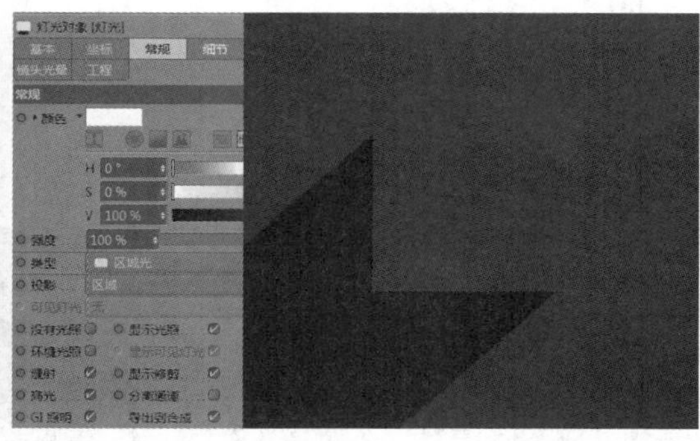

图8-24

7.日光

如同给“远光灯”加了日光标签，指太阳的表达式，可以调整时间来测定灯光的位置、颜色等。它的功能和远光灯是一样的，属性如图8-25所示。

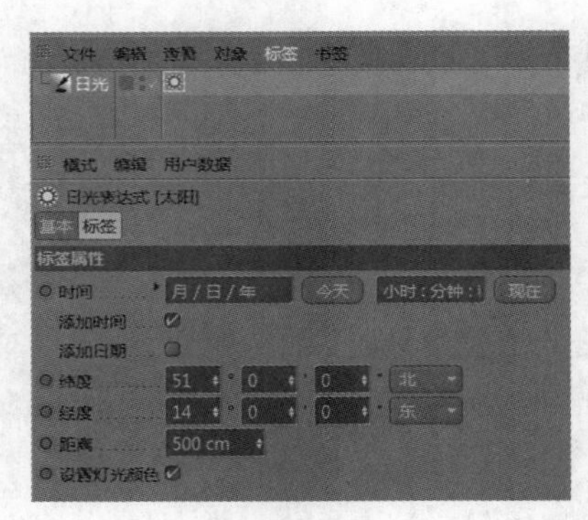

图8-25

8.四方聚光灯

该灯光和聚光灯的功能是一样的，它的光照范围形状是四方的，将“类型”切换为“四方聚光灯”，将“可见灯光”设置为“可见”，效果如图8-26所示。

9.平行光

“平行光”是有指向性的，而且它是由面发散的，指向的区域是被照亮的，而没有指向的区域是漆黑一片的，效果如图8-27所示。

图8-26

图8-27

10.圆形平行聚光灯

该灯光也是有指向性的，和聚光灯的功能是一样的，不同的是，聚光灯是以一个点发射，而圆形平行聚光灯是以圆形发射，改变圆半径的大小可以改变灯光的大小，效果如图8-28所示。

11.四方平行聚光灯

该灯光同样有指向性，以正方形向外发射平行光，改变方形的大小可以改变灯光的大小，效果如图8-29所示。

不同的场景需要不同的灯光类型作为辅助，才能打出更好的灯光。

图8-28

图8-29

8.1.3 灯光的常用参数

新建灯光，右侧对象属性中会显示灯光参数，如图8-30所示。

在灯光参数中，最重要的是“常规”中的所有参数，其他的参数是对常规中的参数做细节调整的。如“投影”，常规中将“投影”改为“区域”，在其后的“投影”选项中可以对“投影”的参数进行细节调整，如图8-31所示。

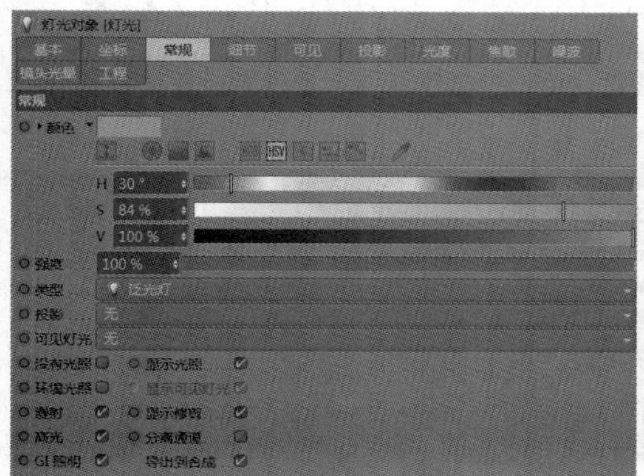

图8-30

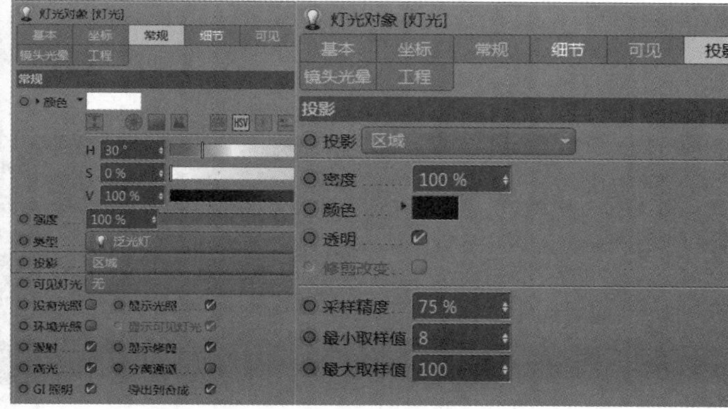

图8-31

1.常规

颜色

它的作用是调节灯光的颜色，Cinema 4D设置了很多种调节灯光颜色的模式，如色轮、光谱、图中取色、RGB、HSV、K（色温）、颜色混合、色块、吸管，如图8-32所示。可以根据不同的情况选择不同的模式进行调色。

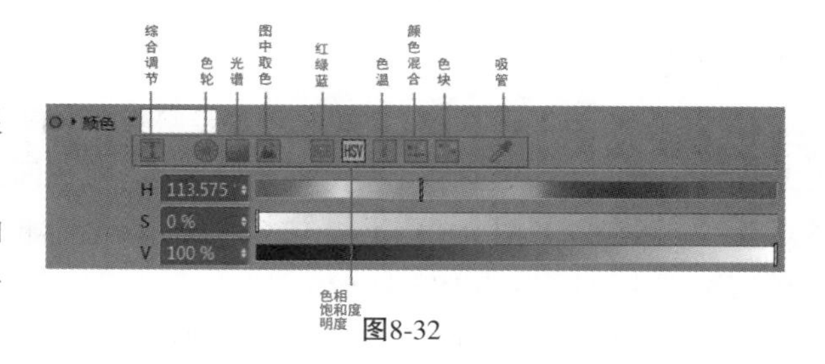

图8-32

技巧与提示

Cinema 4D默认的调色模式是HSV，即色相、饱和度、明度，这种调节方法可以很容易选取想要的颜色，也是很常用的一种调节模式，但是对于灯光调色，建议还是用K（色温）来进行调色，如图8-33所示，很容易区分冷色和暖色，在场景布光时非常有用。吸管工具也经常用到，可以利用吸管来吸取图案颜色，其他调色模式了解即可。

“强度”即灯光的亮度，虽然滑块只到100%，但是没有上限，可以继续往上调整。例如，将“强度”设置为200%，如图 8-34 所示。

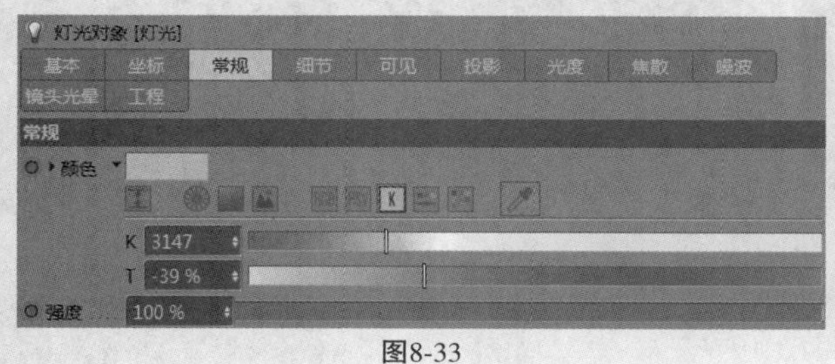

图8-33

图8-34

投影

“投影”有“无”“阴影贴图（软阴影）”“光线跟踪（强烈）”“区域”4种类型，如图8-35所示。“光线跟踪（强烈）”是渲染速度最快的，但是细节不是太明显，渲染出的阴影太强烈，不是太自然，如图8-36所示。“区域”阴影是最为真实、最接近

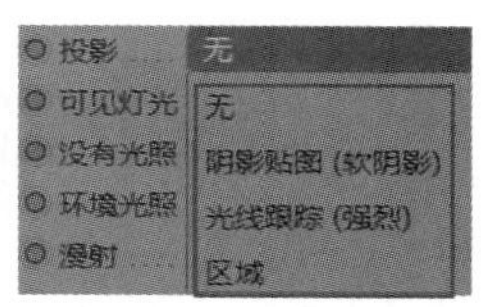

图8-35

自然阴影的，但是渲染速度是最慢的，如果需要精细且自然逼真的图，建议使用区域阴影，如图8-37所示。“阴影贴图（软阴影）”是居于“光线跟踪（强烈）”和“区域”两者中间的一种阴影，效果及渲染速度都是次于“区域”而好于“光线跟踪（强烈）”的，在不同的场景中可以根据需要选择使用，如图8-38所示。

图8-36

图8-37

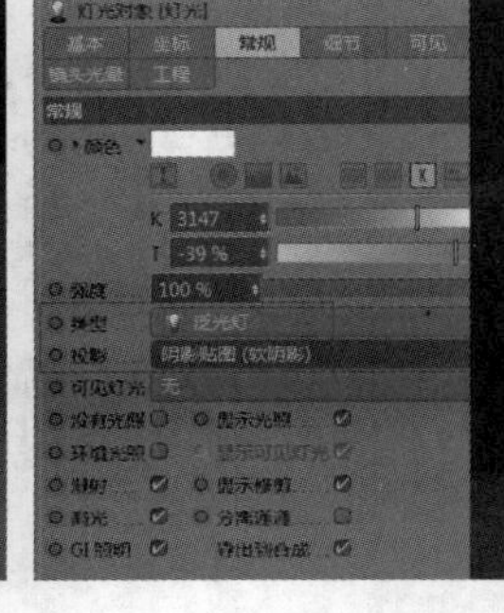

图8-38

可见灯光

“可见灯光”有“无”“可见”“正向测定体积”“反向测定体积”4种，如图8-39所示。“可见”即灯光在场景中可见。选择“正向测定体积”时，灯光照射在物体上产生辉光效果，灯光在场景中可见，如图8-40所示。 选择“反向测定体积”时，场景中的灯光消失，但是辉光效果不会改变，如图8-41所示。

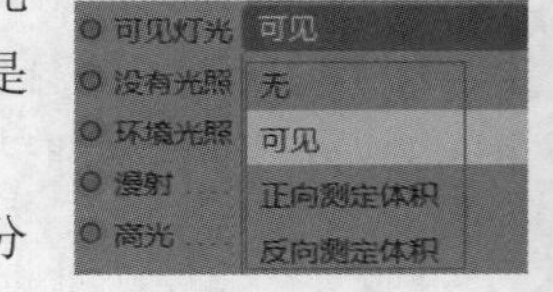

图8-39

“可见灯光”下的选项中，比较重要的是漫射、高光、GI照明（全局光照）、分离通道，如图8-42所示。

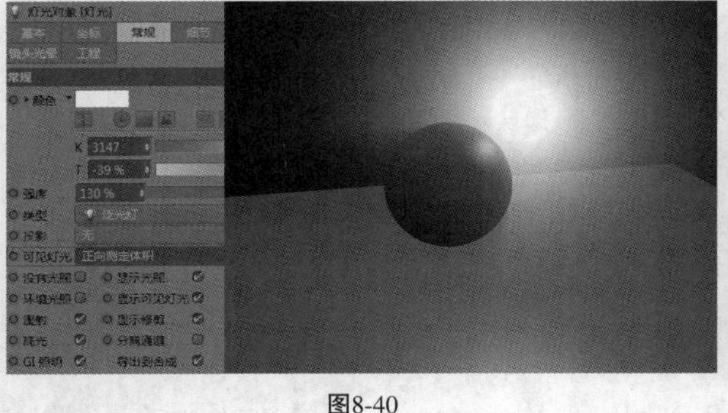

图8-40

图8-41

漫射

“漫射”代表球体本身的颜色，如图8-43所示。

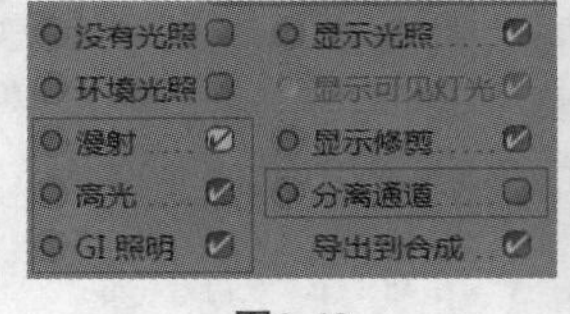

图8-42

高光

“高光”代表物体的高光区域，如图8-44所示。

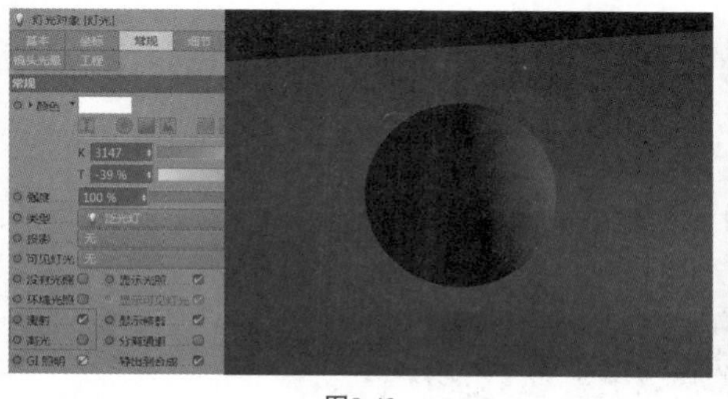

图8-43

图8-44

GI照明

GI照明即全局光照，只有在打开全局光照（全局光照会在讲渲染的时候重点讲解）的前提下，GI照明才会起作用。

分离通道

可以把物体的漫射通道、高光通道和投影通道单独分离出来，后期在After Effects中做单独调整，如图8-45所示。

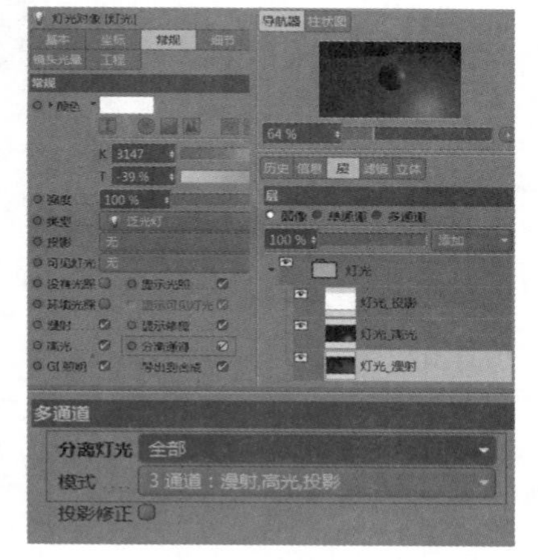

图8-45

2.细节

衰减

随着灯光与物体间的距离逐渐增加，灯光的影响效果越来越小。“衰减”有“无”“平方倒数（物理精度）”“线性”“步幅”“倒数立方限制”5种类型，如图8-46所示。最常用的“平方倒数（物理精度）”和“线性”，也是最自然的衰减。“平方倒数（物理精度）”指接近现实中的灯光，越接近中心点越亮；“线性”代表只能照射到物体范围内。

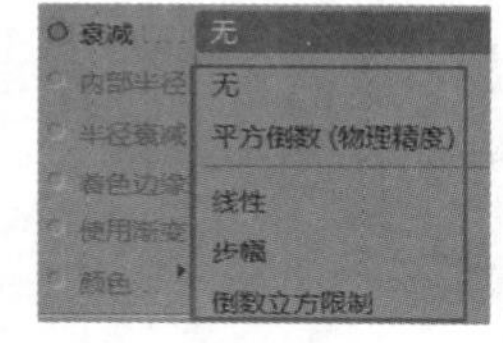

图8-46

半径衰减

半径衰减代表灯光的照射范围。

仅限纵深方向

此代表只显示z轴箭头指向的那一半灯光，另外一半灯光不显示。

使用渐变

灯光作用于模型上的颜色（不是光源的颜色）从物体中心向外沿渐变，左侧为中线点，右侧为边缘，如图8-47所示，无衰减时无效。

图8-47

3.可见

“可见”只有在打开可见灯光的基础上才能使用，一般正常情况下，其中的参数不做调整。

4.投影

“投影”中重要的选项是“密度”，密度越小，投影的效果越模糊，如将“密度”设置为30%，效果如图8-48所示。

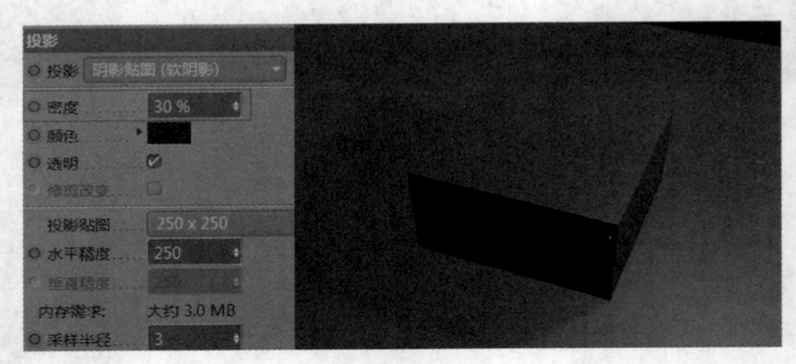

图8-48

5.光度

该选项作用是在原有灯光强度的基础上增加亮度。

6.焦散

“焦散”可使投影表面出现光子分散。焦散需要3个前提条件，即必须是玻璃材质的物体，渲染设置需要把焦散打开，必须有灯光且要打开投影。只有满足这3个条件才会产生焦散效果。例如，新建宝石，添加玻璃材质，打开“渲染设置”窗口选择焦散，再为灯光中的焦散选择表面焦散，进行渲染。投影会有白色光点，这就是焦散的效果，如图8-49和图8-50所示。

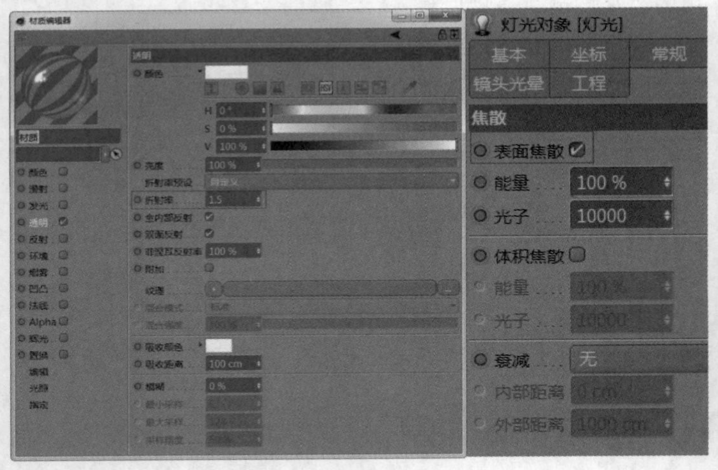

图8-49

图8-50

7.噪波

在灯光表面遮罩一层纹理效果，做一些特殊效果时会用到，一般工作中用得很少，效果如图8-51所示。

8.镜头光晕

“镜头光晕”可以改变灯光的样式，有许多预设，可以选择自己需要的样式，效果如图8-52所示。

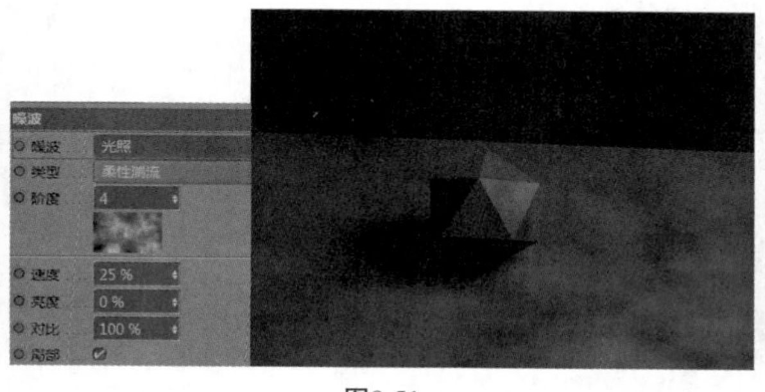

图8-51

图8-52

8.1.4 布光方法

布光在工作中非常重要，好的布光是好作品的重要因素。场景布光的常用方法有三点布光法、立方文字的打光方法、配合物理天空打光方法3种。

1.三点布光

“三点布光”即主光、辅光和背光（轮廓光），一般只需要这3种灯光就可以把整个场景照亮并且会有许多细节。主光源在这3种灯光中，强度一般是最强的；辅光一般为补光，辅助主光源将没有照亮的部分照亮，强度要低于主光源；背光即轮廓光，一般在物体的顶部或者物体后，可以增加物体的亮度细节，使物体看起来更加有质感，更加自然。

导入预置的汉堡模型，新建平面，将“宽度”设置为750 cm，“高度”设置为1510 cm，将“宽度分段”和“高度分段”都设置为1，将“显示模式”改为“光影着色（线条）”，如图8-53所示。

将平面转换为可编辑对象，选择“边模式”，挤压一定的高度，然后单击鼠标右键，在弹出的菜单中选择“倒角”命令，将“偏移”改为60 cm，“细分”改为6，如图8-54所示，效果如图8-55所示。

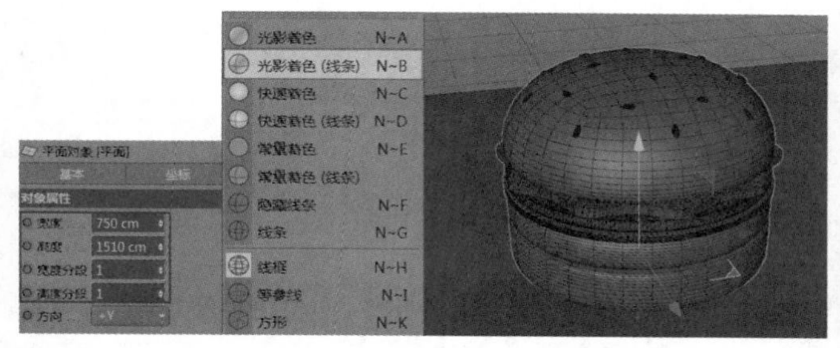

图8-53

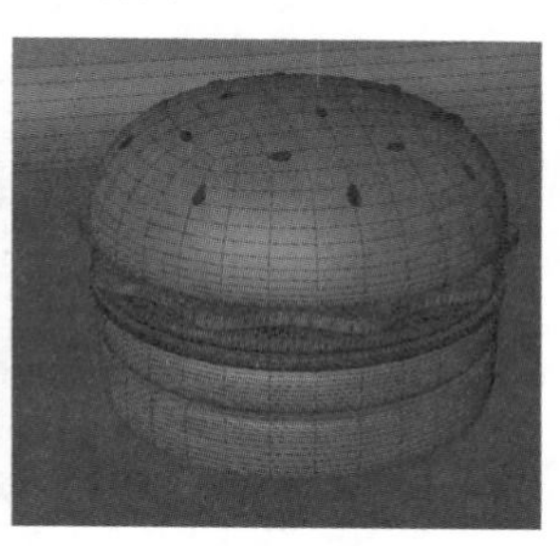

图8-54

图8-55

场景搭建完成，按快捷键Ctrl+D调出工程设置，将“默认对象颜色”改为“80%灰色”，然后开始对场景进行布光，新建灯光，将灯光“类型”设置为“区域光”，“投影”设置为“区域”，“强度”设置为110%，接着将灯光放置在物体的右上方，单击“渲染活动视图”，如图8-56所示。主光源的位置没有具体规定，主要看场景需要的光源在哪里。

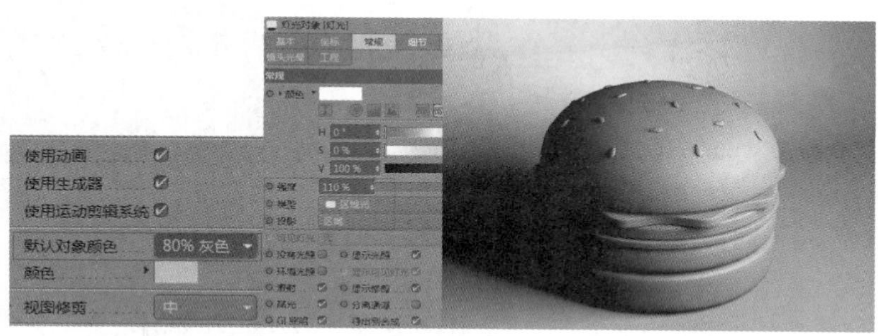

图8-56

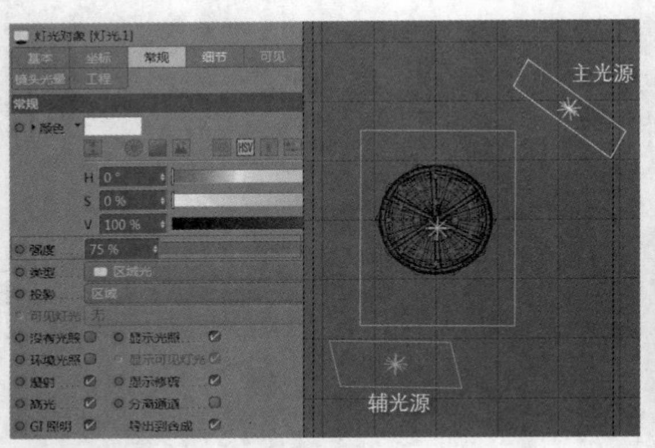

图8-57

可以看到场景会出现漆黑的现象，而且场景中的物体缺少很多细节，所以就需要打辅助光源。将“强度”设置为75%，其他和主光源设置一样，如图8-57所示。可以发现渲染效果比一个灯光要好很多，如图8-58所示。

图8-58

技巧与提示

辅助光源的位置一般在主光源的对位，避免让物体出现漆黑的现象。

两个灯光的效果好了很多，如果想使物体的细节更丰富，可以再增加一个轮廓光。在物体顶部加一个顶光，为它增加细节，效果如图8-59所示。可以看到，比先前两个灯光的效果更好，也更柔和，这就是三点布光的打光方法。再配合“环境吸收”和“全局光照”（这两个知识点在讲渲染的时候会详细讲到），渲染出最终白模效果图，如图8-60所示。

图8-59

图8-60

技巧与提示

三点布光不是 3 个光源，而是 3 种光源，一种是主光（一个），一种是辅光（可以有多个），一种是轮廓光（可以有多个），很多场景依据这样的原理布光，效果很好。

2.立体文字打光

立体文字打光方法经常用于做平面海报类立体字，它遵循的原理也是三点布光的原理。

新建样条文本，输入“C4D”，选择字体为“AardvarkBold”，然后新建挤压，将文本作为子级放置于挤压的下方，将“移动”设置为0 cm、0 cm、160 cm，如图8-61所示。接着将“顶端”和“末端”都设置为“圆角封顶”，“半径”都设置为2 cm，如图8-62所示。

新建目标聚光灯，会出现一个空对象和一个聚光灯，将空对象移动至C4D文字的中心处，将聚光灯移动到C4D文字的左上方，然后将“强度”设置为130%，若直接渲染，会有漆黑的现象，如图8-63所示。

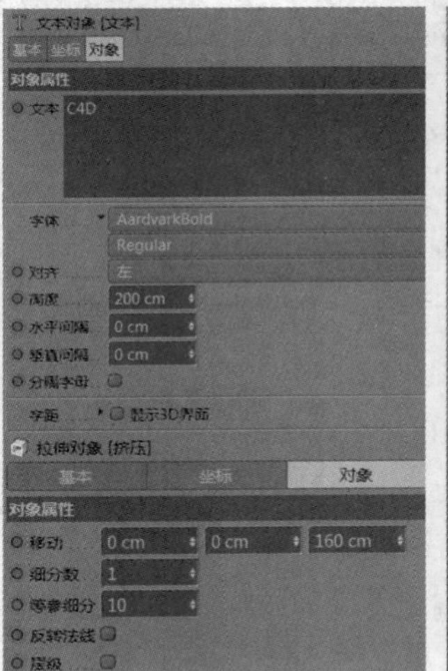

图8-61

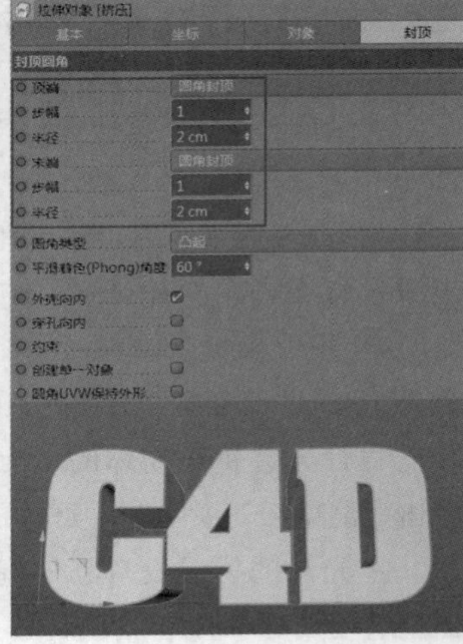

图8-62

再复制一个聚光灯，放在C4D文字的右上方，将“强度”设置为75%，并再次渲染，字的正面就全部照亮了，如图8-64所示。

图8-63

图8-64

只有两个灯光，文字厚度的细节是看不到的，所以还需要一个轮廓光（背光）。继续复制一个聚光灯，将这个聚光灯放置于C4D文字的后下方，渲染效果如图8-65所示。

最后配合“环境吸收”和“全局光照”，渲染出最终白模效果图，如图8-66所示。

图8-65

图8-66

3.配合物理天空打光

此方法是一种简单的布光方法，利用一个灯光和物理天空或HDR（这个知识点会在后面章节中详细讲解）即可完成。不过这种布光方法的缺点是细节不够多，渲染出的效果不够精细。

新建一个球体和一个平面，将球体放置于平面的上方，然后新建一个泛光灯作为主光源，放置于球体的前方，接着新建一个物理天空，物理天空即模拟真实的天空，可以全方位照射。选中物理天空，单击鼠标右键，在弹出的菜单中选择“合成”标签，并取消勾选“摄像机可见”选项，渲染效果如图8-67所示。可以看到，整个场景都照亮了，但是球体的细节少了很多。

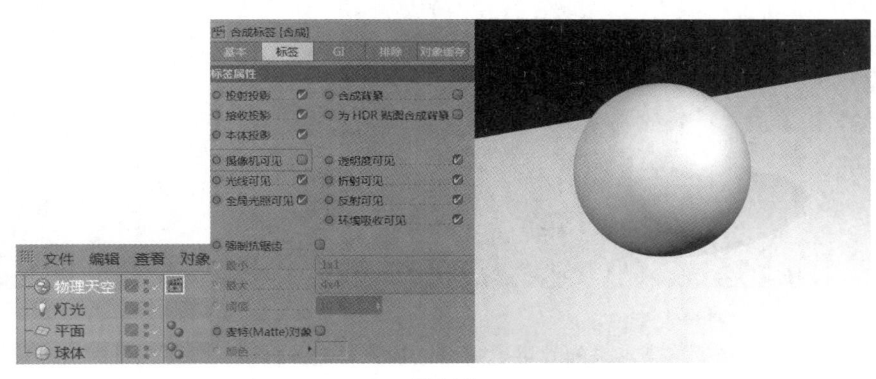

图8-67

8.1.5 反光板的运用

1.反射材质/玻璃材质

“反光板”可以增加物体的反射或者折射细节，所以反光板可应用于带有反射材质的物体或者玻璃材质的物体。

新建一个预置模型，再新建一个平面，将平面的“宽度分段”和“高度分段”都设置为1，选择边挤压一定的高度，再单击鼠标右键，在弹出的菜单中选择“倒角”命令，设置“偏移”为60 cm，“细分”为4，搭建一个简单的场景，将“显示模式”改为“光影着色（线条）”，如图8-68所示。

图8-68

双击材质面板空白处新建一个材质球，双击材质球，在打开的“材质编辑器”窗口中，关闭“颜色”选项，在“反射”选项中添加“类型”为GGX，并将“粗糙度”设置为25%，调节为金属材质（材质部分会在后面的章节做详细讲解），将调好的材质添加到模型上，如图8-69所示。

新建平面，放置于模型的斜上方，然后新建材质球，只勾选“发光”选项，其他都关闭，调节为发光材质，并将发光材质添加到平面上，如图8-70所示。

图8-69

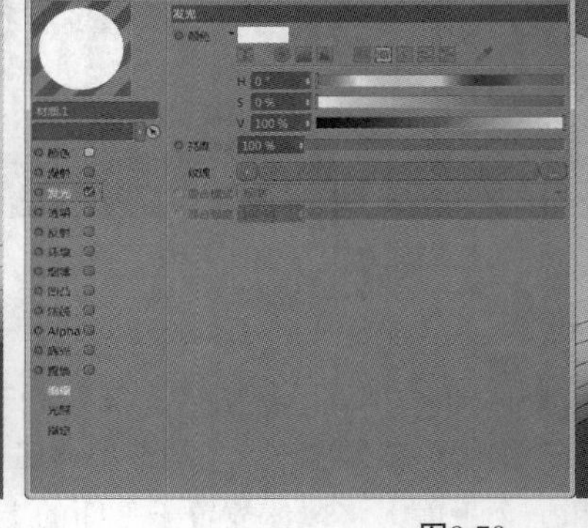

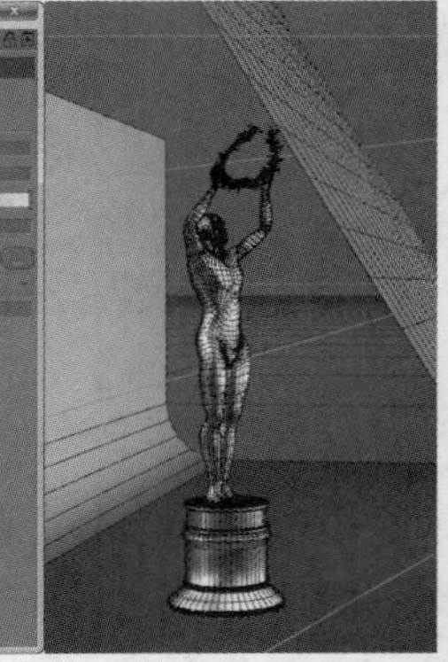

图8-70

为平面添加“合成”标签，取消“摄像机可见”选项，再将“编辑器可见”关闭，如图8-71所示。渲染到图片查看器，效果如图8-72所示。关闭反光板，再渲染一张，效果如图8-73所示。

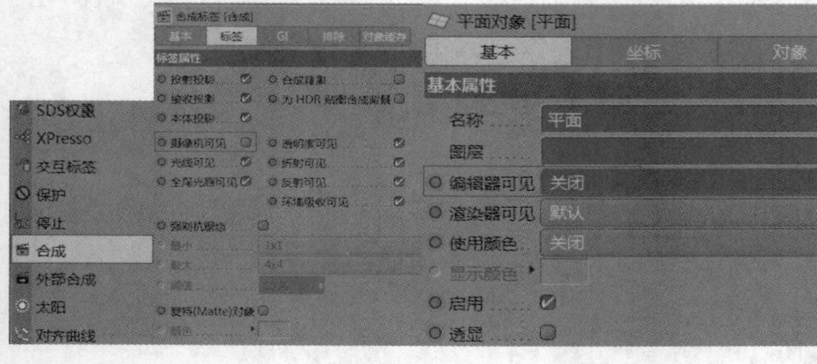

图8-71

图8-72

图8-73

可以明显看到，带有反光板渲染出来的效果更亮，这是针对金属材质，还可以针对玻璃材质。

新建一个材质球，勾选“反射”和“透明”选项，将透明中的“折射率”设置为1.5，如图8-74所示。然后将材质添加到模型上，为使效果更明显，把地面去掉，打开反光板和关闭反光板，分别进行渲染，对比效果，如图8-75所示。可以看到，增加了反光板的模型效果更加明显，更有细节。

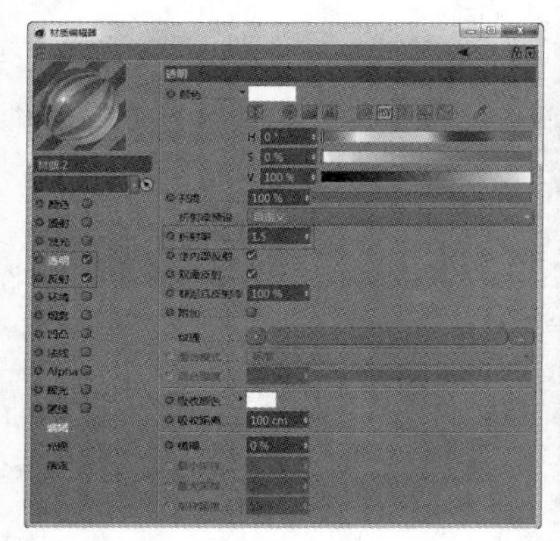

图8-74

图8-75

2.文字质感表现

“反光板”也经常用于文字质感表现，图8-76所示为最终效果。新建样条文本，输入“C4D”，选择“微软雅黑”，然后新建挤压，将文本作为子级放置于挤压的下方，并将挤压的“移动”改为0 cm、0 cm、130 cm，“顶端”和“末端”改为“圆角封顶”，“步幅”设置为2，“半径”设置为2 cm，如图8-77所示，效果如图8-78所示。

图8-76

图8-77

图8-78

新建平面，将“宽度”设置为34 cm，“高度”设置为400 cm，然后新建克隆，将平面作为子级放置于克隆的下方，并将克隆的“位置.X”设置为60 cm，“位置.Y”设置为0 cm，“位置.Z”设置为0 cm，“数量”设置为8，旋转一定的角度，如图8-79所示，效果如图8-80所示。

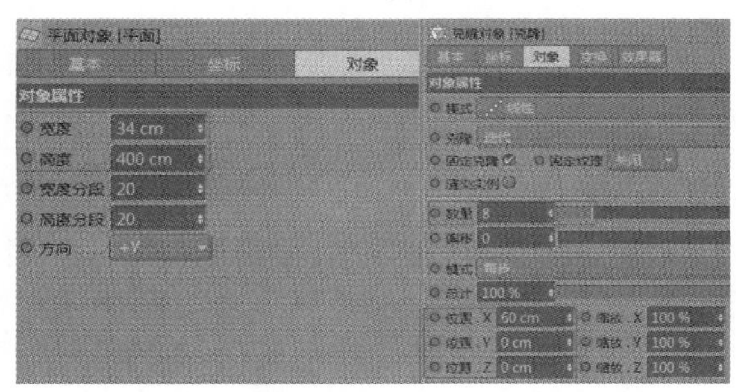

图8-79

双击材质面板空白处新建材质球，然后双击材质球，在弹出的“材质编辑器”窗口中将“发光”选项打开，并将“亮度”设置为240%，其他都关闭，将发光材质添加到平面上，如图8-81所示。

图8-80

继续新建一个材质球，只留下“反射”选项，将反射“类型”改为GGX，将“粗糙度”设置为16%，“颜色”设置为H:0°、S:0%、V:52%，最后为克隆添加“合成”标签，并把“摄像机可见”关闭，如图8-82所示。为C4D文字添加背光，渲染就会出现图8-83所示的效果。

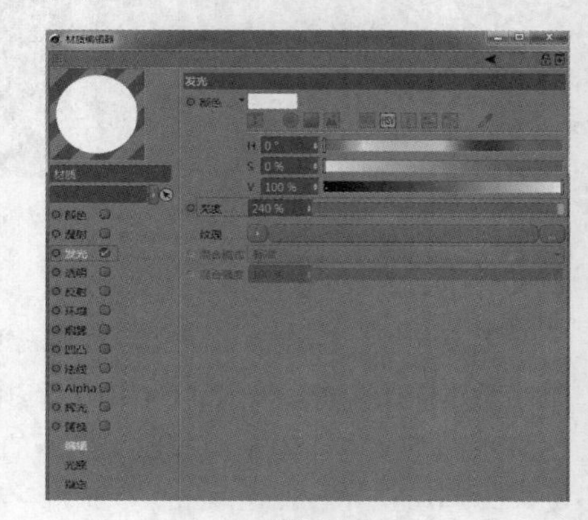

图8-81

图8-82

图8-83

3.产品表现

在产品表现上，“反光板”要配合灯光使用，相当于柔光灯箱的效果，一般有两种常用的打光方法。

打开预置的文件，新建平面，调整角度，搭建简单场景，如图8-84所示。

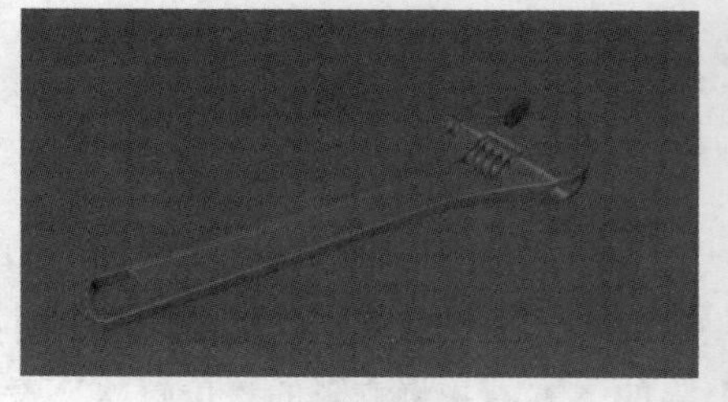

图8-84

第1种方法

新建平面并竖直旋转90°，放置于模型的正前方，添加发光材质，然后新建灯光，将“类型”改为“区域光”，并将灯光作为子级放置于平面的下方，将“坐标”都设置为0，灯光就会和平面重合，接着旋转90°，将灯光移动至反光板的前方，柔光灯制作完成，复制柔光灯并分别放置于模型的左侧和右侧，添加“合成”标签，将“摄像机可见”关闭，效果如图8-85所示。

双击材质面板空白处新建材质球，然后双击材质球，在弹出的“材质编辑器”窗口中，只激活“反射”选项，将“类型”改为GGX，将“粗糙度”设置为24%，颜色设置为H:0°、S:0%、V:45%，为模型添加金属材质，为地面添加普通黑色材质，并渲染到图片查看器，如果只有3个区域光，没有反光板，在其他设置不变的情况下，再渲染到图片查看器，对比效果如图8-86和图8-87所示。从图中可以明显看到加入反光板的打光方法质感更加明显。

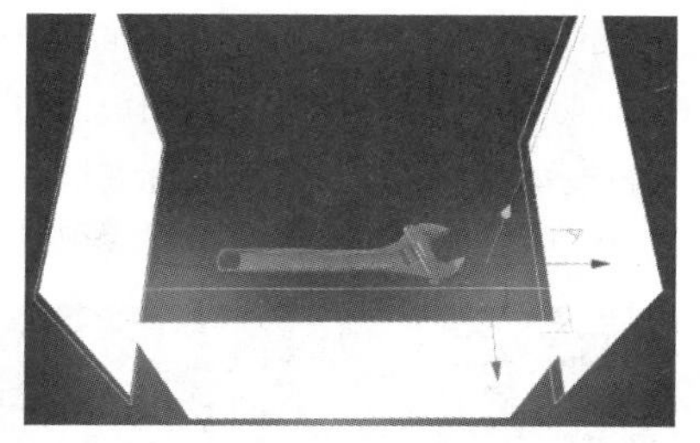
图8-85

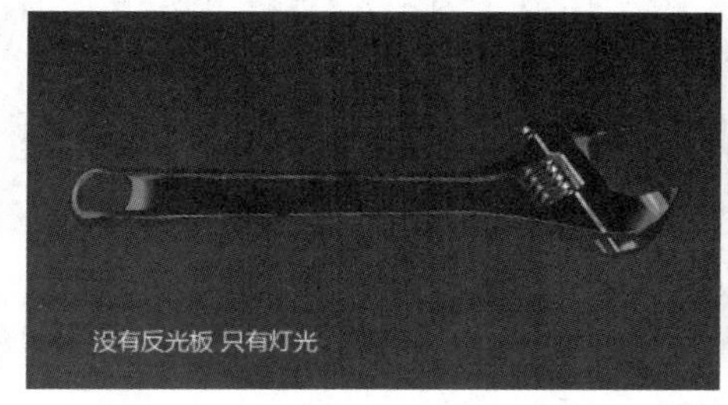

图8-86

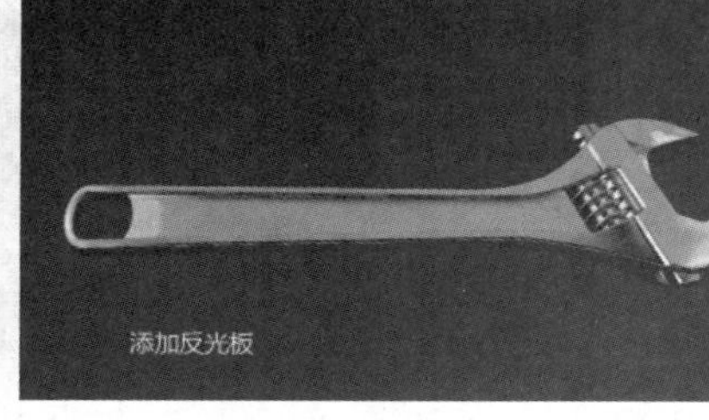

图8-87

第2种方法

其他设置都不变，灯光和反光板的位置分别在模型的正上方、正前方和斜上方，如图8-88所示。

分别对只有灯光和有反光板的效果进行渲染，对比效果如图8-89和图8-90所示。加入反光板后，质感更加明显。

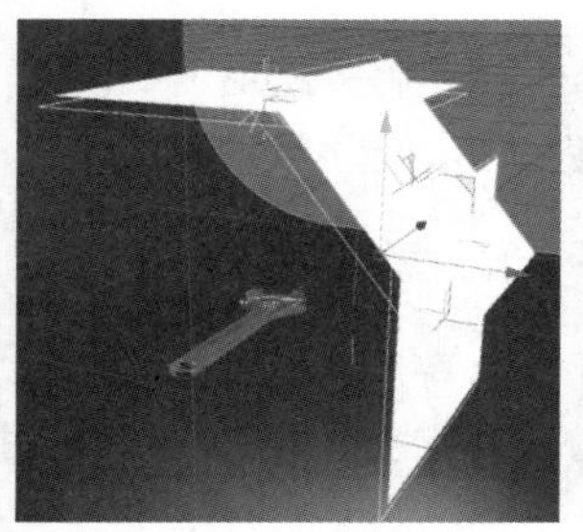
图8-88

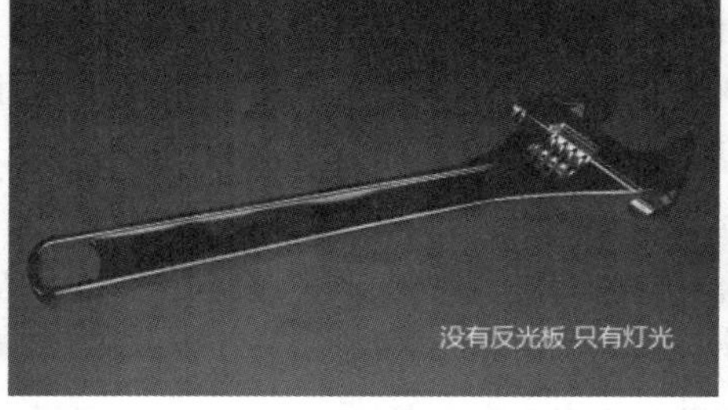

图8-89

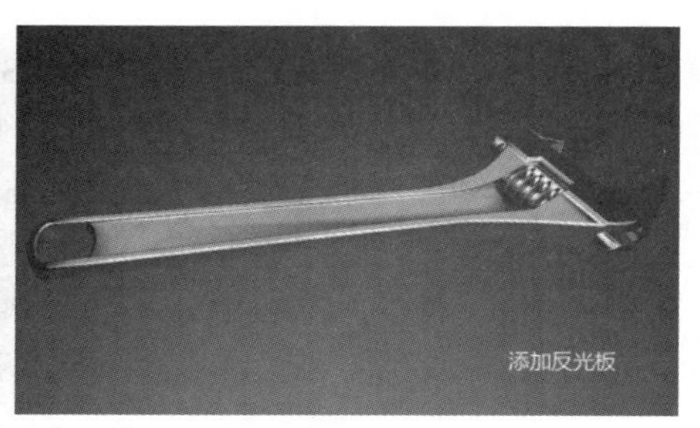

图8-90

8.2 材质模块

8.2.1 课堂案例——卡通炸弹人

实例位置	实例文件>CH08>课堂案例：卡通炸弹人.c4d
素材位置	无
视频位置	CH08>课堂案例：卡通炸弹人.mp4
技术掌握	掌握基础材质的使用方法

本案例将通过卡通炸弹人的制作来加深读者对材质的理解，效果如图8-91所示。

图8-91

01 导入炸弹人模型，新建平面，将“宽度分段”和“高度分段”都设置为1，并将平面转换为可编辑对象，然后切换为“边模式”，选择边并向上挤压，将炸弹人置于平面上，如图8-92所示。

02 选择相切的边，单击鼠标右键，在弹出的菜单中选择“倒角”命令，将“偏移”设置为180 cm，“细分”设置为10，如图8-93所示。

图8-92

图8-93

03 双击材质面板空白处新建材质球，然后双击材质球，在弹出的“材质编辑器”窗口中，先给背景层添加材质，将颜色设置为H:170°、S:50%、V:100%，如图8-94所示，并拖曳至背景层。

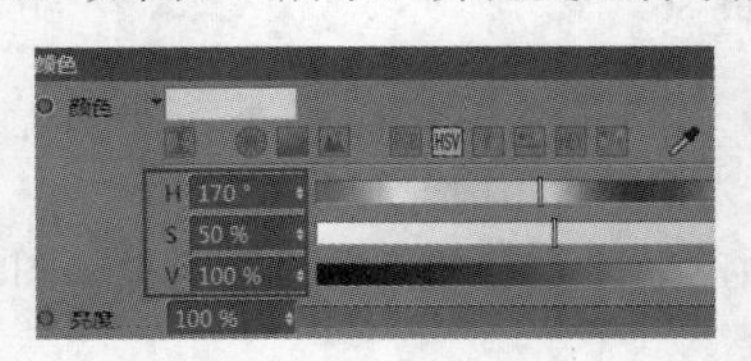

图8-94

04 新建材质球，将颜色设置为H:170°、S:0%、V:15%，然后选择“反射”，并添加GGX，将“粗糙度”设置为15%，层颜色设置为H:0°、S:0%、V:25%，接着设置“菲涅耳”为“绝缘体”，将“折射率（IOR）”设置为7.6，作为炸弹人身体的材质，如图8-95所示。

05 调节炸弹人开关的金属材质。金属材质是不需要颜色的，它可以完全反射周围环境。取消“颜色”的勾选，选择“反射”，添加GGX，并将“粗糙度”设置为12%，然后设置“菲涅耳”为“导体”，“预置”为“钢”，金属材质调节完成，如图8-96所示。

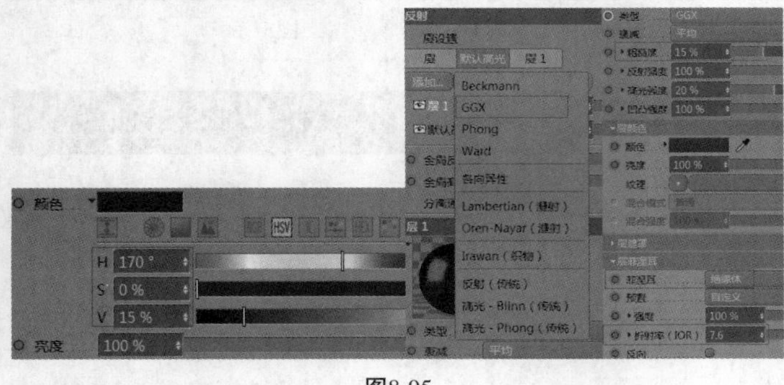

图8-95

图8-96

06 调节鞋子的材质，双击材质面板空白处创建材质球，双击材质球打开“材质编辑器”窗口，在“颜色”通道中将材质球的颜色设置为H:0°、S:100%、V:75%，如图8-97所示。

07 在“反射”通道中选择“类型”为GGX，并将“粗糙度”设置为35%，然后修改“菲涅耳”为“绝缘体”，“折射率（IOR）”为9，如图8-98所示。

08 将不同的材质指定给对应的模型，并添加物理天空，如图8-99所示。

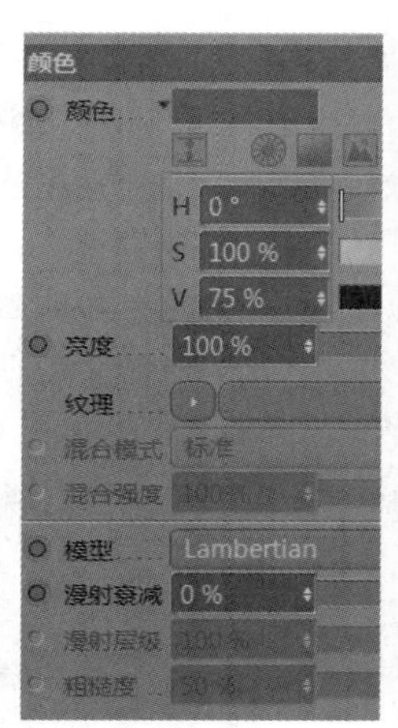

图8-97

图8-98

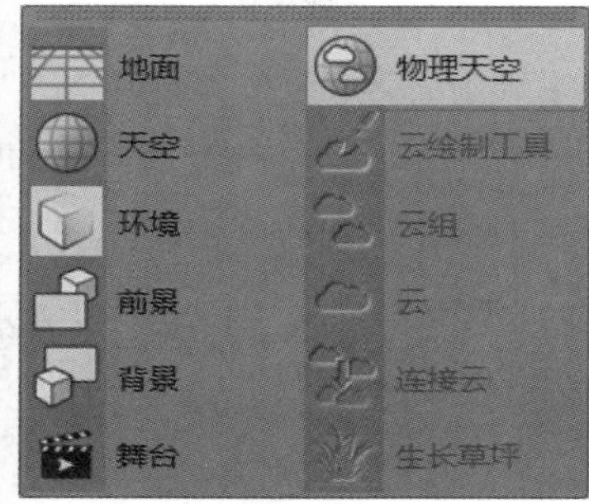

图8-99

09 在“渲染设置”窗口中添加“全局光照”和“环境吸收”，如图8-100所示。最终渲染效果如图8-101所示。读者可以观看教学视频，了解本案例的详细制作过程。

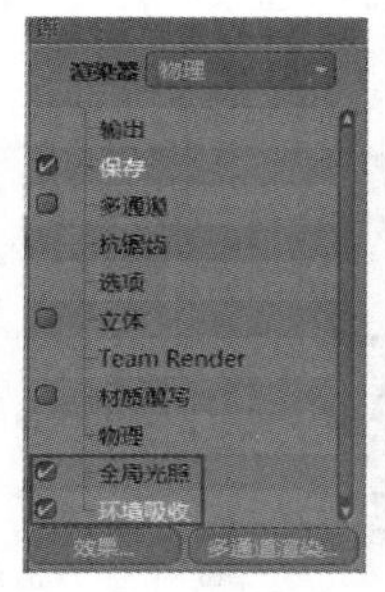

图8-100

图8-101

8.2.2 材质功能介绍

材质在外观表现上有3个重要因素，即“颜色”“反射”“高光”。在细节表现上有“凹凸”，这是自然界中的物体最重要的4个属性，有了这4个属性，物体才会更加真实。

Cinema 4D中的材质系统也是根据这样的属性来进行设定的，“颜色”“漫射”“发光”“透明”“辉光”控制的都是材质的外观颜色。“反射”控制的是材质的反射和高光。“凹凸”“法线”“置换”控制的是材质的凹凸细节。再配合一些制作特殊效果的选项，如“环境”“烟雾”和“Alpha”等，组成了Cinema 4D的材质系统，如图8-102所示。了解了这些概念，对学习材质会有很大的帮助。

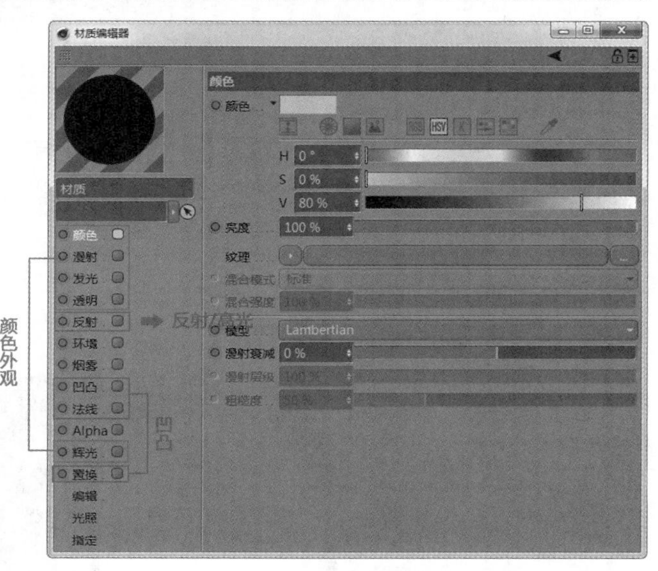

图8-102

双击材质面板的空白区域可以新建材质球，再双击材质球，就会弹出“材质编辑器”窗口。材质球的图标可以选择不同的样式，一般不作调整。若想了解，可以使用鼠标右键单击球体图标，在弹出的样式中随意切换，查看效果。

“材质编辑器”窗口有“颜色”“漫射”“发光”“透明”“反射”“环境”“烟雾”“凹凸”“法线”“Alpha”“辉光”“置换”“编辑”“光照”“指定”15个选项。“环境”和“烟雾”在平时工作中用到的概率很少，它们的作用就是增加环境效果。“编辑”（更改纹理大小）、“光照”（受光照影响）和“指定”（指定材质）一般也不做更改设置。

在材质基础中讲到的“颜色”“漫射”“发光”“透明”“辉光”控制的都是材质的外观颜色，所以先讲这5个选项的作用。

1.颜色

“颜色”可以更改物体的颜色。在处理颜色比较复杂的物体时，可以在“纹理”中添加贴图来代替，如图8-103所示。

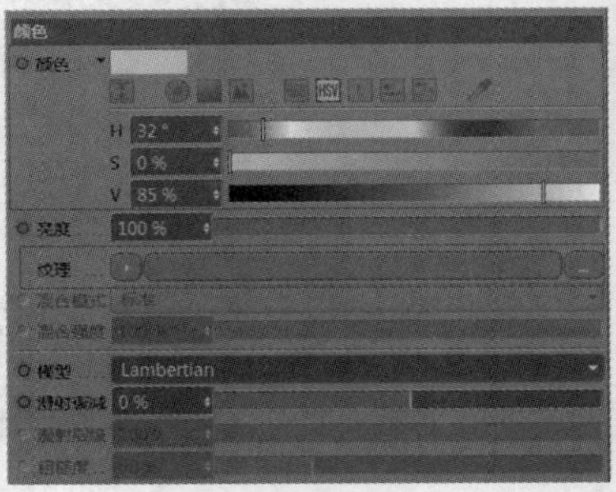

图8-103

2.漫射

“漫射”针对黑白图像的效果最为明显，配合最多的着色器是渐变、颜色和噪波等黑白图像，它的作用是使黑色的部分更黑，而白色的部分没有变化，加深颜色的明暗变化。图8-104和图8-105所示为将同一张图片分别复制到“颜色”和“漫射”选项纹理中的效果，可以看到，在漫射中加入纹理后，图像白色的部分没有变化，而黑色的部分则更黑了。

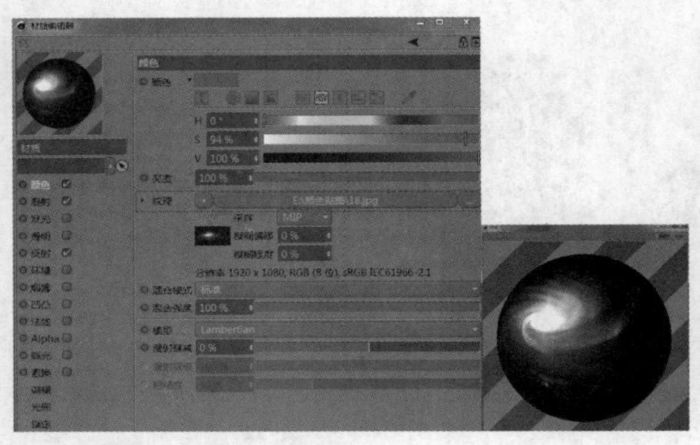

图8-104

图8-105

3.发光/辉光

“发光”和“辉光”这两个选项的作用都是让物体发光。“辉光”可以让物体产生光晕效果，而“发光”是让物体的本身发光，而且“发光”通道也可以加入纹理贴图，让纹理贴图带有发光效果，如图8-106所示。

4.透明

调节透明材质，重要的参数有“折射率”“吸收颜色”（控制透明的颜色）等。常用的“折射率”中，水是1.33、玻璃是1.517等，如图8-107所示。

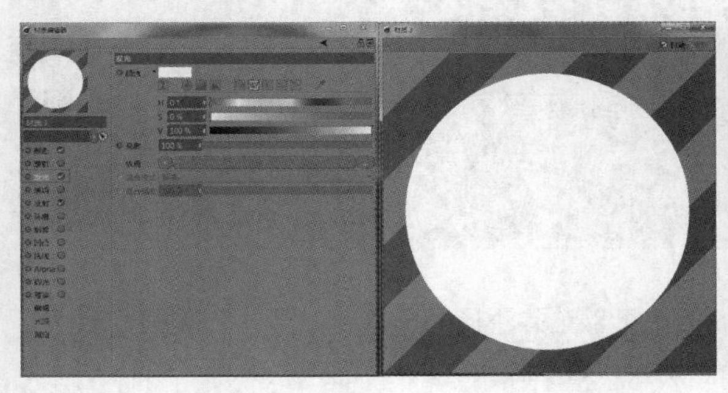

图8-106

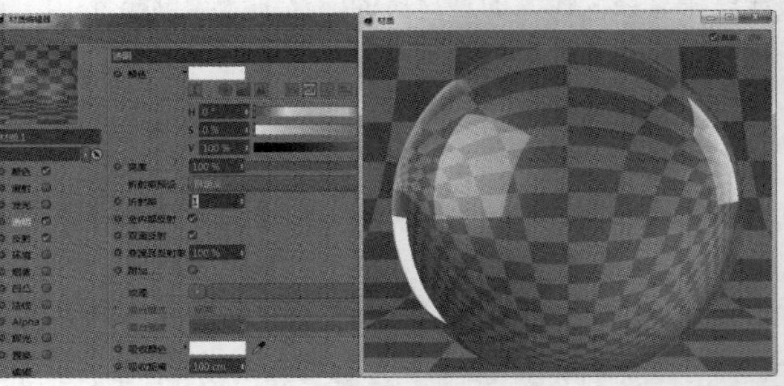

图8-107

5.反射

打开“反射”选项，可以看到只有“高光”选项，需要单击反射层下的“添加”按钮，才可以添加反射类型，Cinema 4D默认的反射类型很多，会用到的有Beckmann、GGX、Phong、Ward及“各向异性”，如图8-108所示。其他的反射类型基本不会用到。

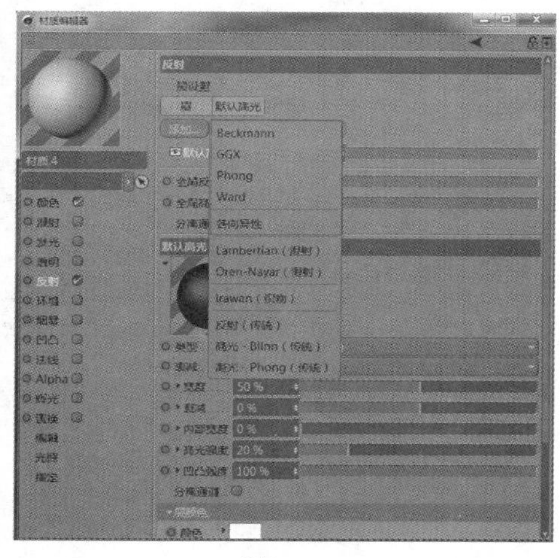

图8-108

※　Beckmann：默认常用类型。用于模拟常规物体表面反射，适用于大部分情况。

※　GGX：它的算法最适合描述金属一类的反射现象。

※　Phong：它适合描述表面漂亮的高光和光线的渐变变化。

※　Ward：非常适合描述软表面的反射情况，如橡胶和皮肤。

※　各向异性：描述特定方向的反射光，如拉丝和划破的金属表面等。

“反射”选项中有个很重要的着色器，就是“菲涅耳”，“菲涅耳”反射是最接近自然界的反射效果，可以想象成湖面效果，边缘是模糊的，越到中心的位置反射越清晰，并且能够保持物体本身的颜色，所以经常用这种反射来模拟烤漆材质等，如图8-109所示。另外，Cinema 4D提供了许多“层菲涅耳”的预设，包括“绝缘体”和“导体”，工作中会经常用到，如图8-110所示。

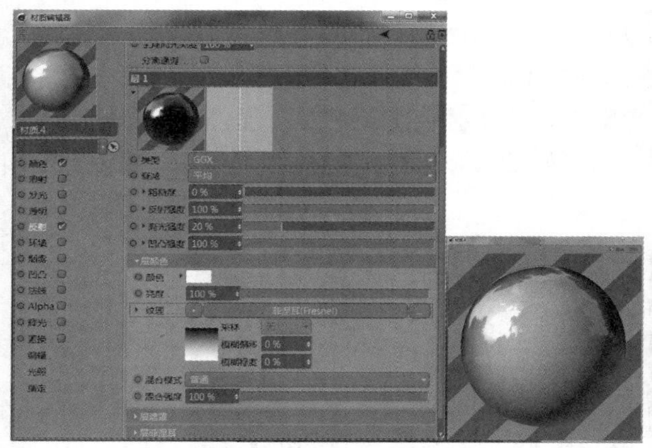

图8-109

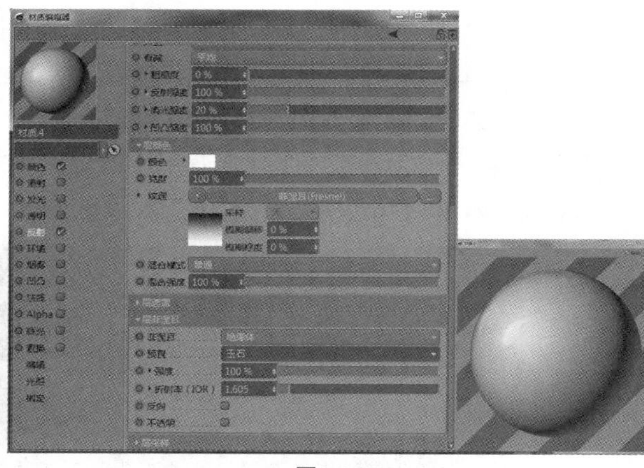

图8-110

6.凹凸/法线/置换

这些选项控制的是材质的凹凸细节。对黑白贴图的影响最为明显的是“凹凸”。“法线”贴图和“置换”贴图都是增加凹凸细节的。在凹凸的纹理贴图中加入噪波黑白贴图，可以看到，球体的表面就会呈现凹凸不平的效果，如图8-111所示。

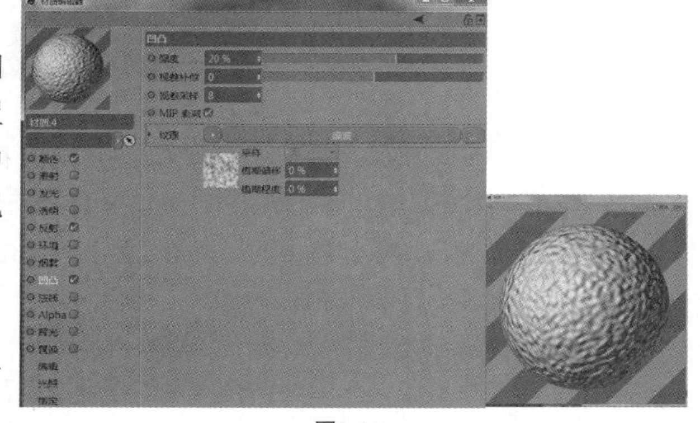

图8-111

7.Alpha

Alpha的作用就是让材质带有透明通道。如制作树叶、商标Logo等，都可以用到Alpha选项。它有个口诀是“黑透白不透”，针对的也是黑白贴图。选择一张黑白图、一张树叶图，如图8-112所示。将树叶贴至颜色选项的“纹理”中，将黑白图像贴至Alpha通道选项的“纹理”中，然后新建平面，将材质添加至平面上，平面就会显示树叶的轮廓，如图8-113和图8-114所示。

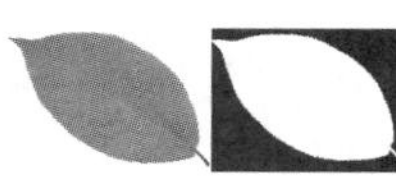

图8-112

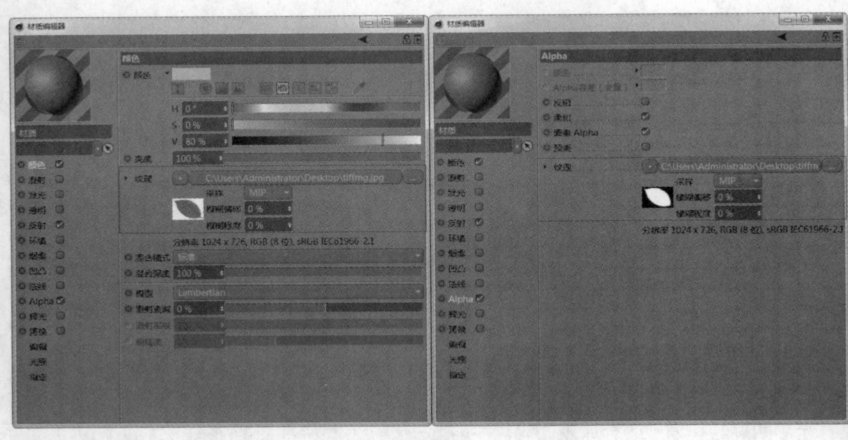

图8-113

图8-114

8.2.3 常用材质调整

1.金属材质

金属材质是工作中用得比较多的一种材质，常用金属材质的调节要记住以下3点。

第1点，金属是全反射周围环境的，所以是不需要颜色的，要把颜色的选项去掉。

第2点，调节金属材质，反射类型最好改为GGX，这种反射类型最符合金属在自然界中的反射规律。

第3点，调节金属材质一定要配合HDR环境及灯光或者反光板，这样才能使金属更有细节，更有质感。

下面通过一个案例来熟悉普通金属材质的调节方法，效果如图8-115所示。如果增加粗糙度，就会是磨砂金属的效果，如图8-116所示。

图8-115　　图8-116

首先，新建杯子模型，这个杯子模型可以用旋转来进行制作。然后新建平面，将杯子放置于平面的上方，如图8-117所示。

先为场景布光，调节金属材质，布光很重要，遵循“三点布光”的方法。将主光源放置于杯子的右上方，设置“强度”为150%，灯光“类型”改为“区域光”，“投影”方式改为“区域”，然后在主光源相对的位置复制灯光，作为辅助光，将“强度”设置为90%，其他设置和主光源一样，接着在杯子的后方复制一个灯光作为轮廓光（背光），具体设置和辅助光一致，如图8-118和图8-119所示。

图8-117

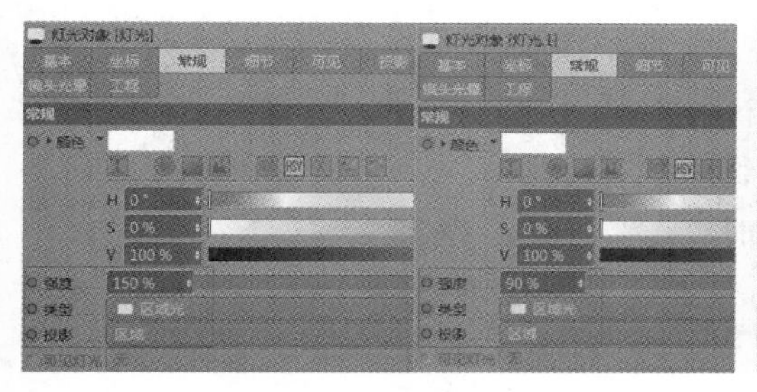

图8-118

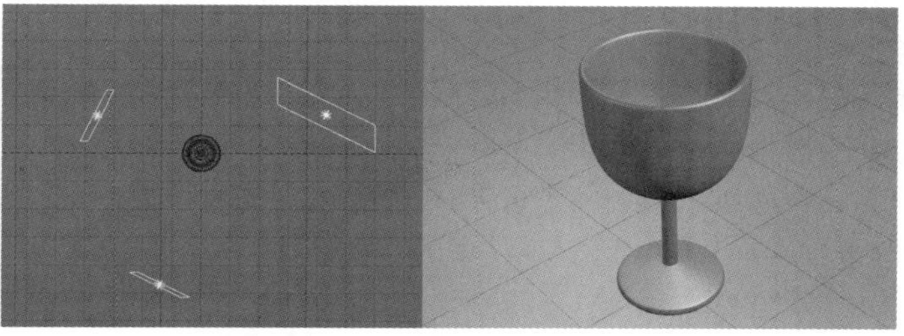

图8-119

双击材质面板空白处新建材质球，双击材质球弹出“材质编辑器”窗口，遵循上述讲到的调节金属材质的方法，先将颜色选项关闭，将反射“类型”设置为GGX，最重要的一步，就是要添加HDR环境贴图，金属是全反射周围环境的，所以好的环境贴图，对金属的表现起着至关重要的作用。一般工业渲染，找的环境贴图都是以对比度特别大为特点，非黑即白。对比越强烈，金属反差越大，金属效果越明显，如图8-120所示。

将调好的材质拖曳至杯子模型上，添加“环境吸收”和“全局光照”，增加模型细节，渲染当前视图，就会出现效果图中所示的效果。如果想调节为磨砂金属，则只需要将GGX模式下的“粗糙度”设置为10%，渲染当前视图即可，如图8-121所示。

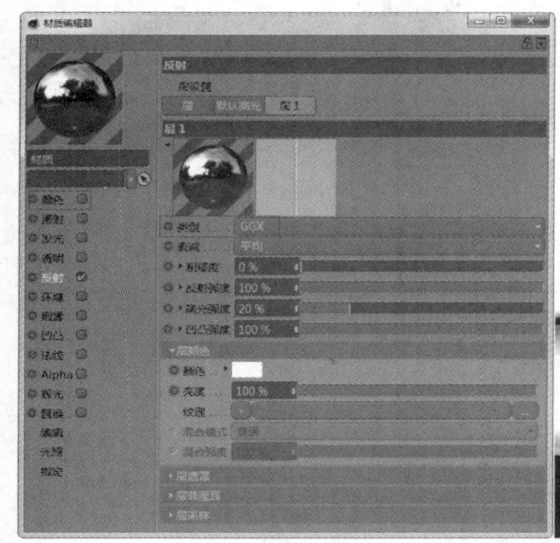

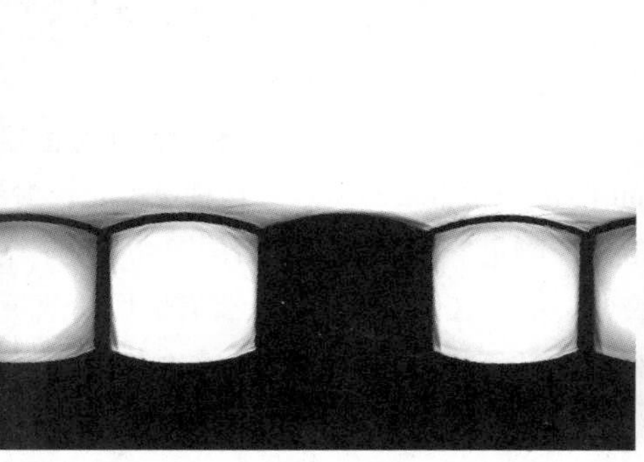

图8-120

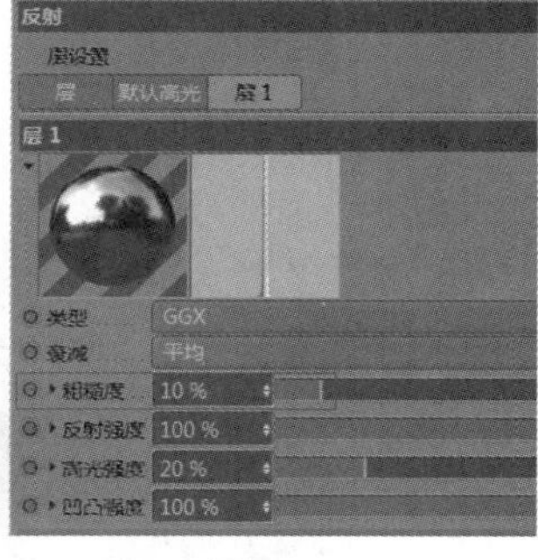

图8-121

这是一种最简单的调节金属材质的方法，但是这种方法有个缺点，就是不能调节金属的高光。例如，将高光面积调节得非常大，虽然在视图中可以看到高光面积非常大，但是渲染当前场景，效果不会发生变化，这是因为全反射，如图8-122所示。

要解决这个问题，只有为材质添加衰减，添加衰减的方法，就是添加“菲涅耳”，但是如果直接在纹理材质中添加“菲涅耳”着色器，又会破坏全反射的材质，还要重新调节衰减的颜色等，所以需要通过“层菲涅耳”中的“导体”预设达到想要的效果。将“菲涅耳”改为“导体”，将“预置”设置为“钢”，“强度”设置为50%，渲染当前视图，可以看到，杯子的材质没有发生变化，而且杯子也会受到高光的影响，如图8-123所示。

图8-122

图8-123

2.木纹材质

图8-124

这里不特指木纹材质，这是一个大类，指用贴图来控制物体的材质，这种材质在工作中经常用到，家装领域用得最多。学会木纹材质的调节方法后，其他这类材质的调节方法是相似的，唯一不同的就是反射参数首先看一下效果，如图8-124所示。

选择一张木纹贴图，如图8-125所示。还是以杯子场景为例，将木纹贴图拖曳至材质面板中，双击材质球，弹出“材质编辑器”窗口，可以看到，木纹贴图直接贴在了纹理选框中，如图8-126所示。

图8-125

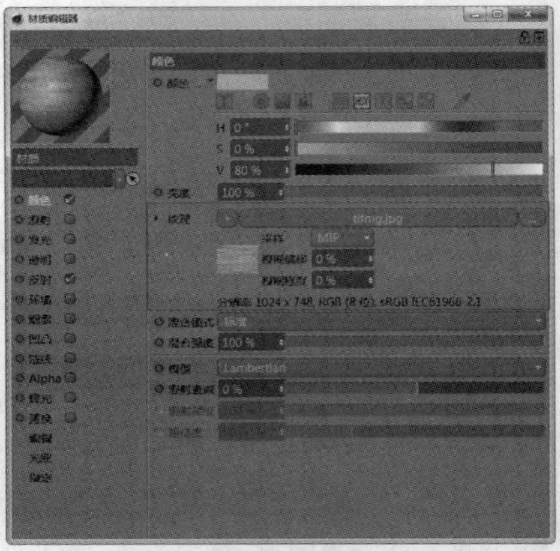

图8-126

单击“纹理”后的三角按钮，在弹出的选项中选择“复制着色器”，将木纹贴图复制一份，然后单击“反射”选项，添加Beckmann类型，如图8-127所示。这种类型是反射的通用类型，可以用在各种反射中。将“粗糙度”设置为10%，单击“层颜色”中“纹理”后的三角按钮，在弹出的选项中选择“粘贴着色器”，就会将贴图粘贴至反射的“纹理”中，这代表反射中会带有贴图的效果，如图8-128所示。

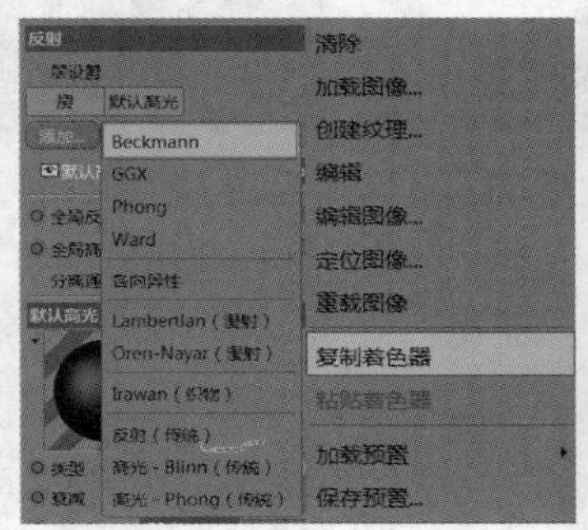

图8-127

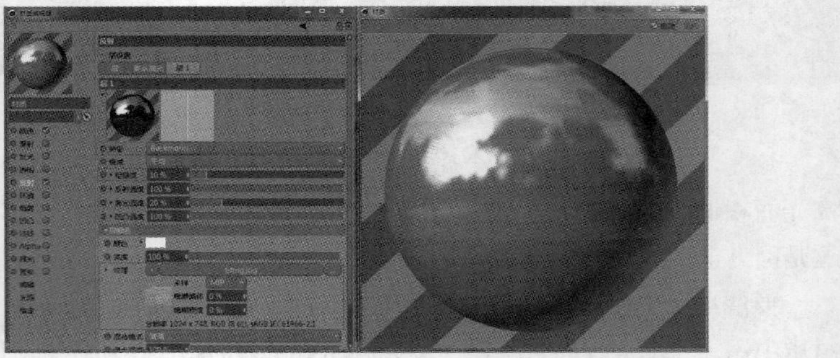

图8-128

很明显，这种反射太强了，木纹不需要有很强的反射，所以需要将“亮度”和“混合强度”全部调小，都设置为4%，如图8-129所示。

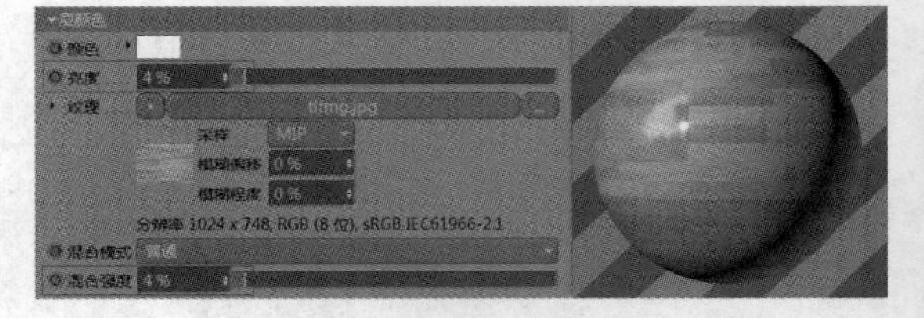

图8-129

勾选“凹凸”通道，任何带有纹理的物体都是有凹凸的，在凹凸纹理通道中粘贴着色器，凹凸就会根据贴图的颜色信息进行凹凸，但是凹凸对黑白贴图的凹凸处理效果是最好的。对于没有变成黑白贴图的木纹，凹凸效果是不明显的，所以需要将木纹转换成黑白图像，这时就会用到一个很重要的着色器——过滤。这个着色器的作用是调节贴图的色彩信息，在确定凹凸纹理中添加上木纹材质后，单击“纹理”后的三角按钮，在弹出的选项中选择“过滤”，进入过滤选项，将过滤的“饱和度”选项设置为-100%，将木纹贴图的黑白对比度增加，将“亮度”设置为-26%，“对比”设置为60%，可以看到，材质球的凹凸效果就非常明显了，如图8-130所示。

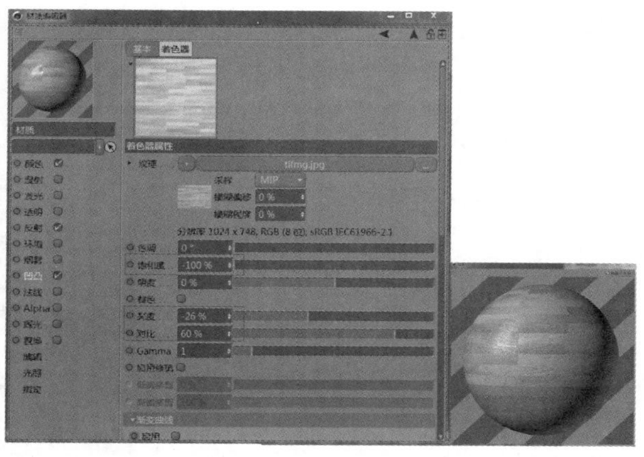

图8-130

木纹材质调节完成，大部分贴图材质都可以用这种方法来调节，也可以用“菲涅耳”，可根据自己的喜好来进行选择。将调节好的木纹材质拖曳至平面上，可以看到，平面上的纹理方向和大小都是不正确的。首先，处理纹理的大小，此时就会用到材质的“纹理标签”，纹理标签会在下一小节进行讲解。

单击“纹理标签”，在属性面板中，将“投射”方式设置为“立方体”，这种方式代表贴图会以立方体的方式对贴图进行拼贴，如图8-131所示。这种方式常用且用得比较多，适合大部分模型。

木纹的纹理有些小，所以需要将平铺值设置为0.7，将它放大，但是方向还是不正确，调节纹理的方向需要用到编辑菜单中的纹理模式和启用轴心，全部激活后，旋转90°，木纹材质的方向就正确了，如图8-132所示。

图8-131

图8-132

将先前制作的杯子模型复制过来，然后新建球体，添加烤漆材质（已讲过，这里不做详细讲解），渲染当前视图，就会出现想要的效果。

3.图层材质

这种材质可以增加材质的细节，下面介绍3种图层材质。

第一种是反射的图层材质，第二种是着色器中的图层材质，第三种是材质与材质的结合。

反射图层材质

反射中的图层材质是工作中最常用的一种图层材质，经常会用这种材质来模拟车漆、化妆品或者手机的金属效果，并且这种材质经常会配合反光板来使用，效果如图8-133所示。

图8-133

新建平面，导入模型，调整至合适的角度，新建材质球，双击打开“材质编辑器”窗口，首先调节模型的盖子材质，调节为金属材质。将“颜色”关闭，在反射选项中先添加第一层反射，这层反射主要调节材质的颜色和粗糙度，将“粗糙度”设置为50%，将“颜色”设置为淡黄色，如图8-134所示。

再添加第二层反射，将“类型”设置为GGX，这层反射主要调节反射强度，但是添加了GGX后，会把前面的材质覆盖住，所以需要添加"菲涅耳"。"菲涅耳"的作用是产生反射的衰减效果，所以加了"菲涅耳"后，会对第二层反射产生衰减效果，与第一层反射进行混合，将"层菲涅耳"卷展栏中的"菲涅耳"设置为"导体"，"预置"改为"金"，将"反射强度"设置为72%，"粗糙度"设置为10%，如图8-135所示。

如果这层效果可以了，就不用再添加反射了，如果感觉反射还是不明显，可以再添加一层反射，这层反射的作用也是增加反射的细节。再增加一层，将"菲涅耳"改为"绝缘体"，将"折射率（IOR）"设置为3.2，就可以让材质更加有反射细节，如图8-136所示。

通过3层反射的添加，反射的效果比普通的金属材质要好很多，细节也要多很多。

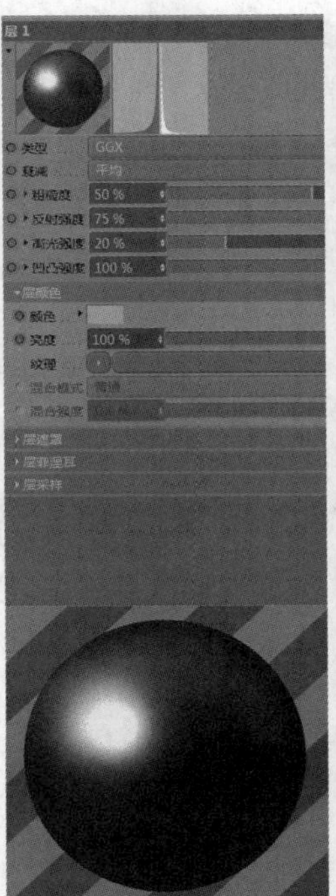

图8-134

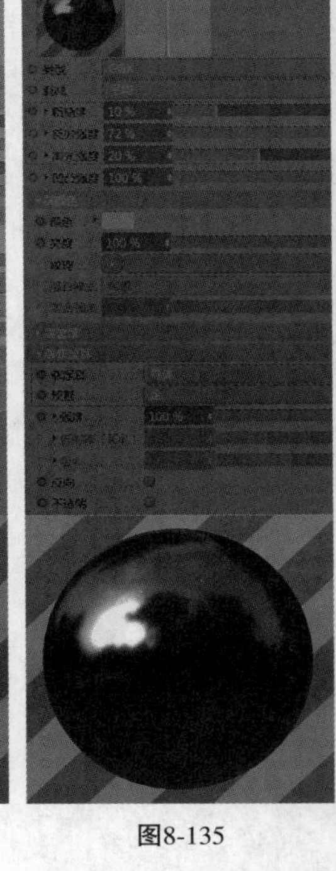

图8-135

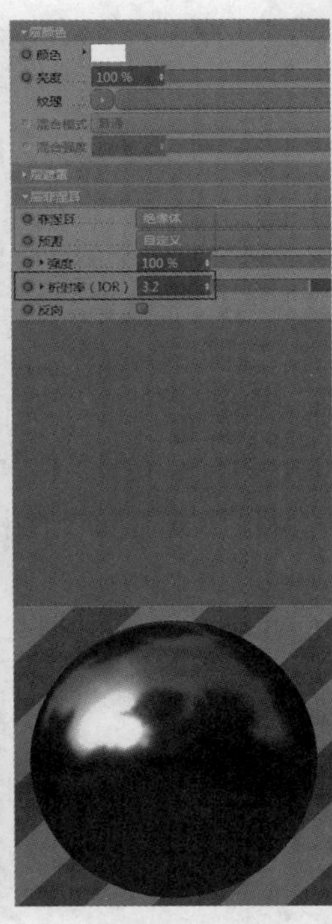

图8-136

下面调节瓶身模型的材质。新建材质球，双击打开"材质编辑器"窗口，首先，瓶身材质是带有颜色的，所以需要将颜色设置为深红色，反射也是添加3层。第一层，调节"颜色"和"粗糙度"；第二层，添加"层菲涅耳"，将"菲涅耳"改为"绝缘体"，"折射率（IOR）"设置为2.7；第三层，将"菲涅耳"也改为"绝缘体"，"折射率（IOR）"设置为1.75，如图8-137所示，效果如图8-138所示。

添加反光板，将其放置在合适的位置，如图8-139所示。为地面添加黑色烤漆材质，添加HDR贴图，在"渲染设置"窗口中添加"环境吸收"和"全局光照"，渲染当前视图，效果如图8-140所示。

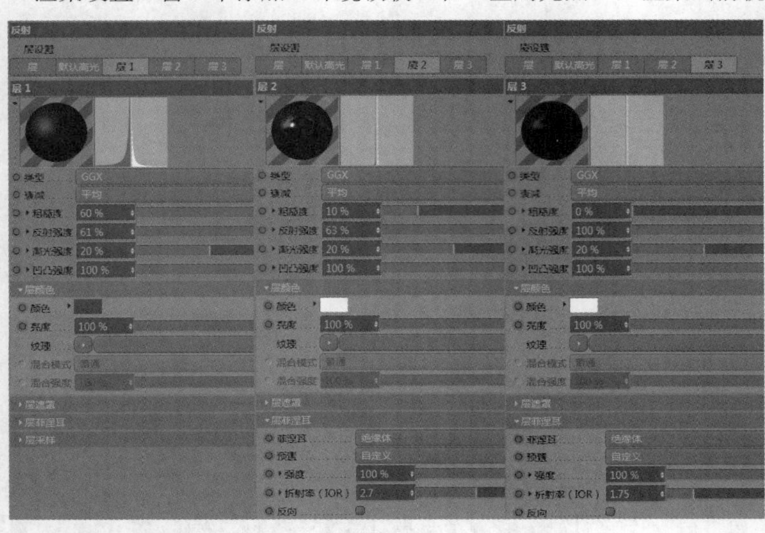

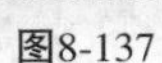

图8-137

图8-138

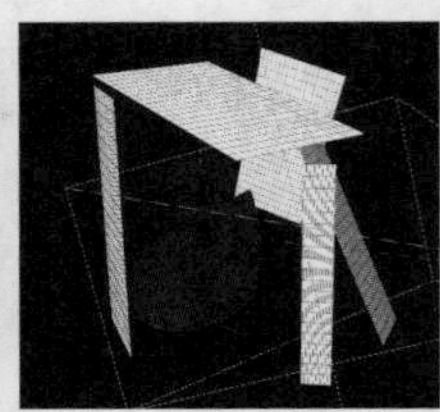

图8-139

图8-140

着色器中的图层材质

可以对每一层进行添加，就和Photoshop里的图层叠加的原理是一样的，如图8-141所示。

※　图像：可以导入位图。

※　着色器：可以添加不同的着色器。

※　效果：可以添加不同的效果，添加图像或者着色器后，会出现图层的叠加方式，可以选择不同的叠加方式，对图层进行叠加，叠加方式的原理和Photoshop中的叠加方式原理是一样的，如图8-142所示。例如，正片叠底是将图像白色的部分去掉，只留下黑色信息。

图8-141

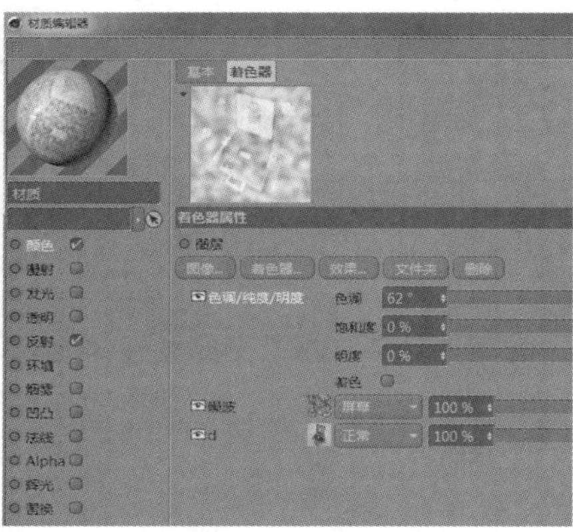

图8-142

材质与材质之间的图层叠加

这种图层材质的要求是必须有一个材质是带有透明通道的，否则无法进行混合。例如，新建球体，然后新建一个材质球，将颜色改为红色，将材质添加至球体上，再新建一个材质球，将颜色改为青，在Alpha通道中，添加噪波黑白贴图，这里青色材质就会带有透明通道，将青色材质也添加到球体上，就会出现两个材质的混合，如图8-143所示。

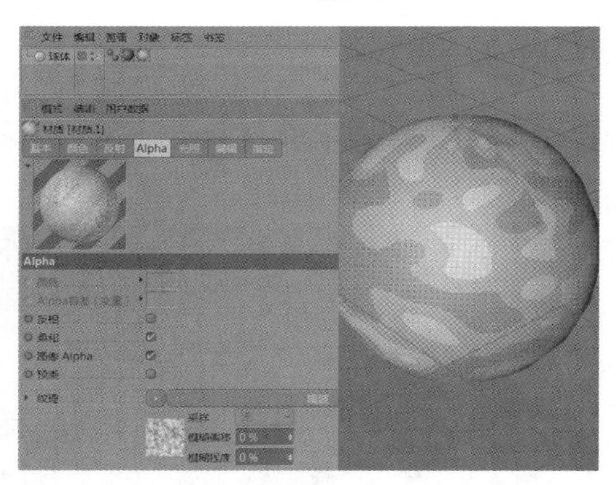

图8-143

8.2.4 纹理标签的介绍

为几何体添加材质后，在对象面板中会看到在几何体图标后会自动添加“纹理标签”，单击纹理标签，看一下纹理标签的具体属性，如图8-144所示。

1.材质

可以将不同的材质球拖至“材质”选框中，替换不同的材质。新建一个红色材质球，将红色材质球拖曳到“材质”选框中，球体的颜色就会变为红色，替换原来的白色材质，如图8-145所示。

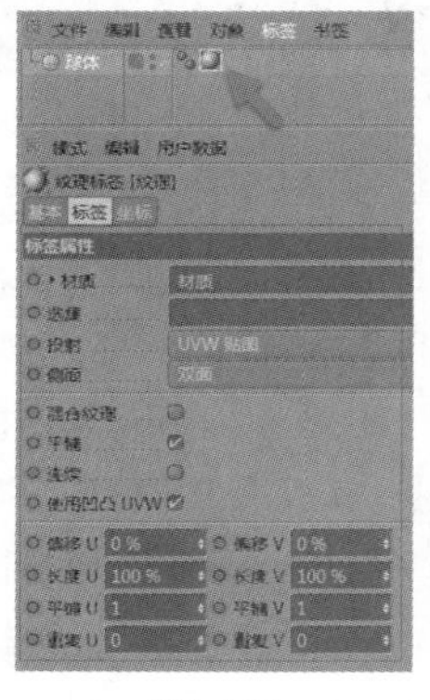

图8-144

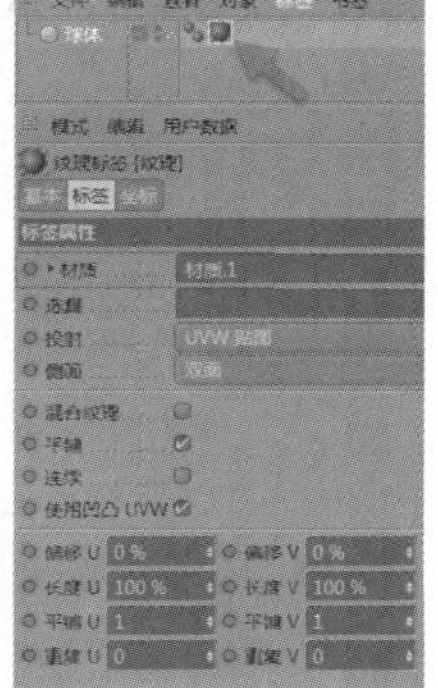

图8-145

2.选集

“选集”的作用是将不同的材质添加到几何体的指定区域。新建球体，将其转换为可编辑对象，切换为“面模式”，循环选择一圈面，在选择菜单下选择“设置选集”命令，在对象层面板中材质球后会出现一个三角的图标，这个三角图标就代表选集，如图8-146所示。

新建材质球，将其改为红色，将红色材质球拖曳至球体上，然后单击“纹理”图标，将三角图标放置于选集选框中，可以看到先前被选择的一圈面变成红色，如图8-147所示。

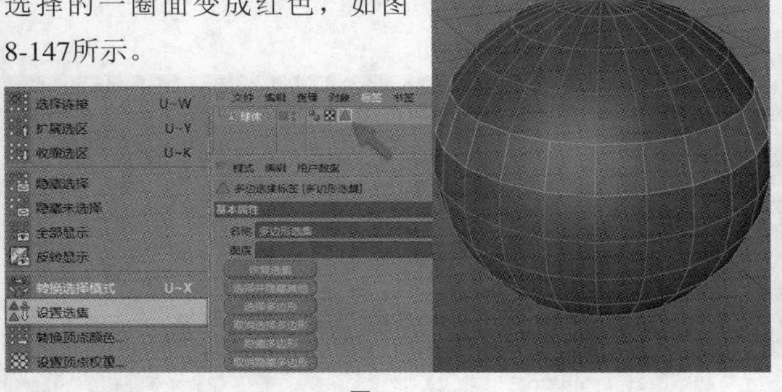

图8-146

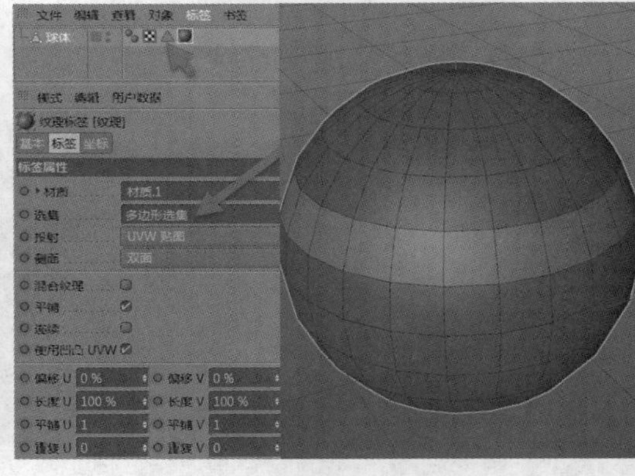

图8-147

3.投射

纹理标签提供了“球状”“柱状”“平直”“立方体”“前沿”“空间”“UVW贴图”“收缩包裹”“摄像机贴图”9种投射方式。其中常用的是“立方体”“前沿”“UVW贴图”“摄像机贴图”。其他贴图方式了解即可。

※　UVW贴图：这个是默认的投射方式，它的作用是将贴图以几何体的UV坐标投射。例如，新建平面，保持默认，将风景贴图拖至材质面板中，将贴有风景贴图的材质拖至平面上，可以看到，风景会以平面的大小投射在平面上，如图8-148和图8-149所示。

图8-148

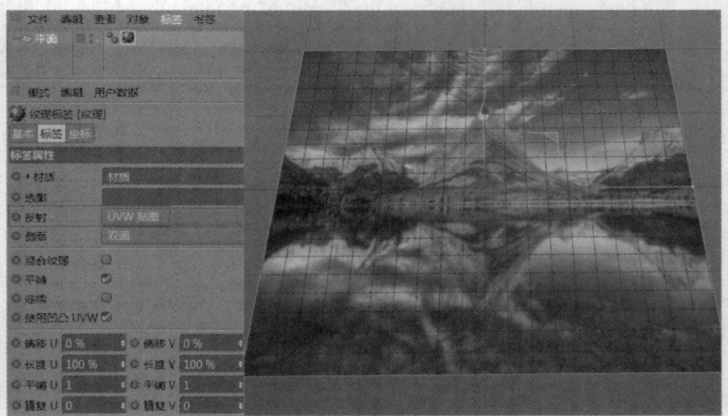

图8-149

※　立方体：代表会以立方体拼贴的方式进行投射，这种方式适合大多数模型，也是贴图材质的首选投射方式，如图8-150所示。

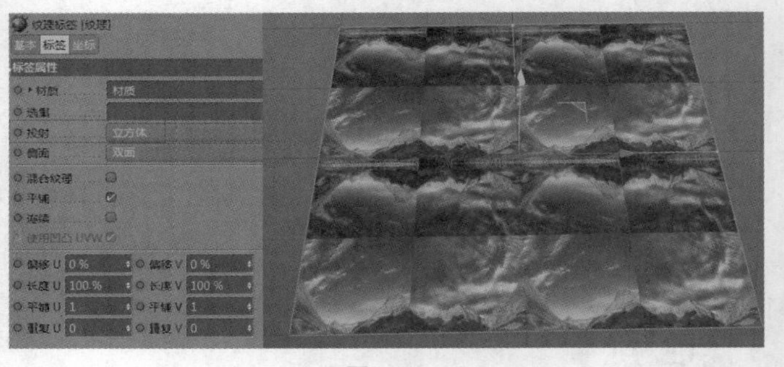

图8-150

※　前沿和摄像机贴图：经常用这两种投射方式来制作实景合成的效果，不过摄像机贴图需要新建摄像机并添加至摄像机选框中，这两种投射的作用是始终将贴图指向屏幕的。新建两个平面，垂直摆放，找一张风景贴图拖至材质面板中，将风景材质分别拖至两个平面上，如图8-151所示。很明显，默认的UVW投射方式是不正确的，选择两个平面的纹理标签，将“投射”改为“前沿”，调整视图至正对屏幕，可以看到，视图显示正确了。但是两个平面的颜色不一样，一个偏黑色，一个正常，如图8-152所示。选择两个平面，选择Cinema 4D合成标

签，在属性面板中，勾选“合成背景”，再渲染当前视图，效果就正确了，如图8-153所示。新建球体，将其放置于平面上，添加普通默认材质，新建灯光，将其放置于球体的右前方，将灯光的“投影”改为“区域”，渲染后球体就会融合在背景中，如图8-154所示。

图8-151

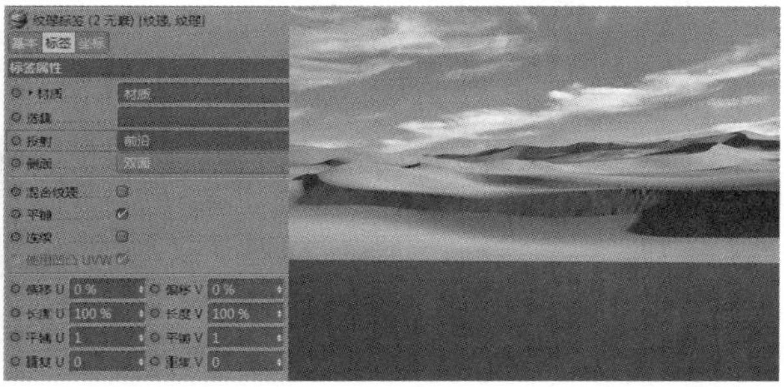

图8-152

图8-153

图8-154

4.混合纹理

勾选以后，将两个不同材质的材质球拖曳至几何体上，渲染到图片查看器，两个材质会进行混合，但是渲染当前视图是看不到效果的，比较麻烦，所以混合纹理这个选项一般情况下不做改变。

5.平铺

平铺就是将贴图平铺在几何体上，取消勾选“平铺”选项，将不会对材质产生效果。

6.连续

对拼贴的贴图进行无缝连接，做贴图材质时，经常配合立方体的投射方式，勾选“连续”来进行使用，如图8-155所示。

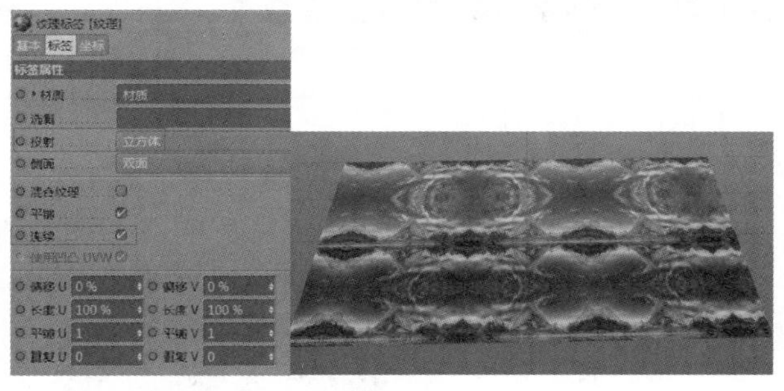

图8-155

7.使用凹凸UVW

该选项只有在投射方式为UVW贴图才会被激活，这个选项控制的数值就是“重复U”和“重复V”，代表贴图在U向和V向的重复个数，调节数值，效果会和立方体的效果相似。将贴图的“长度U”和“长度V”都设置为10%，“平铺U”和“平铺V”都设置为10，“重复U”设置为1，“重复V”设置为0，参数设置及效果如图8-156所示。

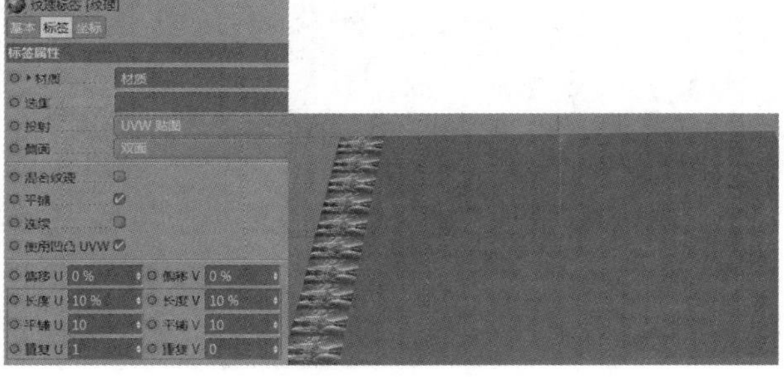

图8-156

8.偏移U/V

“偏移U”和“偏移V”代表贴图的几何体上横向和纵向的移动。

9.长度U/V和平铺U/V

它们可以控制贴图在几何体上的大小。

8.2.5 环境吸收与全局光照

选择“渲染设置”，使用鼠标右键单击“渲染设置”窗口左侧的空白处，可以添加更多渲染设置选项，如图8-157所示。

“环境吸收”和“全局光照”是编辑渲染设置中用得较多的两个选项，也是很重要的两个选项。

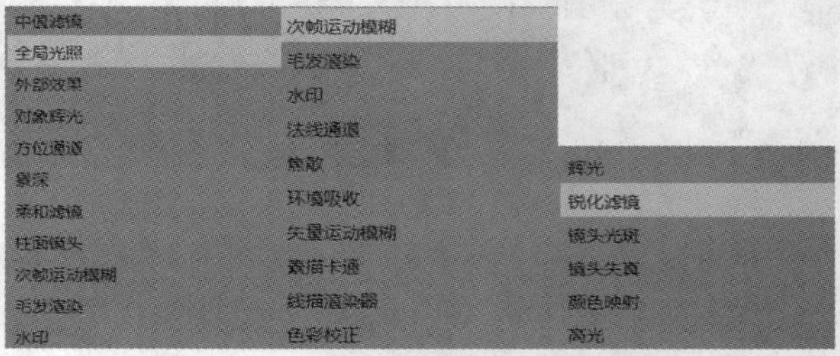

图8-157

1.环境吸收

“环境吸收”的作用是增加物体与物体之间的阴影，让场景看起来更加真实。

新建一个球体，再新建一个平面，直接渲染，在“渲染设置”窗口中增加“环境吸收”，再进行渲染，对比二者变化，可以看到加了“环境吸收”的场景效果更加真实，如图8-158和图8-159所示。

“环境吸收”右侧的设置，都是针对物体与物体之间的阴影进行细节的调整。

图8-158

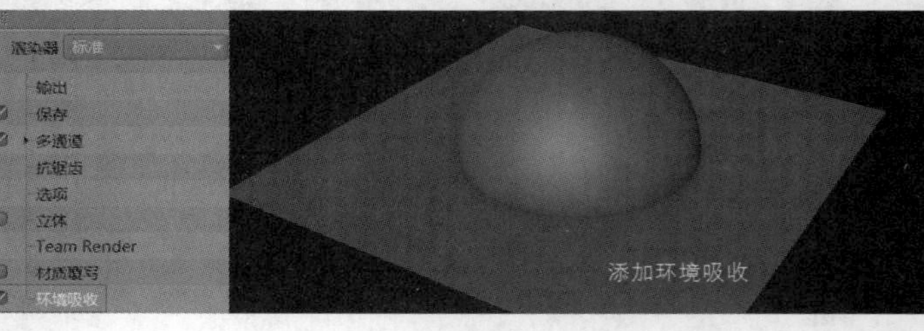

图8-159

基本属性参数介绍

※ 颜色：可以调整阴影的颜色，不过在工作中，一般不会调节成其他颜色，只会利用灰白黑的颜色来调节阴影的深浅。例如，双击黑色滑块，在弹出的颜色中选择“灰色”，再进行渲染，可以看到阴影就会变浅，如图8-160所示。

※ 最小光线长度和最大光线长度：调节物体之间的阴影深度。例如，将“最大光线长度”设置为50 cm，再进行渲染，阴影颜色会比之前更浅一些，如图8-161所示。

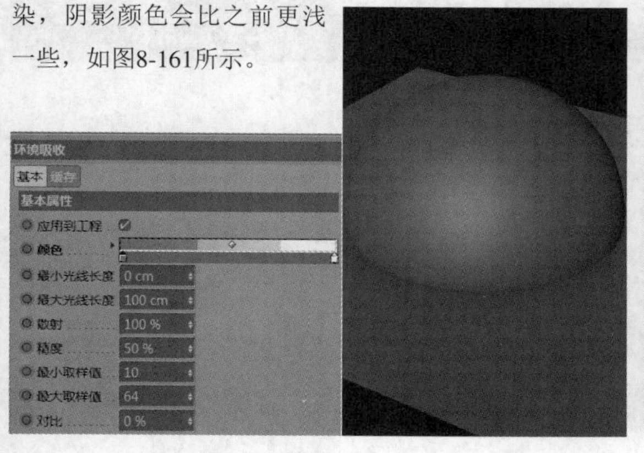

图8-160

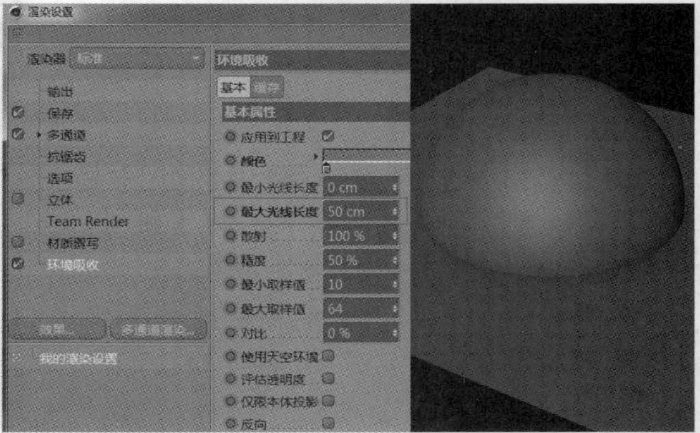

图8-161

※　散射：调节阴影的柔和程度。例如，将“散射”设置为30%，其他设置不变，进行渲染，可以看到，物体之间的阴影会清晰很多，如图8-162所示。

※　精度、最小取样值和最大取样值：都是对阴影的精细程度进行调整的。

※　对比：可以调节阴影的对比度。例如，将“对比”设置为60%，进行渲染，阴影的对比度会增大，颜色会加深，如图8-163所示。

※　使用天空环境：代表环境吸收会受天空的影响。

※　评估透明度：会在渲染玻璃的时候用到，使玻璃之间的阴影更加自然。仅限本体投影和反向都是单个物体产生投影而影响另一个物体，而不是两个物体同时产生阴影。一般不做更改。

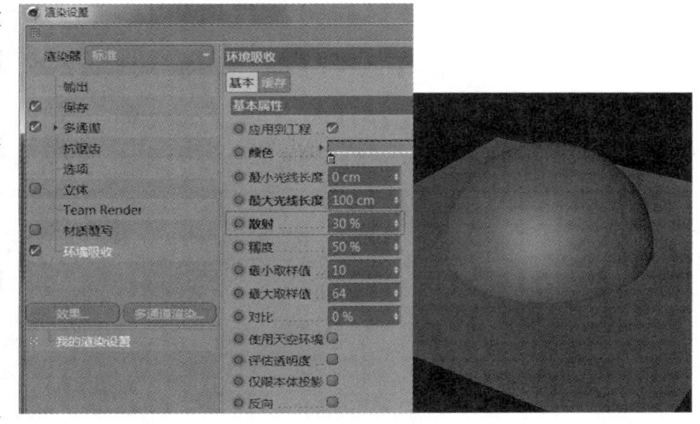

图8-162

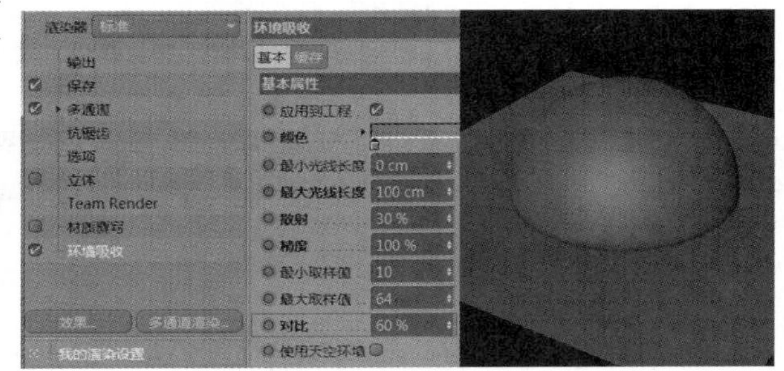

图8-163

2.全局光照

可以对场景内的灯光进行反弹，从而避免场景产生漆黑的现象，使场景中的灯光更加柔和。“全局光照”本身是不能作为灯光使用的，且一般应用在半封闭或者全封闭的场景中效果更加明显。

导入菠萝模型，新建立方体，将其转换为可编辑对象，将一个面去掉，将菠萝放置于立方体内部，如图8-164所示。

图8-164

新建白色材质球，赋予菠萝和立方体，然后新建灯光，将灯光“类型”设置为“区域光”，“投影”设置为“区域”，关闭“全局光照”进行渲染，如图8-165所示。

打开“全局光照”，不做任何设置，再进行渲染，可以看到，场景亮了很多，这就是灯光反弹到立方体上再反射到菠萝上的效果，如图8-166所示。

图8-165

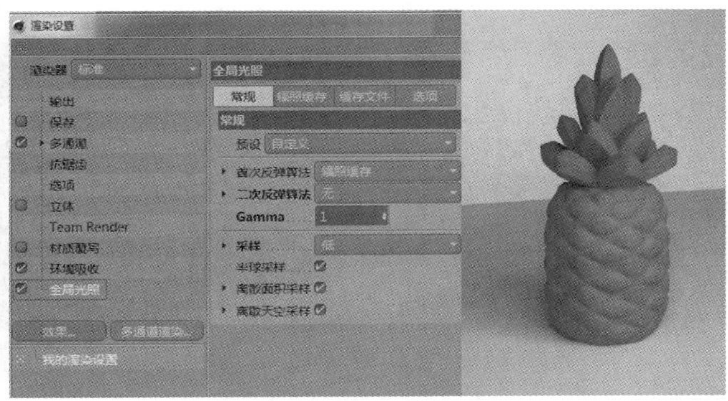

图8-166

“全局光照”右侧的设置都是针对灯光的反弹次数做细节调整的。

常规参数介绍

※ 预设：Cinema 4D提供了很多灯光反弹的预设类型，可针对室内或室外等不同的场景选择不同的预设，可以使场景的效果更好。

※ 首次反弹算法：类型有“准蒙特卡洛”和“辐照缓存”，代表反射灯光的效果。“准蒙特卡洛”效果很好，但渲染速度较慢，而“辐照缓存”效果不如“准蒙特卡洛”，但渲染速度很快。强度和饱和度也是对灯光反弹效果的加强。

※ 二次反弹算法：就是灯光在进行二次反弹时的算法，类型有4种，除了一次反弹的两种外，又增加了“辐射贴图”和“光线映射”，这两种的反弹效果不如前两种类型好，但是因为有前两种类型进行第一次反弹，所以第二次反弹经常可以用辐射贴图和光线映射，这样效果也比较好，而且渲染速度也很快。

※ Gamma：可以增加整个场景的亮度。可以根据具体场景对Gamma值进行具体调整。

※ 采样：代表反弹灯光的精细程度。如果需要渲染更加精细的图，可以将采样数设置为“中”，如果设置成“高”，渲染速度会变慢，而且和“中”的效果很接近。

在实际工作中，“半球采样”“离散面积采样”“离散天空采样”一般不做调整。

8.3 课堂练习——万能胶囊

实例位置	实例文件>CH08>课堂练习——万能胶囊.c4d
素材位置	素材文件> CH08>课堂练习——万能胶囊
视频位置	CH08>课堂练习——万能胶囊.mp4
技术掌握	掌握灯光及材质的基本调节方法

通过对本案例的练习，读者可以掌握灯光及材质的基本调节方法，效果如图8-167所示。

图8-167

01 新建样条矩形，将其转换为可编辑对象，并切换为“点模式”，选择所有的点，单击鼠标右键，在弹出的菜单中选择“细分”命令，并调整所有点的位置，然后继续单击鼠标右键，在弹出的菜单中选择“倒角”命令，如图8-168和图8-169所示。

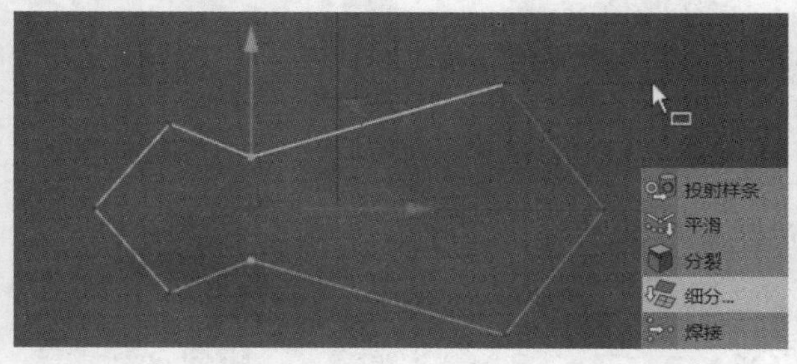

图8-168

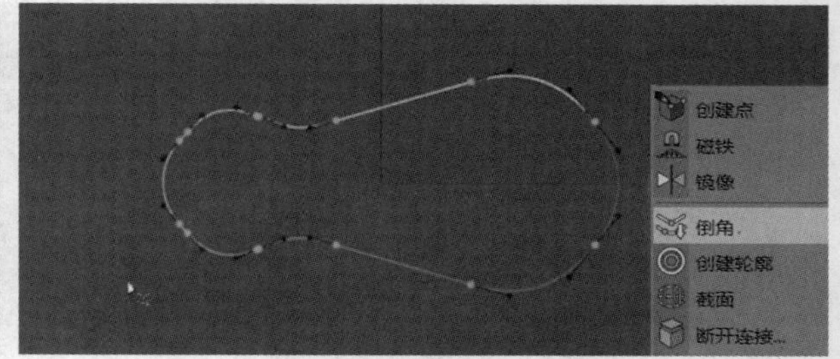

图8-169

02 新建挤压，将样条作为子级放置于挤压的下方，并将挤压的封顶都改为“圆角封顶”，再进行复制，如图8-170所示。

03 新建胶囊，将其转换为可编辑对象，切换为“面模式”，框选上面的面并进行删除，如图8-171所示。

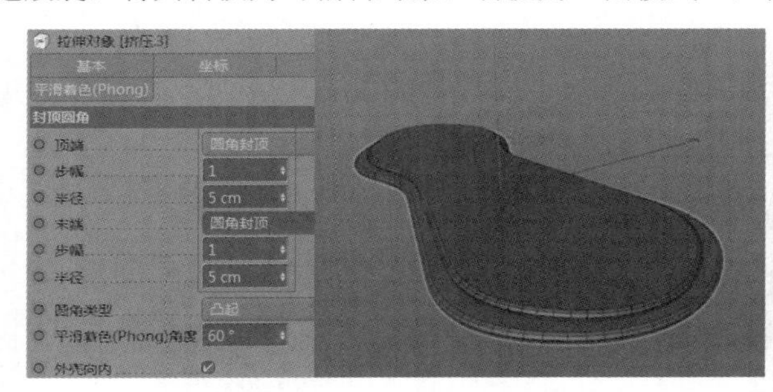

图8-170

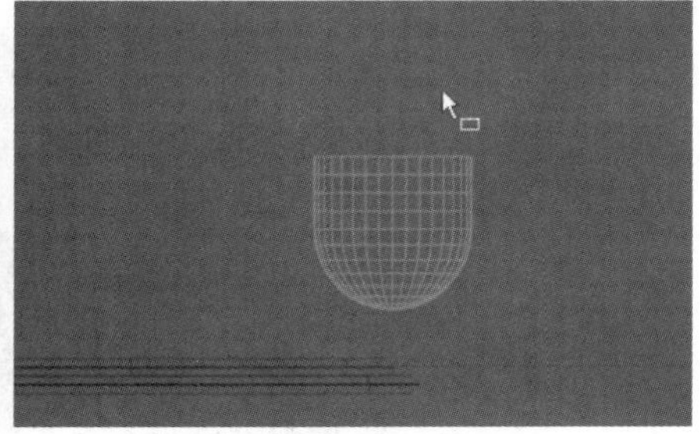

图8-171

04 切换为“面模式”，循环选择顶面，单击鼠标右键，在弹出的菜单中选择“挤压”命令，向里挤压一定的厚度，并再次循环选择顶面，进行删除，如图8-172所示。

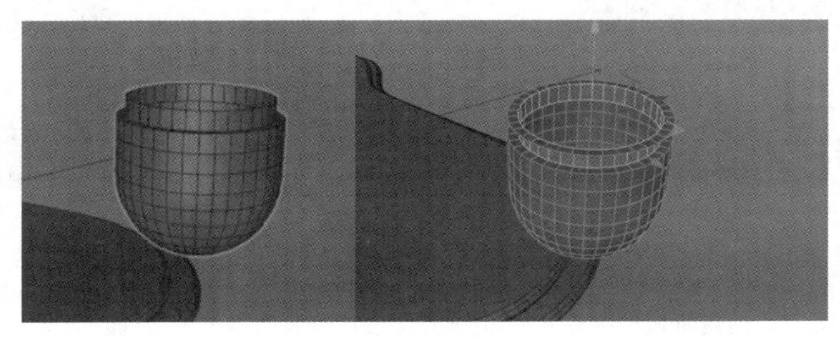

图8-172

05 建模完成后，双击材质面板空白处创建材质球，双击材质球打开“材质编辑器”窗口，在“颜色”通道中将材质球的颜色设置为H:353°、S:48%、V:100%，如图8-173所示。

06 在“反射”通道中选择“类型”为GGX，并将“粗糙度”设置为11%，然后修改“菲涅耳”为“绝缘体”，如图8-174所示。将该材质指定给胶囊模型。

07 双击材质面板空白处创建材质球，双击材质球打开“材质编辑器”窗口，取消勾选“颜色”通道。在“反射”通道中选择“类型”为GGX，并将“粗糙度”设置为15%，然后修改“菲涅耳”为“导体”，“预置”为“金”，如图8-175所示。

08 双击材质面板空白处创建材质球，双击材质球打开“材质编辑器”窗口，取消勾选“颜色”通道。在“反射”通道中选择“类型”为GGX，并将“粗糙度”设置为10%，然后修改“菲涅耳”为“导体”，“预置”为“铝”，如图8-176所示。

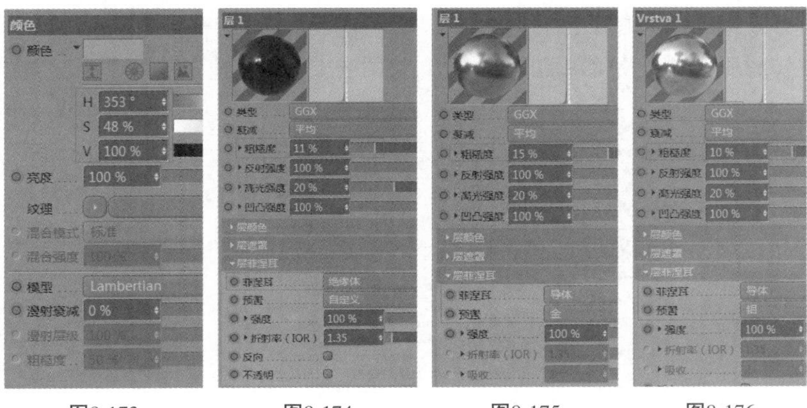

图8-173 图8-174 图8-175 图8-176

⑨其他的材质采用同样的方法进行设置，改变预置类型即可，将设置好的材质添加到对应的模型上，然后添加物理天空，如图8-177所示。

⑩在“渲染设置”窗口中添加“全局光照”和“环境吸收”，如图8-178所示。最终渲染效果如图8-179所示。读者可以观看教学视频，了解本案例的详细制作过程。

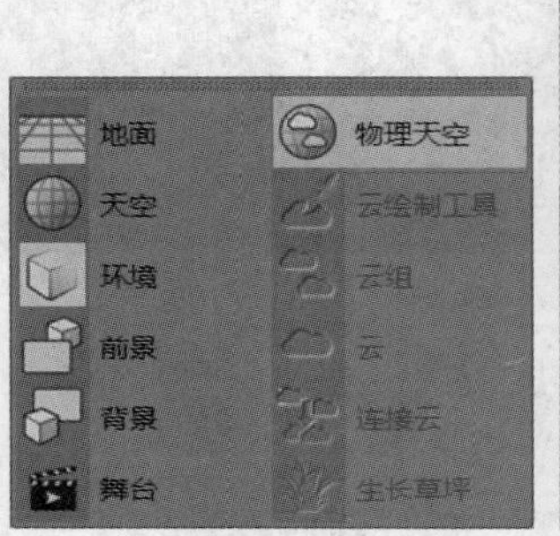

图8-177

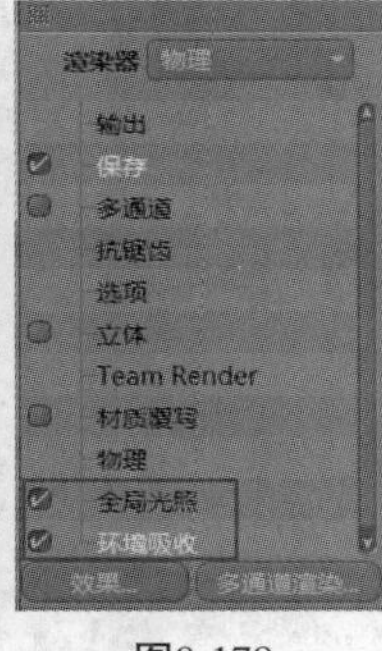

图8-178

图8-179

8.4 课后习题——精灵球

实例位置	实例文件>CH08>课后习题——精灵球.c4d
素材位置	无
视频位置	CH08>课后习题——精灵球.mp4
技术掌握	掌握烤漆材质的调节方法

通过对本习题的练习，读者可以掌握多边形建模及烤漆材质的基本调节方法，效果如图8-180所示。

图8-180

关键步骤提示

第1步，新建球体，并转换为可编辑对象，利用点、线、面的操作，来制作精灵球的外部形状。

第2步，新建球体及圆柱体，缩放至合适的大小，来制作精灵球的内部结构。

第3步，添加烤漆材质、灯光及HDR贴图，进行最终的渲染。

第9章 运动图形和效果器

Cinema 4D 的运动图形模块非常强大，是其他三维软件无法比拟的，运动图形永远是作为父级来使用的。而效果器经常配合运动图形来使用，以达到一些特殊的效果。效果器是作为子级来使用的，工作中经常用到的有简易、延迟、随机、着色和步幅，本章主要讲解运动图形及这5种效果器的使用方法。

课堂学习目标

- 掌握克隆、文本和追踪对象的使用方法
- 掌握简易、延迟和随机效果器的使用方法
- 掌握着色和步幅效果器的使用方法

9.1 运动图形

9.1.1 课堂案例——卡通树

实例位置	实例文件>CH09>课堂案例——卡通树.c4d
素材位置	无
视频位置	CH09>课堂案例——卡通树.mp4
技术掌握	掌握克隆工具的使用方法

本案例主要用克隆工具来制作卡通树效果，如图9-1所示。

图9-1

01 新建平面，将“宽度”设置为260 cm，“高度”设置为62 cm，并将“宽度分段”和“高度分段”都设置为3，如图9-2所示。

02 新建修正变形器，并将修正作为子级放置于平面的下方，切换为“点模式”，移动点，将模型调整为图9-3所示的形状。

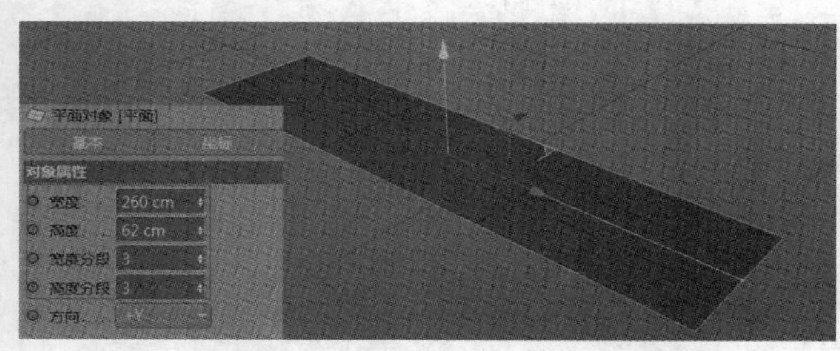

图9-2

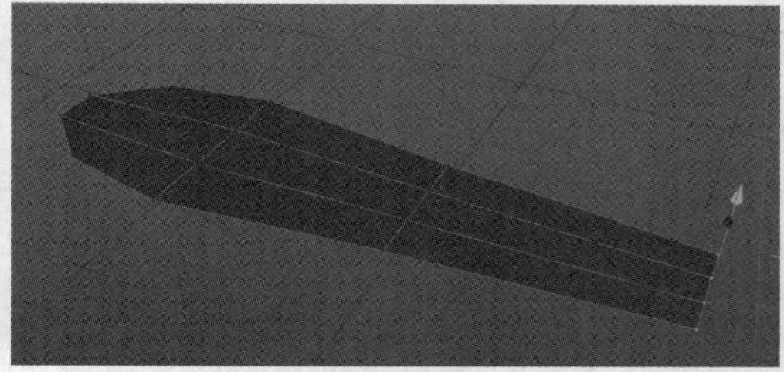

图9-3

03 新建扭曲，将扭曲作为子级放置于平面的下方，并将扭曲的“尺寸”设置为45 cm、309 cm、90 cm，“强度”设置为68°，如图9-4所示。

04 新建细分曲面，将平面作为子级放置于细分曲面的下方，然后新建布料曲面，将布料曲面的“厚度”设置为0.3 cm，如图9-5所示。

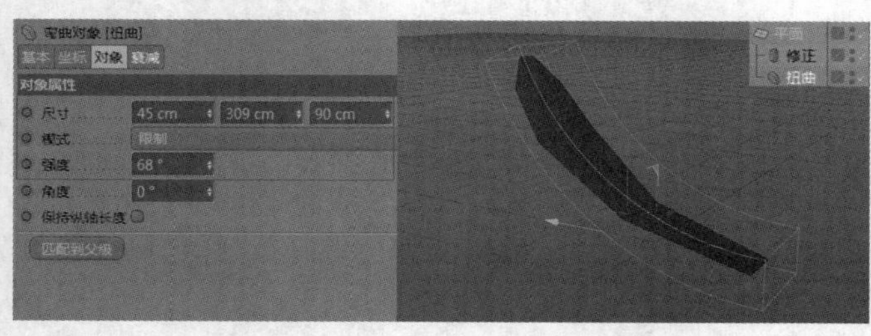

图9-4

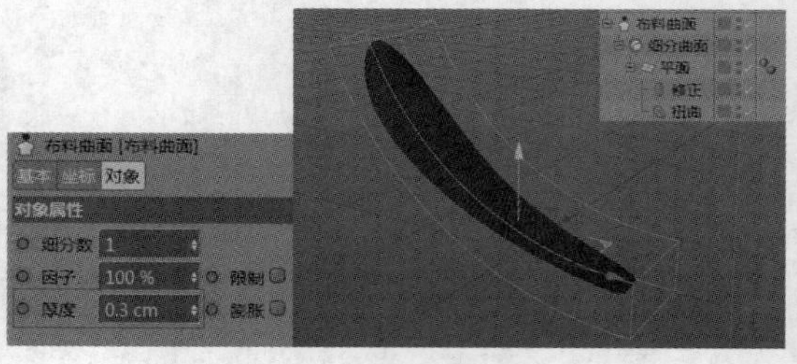

图9-5

05 新建克隆，将布料曲面作为子级放置于克隆的下方，并将克隆的“数量”设置为12，“变换”属性中的“位置.X”设置为75cm，“旋转.H”设置为70°，“旋转.P”设置为75°，“旋转.B”设置为80°，如图9-6和图9-7所示。

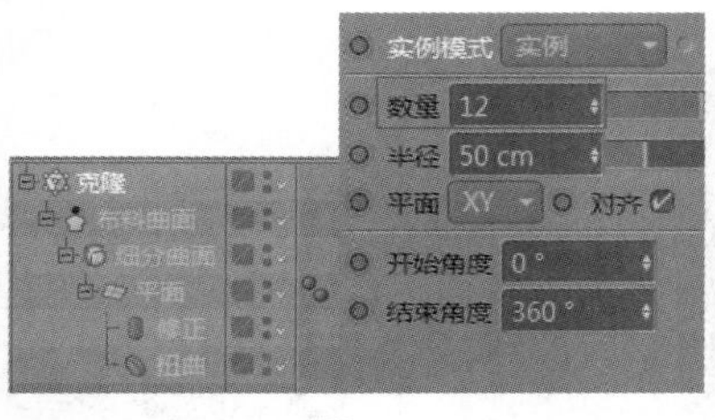

图9-6

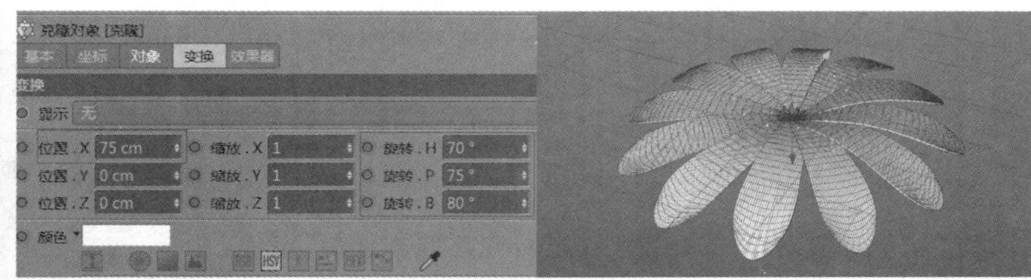

图9-7

06 新建圆环，将“圆环半径”设置为40 cm，“导管半径”设置为8 cm，然后新建克隆，将圆环作为子级放置于克隆的下方，并将克隆的“数量”设置为12，将“位置.Y”设置为22 cm，接着为克隆添加效果器“步幅”，将“步幅”的点样式设置为“线性”，如图9-8和图9-9所示。

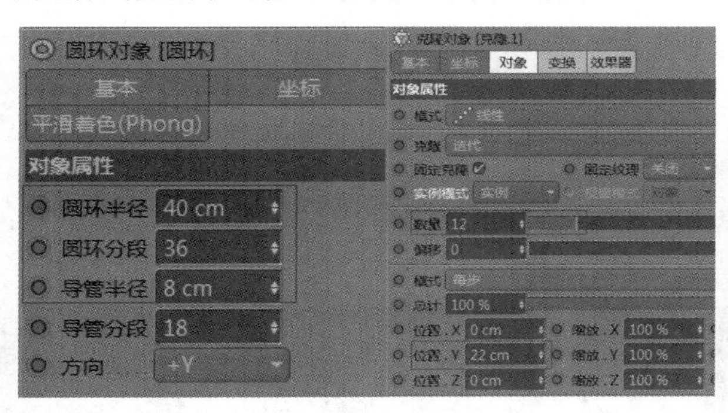

图9-8

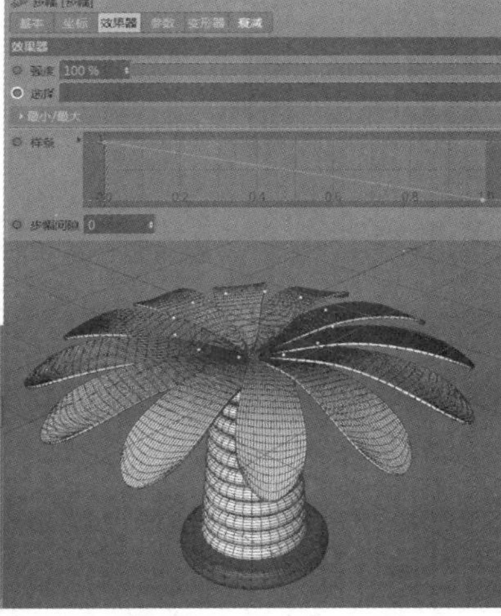

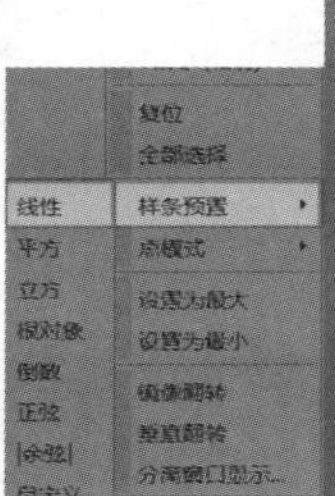

图9-9

07 双击材质面板空白处创建材质球，双击材质球打开“材质编辑器”窗口，在“颜色”通道中将材质球的颜色设置为H:160°、S:38%、V:93%，如图9-10所示。

08 其他的材质采用同样的方法进行设置，改变颜色即可，将设置好的材质添加到对应的模型上，并添加物理天空，如图9-11所示。

09 在“渲染设置”窗口中添加“全局光照”和“环境吸收”，如图9-12所示。最终渲染效果如图9-13所示。

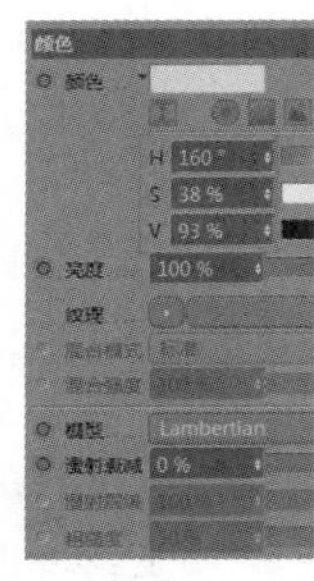

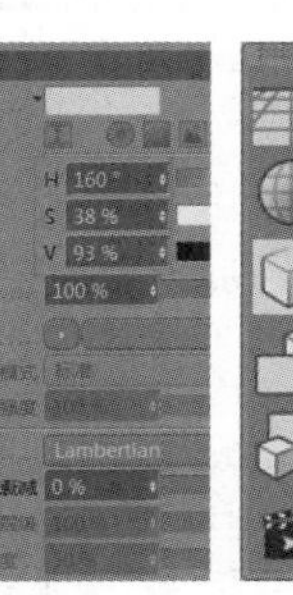

图9-10

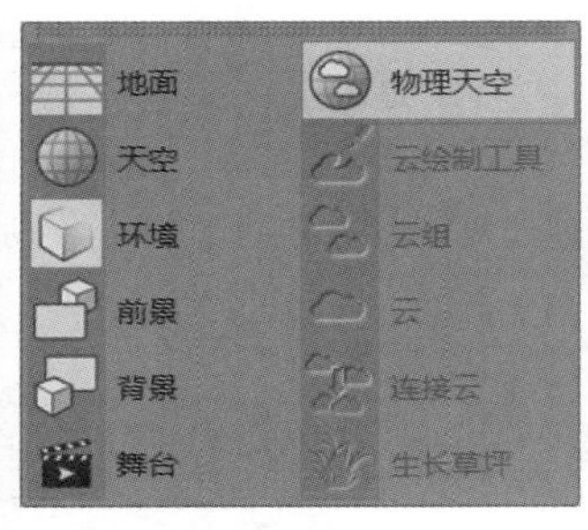

图9-11

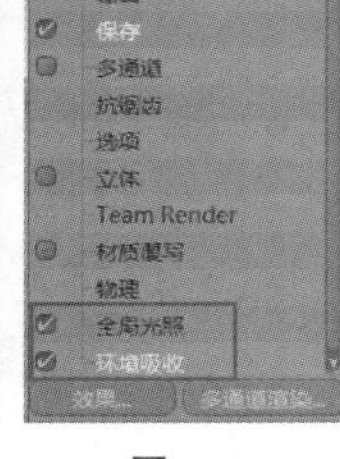

图9-12

图9-13

9.1.2 克隆

“克隆”的作用是将一个物体复制多个，并以不同的模式来进行排列。

新建立方体，将立方体作为子级放置于克隆的下方，单击克隆，在对象属性中可以看到，克隆有“对象”“线性”“放射”“网格排列”“蜂窝阵列”5种模式，如图9-14所示。

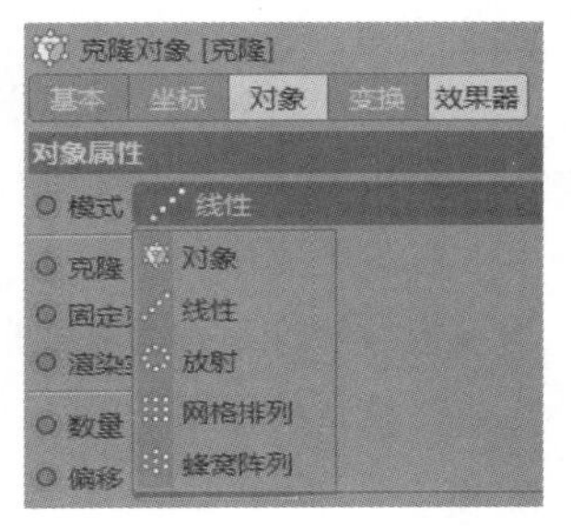

图9-14

1.对象模式

它的作用是对被克隆的对象以另一个对象的点、线、面来进行排列复制。

新建立方体，将立方体作为子级放置于克隆的下方，将克隆的“模式”改为“对象”，新建球体，将球体拖曳至克隆对象选框中，可以看到，立方体就会分布在球体上，如图9-15所示。

其中“分布”的作用是对被克隆物体以对象的点、线、面来进行克隆，默认是以“顶点”分布。“分布”模式包含“顶点”“边”“多边形中心”“表面”“体积”“轴心”6种，如图9-16所示。

图9-15

技巧与提示

如果几何体的点比较多，可以先将一个简单的几何体拖曳到对象选框中，改好分布模式后，再将复杂的几何体拖曳至对象选框中，这样可以提高工作效率。

勾选“排列克隆”，代表对被克隆物体以对象的形状方向进行克隆。而关闭“排列克隆”是以克隆物体自身的方向进行排列，如图9-17所示。

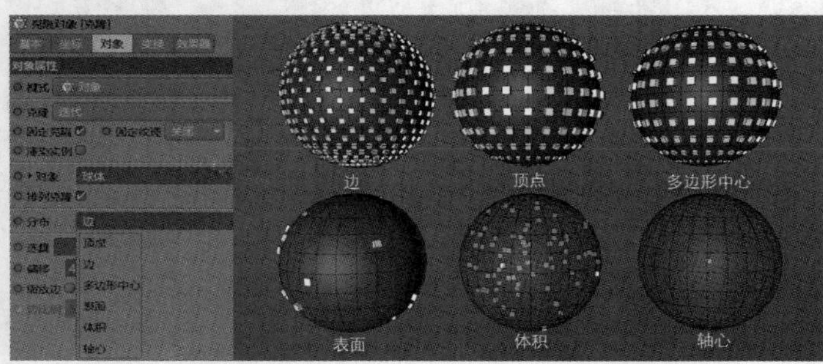

图9-16　　图9-17

2.线性模式

“线性”模式代表对物体以直线来进行排列复制，方式有 4 种，分别是“迭代”“随机”“混合”“类别”。

迭代

根据物体的排列方式来克隆。例如，在立方体的基础上，再新建圆锥、球体、宝石，全部作为子级，放置于克隆的下方，将克隆“数量”设置为4，“位置.Y”设置为240 cm，如图9-18所示。可以看到，克隆下几何体的排列方式和场景中的排列方式是一致的，数量再多也按照这种排列方式来进行复制，这就是迭代的作用。

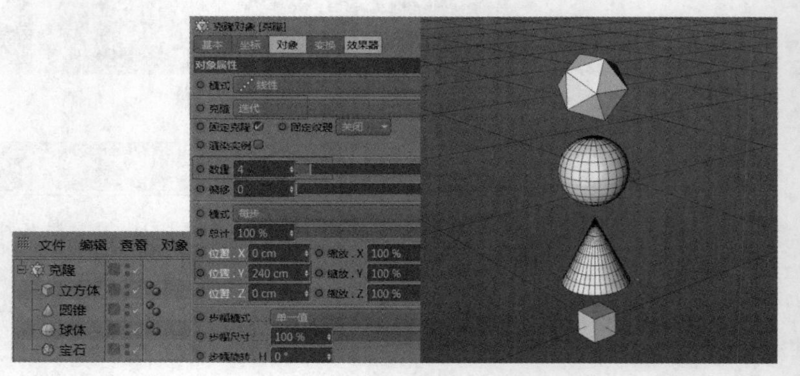

图9-18

随机

“随机”排列方式是随机的，没有顺序性，可以通过改变种子数来改变物体的排列方式。

混合

“混合”以渐变的方式来进行排列。例如，将其他几何体全部删除，只留下球体，再新建一个球体作为子级放置于克隆的下方，将两个球体“半径”分别设置为100 cm和40 cm，将“克隆”的方式改为“混合”，将克隆的“数量”设置为4，可以看到，克隆的排列方式为从一个小球逐渐变换成一个大球，如图9-19所示。

利用这种混合方式，不仅可以复制几何体，而且可以复制灯光。例如，新建两个灯光，将两个灯光的颜色分别设置为红色和蓝色，并把可见灯光都打开，将两个灯光作为子级放置于克隆的下方，将“克隆”的方式改为“混合”并渲染，可以看到，灯光就会出现渐变的效果，如图9-20所示。

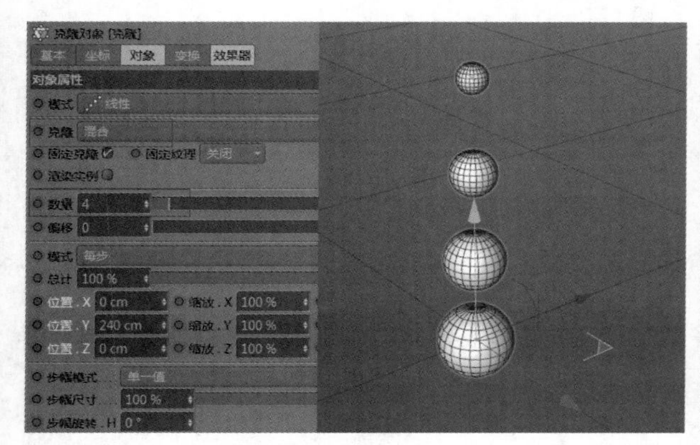

图9-19

图9-20

类别

只显示克隆下的第一个子物体。例如，还是将立方体、圆锥、球体、宝石作为子级放置于克隆的下方，将“克隆”方式改为“类别”，可以看到，克隆时只克隆第一个立方体，其他没有被克隆，如图9-21所示。这个模式用得比较少，理解就可以。

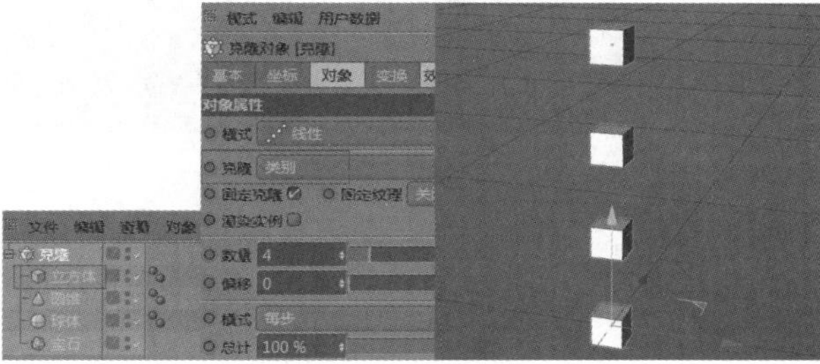

图9-21

常用参数介绍

※ 固定克隆：勾选后移动子物体，克隆物体不会移动，而关闭后移动子物体，克隆物体会跟随移动。

※ 固定纹理：打开后纹理会被固定在物体上。一般会保持默认关闭状态。

※ 渲染实例：当工程项目较大时，勾选该选项，可以提高软件的运行速度。

※ 数量和偏移：分别增加克隆物体的数量和移动克隆物体。

※ 模式：分为“每步”和“终点”。“每步”代表起点是固定的，只能向起点的反方向增加数量，而起点是不会变化的。“终点”代表两端点是固定的，增加数量只会在中间增加，而两端是固定不动的。例如，新建两个克隆，将克隆的“数量”都设置为8，“位置.Y”设置为240 cm，一个克隆的“模式”设置为“每步”，另一个设置为“终点”，可以明显看到变化，如图9-22和图9-23所示。

※ 位置/缩放/旋转：这3个属性的数值在克隆线性模式中是非常重要的，而且也是使用率非常高的，它们的含义是对被克隆的物体，以特定的位置、缩放、旋转来进行有规则的复制。例如，新建立方体，将立方体作为子级放置于克隆的下方，以位置为例，将“位置.X”“位置.Y”“位置.Z”分别设置为180 cm、220 cm、0 cm，代表克隆的物体在*x*轴方向上移动了180 cm，在*y*轴方向上移动220 cm，在*z*轴方向上没有移动，通过设置不同的数值，会显示不同的排列方式，如图9-24所示。

※ 步幅模式：克隆里的步幅代表克隆的物体的旋转数值，可以对克隆的物体进行旋转，步幅有两种模式，即“单一值”和“累积”，“单一值”代表物体进行整体旋转，而“累积”的旋转是按照一定规律进行旋转，这个选项在工作中一般不会用到，了解即可。例如，将“步幅模式”改为“累积”，“步幅旋转.H”设置为20°，如图9-25所示。

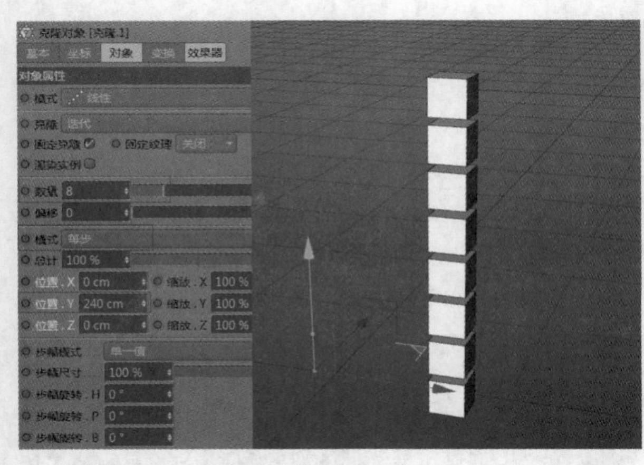

图9-22

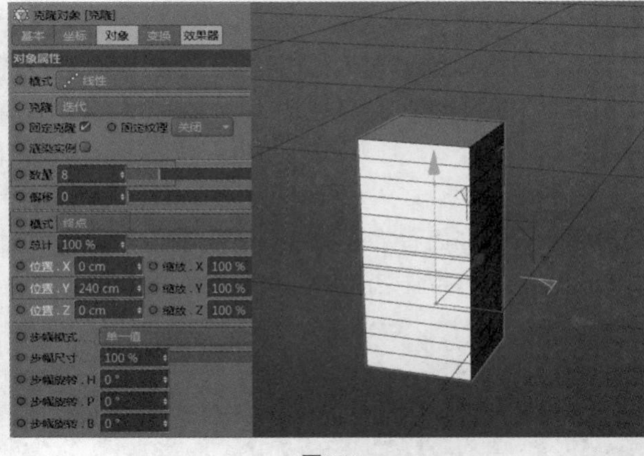

图9-23

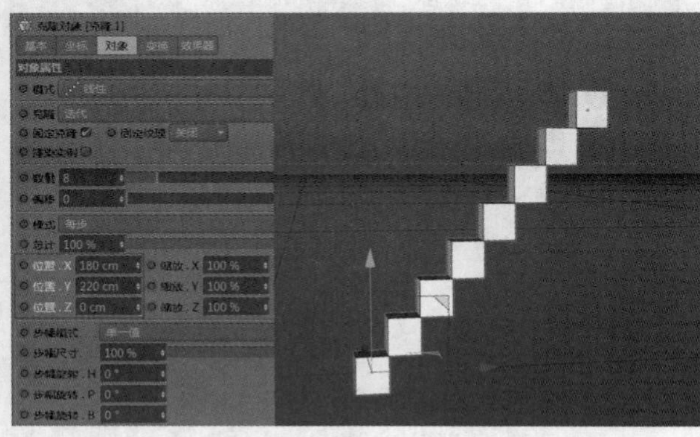

图9-24

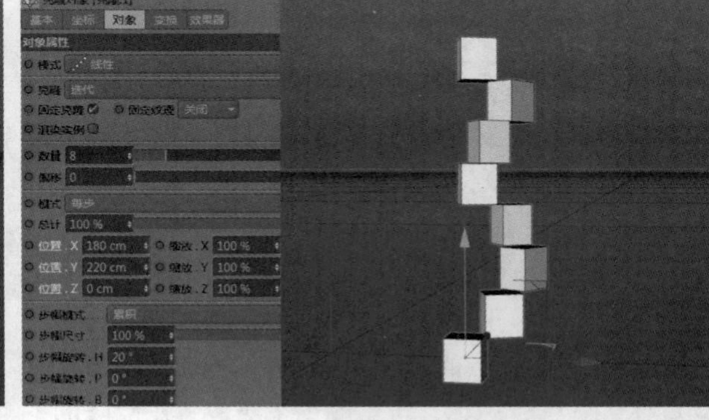

图9-25

3.放射模式

“放射”模式可以克隆物体并以圆的路径进行复制，例如，将原先的场景克隆模式改为“放射”，立方体就会以圆的路径排列，如图9-26所示。

常用参数介绍

※ 数量：用于设置立方体被复制的数量。

※ 半径：用于设置路径圆的大小。

※ 平面：用于设置路径圆的方向。

※ 开始角度和结束角度：代表克隆物体沿圆的路径运动的角度。例如，将“开始角度”设置为210°，“结束角度”设置为0°，就代表克隆的立方体向圆的开始方向运动了210°，如图9-27所示。

※ 偏移、偏移变化和偏移种子：代表克隆物体在圆的路径上运动的随机值，一般不做调整。

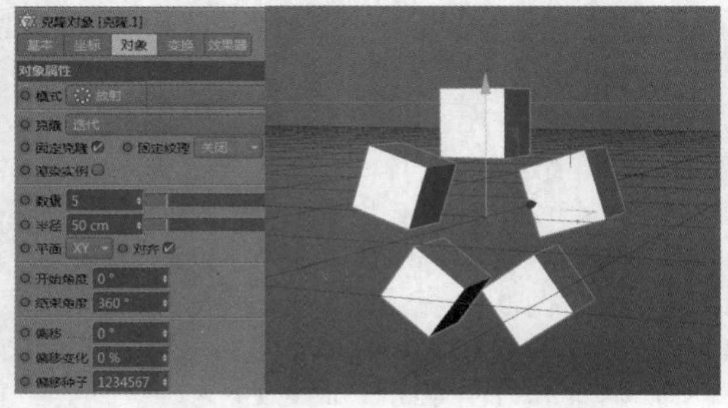

图9-26

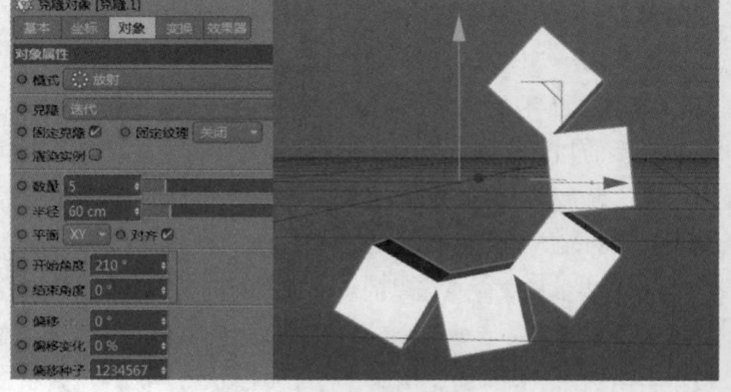

图9-27

4.网格排列

“网格排列”代表克隆物体以矩阵的方式进行排列，如图9-28所示。

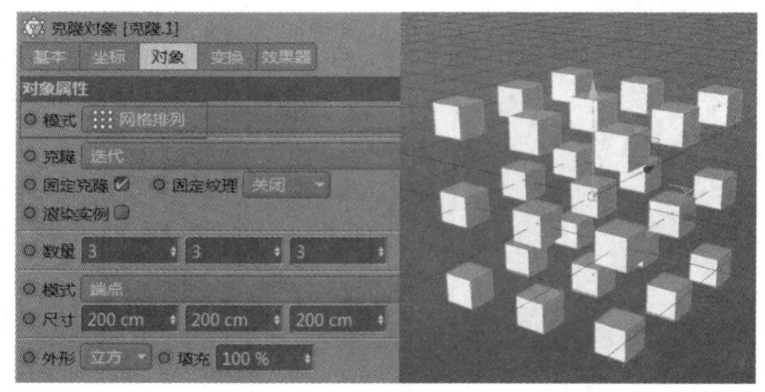

图9-28

常用参数介绍

※ 数量：代表被克隆物体分别在3个轴向上复制的数量。

※ 尺寸：代表在3个轴向上克隆物体的距离。

※ 模式：“端点”代表在固定两个点的前提下，对中间立方体进行复制，“每步”代表在固定一个点的基础上进行复制。例如，复制两个克隆，将“模式”都设置为“网格排列”，“数量”都设置为6、3、3，“尺寸”都设置为20 cm、100 cm、100 cm，分别将“模式”改为“每步”和“端点”，对比变化，如图9-29和图9-30所示。

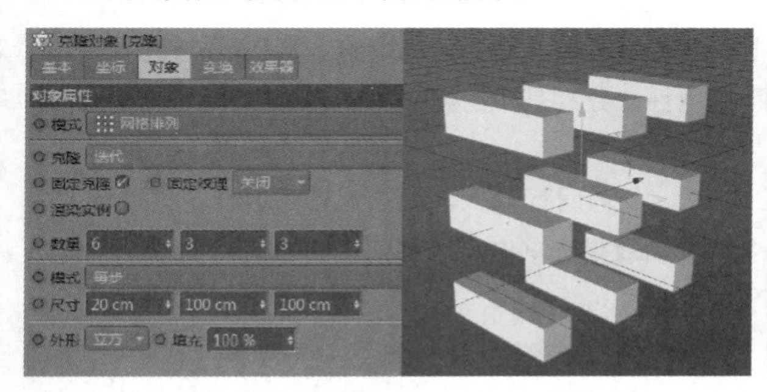

图9-29

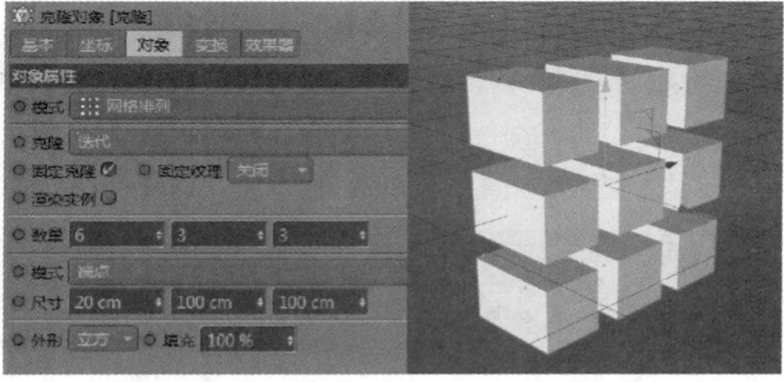

图9-30

※ 外形：代表克隆物体以何种形状来进行矩阵排列，有“立方”“球体”“圆柱”“对象”4种类型。

※ 填充：代表内部的数量。以“立方”为例，将“数量”设置为6、9、6，“尺寸”设置为38 cm、75 cm、38 cm，如图9-31所示。将“填充”设置为1%，中间的立方体就会消失，如图9-32所示。

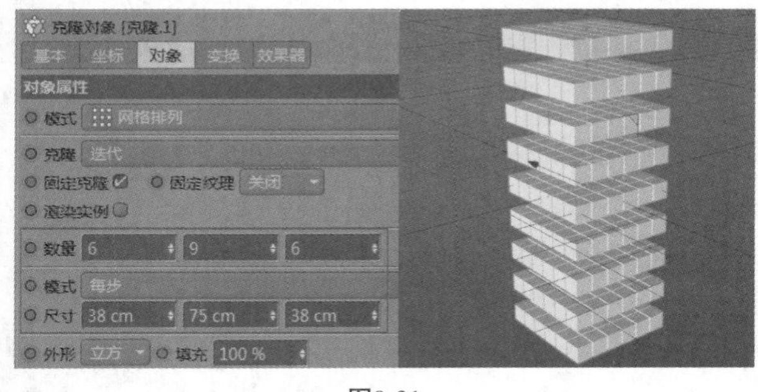

图9-31

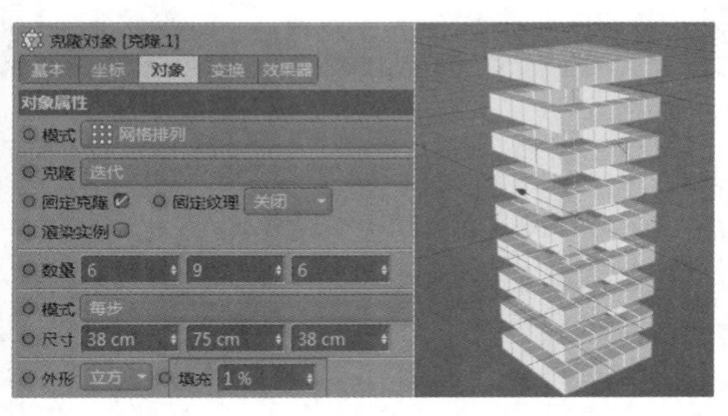

图9-32

5.蜂窝阵列

“蜂窝阵列”代表克隆物体以蜂窝状进行排列，可以用这种排列方式制作木地板或者砖墙效果。

例如，将“偏移”设置为62%，“宽数量”设置为118，“高数量”设置为17，“宽尺寸”设置为7 cm，“高尺寸”设置为16 cm，就能制作成砖墙的效果，如图9-33所示。这个数值不是固定的，可以根据自己的需要来调整。

其中“形式”代表以何种方式进行填充，有“矩形”“圆环”“样条”3种形式，例如，将“形式”改为“圆环”，代表克隆的对象会填充在圆环内，如图9-34所示。

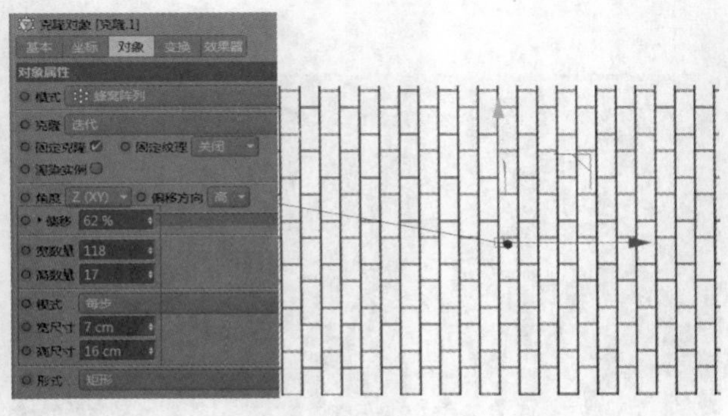

图9-33

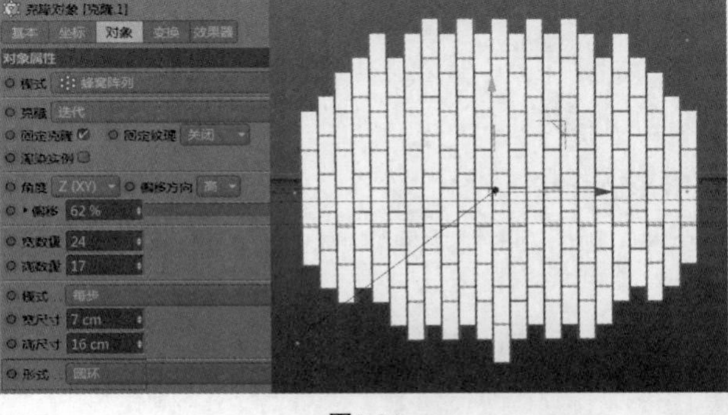

图9-34

9.1.3 文本

运动图形中的文本和“样条线”中的文本配合挤压的效果几乎是一样的，基本属性也都是一样的，不同的是，运动图形中的文本可以直接作为运动图形使用，而且能添加效果器，而样条线中的文本是不能使用的。

新建运动图形文本，可以看到，对象属性中添加了4个属性，分别是“全部”“网格范围”“单词”“字母”，这4个属性都可以添加效果器。

例如，将文本的内容修改为“CINEMA 4D ABCDE”，分为两行输入，如图9-35所示。新建随机效果器，将随机效果器添加至“全部”的效果选框内，调整随机的数值，文本会整体进行位置、缩放、旋转上的调整，如图9-36所示。

图9-35　　图9-36

然后将随机效果器添加至“网格范围”的效果选框中，随机数值和“全部”一样，可以看到随机是以行为单位来进行变换的，如图9-37所示。

接着将随机效果器添加至“单词”的效果选框中，随机数值和“全部”一样，可以看到随机是以单个整体为单位来进行变换的，如图9-38所示。

图9-37

图9-38

最后将随机效果器添加至“字母”的效果选框中，随机数值和“全部”一样，随机是以单个字母为单位进行变换的，效果如图9-39所示。

图9-39

9.1.4 追踪对象

追踪对象有两个作用，第一个作用是追踪对象移动的路径信息；第二个作用是用特殊的布线来围绕物体，追踪对象移动的路径信息。

新建球体，0帧时，在z轴位置添加关键帧，再将滑块移到90帧，在z轴方向上移动，设置为600 cm，新建追踪对象，将球体拖曳至追踪对象的“追踪链接”选框中，播放动画，会记录对象的路径信息，如图9-40所示。

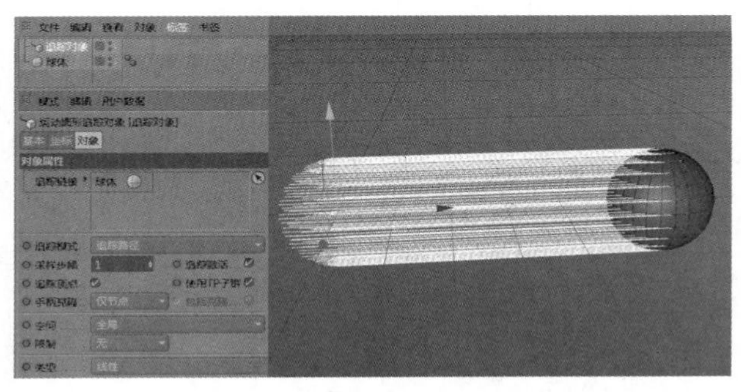

图9-40

关闭“追踪顶点”，再单击“播放动画”按钮，会记录球体的运动信息，只有一条路径，如图9-41所示。

“限制”代表追踪路径的范围。例如，将“限制”改为“从开始”，将“总计”设置为20，单击“播放动画”按钮，可以看到只会追踪前20帧的路径，20帧后将不再追踪，如图9-42所示。

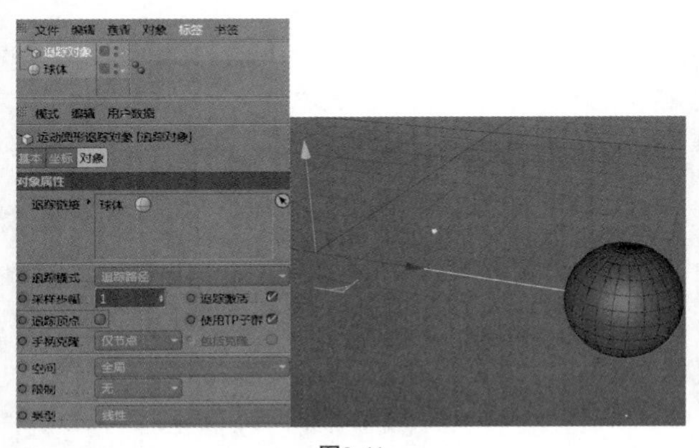

图9-41

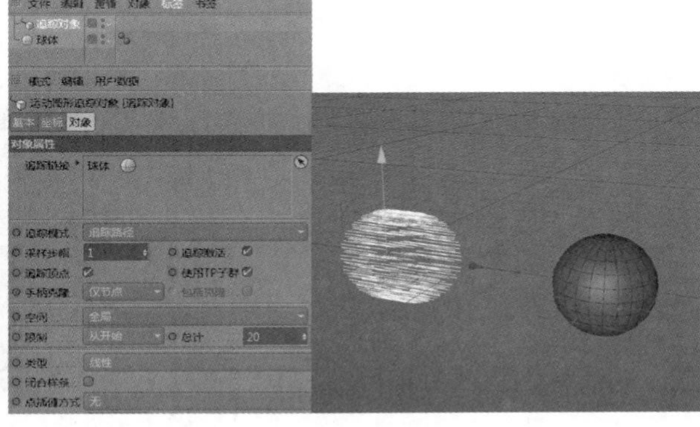

图9-42

追踪对象路径经常配合粒子使用。例如，新建粒子发射器，增加“湍流”，将湍流“强度”设置为20 cm。新建追踪对象，将发射器拖曳至“追踪链接”选框中，播放动画，如图9-43所示。

如果直接渲染，不会看到任何效果，因为这只是路径而没有实体化，所以新建扫描及圆环，将圆环和追踪对象作为子级放置于扫描的下方，路径就会被渲染，如图9-44所示。

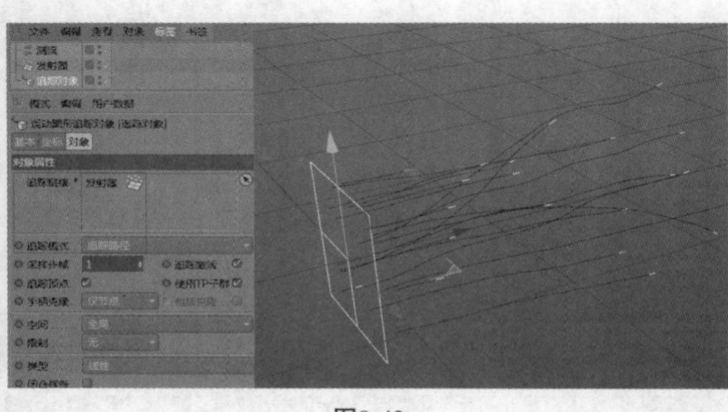

图9-43

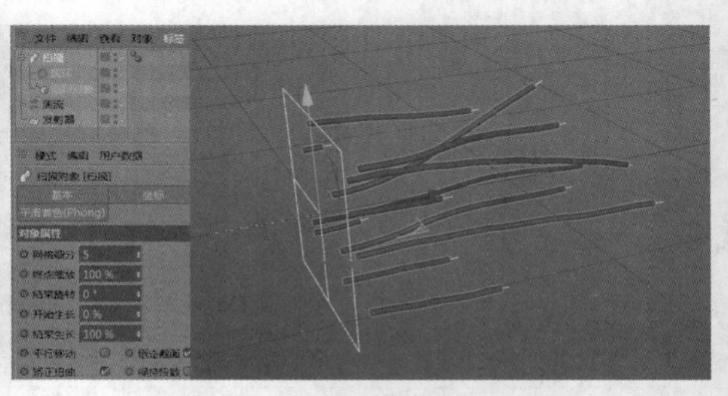

图9-44

追踪对象的第二个作用就是用特殊的布线来围绕物体。例如，新建球体，再新建追踪对象，然后将球体拖曳至“追踪链接”中，并将“追踪模式”改为“连接元素”，这时球体上会自动追踪出路径并包围整个球体，如图9-45所示。

“连接元素”针对的是单个元素的连接，而“连接所有对象”可以对多个对象进行连接。例如，新建球体，并拖曳至“追踪链接”中，然后将“追踪模式”改为“连接所有对象”，可以看到，两个球体就会有一条线进行连接，如图9-46所示。

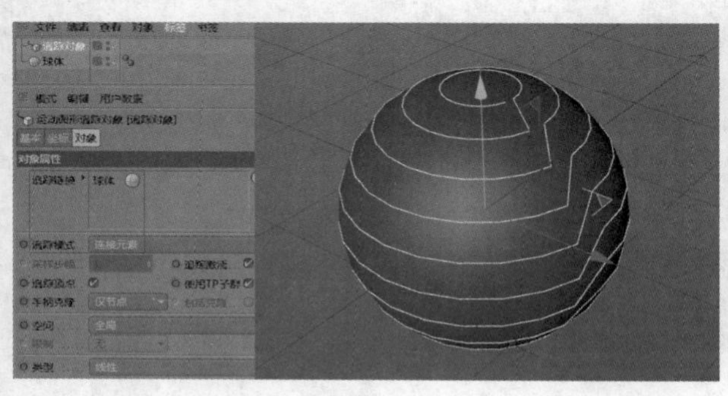

图9-45

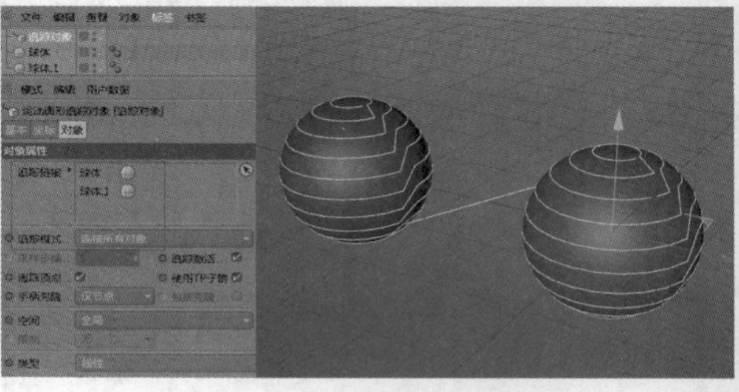

图9-46

“追踪链接”可以是几何体，也可以是运动图形。例如，对球体进行克隆，将克隆拖曳至“追踪链接”选框中，将“手柄克隆”的模式改为“直接克隆”，可以看到克隆的球体就会有固定的路径来进行连接，如图9-47所示。

追踪对象的这两个作用，可以用来制作很多特殊的效果。例如，导入卡通树模型，新建追踪对象，然后将卡通树拖入“追踪链接”选框中，并将“追踪模式”设置为“连接元素”，接着新建扫描及圆环，将圆环和追踪对象作为子级放置到扫描的下方，就会出现特殊的效果，如图9-48所示。

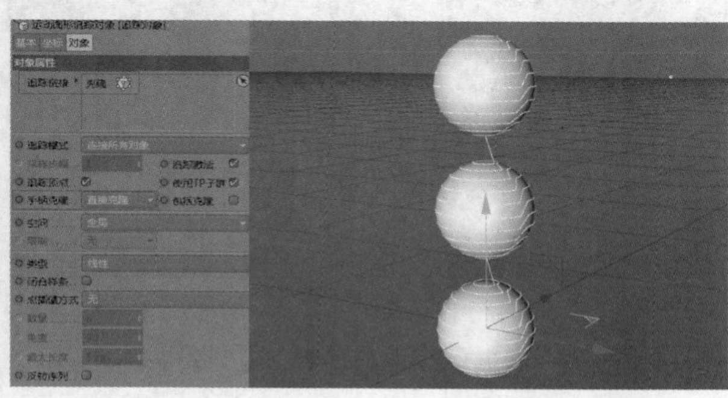

图9-47

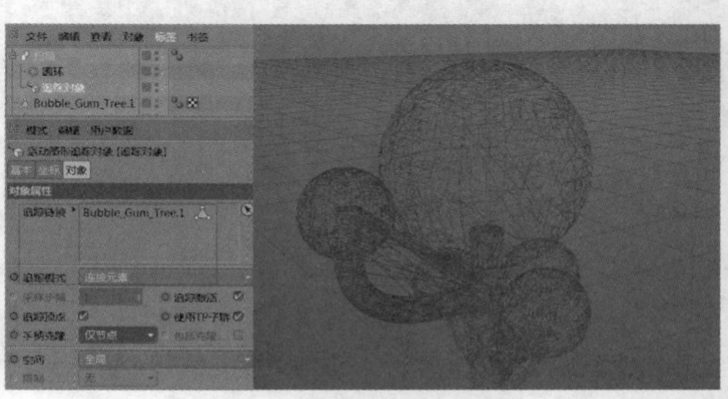

图9-48

9.2 效果器

9.2.1 课堂案例——创意梯子小球

实例位置	实例文件>CH09>课堂案例——创意梯子小球.c4d
素材位置	无
视频位置	CH09>课堂案例——创意梯子小球.mp4
技术掌握	掌握随机效果器的使用方法

本案例主要使用随机效果器制作创意类场景，效果如图9-49所示。

图9-49

01 新建球体，再新建克隆，将球体作为子级放置于克隆的下方，并将克隆的“模式”设置为“网格排列”，如图9-50所示。

02 将克隆的“数量”设置为15、3、5，“尺寸”设置为1200 cm、200 cm、180 cm，如图9-51所示。

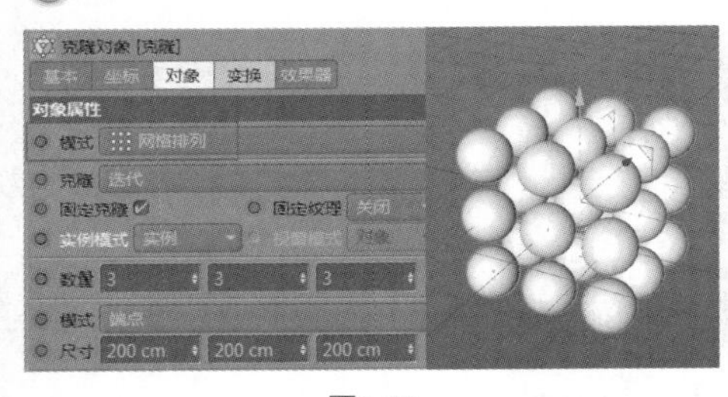

图9-50

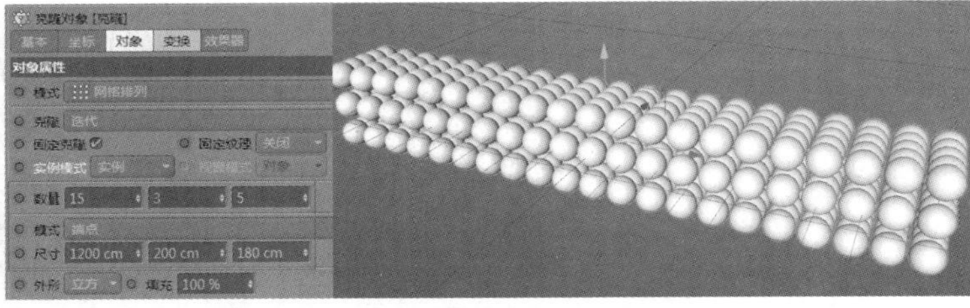

图9-51

03 选择克隆，添加“随机”效果器，设置“位置”的“P.X”为-18 cm，“P.Y”为50 cm，“P.Z”为50 cm，勾选“缩放”中的“等比缩放”选项，并将“缩放”数值设置为0.4，如图9-52所示。

04 可以发现小球是穿插到一起的，明显不是想要的效果。使用鼠标右键单击小球，在弹出的菜单中选择模拟标签“刚体”，在“力”选项下，将“跟随位移”和“跟随旋转”都设置为10，然后单击“播放动画”按钮，小球就不会穿插了，如图9-53所示。

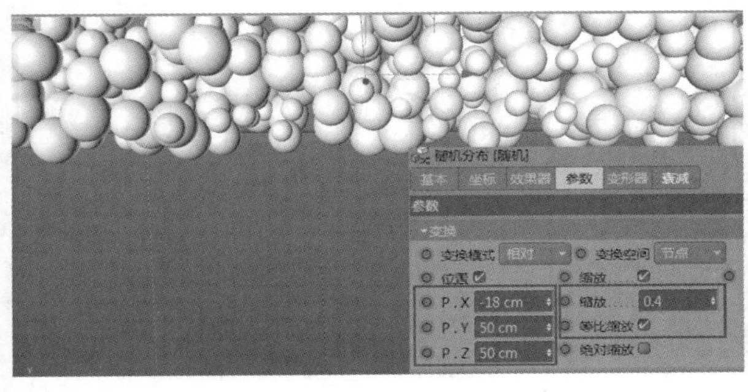

图9-52

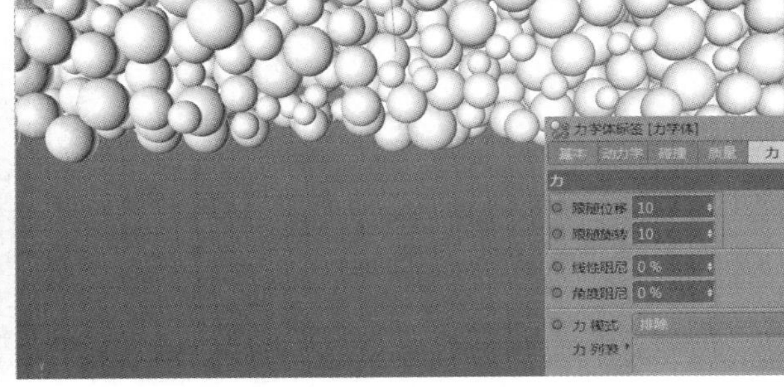

图9-53

05 新建立方体并调整其位置，制作梯子，建模完成。双击材质面板空白处创建材质球，双击材质球打开“材质编辑器”窗口，在“颜色”通道中将材质球的颜色设置为H:190°、S:88%、V:100%，如图9-54所示。

06 在“反射”通道中选择“类型”为GGX，并将“粗糙度”设置为20%，然后修改“菲涅耳”为“绝缘体”，如图9-55所示。

07 其他的材质采用同样的方法进行设置，改变颜色即可，将设置好的材质添加到对应的模型上，并添加物理天空，然后在“渲染设置”窗口中添加“全局光照”和“环境吸收”，如图9-56所示。最终渲染效果如图9-57所示。

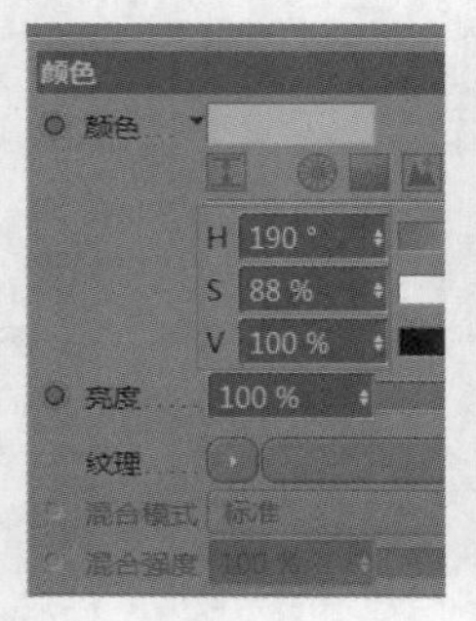
图9-54

图9-55

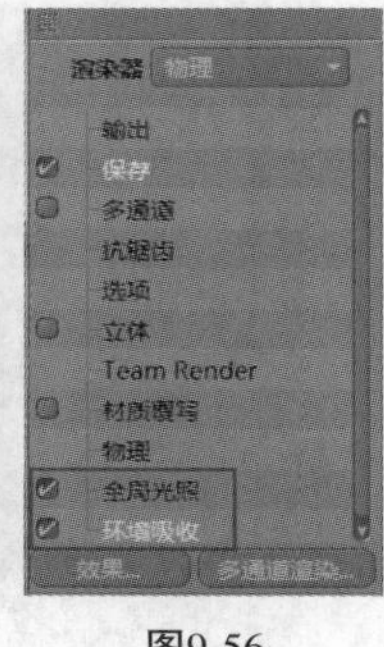
图9-56

图9-57

9.2.2 简易效果器

简易效果器的添加方法以运动图形的“克隆”为例，在选择“克隆”的前提下，执行“运动图形>效果器”菜单命令，可以直接添加效果器，如果没有选中“克隆”，新建效果器后，将效果器添加到克隆的“效果器”选框中，也可以添加效果器，如图9-58所示。

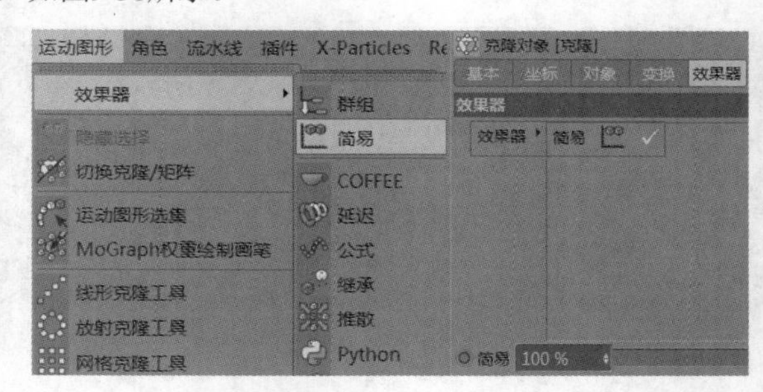
图9-58

“简易”效果器的作用是影响运动图形对象的位置、缩放和旋转。

新建简易效果器，默认“位置”的“P.Y”是100 cm，新建立方体及克隆，设置立方体的“尺寸.X”“尺寸.Y”“尺寸.Z”都为18 cm，将立方体作为子级放置于克隆的下方，为更方便观察效果，将克隆的“模式”改为“网格排列”，将“数量”设置为10、1、10，添加简易效果器并拖曳至克隆内，会看到克隆的立方体向上移动了一段距离，代表克隆对象向y轴方向整体上移100 cm，如图9-59和图9-60所示。这就是简易效果器的作用。

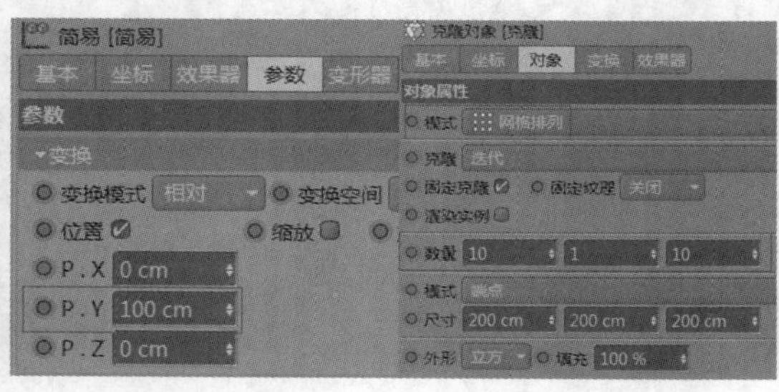
图9-59

图9-60

如果不想让运动图形整体运动，就会用到“衰减”，“衰减”的作用是改变效果器的影响范围。单击效果器的衰减属性，可以看到衰减有很多类型。例如，将“衰减”的类型改为“球体”，就会看到场景中出现球体的选框，在球体接触的范围内运动图形都会受到影响，如图9-61所示。

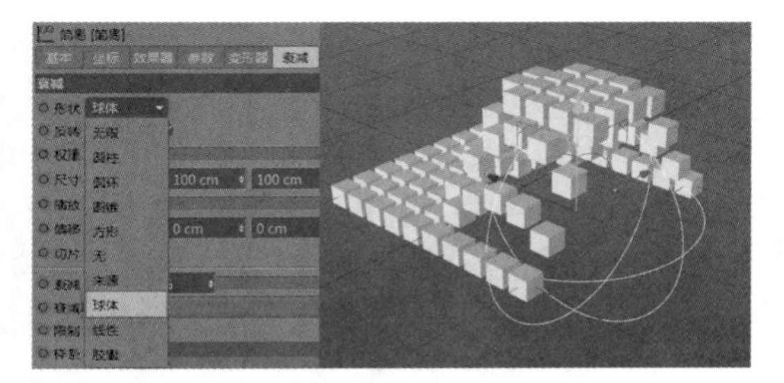

图9-61

“简易”效果器还经常用到文字的动画中。例如，新建运动图形文本，输入“盛大开业”，选择“方正榜书行简体”，将“深度”设置为180 cm，将“顶端”和“末端”都设置为“圆角封顶”，将“半径”都改为2 cm，将“点插值方式”改为“统一”，如图9-62和图9-63所示。

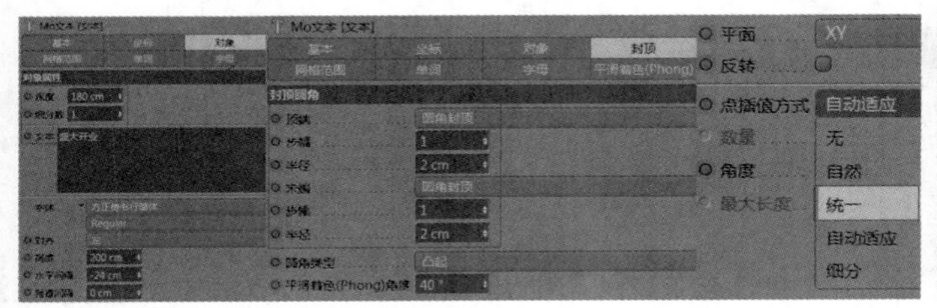

图9-62

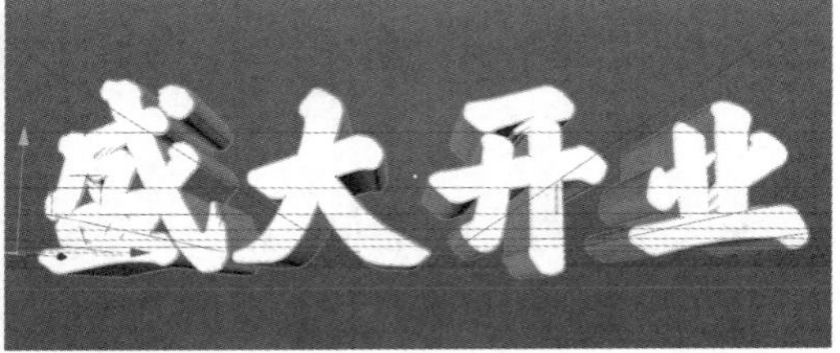

图9-63

在选择运动图形文本前提下，添加简易效果器。将简易效果器的衰减“形状”改为“线性”，旋转90°，做关键帧动画，0帧时，在x方向的位置添加一个关键帧，将滑块移动至90帧时，将文本向x方向上移动一段距离，再添加一个关键帧，移动滑块，文字就会逐个向下移动，如图9-64所示。

图9-64

设置“P.X”为-110 cm，“P.Y”为155 cm，“P.Z”为-990 cm，“R.H”为40°，“R.P”为30°，“R.B”为-55°，在移动滑块时，文字会逐个进入镜头，如图9-65所示，也经常将这种方法用在定版的文字动画中。

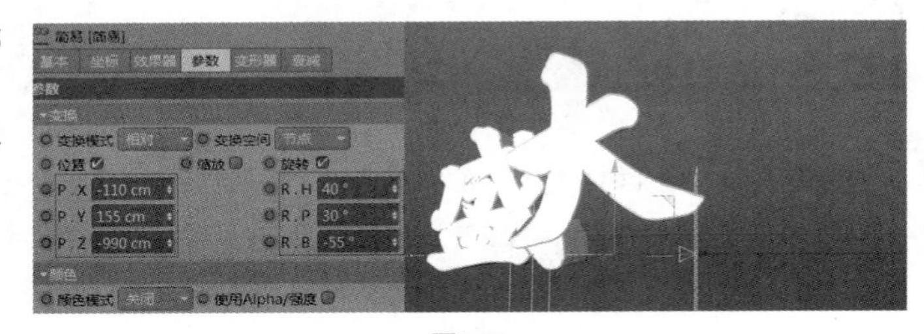

图9-65

9.2.3 延迟效果器

“延迟”效果器只能在带有动画的情况下使用，可以使动画更加柔和，更有细节，有“平均”“混合”“弹簧”3种类型。还是以盛大开业的工程文件为例，将延迟的“模式”改为“平均”，将“强度”改为80%，播放动画，可以看到文字进入摄像机动画会比之前没有加延迟效果器更加柔和并且几乎一同进入，如图9-66和图9-67所示。

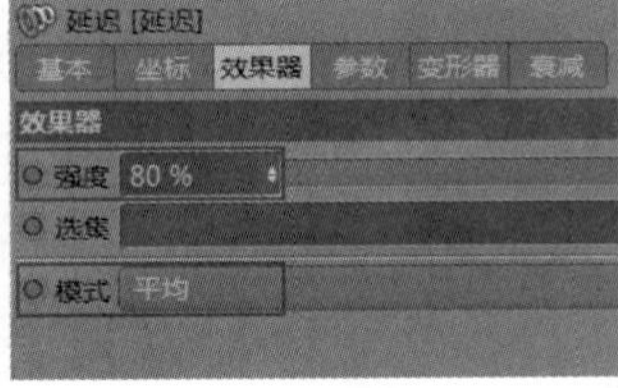

图9-66

图9-67

将“模式”改为“混合”，其他保持不变，播放动画，可以看到，“混合”不如“平均”的动画柔和，但是比不加延迟时要柔和很多，如图9-68所示。

将“模式”改为“弹簧”，播放动画时，文字会有弹簧效果，如图9-69所示。

图9-68

图9-69

9.2.4 随机效果器

它的作用是对运动图形里的几何体位置、缩放、旋转进行随机分布，工作中也经常用到。例如，新建立方体，将“尺寸.X”“尺寸.Y”“尺寸.Z”都设置为30 cm。新建克隆，将立方体作为子级放置于克隆的下方，将克隆的“模式”改为“网格排列”，如图9-70所示。

在选中克隆的前提下，选择随机效果器，立方体就会被随机打乱，如图9-71所示。

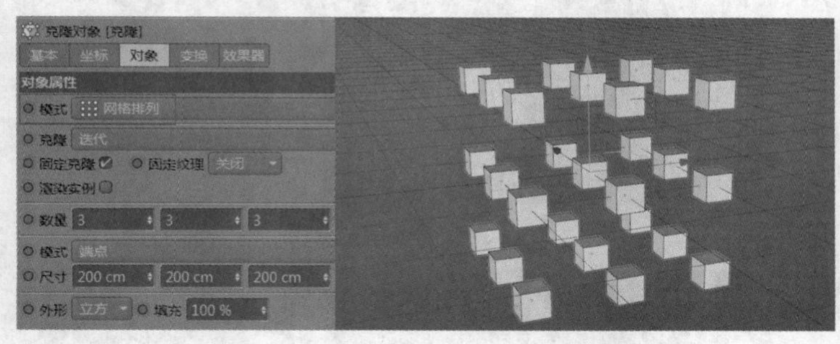

图9-70

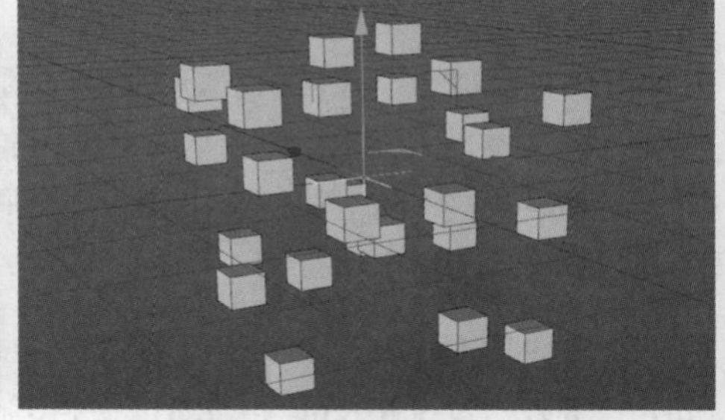

图9-71

选择随机效果器的参数，将“P.X”“P.Y”“P.Z”都设置为50 cm，代表每个立方体在坐标轴上随机移动了50 cm，也可以对“缩放”和“旋转”进行改变。例如，勾选“缩放”选项中的“等比缩放”，将“缩放”大小设置为1，然后勾选“旋转”，并且将“R.H”“R.P”“R.B”都设置为50°，克隆物体会改变其效果，如图9-72所示。

随机效果器的模式有“随机”“高斯”“噪波”“湍流”“类别”5种。“随机”模式代表没有规律的随机，“高斯”代表有一定规律的随机，“噪波”和“湍流”是带有动画的随机效果，“类别”基本不用，本书不做讲解。图9-73所示为“噪波”模式下的动画效果。

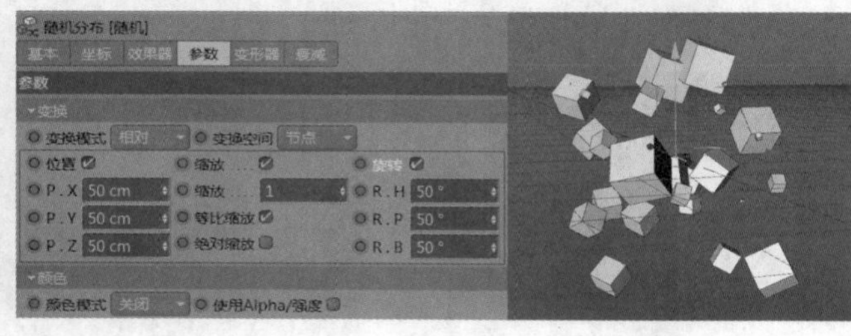

图9-72

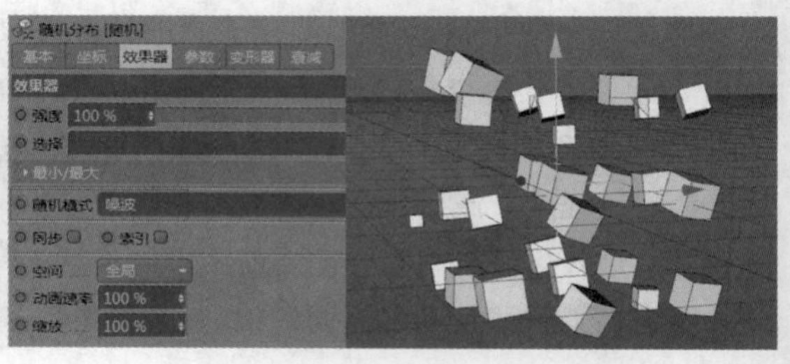

图9-73

利用随机效果器，还可以做文字效果。例如，新建立方体和克隆，将立方体作为子级放置于克隆的下方，将克隆“模式”改为“网格排列”，“数量”设置为50、1、40，“尺寸”设置为300 cm、200 cm、300 cm，新建样条文本，将文本内容设置为C，将衰减“形状”设置为“来源”，将文本拖曳至“原始链接”中，随机效果就会受文本的影响，如图9-74和图9-75所示。

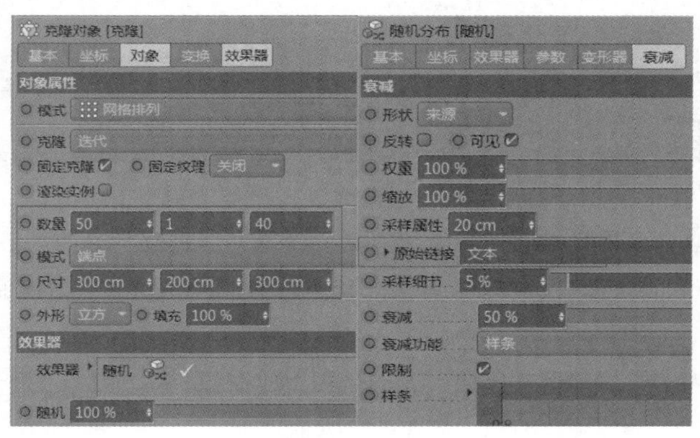

图9-74

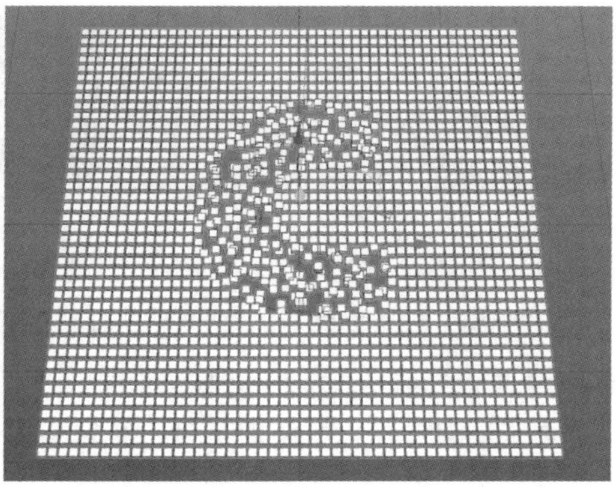

图9-75

9.2.5 着色效果器

着色效果器的作用是利用贴图的颜色信息来控制运动图形的位置、缩放、旋转，也可以让运动图形显示贴图的颜色。

新建立方体和克隆，将立方体作为子级放置于克隆的下方，然后新建平面，将克隆的“模式”改为“对象”，将平面拖曳至克隆的“对象”选框中，立方体就会按平面的顶点数量来分布，如图9-76所示。

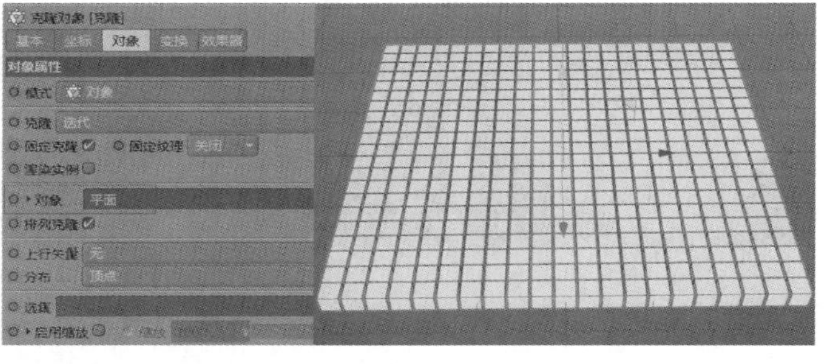

图9-76

为克隆添加着色效果器，着色效果器默认的“缩放”值为0.5，如图9-77所示。最终效果不需要有“缩放”变化，所以将“缩放”关闭，克隆就会恢复为原来的样子。

单击“着色”选项卡，在着色器中添加贴图，这里的贴图可以是图片，也可以是动画。以“噪波”为例，为着色器添加“噪波”贴图，克隆的立方体颜色会有黑白灰的变化，将“参数”选项中的“使用Alpha/强度”关闭，饱和度会更高，效果会更加明显，如图9-78和图9-79所示。

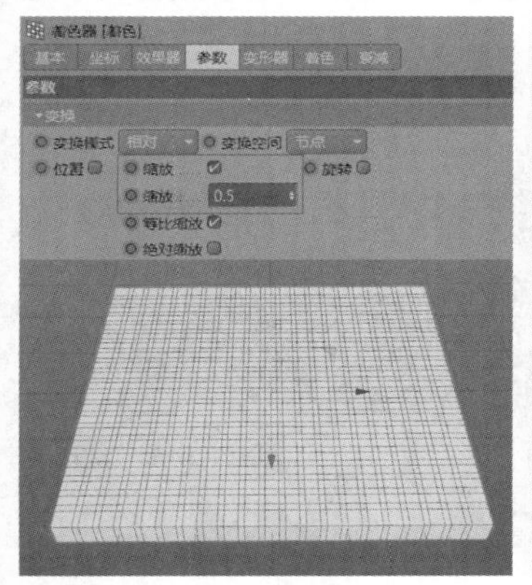

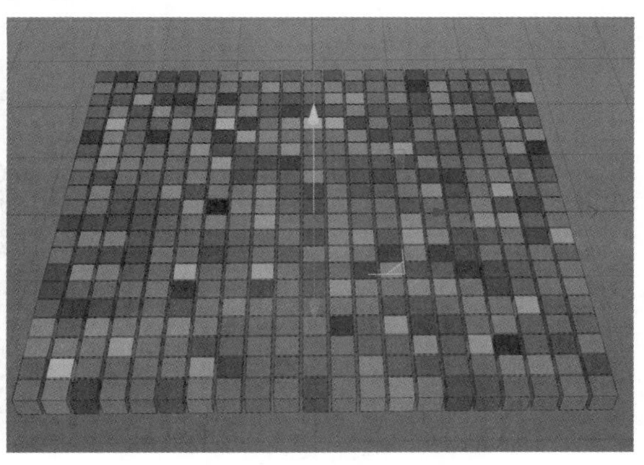

图9-77

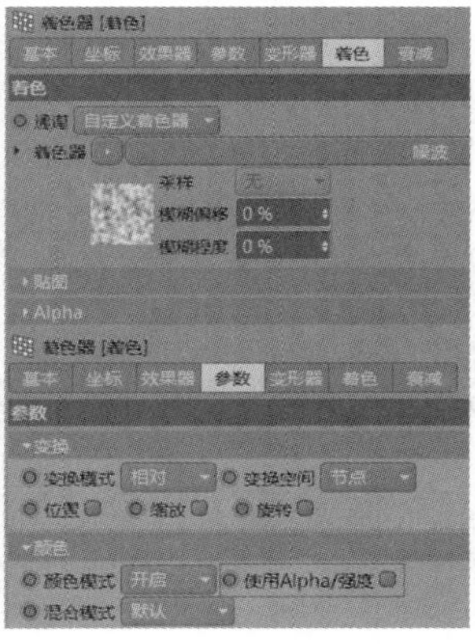

图9-78

图9-79

立方体的颜色会有黑白灰的过渡，不同的颜色代表立方体受到“位置”“缩放”“旋转”的影响程度。例如，勾选着色“参数”选项的“位置”，设置“P.X”为0 cm，“P.Y”为0 cm，“P.Z”为70 cm，可以看到，立方体不是同时向上移动70 cm，而是不同的颜色移动的距离也会不同，偏白色的立方体向上移动的距离是最高的，说明白色的立方体受到的影响是最大的，而偏黑色的立方体基本不会移动，说明黑色的立方体基本不受影响，如图9-80所示。

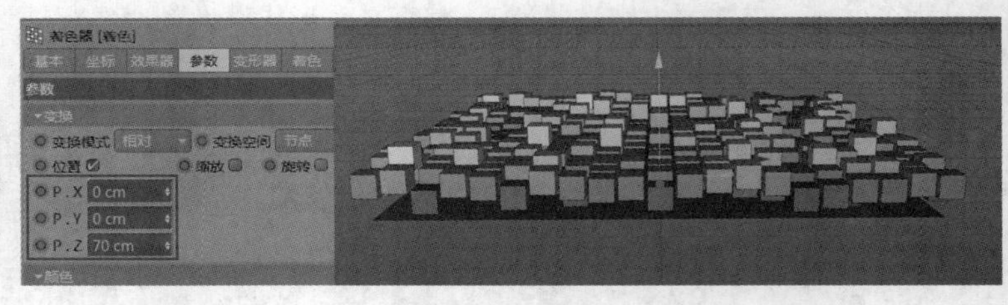

图9-80

着色器贴图还可以是动画，如添加一段黑白遮罩动画，如图9-81所示。其他设置不做更改，单击“播放动画”，可以看到，克隆物体会产生一段动画，如图9-82所示。这种黑白遮罩的动画也可以在After Effects中完成。

着色效果器不是只有黑白贴图，还可以为运动图形添加多种颜色信息，使效果更加好看。例如，新建样条文本，输入“C4D”，然后新建挤压，将文本作为子级放置于挤压的下方，接着新建克隆，将挤压作为子级放置于克隆的下方，并将“数量”设置为5，“位置.Z”设置为80 cm，如图9-83所示。

图9-81

图9-82

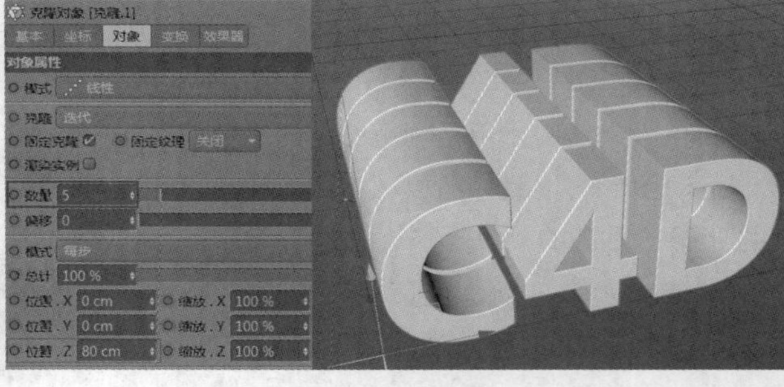

图9-83

新建着色效果器，将其拖曳至克隆的“效果器”选框中，在着色效果器中添加贴图，就会看到克隆的文字显示贴图的颜色信息，如图9-84所示。

图9-84

技巧与提示

如果添加着色效果器后直接渲染，就没有反射的材质，如果想要添加反射，直接添加材质又会覆盖之前的颜色。

解决办法是双击材质球打开“材质编辑器”窗口，选择颜色选项，选择“纹理>MoGraph>颜色着色器”命令，将材质添加到克隆上，就会看到文本恢复到了之前的颜色，此时，再添加反射，就没有问题了，如图9-85所示。

图9-85

着色效果器还可以叠加使用，第一个着色效果器已经添加了遮罩动画，可以再新建一个着色器，为动画添加颜色信息，如图9-86所示。

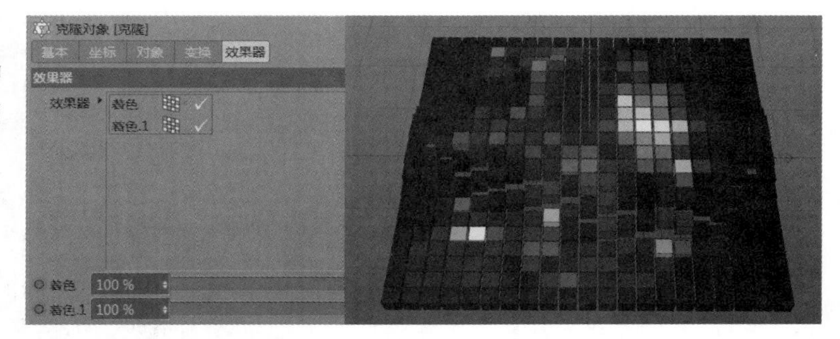

图9-86

9.2.6 步幅效果器

步幅效果器的作用是对运动图形进行位置、缩放、旋转的过渡变化。例如，新建一个球体，将球体的“半径”设置为24 cm，新建克隆，将球体作为子级放置于克隆的下方，将“数量”设置为40，将“位置.Z”设置为-50 cm，如图9-87所示。

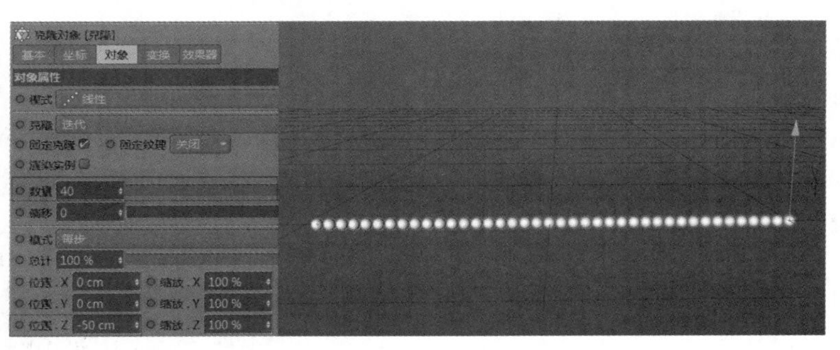

图9-87

新建步幅效果器，并拖曳至克隆的“效果器”选框内，将“缩放”参数关闭，打开“位置”参数，设置“P.X”“P.Y”“P.Z”分别为0 cm、500 cm、0 cm，可以看到，小球会依次过渡向上变化，到第40个小球时，向上移动了500 cm，如图9-88所示。

图9-88

技巧与提示

如果想调整过渡变化的形状，单击步幅效果器的对象属性选择“效果器”，有样条曲线，样条曲线的形状和过渡变化的形状是一样的，如图9-89所示。调整样条曲线的形状，场景中的小球形状也会随之发生变化，如图9-90所示。

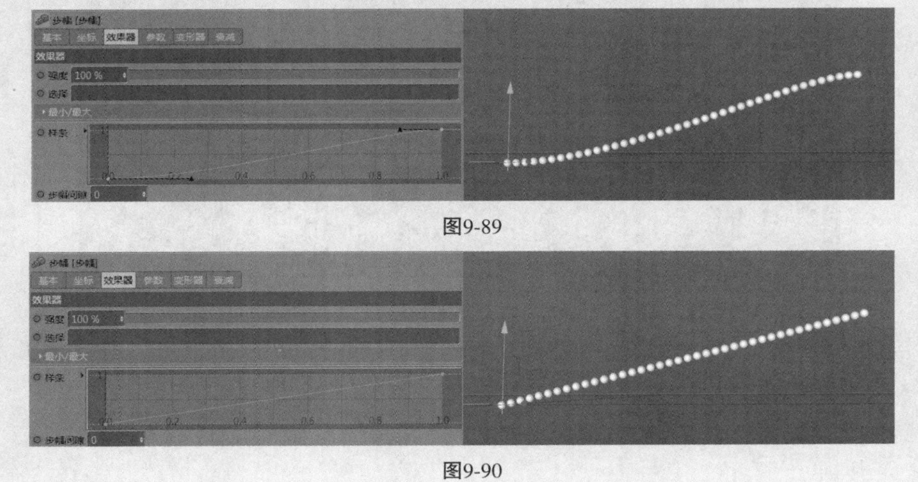

图9-89

图9-90

步幅效果器中还有个重要属性就是“时间”，运用这个属性的前提是必须是动画。例如，新建样条文本，输入“C4D”，然后选择钢笔工具，绘制形状，接着新建样条布尔，将两个样条作为子级放置于样条布尔的下方，并将“模式”设置为“B减A”，最后新建挤压，将样条布尔作为子级放置于挤压的下方，为绘制的样条做从无到有的动画，如图9-91所示。

图9-91

新建克隆，将挤压作为子级放置于克隆的下方，并将克隆的“数量”设置为3，“位置.X”“位置.Y”“位置.Z”分别设置为0 cm、0 cm、25 cm，然后为克隆添加步幅效果器，将“位置”“缩放”“旋转”都关闭，并将“时间偏移”设置为20 F，这代表克隆物体之间间隔20帧进行变化，如图9-92所示。

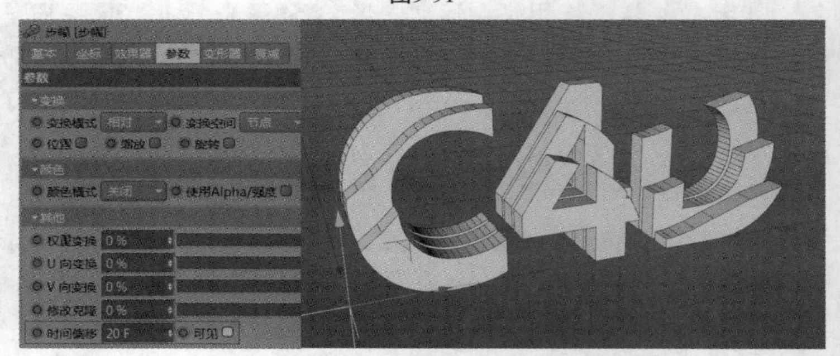

图9-92

9.3 课堂练习——机器字母

实例位置	实例文件>CH09>课堂练习——机器字母.c4d
素材位置	无
视频位置	CH09>课堂练习——机器字母.mp4
技术掌握	掌握克隆工具及文本的使用方法

通过对本案例的练习，读者可以加深对克隆工具及文本的理解，效果如图9-93所示。

图9-93

01 新建立方体，设置“尺寸.X”为17 cm，“尺寸.Y”为200 cm，“尺寸.Z”为588 cm，然后新建克隆，将立方体作为子级放置于克隆的下方，并将克隆的“模式”设置为“线性”，“数量”设置为8，“位置.X”设置为20 cm，如图9-94所示。

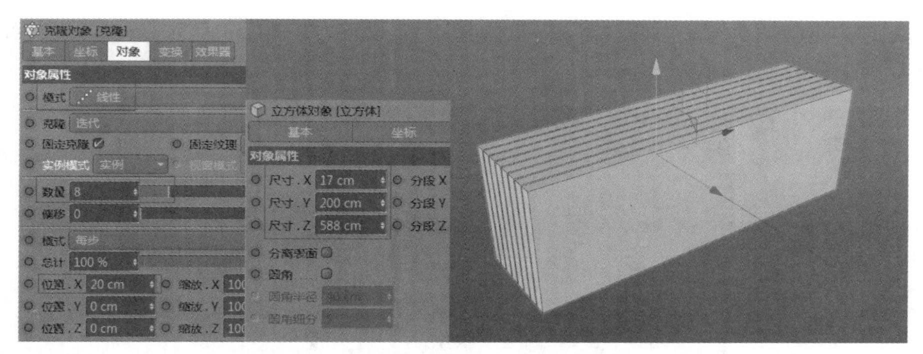

图9-94

02 新建立方体，设置“尺寸.X”为155 cm ，“尺寸.Y”为22 cm，“尺寸.Z”为590 cm，将立方体放置于克隆的上方，如图9-95所示。

03 新建圆柱，将“半径”设置为16 cm，“高度”设置为11 cm，复制多个，然后新建圆环，将“半径”设置为5 cm，绘制样条，接着新建扫描，将样条和圆环都作为子级放置于扫描的下方，并复制两个，如图9-96所示。

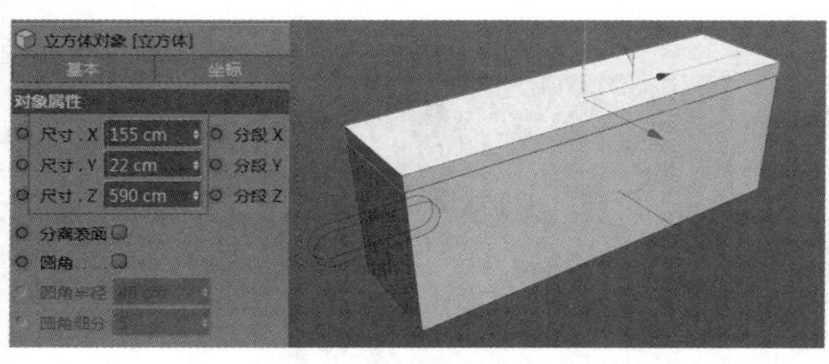

图9-95

图9-96

04 新建运动图形文本，输入所需要的文字，并将“深度”设置为60 cm及40 cm，如图9-97所示。

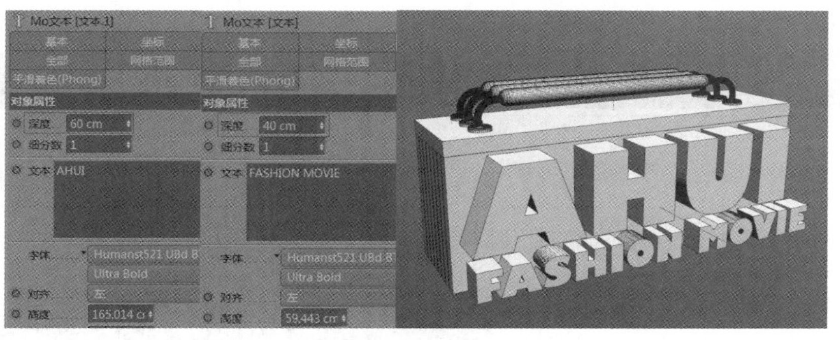

图9-97

05 双击材质面板空白处创建材质球，双击材质球打开“材质编辑器”窗口，取消勾选“颜色”通道。在“反射”通道中选择“类型”为GGX，并将“粗糙度”设置为10%，然后修改“菲涅耳”为“导体”，“预置”为“铬”，如图9-98所示。

06 双击材质面板空白处创建材质球，双击材质球打开“材质编辑器”窗口，取消勾选“颜色”通道和“反射”通道。然后勾选“发光”通道，设置保持不变。接着在“辉光”通道中将“内部强度”设置为50%，“外部强度”设置为300%，“半径”设置为3 cm，如图9-99所示，并指定给文字。

07 双击材质面板空白处创建材质球，双击材质球打开“材质编辑器”窗口，在“颜色”通道中将材质球的颜色设置为H:42°、S:100%、V:100%，如图9-100所示。

⑧在“反射”通道中选择“类型”为GGX，并将“粗糙度”设置为15%，“反射强度”设置为38%，然后修改“菲涅耳”为“绝缘体”，如图9-101所示。

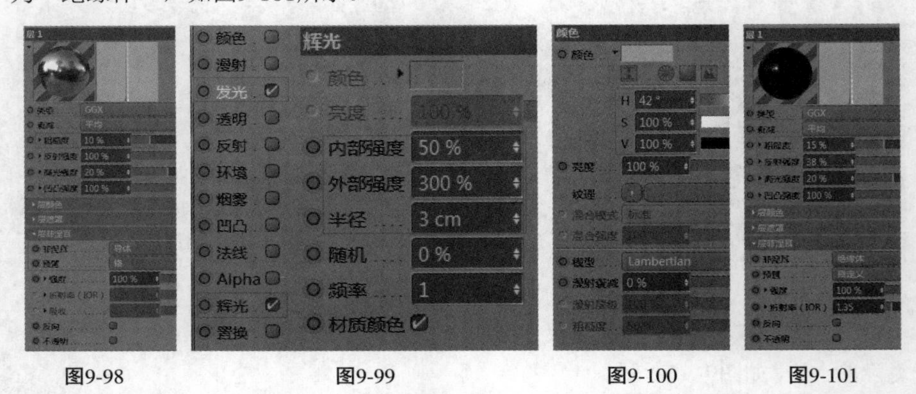

图9-98　图9-99　图9-100　图9-101

⑨其他的材质采用同样的方法进行设置，改变颜色即可，将设置好的材质添加到对应的模型上，并添加物理天空，如图9-102所示。

⑩在“渲染设置”窗口中添加“全局光照”和“环境吸收”，如图9-103所示。最终渲染效果如图9-104所示。读者可以观看教学视频，了解本案例的详细制作过程。

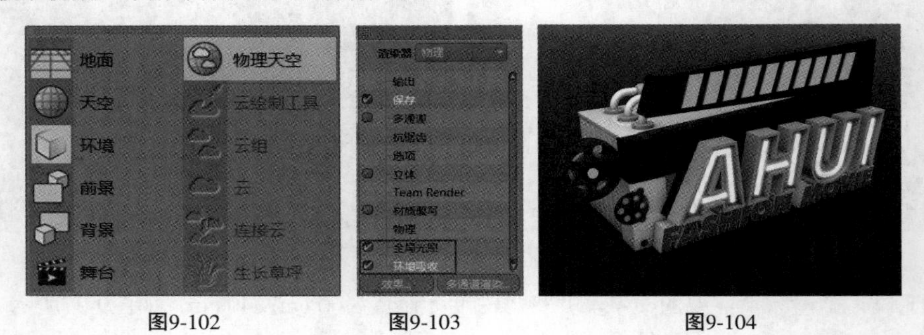

图9-102　图9-103　图9-104

9.4 课后习题——病毒入侵

实例位置	实例文件>CH09>课后习题——病毒入侵.c4d
素材位置	无
视频位置	CH09>课后习题——病毒入侵.mp4
技术掌握	掌握追踪对象的使用方法

通过对本习题的练习，读者可以加深对追踪对象的理解，效果如图9-105所示。

关键步骤提示

第1步，利用粒子发射器，配合不同的参数，制作粒子发射效果。但不能作为实体对象渲染。

第2步，配合追踪对象工具及圆柱和宝石，为粒子实现实体化效果。

第3步，添加普通材质，渲染最终效果。

图9-105

第10章 综合案例

本章综合案例包括卡通形象建模、电商场景建模、生产场景建模、产品建模等多种案例，涉及多个知识点，需要读者认真练习并掌握。

课堂学习目标

- 独立完成中型案例制作
- 熟练掌握建模、材质、灯光和渲染的使用方法

10.1 卡通形象建模

实例位置	实例文件>CH10>综合案例——卡通蝙蝠.c4d
素材位置	素材文件>CH10>综合案例——卡通蝙蝠
视频位置	CH10>综合案例——卡通蝙蝠.mp4
技术掌握	掌握点、线、面的操作及材质的调节方法

本案例将通过卡通形象的建模来加深读者对曲面建模的理解，效果如图10-1所示。

图10-1

01 新建立方体，将立方体转换为可编辑对象，然后新建细分曲面，将立方体作为子级放置于细分曲面的下方，切换为“点模式”，移动点，调整好头部的形状，如图10-2所示。

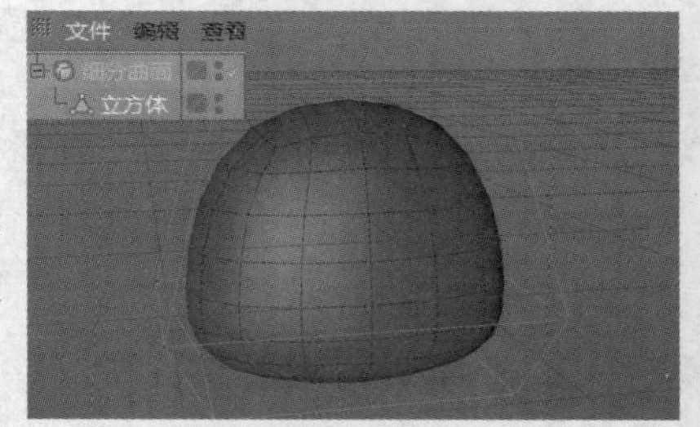

图10-2

02 新建立方体并转换为可编辑对象，然后新建细分曲面，将立方体作为子级放置于细分曲面的下方，切换为“点模式”，移动点，将立方体调整成耳朵的形状，如图10-3所示。

03 切换为“面模式”，选择顶面，单击鼠标右键，在弹出的菜单中选择“内部挤压”命令，再选择“挤压”命令，调整出一定的挤压角度，如图10-4所示。

04 新建对称，将耳朵的细分曲面作为子级放置于对称的下方，并将对象的“镜像平面”设置为XY，如图10-5所示。

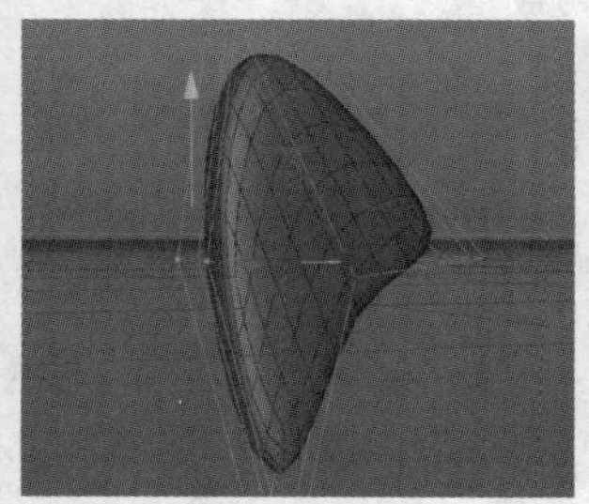

图10-3

图10-4

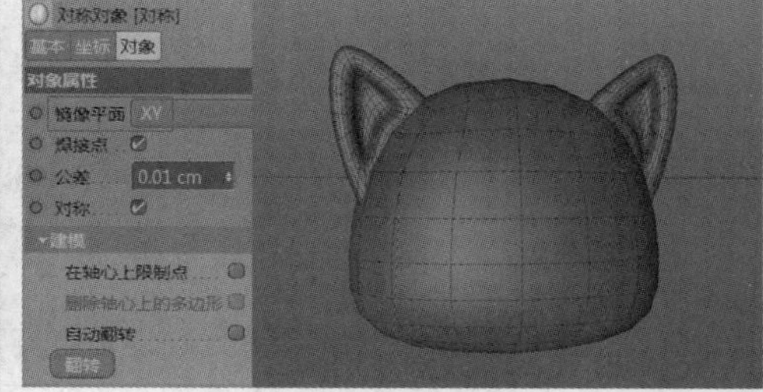

图10-5

05 新建圆锥，将“顶部半径”设置为1 cm，“底部半径”设置为12 cm，“高度”设置为24 cm，然后将“封顶”选项下的“顶部”和“底部”勾选，并设置顶部的“半径”为1cm，“高度”为6 cm，设置底部的“半径”为6 cm，“高度”为6 cm，如图10-6所示。

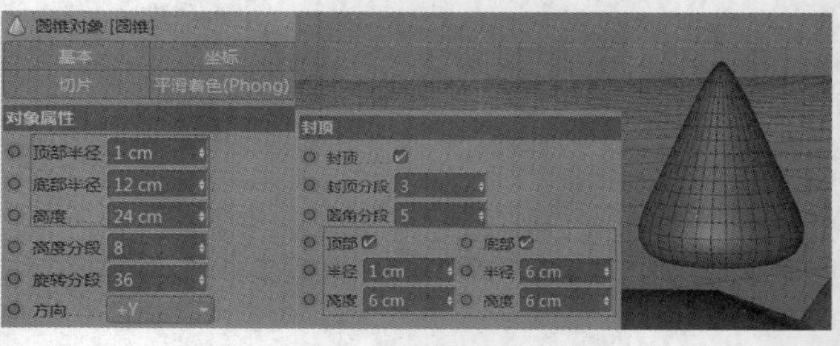

图10-6

06 复制这个圆锥，并将其放置于卡通形象的头部作为角，如图10-7所示。

07 选择头部模型，切换为“边模式”，按快捷键K~L进行循环切割，在头部的中间切割出一条边，如图10-8所示。

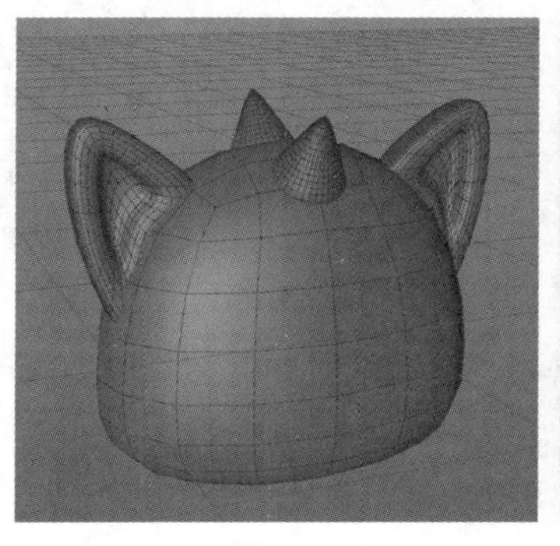

图10-7

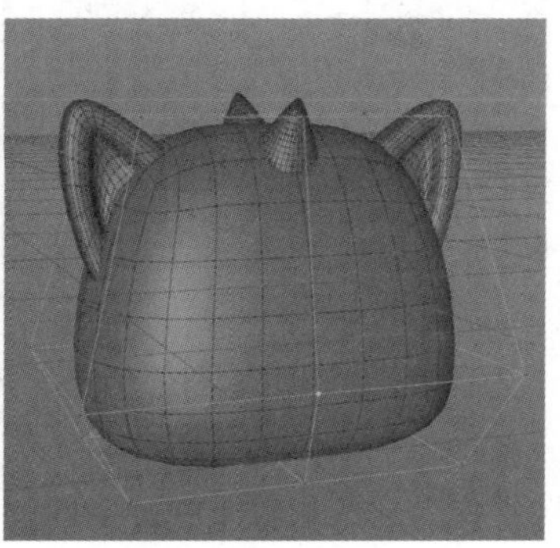

图10-8

08 选择中间的点，单击鼠标右键，在弹出的菜单中选择“倒角”命令，将“偏移”设置为30 cm，如图10-9所示。

09 选择“面模式”，选择合适位置的面并“挤压”出一定的角度，再选择“内部挤压”命令，形成嘴巴的角度，如图10-10所示。

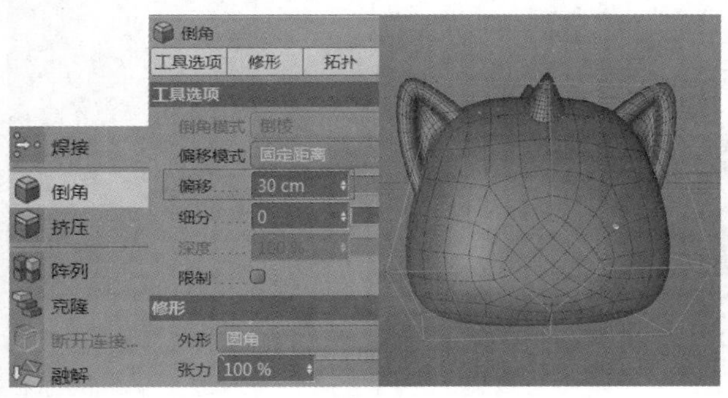

图10-9

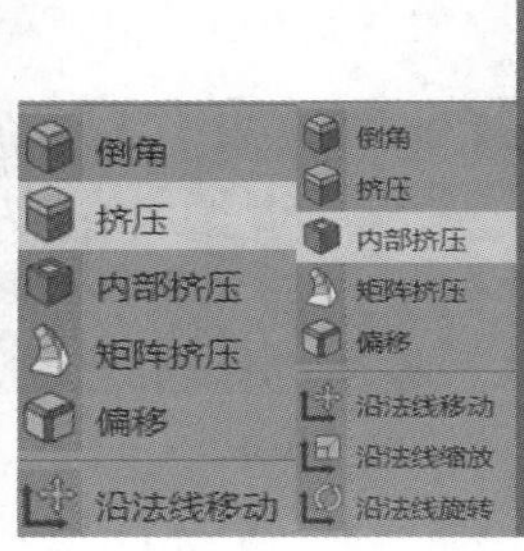

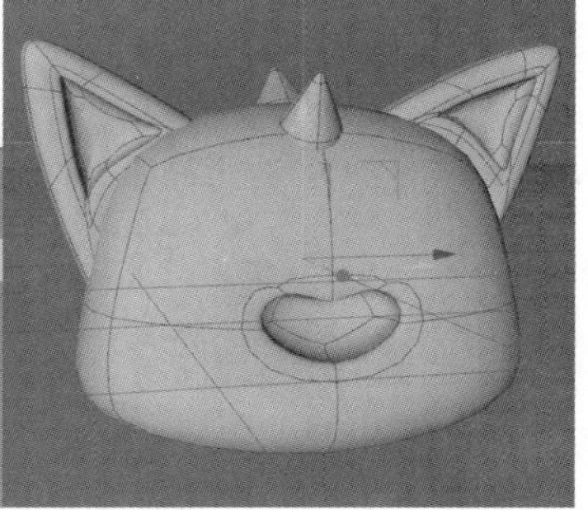

图10-10

10 新建圆弧，将“半径”设置为20 cm；新建圆环，将“半径”设置为2.8 cm；然后新建扫描，将圆环和圆弧作为子级放置于扫描的下方，具体设置及效果如图10-11所示。

11 选择钢笔工具，绘制图10-12所示的曲线。

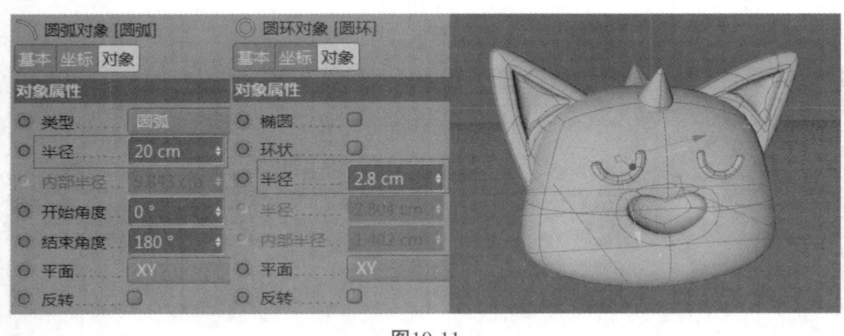

图10-11

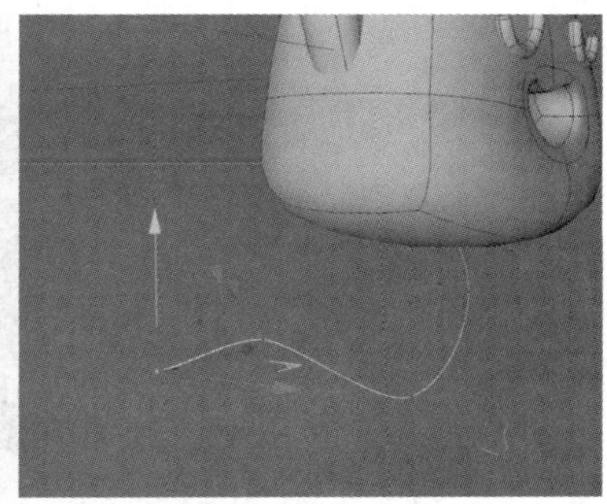

图10-12

12 新建圆环，将其转换为可编辑对象，并缩放成合适的大小，然后新建扫描，将圆环和圆弧都作为子级放置于扫描的下方，如图10-13所示。

13 选择钢笔工具，绘制翅膀的曲线，如图10-14所示。

图10-13

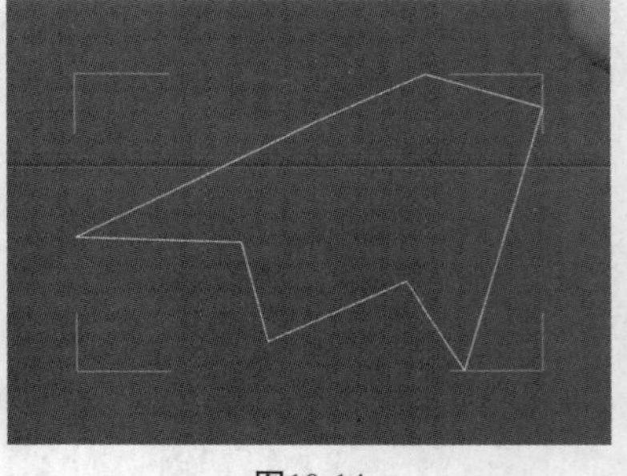

图10-14

⑭新建挤压，将曲线作为子级放置于挤压的下方，并将“移动”的数值设置为-20 cm、0 cm、0 cm，如图10-15所示。

⑮新建细分曲面，将挤压作为子级放置于细分曲面的下方，一侧翅膀制作完成。然后新建对称，将细分曲面作为子级放置于对称的下方，如图10-16所示。

⑯新建角锥，将其转换为可编辑对象，缩放至合适的大小，作为卡通形象的牙齿，如图10-17所示。

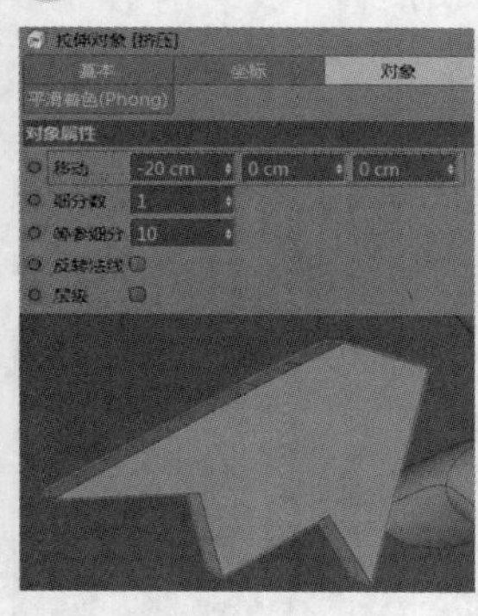

图10-15

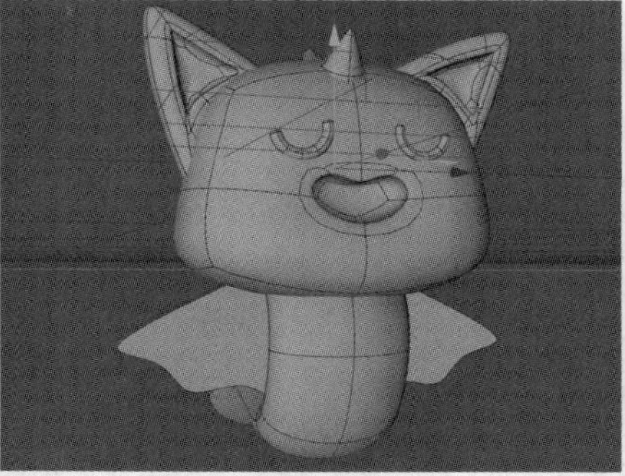

图10-16

图10-17

⑰新建立方体，将其转换为可编辑对象，切换为“边模式”，循环切割边，然后选择中间的边，单击鼠标右键，在弹出的菜单中选择“倒角”命令，并对倒出的面进行挤压，制作出舌头的形状，如图10-18所示。

⑱新建细分曲面，将舌头形状作为子级放置于细分曲面的下方，卡通形象的舌头制作完成，并将其放置于合适的位置，卡通形象建模完成，如图10-19所示。

⑲添加远光灯，在“坐标”选项卡中设置“P.X”为0 cm，“P.Y”为70 cm，“P.Z”为-245 cm，“R.H”为-5°，“R.P”为-35°，“R.B”为23°，其他选项保持不变，如图10-20所示。

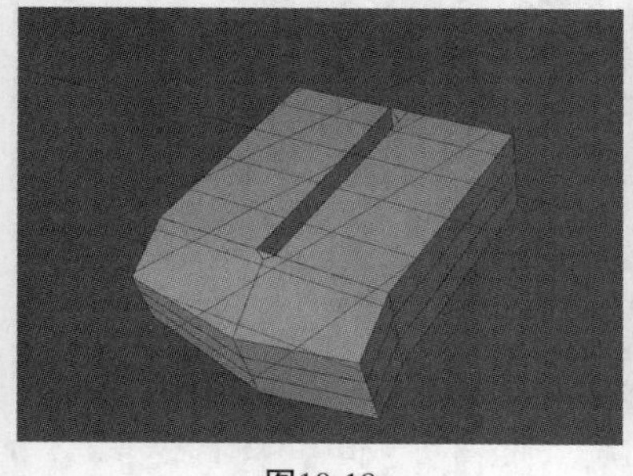

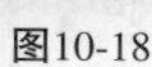

图10-18

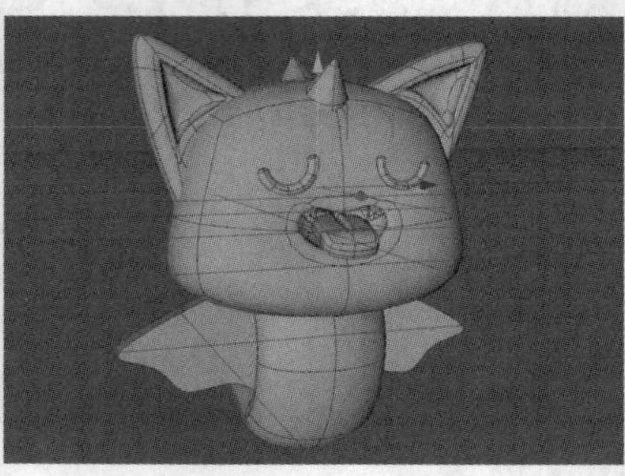

图10-19

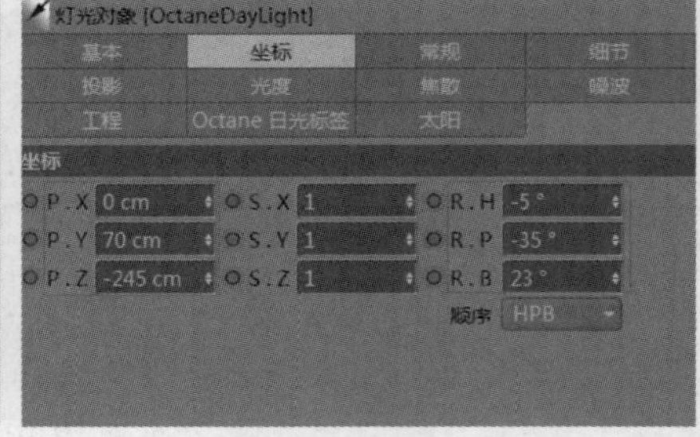

图10-20

⑳双击材质面板空白处创建材质球，双击材质球打开“材质编辑器”窗口，在“材质编辑器”窗口中单击“节点编辑器”按钮打开“Octane节点编辑器”面板，添加“衰减贴图”到“漫射”通道，再添加“渐变”节点，然后在“着色器”中调整“梯度”的渐变颜色，如图10-21所示。将渐变起始颜色设置为H:267°、

S:100%、V:69%，如图10-22所示；将渐变结束颜色设置为H:287°、S:46%、V:83%，如图10-23所示。

21 双击材质球打开“材质编辑器”窗口，在“粗糙度”通道中将“浮点”设置为0.2，如图10-24所示，在“索引”通道中将“索引”设置为1.3，如图10-25所示。

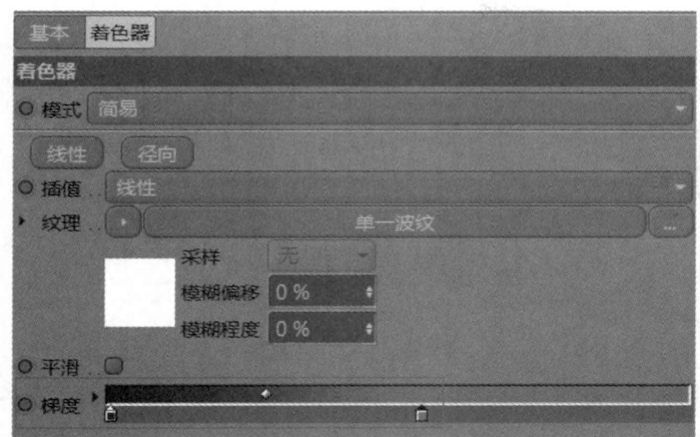

图10-21

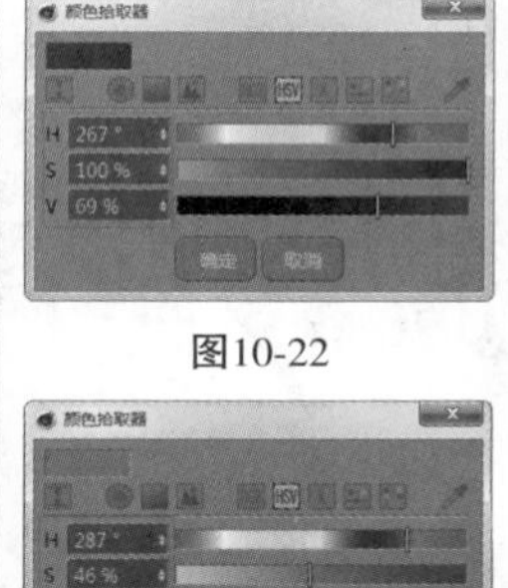

图10-22

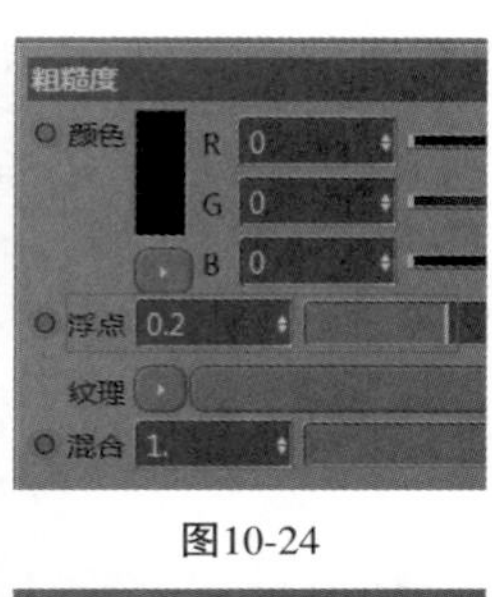

图10-24

图10-23

图10-25

22 其他材质采用同样的方法进行设置，将设置好的材质添加到对应的模型上，全部添加完成后就可以进行渲染设置，最终渲染效果如图10-26所示。读者可以观看教学视频，了解本案例的详细制作过程。

图10-26

10.2 电商场景建模

实例位置	实例文件>CH10>综合案例——玩转“双十二”.c4d
素材位置	素材文件>CH10>综合案例——玩转“双十二”
视频位置	CH10>综合案例——玩转“双十二”.mp4
技术掌握	掌握扫描、克隆等工具的使用及材质的调节

本案例将通过电商场景的建模来加深读者对生成器、运动图形等的理解，效果如图10-27所示。

图10-27

01 打开Adobe Illustrator软件，选择“文字工具”，输入内容“玩转12.12”，并选择字体。单击鼠标右键，在弹出的菜单中选择“创建轮廓”命令，并选择“直接选择工具”，变换点，做出文字的轮廓，如图10-28所示。

02 选择“钢笔工具”，绘制猫耳朵轮廓及背板形状，如图10-29所示。

03 将文件保存，如图10-30所示。

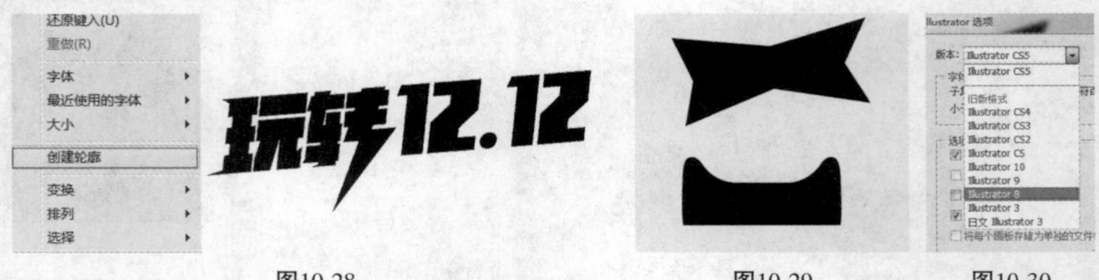

图10-28　　图10-29　　图10-30

04 在Cinema 4D中打开刚才保存的文件，新建多个挤压，将导入的线条分别作为子级放置于挤压的下方，并将挤压的“移动”设置为0 cm、0 cm、6 cm，“顶端”和“末端”选项都设置为“圆角封顶”，将“步幅”都设置为1，“半径”都设置为2 cm，如图10-31所示。

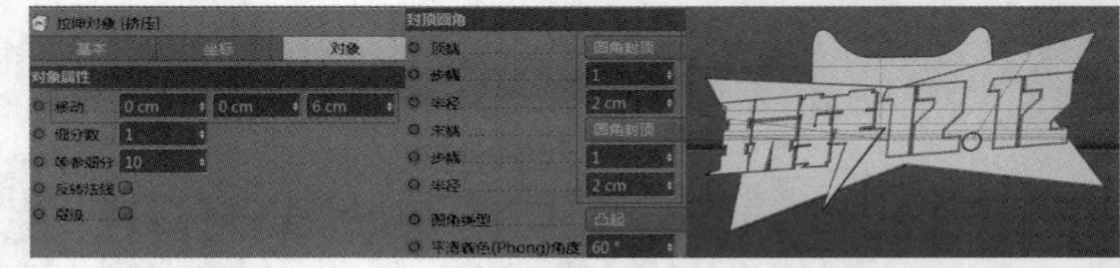

图10-31

05 将背板的挤压再复制一层，缩小并放置于文字的后方，增加细节，如图10-32所示。

06 将文字轮廓复制一份，然后新建圆环，将圆环的“半径”设置为1.8 cm，接着新建扫描，将圆环和文字都作为子级放置于扫描的下方，如图10-33所示。

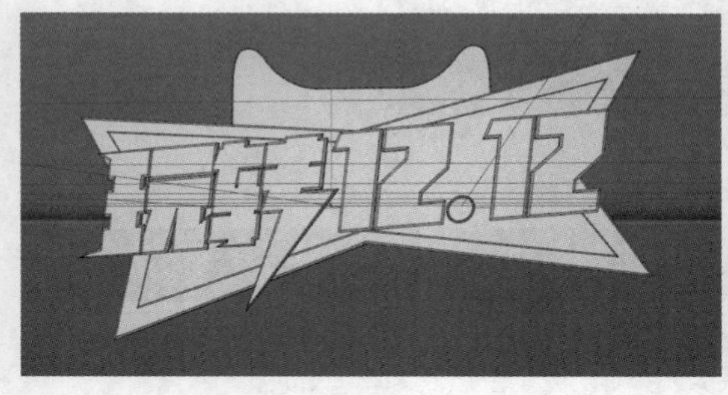

图10-32　　图10-33

07 新建圆柱，将“半径”设置为128 cm，“高度”设置为14 cm，放置于合适的位置，如图10-34所示。

08 新建样条矩形，将其转换为可编辑对象，进入“点模式”，选择底端的两个点，单击鼠标右键，在弹出的菜单中选择“细分”命令，中间就会多出一个点，将这个点向y轴的负方向拖曳，然后新建挤压，将样条作为子级放置于挤压的下方，如图10-35所示。

图10-34　　图10-35

⑨将背板的矩形样条复制一份，然后新建球体，将球体的“半径”设置为4 cm，接着新建克隆，将球体作为子级放置于克隆的下方，并将克隆的“模式”设置为“对象”，“数量”设置为88，将背板的样条拖曳至对象选框中，如图10-36所示。

⑩用同样的操作将猫头形状的样条复制一份，然后新建球体和克隆，将球体作为子级放置于克隆的下方，将克隆的“模式”设置为“对象”，接着将样条拖曳至“对象”选框中，并将“数量”设置为29，如图10-37所示。

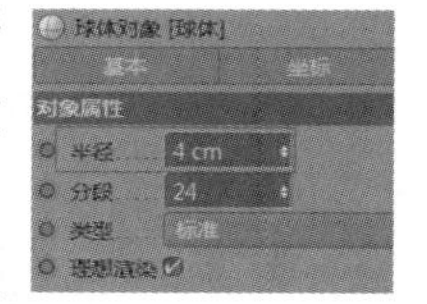

图10-36

图10-36（续）

图10-37

⑪新建圆环，将圆环的“半径”设置为145 cm；然后新建立方体，设置“尺寸.X”为3.5 cm，“尺寸.Y”为5 cm，“尺寸.Z”为60 cm，将“分段”设置为30；接着新建克隆，将立方体作为子级放置于克隆的下方，并将“数量”设置为12，将“位置.X”“位置.Y”“位置.Z”分别设置为0 cm、0 cm、68 cm，如图10-38所示。最后新建样条约束，将样条约束与克隆绑定成组，并选择样条约束，将先前新建的圆环拖曳至样条约束的“样条”中，克隆对象就会沿着圆环的方向进行克隆，如图10-39所示。

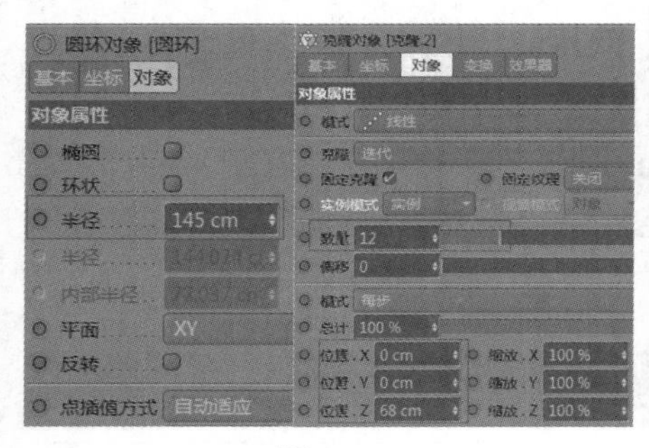

图10-38

图10-39

⑫新建圆柱，将其转换为可编辑对象，并缩放至合适的大小，切换为“面模式”，选择顶面，进行多次“挤压”及“内部挤压”操作，制作出场景的底座，如图10-40所示。

⑬新建球体并导入云朵模型，放置于合适的位置，作为装饰，如图10-41所示。

图10-40

图10-41

⑭新建平面，将“宽度分段”和“高度分段”都设置为1，将平面转换为可编辑对象，在“边模式”下选择边，进行“挤压”和“倒角”的操作，如图10-42所示。

⑮新建胶囊，将胶囊的“半径”设置为15 cm，“高度”设置为200 cm，“高度分段”设置为81，然后绘制样条，并新建样条约束，将样条约束作为子级放置于胶囊的下方，接着将绘制的样条拖曳至样条约束的“样条”选项中，场景建模完成，如图10-43所示。

图10-42

图10-43

⑯添加材质并新建物理天空，材质配色可以选用色板进行添加，如图10-44所示。

⑰在“渲染设置”窗口中添加“环境吸收”和“全局光照”，并进行渲染，就会得到最终效果，如图10-45所示。

图10-44

图10-45

10.3 生产场景建模

实例位置	实例文件>CH10>综合案例——生产线.c4d
素材位置	无
视频位置	CH10>综合案例——生产线.mp4
技术掌握	掌握点、线、面的操作方法及样条的绘制方法

本案例将通过生产场景的建模，讲解点、线、面的基本操作方法及样条的绘制方法，效果如图10-46所示。

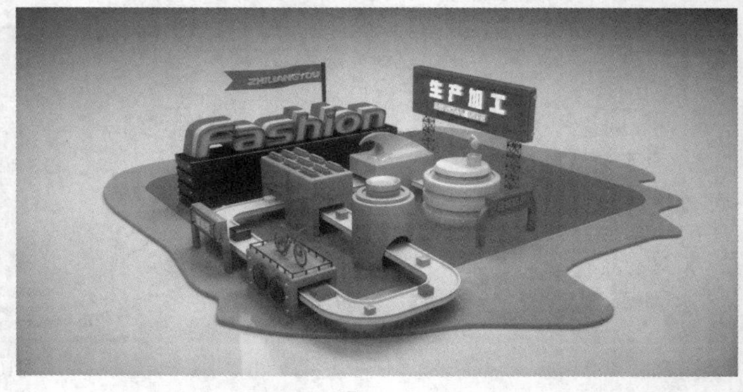

图10-46

01 新建平面，将“宽度”设置为5000 cm，“高度”设置为4000 cm，利用草绘工具绘制样条，然后新建挤压，将样条作为子级放置于挤压的下方，如图10-47所示。

02 新建立方体，将“分段X”“分段Y”“分段Z”都设置为10，并将立方体转换为可编辑对象，缩放至合适的大小，选择“面模式”，循环选择面，将选中的面向内挤压，效果如图10-48所示。

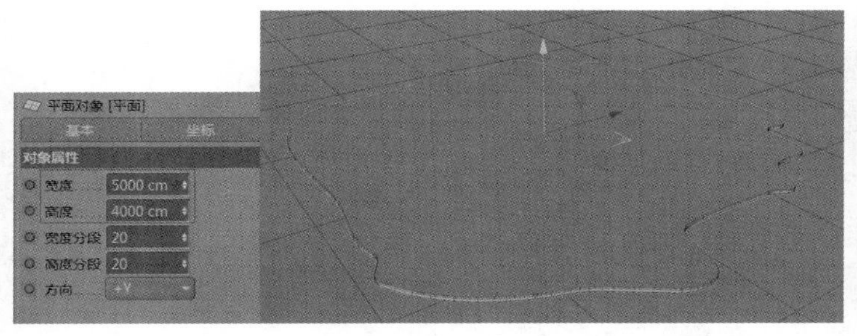

图10-47

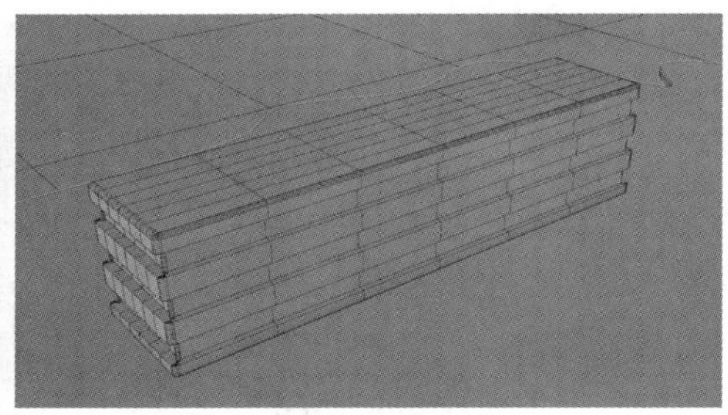

图10-48

03 新建运动图形文本，输入所需要的文字，将“深度”设置为21 cm，并将“顶端”和“末端”设置为“圆角封顶”，将“顶端”和“末端”的“半径”都设置为1.3 cm，然后复制多个文本，同样将“顶端”和“末端”设置为“圆角封顶”，如图10-49所示。

04 新建圆柱，将“半径”设置为2.5 cm，“高度”设置为178 cm，绘制形状并挤压，然后选择钢笔工具，绘制样条，接着新建样条约束，将样条约束变形器作为子级放置于形状的下方，并将绘制的样条拖曳至样条约束的“样条”中，如图10-50所示。

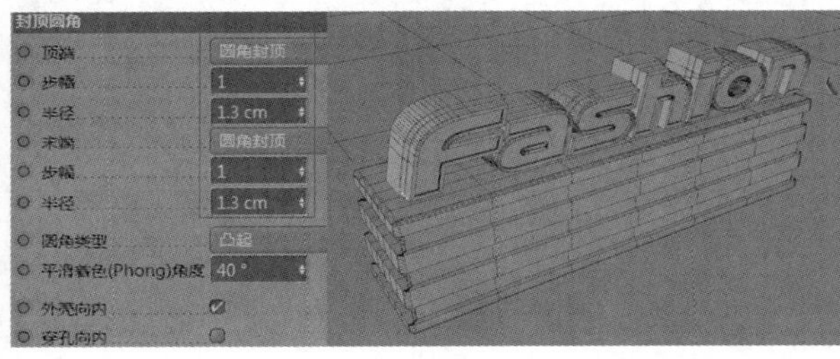

图10-49

图10-50

05 新建立方体，将其转换为可编辑对象，缩放至合适的大小，然后新建晶格，将立方体作为子级放置于晶格的下方，并将“圆柱半径”和“球体半径”都设置为1.3 cm，接着新建克隆，将晶格作为子级放置于克隆的下方，将“模式”设置为“线性”，“数量”设置为4，“位置.Y”设置为22 cm，如图10-51所示。

06 新建立方体，将其转换为可编辑对象，缩放至合适的大小，切换为“面模式”，选择前端的面，单击鼠标右键，在弹出的菜单中选择“内部挤压”命令，再选择“挤压”命令，接着新建运动图形文本，输入所需要的文字，将“深度”设置为12 cm，如图10-52所示。

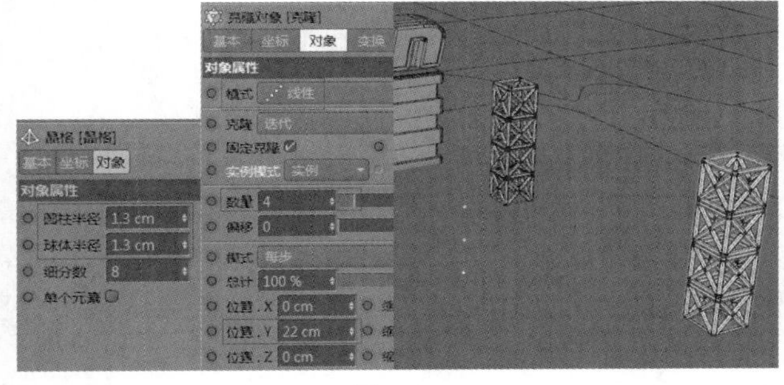

图10-51

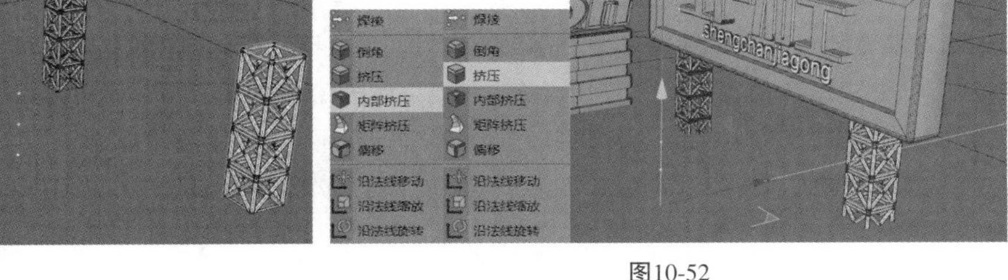

图10-52

07 建模完成后，双击材质面板空白处创建材质球，双击材质球打开“材质编辑器”窗口，在“漫射”通道中打开“颜色拾取器”，将材质球的颜色设置为H:345°、S:100%、V:80%，如图10-53所示。

08 在“粗糙度”通道中将“浮点”设置为0.1，在“索引”通道中将“索引”设置为1.3，如图10-54所示。

09 其他材质采用同样的方法进行设置，将设置好的材质添加到对应的模型上，全部调整完成后进行渲染设置，最终渲染效果如图10-55所示。读者可以观看教学视频，了解本案例的详细制作过程。

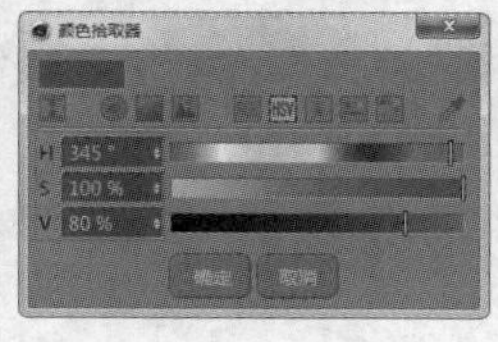

图10-53

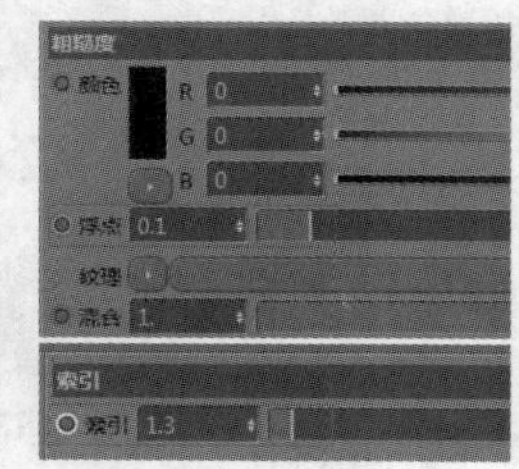

图10-54

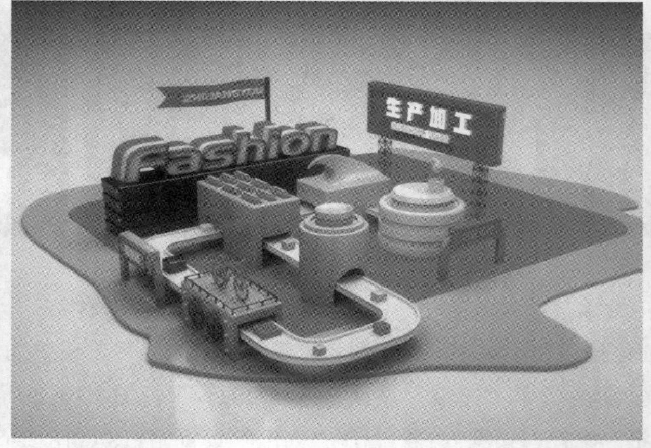

图10-55

10.4 产品建模

实例位置	实例文件>CH10>综合案例——滑板车.c4d
素材位置	无
视频位置	CH10>综合案例——滑板车.mp4
技术掌握	掌握点、线、面的操作方法及材质的调节方法

本案例通过一个产品的建模，讲解点、线、面的操作方法及材质的调节方法，效果如图10-56所示。

图10-56

01 新建立方体，将其转换为可编辑对象，切换为“点模式”，框选顶端的4个点，进行缩放，如图10-57所示。

02 切换为“边模式”，循环切割出4条边，效果如图10-58所示。

03 切换为“面模式”，选择底部的4个面，并进行挤压，效果如图10-59所示。

04 新建细分曲面，将变形的立方体作为子级放置于细分曲面的下方，如图10-60所示。

图10-57

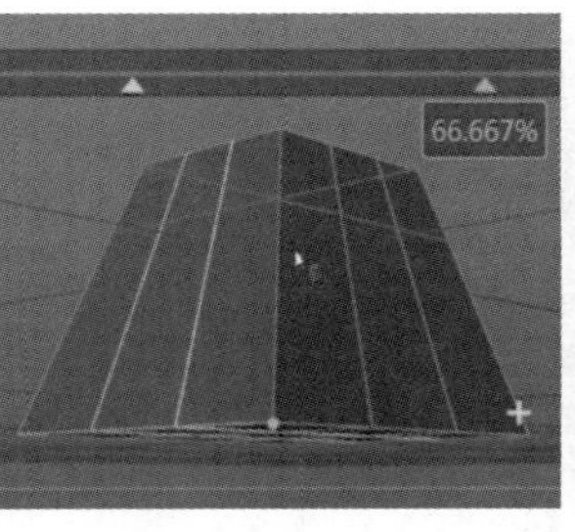

图10-58

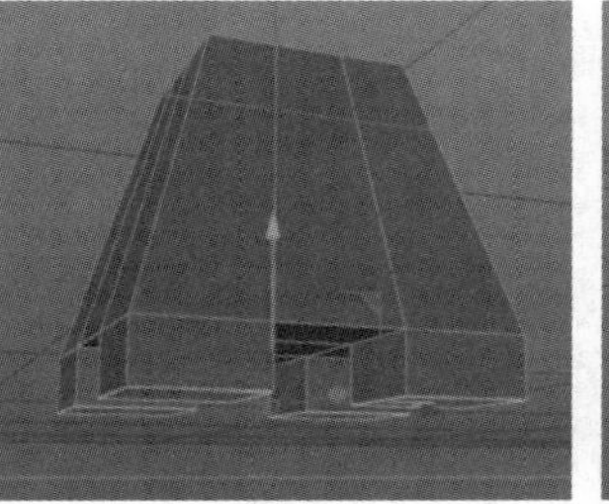

图10-59

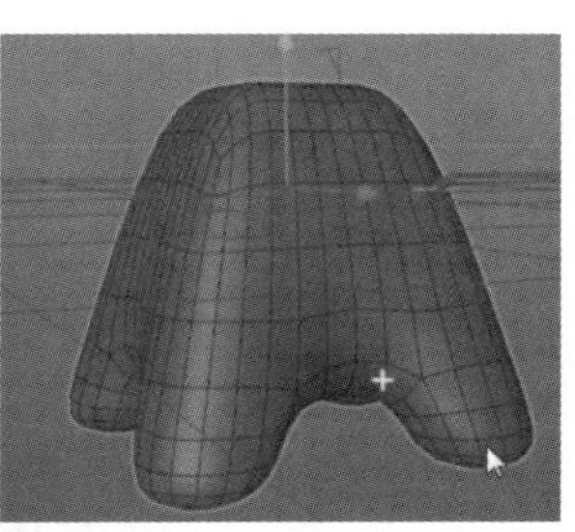

图10-60

05 新建圆柱，将其转换为可编辑对象，并缩放至合适的大小，切换为“面模式”，选择顶端的面，单击鼠标右键，选择“内部挤压”命令，再选择“挤压”命令，效果如图10-61所示。

06 新建管道，将其转换为可编辑对象，缩放至合适大小，然后切换为“边模式”，循环切割出两条边，并循环选择这两条边进行缩放，接着新建细分曲面，轮子制作完成，如图10-62所示。

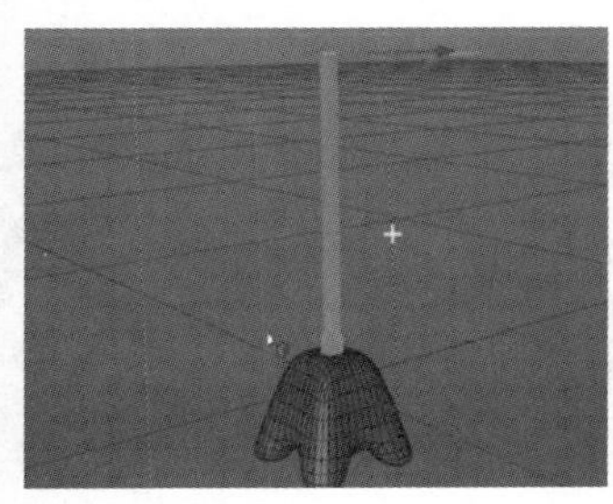

图10-61

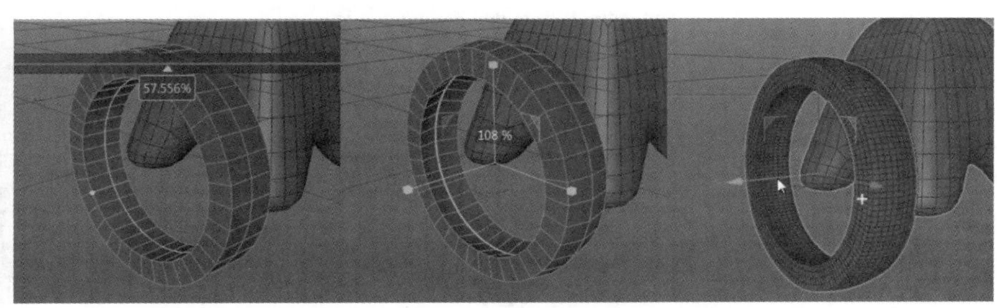

图10-62

07 新建立方体，将其转换为可编辑对象，缩放至合适的大小，然后复制一个，全选两个立方体，单击鼠标右键，选择“连接对象+删除”命令，接着新建克隆，将“模式”设置为“放射”，“旋转.B”设置为-6°，如图10-63所示，效果如图10-64所示。

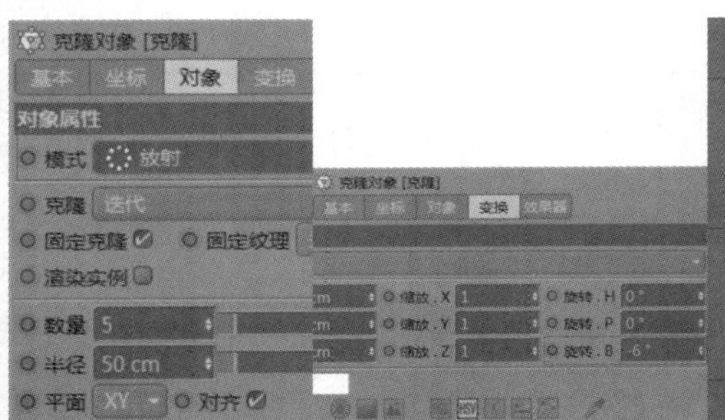

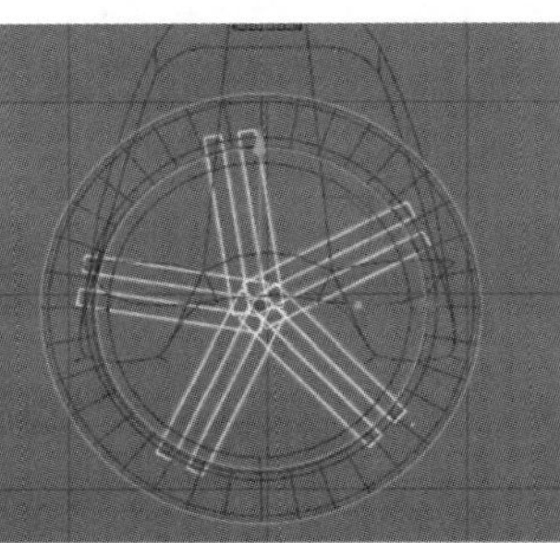

图10-63

图10-64

08 建模完成后，双击材质面板空白处创建材质球，双击材质球打开“材质编辑器”窗口，在“颜色”通道中将材质球的颜色设置为H:0°、S:0%、V:18%，如图10-65所示。

09 在“反射”通道中选择“类型”为GGX，并将“粗糙度”设置为30%，然后修改“菲涅耳”为“绝缘体”，“折射率（IOR）”为1.43，如图10-66所示。

10 双击材质面板空白处创建材质球，双击材质球打开“材质编辑器”窗口，取消勾选“颜色”通道。在“反射”通道中选择“类型”为GGX，并将“粗糙度”设置为12%，其他保持不变，如图10-67所示。

11 双击材质面板空白处创建材质球，双击材质球打开“材质编辑器”窗口，在“颜色”通道中将材质球的颜色设置为H:165°、S:30%、V:90%，其他保持不变，并将材质指定给背景，如图10-68所示。

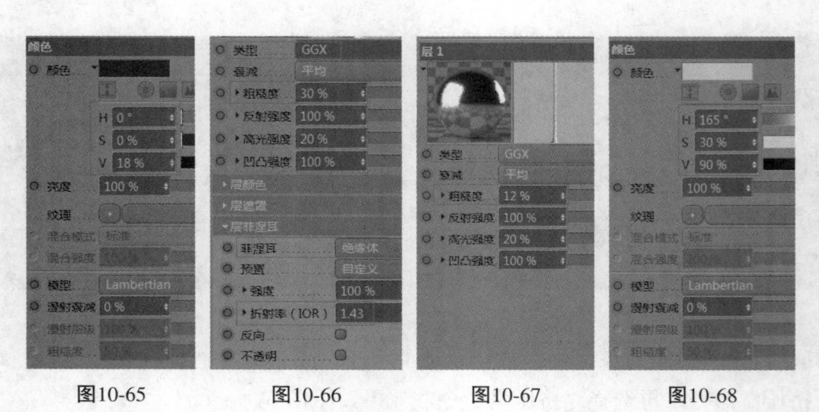

图10-65　　图10-66　　图10-67　　图10-68

⑫在“渲染设置”窗口中添加“全局光照”和“环境吸收”，如图10-69所示。最终渲染效果如图10-70所示。读者可以观看教学视频，了解本案例的详细制作过程。

图10-69

图10-70

10.5 电商促销场景建模

实例位置	实例文件>CH10>综合案例——超级大牌.c4d
素材位置	无
视频位置	CH10>综合案例——超级大牌.mp4
技术掌握	掌握点、线、面的操作方法及材质的调节方法

本案例通过电商促销场景的建模，讲解点、线、面的操作方法及材质的调节方法，效果如图10-71所示。

图10-71

图10-72

①打开Adobe Illustrator软件，选择“文字工具”，输入所需要的文字，创建轮廓，然后对文字进行变形，变形完成后保存好文件，效果如图10-72所示。（视频中有具体操作步骤讲解。）

②打开Cinema 4D，将文字样条导入Cinema 4D中，将“类型”改为“线性”，然后新建挤压，将文字样条作为子级放置于挤压的下方，并将挤压的“移动”设置为0 cm、0 cm、40 cm，“顶端”和“末端”都设置为“圆角封顶”，“半径”都设置为2 cm，如图10-73所示。

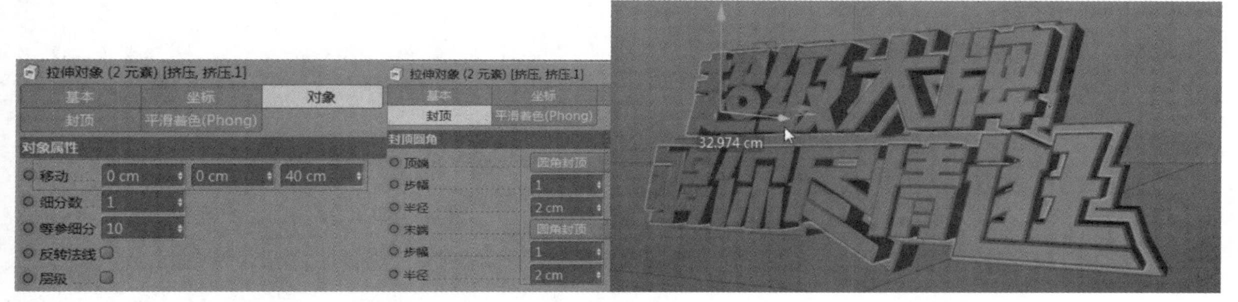

图10-73

03 新建圆柱，将其转换为可编辑对象，并切换为“面模式”，进行“内部挤压”后再进行“挤压”操作，然后新建两个圆环，分别设置“半径”为2 cm和6 cm，接着新建扫描，将两个圆环作为子级放置于扫描的下方，效果如图10-74所示。

04 新建圆环及圆柱，并缩放至合适的大小，如图10-75所示。

图10-74

图10-75

05 新建星形及圆环，将星形的“点”设置为3，然后新建样条布尔，将星形和圆环都放置于样条布尔的下方，接着新建挤压和立方体，最后新建布尔，将挤压和立方体都放置于布尔的下方，并将“模式”设置为“A减B”，地面制作完成，效果如图10-76所示。

06 新建立方体，将其转换为可编辑对象，并缩放至合适的大小，然后新建克隆，将立方体作为子级放置于克隆的下方，并将克隆的“模式”设置为“网格排列”，“数量”设置为20、8、1，接着为克隆添加“随机”效果器，调整缩放和位置，效果如图10-77所示。

图10-76

图10-77

⑦建模完成后新建区域光，在“细节”选项卡中将“形状”设置为球体，将“衰减”设置为“平方倒数（物理精度）”，将“半径衰减”设置为2600 cm，如图10-78所示。

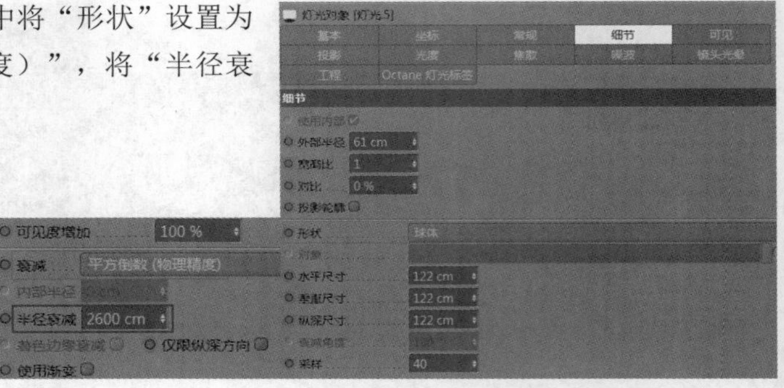

图10-78

⑧打开“颜色拾取器”，将灯光颜色设置为H:310°、S:80%、V:100%，如图10-79所示。

⑨再新建一个区域光，并采用同样的方法设置，需要将灯光颜色调整为H:215°、S:89%、V:100%，如图10-80所示。然后复制多个灯光，置于场景当中，如图10-81所示。

图10-79

图10-80

图10-81

⑩双击材质面板空白处创建材质球，双击材质球打开“材质编辑器”窗口，在“漫射”通道中打开“颜色拾取器”，将材质球的颜色设置为H:260°、S:80%、V:95%，如图10-82所示。

⑪在“粗糙度”通道中将“浮点”设置为0.1，在“索引”通道中将“索引”设置为1.3，如图10-83所示。

⑫其他材质采用同样的方法进行设置，将设置好的材质添加到对应的模型上，全部调整完成后进行渲染设置，注意添加环境贴图，最终渲染效果如图10-84所示。读者可以观看教学视频，了解本案例的详细制作过程。

图10-82

图10-83

图10-84

10.6 机械字场景建模

实例位置	实例文件>CH10>综合案例——机械字.c4d
素材位置	无
视频位置	CH10>综合案例——机械字.mp4
技术掌握	掌握点、线、面的操作方法及基本材质的调节方法

本案例将通过机械字场景的建模，讲解点、线、面的操作方法及基本材质的调节方法，效果如图10-85所示。

图10-85

01 打开软件Illustrator，选择“文字工具”，输入所需要的文字“匠”，选择所需字体，并单击鼠标右键，在弹出的菜单中选择“创建轮廓”命令，如图10-86所示。

02 继续单击鼠标右键，在弹出的菜单中选择“取消编组”命令，再选择“释放复合路径”命令，如图10-87所示，这样文本就会形成两个分开的形状。

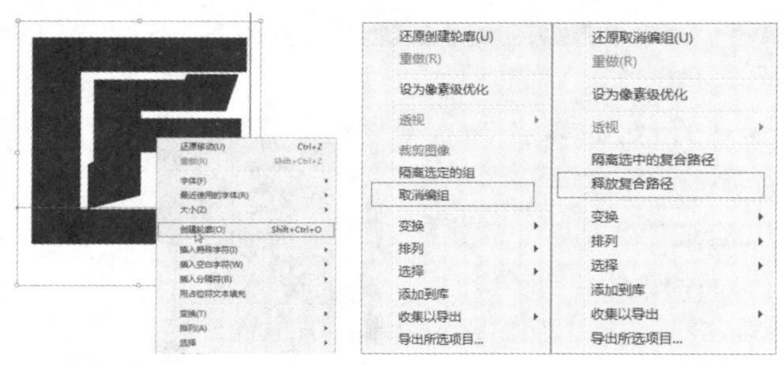

图10-86　　图10-87

03 新建矩形，并放置于字形上，然后选择“倾斜工具”将矩形倾斜，如图10-88所示。

04 全选矩形及文字，然后在窗口中选择“路径查找器”工具，并选择“相减”模式，如图10-89所示。

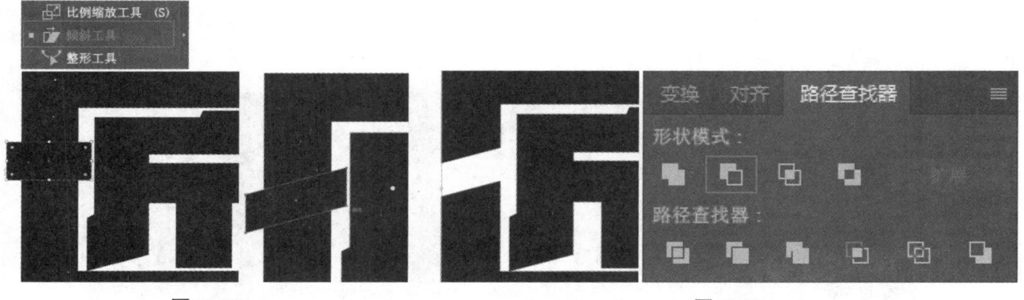

图10-88　　图10-89

05 选择“刻刀”工具，按住Alt键不放，在文字上单击，切出一条边，如图10-90所示。

06 选择“直接选择工具”，然后按键盘的方向键，轻移笔画，如图10-91所示。

07 将制作好的文字源文件存储为Illustrator 8版本，如图10-92所示。

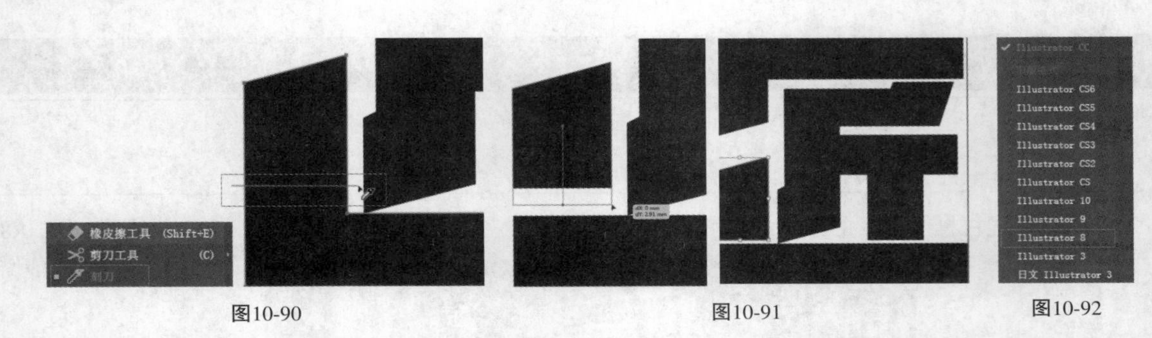

图10-90　图10-91　图10-92

⑧打开Cinema 4D，导入文字源文件，然后新建挤压，将文字源文件作为子级放置于挤压的下方，并在“顶端”和“末端”中选择“圆角封顶”选项，如图10-93所示。

⑨新建圆环，将文字轮廓复制一份，然后新建扫描，将文字轮廓和圆环作为子级放置于扫描的下方，将圆环调整为合适的大小，并再复制一层，如图10-94所示。

图10-93

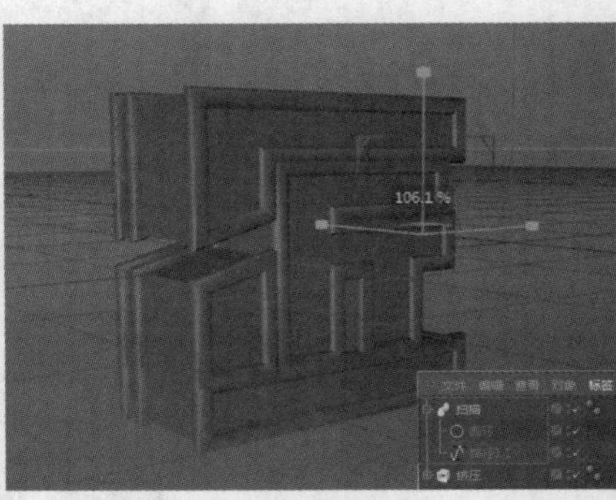

图10-94

⑩新建圆柱体，并缩放至合适的大小，复制多个，放置于文字上，如图10-95所示。

⑪新建圆柱体，将其缩放至合适的大小，并新建螺旋线和圆环，然后新建扫描，将螺旋线和圆环作为子级放置于扫描的下方，调整位置及大小，如图10-96所示。

图10-95

图10-96

⑫新建立方体，再新建克隆，将立方体作为子级放置于克隆的下方，并将“数量”设置为8，“位置.X”设置为-5 cm，其他保持默认，如图10-97所示。

图10-97

⑬新建圆柱体，将其缩放至合适的大小，然后新建螺旋线、圆环及扫描，将螺旋线和圆环作为子级放置于扫描的下方，调整位置，如图10-98所示，并将制作好的螺旋线复制到另一个圆柱体上。

图10-98

⑭新建齿轮，将其复制多个，调整大小并放置于合适的位置，如图10-99所示。

⑮新建矩形，将其转换为可编辑对象，选择“点模式”，框选需要的点，然后单击鼠标右键，在弹出的菜单中选择“倒角”，如图10-100所示。

图10-99

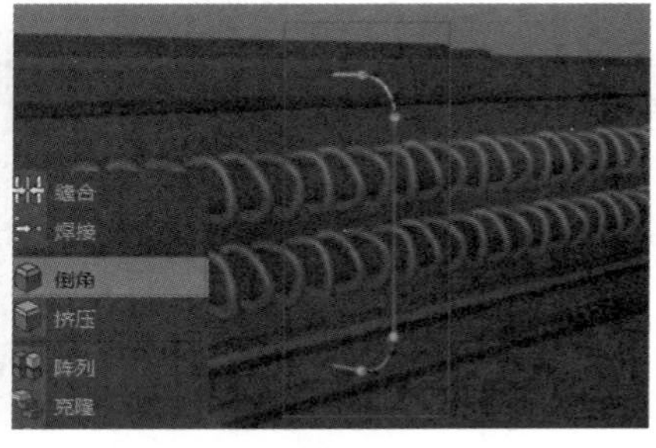

图10-100

⑯新建圆环和扫描，将圆环和矩形作为子级放置于扫描的下方，然后新建克隆复制多个，如图10-101所示。

⑰用同样的方法将其他元素依次置于文字中，如图10-102所示。（具体操作步骤在视频中有详细讲解。）

图10-101

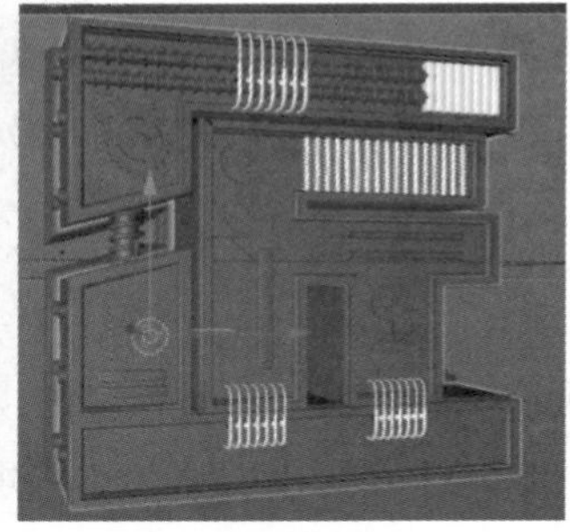

图10-102

⑱新建立方体，将其缩放至合适的大小，然后新建克隆，将立方体作为子级放置于克隆的下方，并将数量设置为4，接着新建圆柱体和立方体，放置于合适的位置，如图10-103所示。

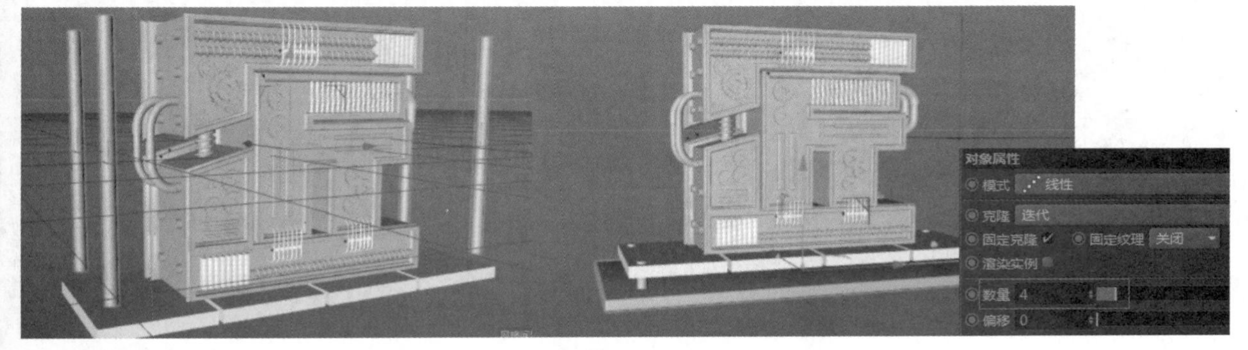

图10-103

⑲新建圆柱体作为底板，并将其转换为可编辑对象，然后新建一个圆柱体及克隆，将圆柱体缩放至合适的大小，并将圆柱体作为子级放置于克隆的下方，如图10-104所示。

⑳新建平面作为场景的地面，将其放置于模型的下方，然后新建立方体及克隆，将立方体作为子级放置于克隆的下方，并将克隆的模式设置为“网格排列”，作为场景的背景板，如图10-105所示。

图10-104

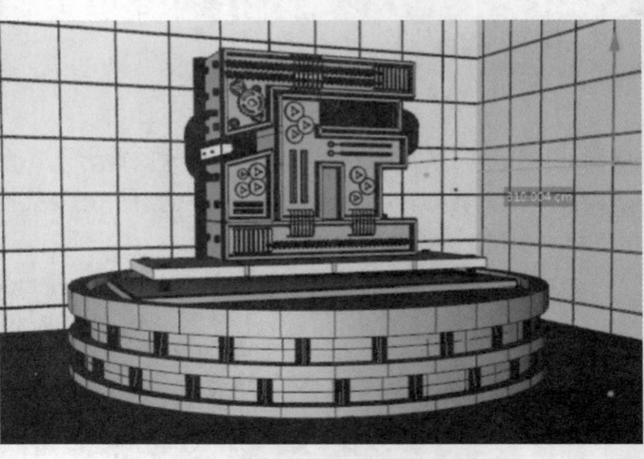

图10-105

㉑新建矩形，将其转换为可编辑对象，并缩放至合适的大小，然后切换为“点模式”，选择所有的点，单击鼠标右键，在弹出的菜单中选择“倒角”命令，如图10-106所示。

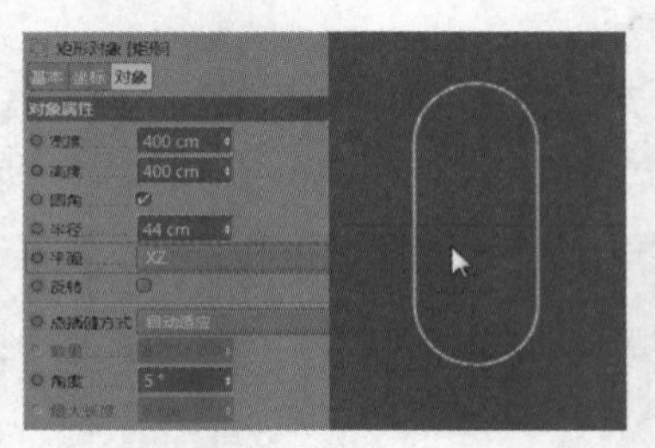

图10-106

㉒新建扫描和圆环，将矩形及圆环作为子级放置于扫描的下方，然后新建克隆，将扫描作为子级放置于克隆的下方，制作锁链效果，如图10-107所示。

㉓加入齿轮及其他元素，作为背景装饰，建模部分完成，如图10-108所示。

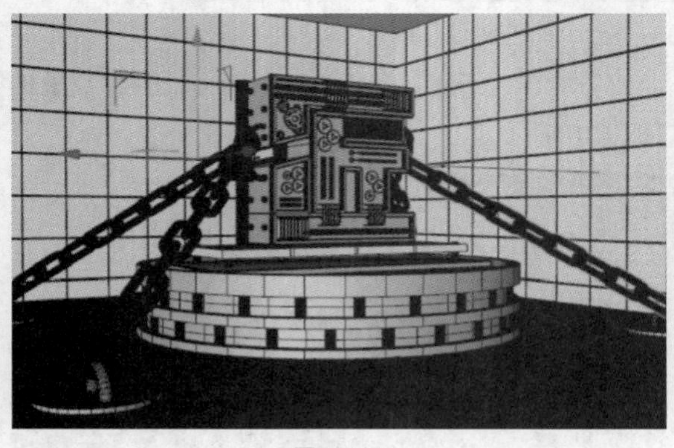

图10-107

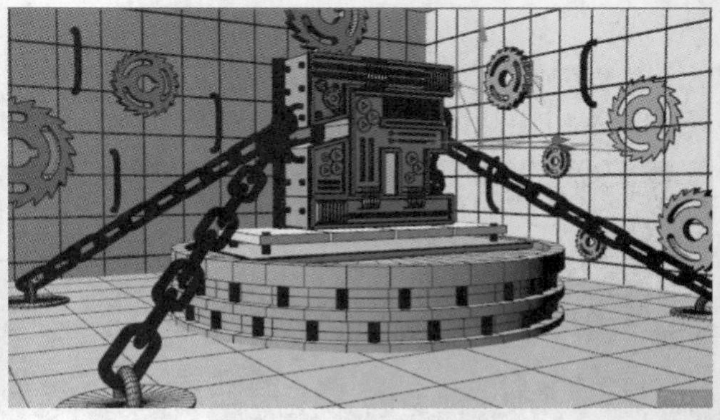

图10-108

㉔双击材质面板空白处创建材质球，双击材质球打开“材质编辑器”窗口，取消勾选“颜色”通道。在“反射”通道中选择“类型”为GGX，并将“粗糙度”设置为10%，然后在“层颜色”中打开“颜色拾取器”，

设置颜色为H:30°、S:70%、V:100%，如图10-109所示。修改“菲涅耳”为“导体”，“预置”为“金”，如图10-110所示。

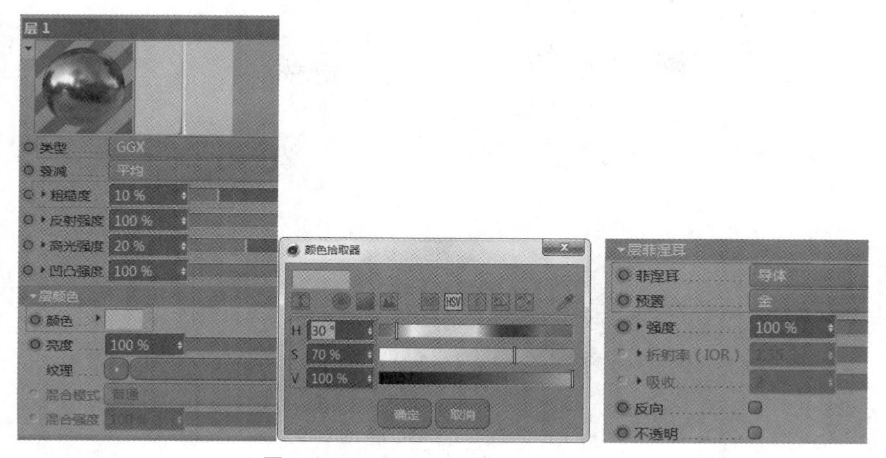

图10-109　　　　图10-110

㉕在“反射”通道中选择“类型”为GGX，并将“粗糙度”设置为20%，然后在“层颜色”中打开“颜色拾取器”，设置颜色为H:40°、S:60%、V:100%，如图10-111所示。修改“菲涅耳”为“导体”，“预置”为“金”，如图10-112所示。

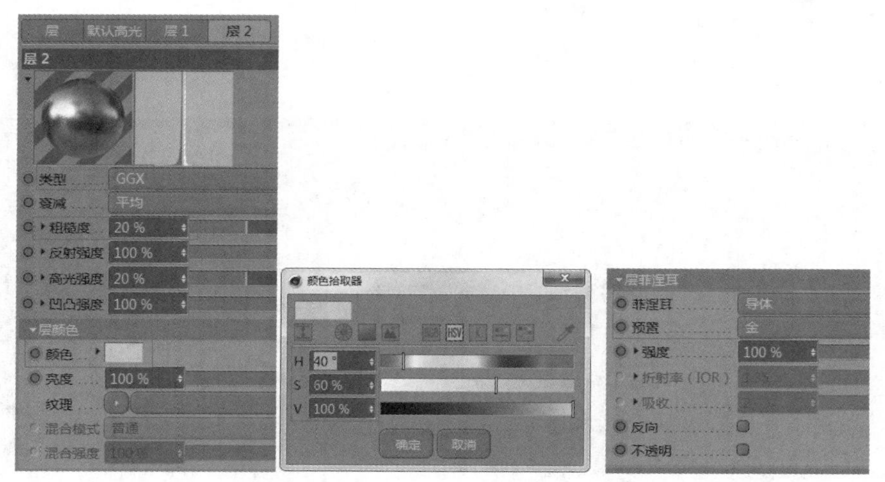

图10-111　　　　图10-112

㉖双击材质面板空白处创建材质球，双击材质球打开“材质编辑器”窗口，取消勾选“颜色”通道和“反射”通道。在“发光”通道中将颜色设置为H:195°、S:100%、V:100%，如图10-113所示。

㉗将不同材质指定给不同的模型，并添加环境贴图，最终渲染效果如图10-114所示。

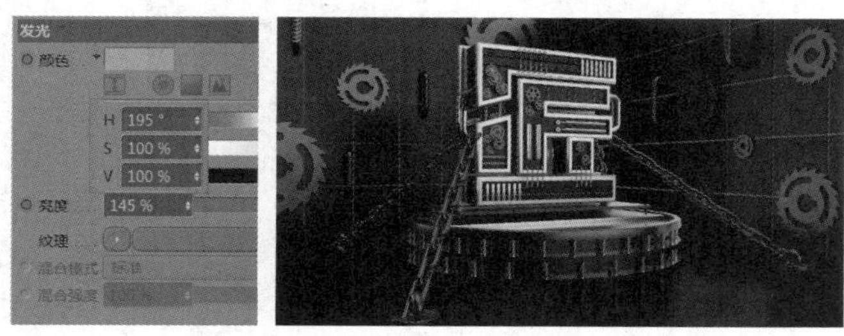

图10-113　　　　图10-114

除上述6个综合案例外，本书还赠送4个综合案例视频，效果如图10-115所示。

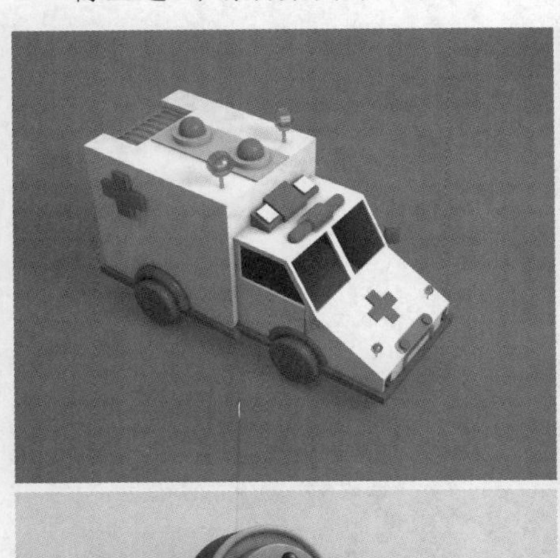

图10-115